无机及分析化学

主　　编	黄月君　曹延华
副 主 编	张晓继　王和才　王传虎　徐固华
编写人员	（以姓氏拼音为序）

程侯连　曹延华　曹智启　黄月君　李双妹
李业梅　李红利　林向群　潘继刚　任晓棠
苏侯香　王和才　王传虎　王华丽　王　亮
魏青青　邢晓轲　徐固华　杨靖宇　张晓继
赵丽平

华中科技大学出版社
中国·武汉

图书在版编目(CIP)数据

无机及分析化学/黄月君　曹延华　主编. —武汉:华中科技大学出版社,2010年1月(2020.12重印)

ISBN 978-7-5609-5939-9

Ⅰ.无…　Ⅱ.①黄…　②曹…　Ⅲ.①无机化学-高等学校:技术学校-教材　②分析化学-高等学校:技术学校-教材　Ⅳ.O61　O65

中国版本图书馆 CIP 数据核字(2009)第 241164 号

无机及分析化学

黄月君　曹延华　主编

策划编辑:王新华

责任编辑:王新华　　　　　　　　　　　　　　　　封面设计:刘　丹

责任校对:朱　霞　　　　　　　　　　　　　　　　责任监印:周治超

出版发行:华中科技大学出版社(中国·武汉)　　电话:(027)81321913
　　　　　武汉市东湖新技术开发区华工科技园　　邮编:430223

录　　排:华中科技大学惠友文印中心
印　　刷:武汉邮科印务有限公司

开本:787 mm×1 092 mm　1/16
印张:19.5
字数:420 000
版次:2010 年 1 月第 1 版
印次:2020 年 12 月第 6 次印刷
定价:31.80 元

ISBN 978-7-5609-5939-9/O·524

(本书若有印装质量问题,请向出版社发行部调换)

内容提要

　　本书为全国高职高专化学课程"十一五"规划教材之一。本书将传统的无机化学和分析化学的课程内容进行整合,全书共 12 章,主要内容有溶液和胶体、物质结构、元素、化学反应速率和化学平衡、定量分析化学概论、酸碱平衡与酸碱滴定法、沉淀溶解平衡与沉淀滴定法、配位平衡与配位滴定法、氧化还原平衡与氧化还原滴定法、电势法及永停滴定法、紫外-可见分光光度法、色谱分析法。各章附有学习目标、学习小结、目标测试,书后附有目标测试部分参考答案。

　　本书简明扼要,重点突出,理论联系实际,适用于高职高专医药、食品、农林、轻工、生物、环境类及相关专业的学生,也可作为成人高校相关专业的教材或教学参考书。

全国高职高专化学课程"十一五"规划教材编委会

主 任

刘　丛	邢台职业技术学院院长,教育部高职高专材料类教指委副主任委员
王纪安	承德石油高等专科学校党委书记,教育部高职高专材料类教指委委员,工程材料与成形工艺基础分委员会主任
吴国玺	辽宁科技学院副院长,教育部高职高专材料类教指委委员

副 主 任

逯国珍	山东大王职业学院,副院长
孙晋东	山东化工技师学院,副院长
郑桂富	蚌埠学院,教育部高职高专食品类教指委委员
刘向东	内蒙古工业大学,教育部高职高专材料类教指委委员
苑忠国	吉林电子信息职业技术学院,教育部高职高专材料类教指委委员
陈　文	四川广播电视大学,教育部高职高专环保与气象类教指委委员
薛巧英	山西工程职业技术学院,教育部高职高专环保与气象类教指委委员
张宝军	徐州建筑职业技术学院,教育部高职高专环保与气象类教指委委员
张　歧	海南大学,教育部高职高专轻化类教指委委员
雷明智	湖南科技职业学院,教育部高职高专轻化类教指委委员,轻化类教指委皮革分委员会副主任
廖湘萍	湖北轻工职业技术学院,教育部高职高专生物技术类教指委委员
王德芝	信阳农业高等专科学校,教育部高职高专生物技术类教指委委员
翁鸿珍	包头轻工职业技术学院,教育部高职高专生物技术类教指委委员
丁安伟	南京中医药大学,教育部高职高专药品类教指委委员
徐建功	国家食品药品监督管理局培训中心,教育部高职高专药品类教指委委员
徐世义	沈阳药科大学,教育部高职高专药品类教指委委员
张俊松	深圳职业技术学院,教育部高职高专药品类教指委委员
张　滨	长沙环境保护职业技术学院,教育部高职高专食品类教指委食品检测分委员会委员
顾宗珠	广东轻工职业技术学院,教育部高职高专食品类教指委食品加工分委员会委员
蔡　健	苏州农业职业技术学院,教育部高职高专食品类教指委食品加工分委员会委员
丁文才	荆州职业技术学院,教育部高职高专轻化类教指委染整分委员会委员

编 委（按姓氏拼音排序）

白月辉	内蒙古通辽医学院	宋建国	牡丹江大学
曹智启	广东岭南职业技术学院	沈发治	扬州工业职业技术学院
陈　斌	湖南中医药高等专科学校	孙彩兰	抚顺职业技术学院
崔宝秋	锦州师范高等专科学校	孙秋香	湖北第二师范学院
陈一飞	嘉兴职业技术学院	孙琪娟	陕西纺织服装职业技术学院
杜　萍	黑龙江农垦科技职业学院	孙玉泉	潍坊教育学院
丁芳林	湖南生物机电职业技术学院	唐利平	四川化工职业技术学院
丁树谦	营口职业技术学院	唐福兴	三明职业技术学院
傅佃亮	山东铝业职业学院	王小平	江西中医药高等专科学校
高晓松	包头轻工职业技术学院	王和才	苏州农业职业技术学院
高　爽	辽宁经济职业技术学院	王方坤	德州科技职业学院
高晓灵	江西陶瓷工艺美术职业技术学院	王晓英	吉林工商学院
巩　健	淄博职业学院	王宫南	开封大学
姜建辉	四川中医药高等专科学校	王华丽	山东药品食品职业学院
金贵峻	甘肃林业职业技术学院	王　亮	温州科技职业学院
姜莉莉	黄冈职业技术学院	许　晖	蚌埠学院
刘旭峰	广东纺织职业技术学院	徐康宁	河套大学
李训仕	揭阳职业技术学院	徐惠娟	辽宁科技学院
李少勇	山东大王职业学院	徐　橘	濮阳职业技术学院
卢洪胜	武汉职业技术学院	薛金辉	吕梁学院
李治龙	新疆塔里木大学	熊俊君	江西应用技术职业学院
李炳诗	信阳职业技术学院	肖　兰	天津开发区职业技术学院
龙德清	郧阳师范高等专科学校	杨玉红	河南鹤壁职业技术学院
刘兰泉	重庆三峡职业学院	尹显锋	内江职业技术学院
李新宇	北京吉利大学	杨　波	石家庄职业技术学院
陆宁宁	常州纺织服装职业技术学院	俞慧玲	宜宾职业技术学院
李　峰	信阳职业技术学院	杨靖宇	周口职业技术学院
李　煜	黑龙江生物科技职业学院	张淑云	三明职业技术学院
李文典	漯河职业技术学院	周金彩	湖南永州职业技术学院
刘丹赤	日照职业技术学院	张绍军	三门峡职业技术学院
吕方军	山东中医药高等专科学校	张　韧	徐州生物工程高等职业学校
刘庆文	天津渤海职业技术学院	周西臣	中国石油大学胜利学院
梁玉勇	铜仁职业技术学院	张　荣	大庆职业学院
毛小明	安庆医药高等专科学校	朱明发	德州职业技术学院
倪洪波	荆州职业技术学院	张怀珠	甘肃农业职业技术学院
彭建兵	顺德职业技术学院	张晓继	辽宁卫生职业技术学院
覃显灿	沙市职业大学	赵　斌	中山火炬职业技术学院
乔明晓	郑州职业技术学院	张　虹	山西生物应用职业技术学院

前言

本书为全国高职高专化学课程"十一五"规划教材之一,将传统的无机化学和分析化学的课程内容整合而成。本书简明扼要,重点突出,理论联系实际,适用于高职高专医药、食品、农林、轻工、生物、环境类及相关专业的学生,也可作为成人高校相关专业的教材或教学参考书。

本书以培养应用型人才作为编写的指导思想,根据高职高专教育专业人才的培养目标和规格及高职高专学生应具有的知识与能力结构和素质要求编写。编写时,坚持以"素质教育为基础,能力培养为本位"的教育教学指导思想,打破完整学科型的教材体系,紧扣"实用为主、必需、够用和管用为度"的原则,区别于传统的"本科压缩"模式,体现"工学结合"导向,构建适用于高职高专相关专业的《无机及分析化学》教材新体系。

本书的主要内容包括无机化学和分析化学的基础知识和基本原理。编写时充分考虑高职高专类专业特点,将原无机化学和分析化学两门独立课程的教学内容精心遴选后进行有机整合,加强基础,突出重点。删除了较深奥的理论分析和阐述,力求做到既言简意赅、通俗易懂,又具有较完整的基础化学知识体系。如将定量化学分析的四种滴定分析法融入四大化学平衡,并以化学平衡原理为基点展开,充分体现基础理论与应用技术的一体化。对各种化学分析方法,特别是现代主要仪器分析方法,着重强化实际应用,使教学内容更切合高职高专类专业教育实际,既体现了化学课程的专业基础课特色,又着力培养学生分析问题、解决问题的能力。

参加本书编写的有:山西生物应用职业技术学院黄月君、程侯连,牡丹江大学曹延华,辽宁卫生职业技术学院张晓继,荷州农业职业技术学院王和才,蚌埠学院王传虎,信阳农业高等专科学校徐固华、赵丽平,广东岭南职业技术学院曹智启,辽宁科技学院任晓棠,漯河职业技术学院李红利,濮阳职业技术学院李双妹,山东药品食品职业学院王华丽,山西大学潘继刚,吕梁学院苏侯香,温州科技职业学院王亮,武汉职业技术学院魏青青,周口职业技术学院

杨靖宇,云南林业职业技术学院林向群,许昌职业技术学院邢晓轲,郧阳师范高等专科学校李业梅。全书由黄月君、曹延华主编,黄月君修改、统稿、定稿。

在本书编写过程中参考了部分教材和有关著作,从中借鉴了许多有益的内容,在此谨向有关作者和出版社表示感谢。

鉴于编者的水平和能力有限,书中不妥之处在所难免,恳请专家和同行以及使用本教材的老师和同学们批评指正。

编 者

目 录

绪 论 /1
- 0.1 化学研究的对象及范围 /1
- 0.2 无机及分析化学的任务和作用 /2
- 0.3 无机及分析化学课程的基本内容 /3
- 0.4 无机及分析化学课程的学习方法及意义 /3

第1章 溶液和胶体 /5
- 学习目标 /5
- 1.1 分散系 /5
  - 1.1.1 基本概念 /5
  - 1.1.2 分类 /6
- 1.2 溶液 /7
  - 1.2.1 溶液浓度的表示方法 /7
  - 1.2.2 溶液浓度表示方法的相关计算 /9
- 1.3 稀溶液的依数性 /11
  - 1.3.1 溶液的蒸气压下降 /11
  - 1.3.2 溶液的沸点升高 /12
  - 1.3.3 溶液的凝固点降低 /13
  - 1.3.4 溶液的渗透压 /14
- 1.4 胶体溶液 /17
  - 1.4.1 溶胶 /17
  - 1.4.2 高分子溶液 /20
- 1.5 表面现象 /21
  - 1.5.1 表面张力与表面能 /22
  - 1.5.2 表面吸附 /22
  - 1.5.3 表面活性剂 /23
- 学习小结 /24
- 目标测试 /25

第 2 章　物质结构　　/ 28

学习目标　　/ 28
2.1　核外电子的运动状态　　/ 28
　2.1.1　核外电子的运动　　/ 28
　2.1.2　核外电子运动状态的描述　　/ 29
2.2　核外电子的排布　　/ 31
　2.2.1　近似能级图　　/ 31
　2.2.2　核外电子排布的规律　　/ 31
2.3　元素周期律与元素的基本性质　　/ 33
　2.3.1　原子的电子层结构与周期表　　/ 33
　2.3.2　元素基本性质的周期性变化规律　　/ 35
2.4　化学键　　/ 38
　2.4.1　离子键　　/ 38
　2.4.2　共价键　　/ 38
2.5　分子间作用力和氢键　　/ 42
　2.5.1　分子的极性　　/ 42
　2.5.2　分子间作用力　　/ 42
　2.5.3　氢键　　/ 43

学习小结　　/ 45
目标测试　　/ 46

第 3 章　元素　　/ 48

学习目标　　/ 48
3.1　s 区元素　　/ 48
　3.1.1　s 区元素的通性　　/ 48
　3.1.2　氢　　/ 49
　3.1.3　钠和钾　　/ 49
　3.1.4　镁和钙　　/ 50
3.2　p 区金属元素　　/ 51
　3.2.1　p 区金属元素的通性　　/ 51
　3.2.2　铝　　/ 51
　3.2.3　锗、锡、铅　　/ 53
　3.2.4　锑、铋　　/ 54
3.3　p 区非金属元素　　/ 55
　3.3.1　p 区非金属元素的通性　　/ 55
　3.3.2　卤素　　/ 55
　3.3.3　氧、硫、硒　　/ 57

3.3.4 氮和磷 / 58
3.3.5 碳 / 59
3.4 d 区元素 / 60
3.4.1 d 区元素的通性 / 60
3.4.2 重要元素及其化合物 / 60
学习小结 / 62
目标测试 / 63

第4章 化学反应速率和化学平衡 / 64

学习目标 / 64
4.1 化学反应速率 / 64
4.1.1 化学反应速率及其表示方法 / 64
4.1.2 化学反应速率理论 / 65
4.1.3 影响化学反应速率的因素 / 67
4.2 化学平衡 / 69
4.2.1 可逆反应与化学平衡 / 70
4.2.2 化学平衡常数 / 70
4.2.3 化学平衡的移动 / 71
4.2.4 有关化学平衡的计算 / 74
学习小结 / 75
目标测试 / 76

第5章 定量分析化学概论 / 79

学习目标 / 79
5.1 定量分析概述 / 79
5.1.1 定量分析的任务和作用 / 79
5.1.2 分析方法的分类 / 80
5.2 误差与分析数据的处理 / 82
5.2.1 误差的分类 / 82
5.2.2 准确度与精密度 / 83
5.2.3 提高分析结果准确度的方法 / 86
5.2.4 有效数字及其运算规则 / 87
5.2.5 可疑值的取舍 / 89
5.3 滴定分析法 / 90
5.3.1 滴定分析法概述 / 90
5.3.2 标准溶液 / 93
5.3.3 滴定分析计算 / 96
学习小结 / 99

目标测试 / 99

第6章 酸碱平衡与酸碱滴定法 / 102

学习目标 / 102
6.1 酸碱质子理论 / 102
6.1.1 酸碱的定义和共轭酸碱对 / 102
6.1.2 酸碱反应的实质 / 104
6.1.3 酸碱的强度和溶液的酸碱性 / 104
6.2 酸碱平衡 / 105
6.2.1 水的解离和溶液的pH值 / 105
6.2.2 溶液的酸碱平衡 / 106
6.3 缓冲溶液 / 111
6.3.1 缓冲溶液的概念和组成 / 111
6.3.2 缓冲作用原理 / 111
6.3.3 缓冲溶液pH值的计算 / 112
6.3.4 缓冲容量与缓冲范围 / 112
6.3.5 缓冲溶液的选择与配制 / 113
6.4 酸碱滴定法 / 116
6.4.1 酸碱指示剂 / 116
6.4.2 酸碱滴定类型及指示剂的选择 / 120
6.4.3 酸碱标准溶液的配制与标定 / 127
6.4.4 酸碱滴定法应用示例 / 129
6.5 非水溶液的酸碱滴定 / 132
6.5.1 溶剂 / 133
6.5.2 碱的滴定 / 136
6.5.3 酸的滴定 / 137

学习小结 / 137
目标测试 / 139

第7章 沉淀溶解平衡与沉淀滴定法 / 146

学习目标 / 146
7.1 溶度积规则 / 146
7.1.1 沉淀-溶解平衡与溶度积常数 / 146
7.1.2 溶度积与溶解度的相互换算 / 147
7.1.3 溶度积规则 / 147
7.1.4 影响沉淀溶解度的因素 / 148
7.2 难溶电解质沉淀的生成与溶解 / 149
7.2.1 沉淀的生成 / 149

7.2.2 沉淀的溶解　　/ 150
　　7.2.3 分步沉淀　　/ 151
　　7.2.4 沉淀的转化　　/ 152
7.3 沉淀滴定法　　/ 152
　　7.3.1 沉淀滴定法概述　　/ 152
　　7.3.2 银量法指示终点的方法　　/ 152
　　7.3.3 标准溶液的配制和标定　　/ 155
　　7.3.4 银量法的应用　　/ 156
学习小结　　/ 156
目标测试　　/ 157

第8章 配位平衡与配位滴定法　　/ 159

学习目标　　/ 159
8.1 配位化合物　　/ 159
　　8.1.1 配位化合物的定义　　/ 159
　　8.1.2 配位化合物的组成　　/ 160
　　8.1.3 配位化合物的命名　　/ 161
　　8.1.4 配位化合物的类型　　/ 162
8.2 配位平衡　　/ 163
　　8.2.1 配位化合物的稳定常数　　/ 164
　　8.2.2 配位平衡的移动　　/ 166
8.3 配位滴定法　　/ 168
　　8.3.1 配位滴定法概述　　/ 168
　　8.3.2 EDTA配位滴定法的基本原理　　/ 169
　　8.3.3 金属离子指示剂　　/ 174
　　8.3.4 标准溶液的配制与标定　　/ 175
　　8.3.5 配位滴定法应用示例　　/ 176
学习小结　　/ 176
目标测试　　/ 177

第9章 氧化还原平衡与氧化还原滴定法　　/ 180

学习目标　　/ 180
9.1 氧化还原反应　　/ 180
　　9.1.1 氧化数　　/ 180
　　9.1.2 氧化还原反应的基本概念　　/ 181
　　9.1.3 氧化还原反应方程式的配平　　/ 182
9.2 电极电势　　/ 184
　　9.2.1 原电池　　/ 184

  9.2.2 电极电势 / 185
  9.2.3 能斯特方程式及电极电势的影响因素 / 186
  9.2.4 电极电势的应用 / 188
 9.3 氧化还原滴定法 / 189
  9.3.1 氧化还原滴定法概述 / 189
  9.3.2 指示剂 / 191
  9.3.3 高锰酸钾法 / 191
  9.3.4 碘量法 / 193
  9.3.5 重铬酸钾法 / 196
  9.3.6 其他氧化还原滴定法简介 / 197
 学习小结 / 198
 目标测试 / 199

第10章 电势法及永停滴定法 / 203

 学习目标 / 203
 10.1 电势法的基本原理 / 203
  10.1.1 基本原理 / 203
  10.1.2 指示电极和参比电极 / 204
 10.2 直接电势法 / 206
  10.2.1 溶液pH值的测定 / 206
  10.2.2 其他离子浓度的测定 / 210
 10.3 电势滴定法 / 211
  10.3.1 基本原理 / 211
  10.3.2 滴定终点的确定方法 / 212
  10.3.3 电势滴定法的应用 / 214
 10.4 永停滴定法 / 214
  10.4.1 永停滴定法的基本原理 / 214
  10.4.2 永停滴定法应用示例 / 216
 学习小结 / 216
 目标测试 / 217

第11章 紫外-可见分光光度法 / 219

 学习目标 / 219
 11.1 基本原理 / 219
  11.1.1 光的特性 / 220
  11.1.2 物质对光的选择性吸收 / 221
  11.1.3 吸收光谱曲线 / 222
  11.1.4 光的吸收定律 / 223

11.1.5 偏离光吸收定律的因素 / 225
11.2 紫外-可见分光光度计 / 226
11.2.1 主要组成部件 / 226
11.2.2 分光光度计的类型 / 229
11.2.3 测量条件的选择 / 231
11.3 紫外-可见分光光度法及应用 / 232
11.3.1 定性分析 / 232
11.3.2 定量分析 / 235
11.3.3 紫外-可见分光光度法的应用 / 239
学习小结 / 240
目标测试 / 241

第12章 色谱分析法 / 245

学习目标 / 245
12.1 色谱法概述 / 245
12.1.1 色谱法的分类 / 246
12.1.2 色谱法的基本原理 / 246
12.2 经典液相色谱法 / 247
12.2.1 柱色谱法 / 247
12.2.2 平面色谱法 / 250
12.3 气相色谱法 / 254
12.3.1 气相色谱法基本理论 / 255
12.3.2 色谱柱 / 259
12.3.3 检测器 / 260
12.3.4 分离条件的选择 / 261
12.3.5 定性与定量方法 / 262
12.4 高效液相色谱法 / 264
12.4.1 高效液相色谱法的基本原理 / 265
12.4.2 高效液相色谱仪 / 265
12.4.3 高效液相色谱法的主要类型 / 267
12.5 色谱分析法应用示例 / 268
学习小结 / 270
目标测试 / 270

目标测试部分参考答案 / 273

附 录 / 281

附录A 相对原子质量 / 281

附录 B　常见化合物的相对分子质量　　　　　　　　/ 282
附录 C　弱酸和弱碱在水中的解离常数(298.15 K)　　/ 283
附录 D　常见难溶化合物的溶度积(298.15 K)　　　　/ 284
附录 E　EDTA 与部分金属离子螯合物的 $\lg K_{稳}$(20～25 ℃)
　　　　　　　　　　　　　　　　　　　　　　/ 287
附录 F　EDTA 的 $\lg\alpha_{Y(H)}$ 值　　　　　　　　　　　/ 288
附录 G　标准电极电势(298.15 K、101.33 kPa)　　　/ 288

参考文献　　　　　　　　　　　　　　　　　　　/ 294

绪 论

0.1 化学研究的对象及范围

自然界是由物质组成的,化学则是人们认识和改造物质世界的主要方法和手段之一,在人类生存和社会发展中起着极为重要的作用。从宇宙间以光年为单位计算其大小的庞大星系,到人肉眼无法看到的分子、原子、电子等微观粒子,化学都以不同的运动形式存在着。

化学科学是自然科学中的一门重要学科,是其他许多学科的基础。化学(chemistry)是研究物质化学运动的科学,它是在分子、原子或离子等层次上研究物质的组成、结构、性质、变化规律以及变化过程中能量关系的一门科学。化学科学来源于生产,其产生及发展与人类最基本的生产活动紧密相连,人类的衣、食、住、行,也无不与化学科学密切相关,化学元素和化学物种是人类赖以生存的物质宝库。人类社会和经济的飞速发展,给化学科学提供了极为丰富的研究对象和物质技术条件,开辟了广阔的研究领域。化学科学来源于生产,反过来又促进了生产的进步。在应对社会发展所面临的人口、资源、能源、粮食、环境、健康等各种问题的严峻挑战中,化学科学都发挥了不可缺少的重要作用,作出了杰出的贡献。化学科学的发展正是这样把巨大的自然力和自然科学并入生产过程,推动了生产的迅猛发展。

化学研究的范围如下。

(1) 物质的组成、结构与其性质之间的关系。

"组成"包括定性组成和定量组成。弄清物质的定性组成,应确证它含有哪些元素;物质的定量组成包括各元素的质量分数、原子个数比、化学式及分子式等。

"结构"包括原子结构、分子结构和晶体结构,以及说明物质结构的各种结构理论。

"性质"包括物理性质和化学性质。物质的物理性质,诸如溶解性、热性质和某些谱学性质等在化学中应用相当广泛,自然也成为化学的研究内容。

"关系"即内在联系。物质的组成、结构决定性质,性质反映组成和结构,性质决定用途。

（2）如何能够使一种化学反应发生。

化学反应的发生包括化学变化和物理变化。化学不仅研究化学变化，也研究与化学变化相关的物理变化。例如，热化学、电化学和表面化学都是研究与化学过程相关的物理过程。

化学变化离不开一定的外界条件。光、电、磁、热、力等外界条件的变化对物质组成、结构和性质会产生影响。物质性质的表现也需要一定的外界条件。

（3）化学反应发生时能够供给或需要多少能量。

化学是在原子、分子、离子层次上进行研究的。化学变化中原子核不会改变，原子核外电子运动状态会发生改变。

化学研究的内容很广泛，由于学科发展，传统上把化学分为无机化学、分析化学、有机化学和物理化学四大分支学科，通常称之为"四大化学"。但广义上的化学也习惯将核化学和放射化学包括在内。

0.2　无机及分析化学的任务和作用

无机化学(inorganic chemistry)是化学最早发展起来的一门分支学科。现代无机化学是以化学元素周期表为基础，研究元素及其化合物（除碳氢化合物及其衍生物）的制备、组成、结构及反应的实验测试和理论阐明。它的主要任务是将一些天然无机物加工成化工原料和化工产品，使人类日益增长的生产和生活需求得到满足。

分析化学(analytical chemistry)是"表征和量测的科学"，是研究物质的组成、含量、结构和形态等化学信息的分析方法及理论的一门科学。分析化学的主要任务是鉴定物质的化学组成（元素、离子、官能团或化合物）、测定物质的有关组分的含量、确定物质的结构（化学结构、晶体结构、空间分布）和存在形态（价态、配位态、结晶态）及其与物质性质之间的关系等。

无机及分析化学实际上是无机化学内容与化学分析的四大滴定相结合的结果，它是化学学科的一个重要分支。许多化学定律和理论的发现和确证都离不开无机及分析化学，尤其是在生命科学、材料科学、资源和能源科学等许多科学研究领域，都需要知道物质的组成、含量、结构和形态等各种信息。

不仅如此，无机及分析化学对国民经济、国防建设和人民生活等方面都有很大的实际意义。例如，工业上资源的勘探、原料的选择、工艺流程的控制、成品的检验及"三废"的处理与环境的监测，农业上土壤的普查、作物营养的诊断、化肥及农产品的质量检验，尖端科学和国防建设中，像人造卫星、核武器的研究和生产及原子能材料、半导体材料、超纯物质中微量杂质的分析等，都要应用无机及分析化学。在国际贸易方面，对进出口的原料、成品的质量分析，不仅具有经济意义，而且具有重大的政治意义。可以说，无机及分析化学的水平已成为衡量一个国家科学技术水平的重要标志之一。

由于科学和技术的发展，无机及分析化学正处在变革之中。近代的科学研究和生产不仅要求测定物质的化学组成,还要求研究诸如元素的氧化态、配合态及空间分布,物质的晶体结构、表面结构及微区结构,不稳定中间体等。这些研究拓展了无机及分析化学的范围,大大地促进了它的发展。

0.3 无机及分析化学课程的基本内容

无机及分析化学课程是对原无机化学和分析化学课程的基本理论、基本知识进行优化组合、有机结合而成的一门课程。其基本内容如下。

(1) 近代物质结构理论:研究原子结构、分子结构和晶体结构,了解物质的性质、化学变化与物质结构之间的内在联系。

(2) 化学平衡理论:研究化学平衡原理及平衡移动的一般规律,具体讨论酸碱平衡、沉淀溶解平衡、氧化还原平衡和配位平衡。

(3) 元素化学:在化学元素周期律的基础上,研究重要元素及其化合物的结构、组成、性质的变化规律。

(4) 物质组成的化学分析方法及有关理论:具体讨论酸碱滴定法、沉淀滴定法、氧化还原滴定法、配位滴定法、电位法及永停滴定法、紫外-可见分光光度法、色谱分析法。

因此,无机及分析化学课程的基本内容可以简单归纳为"结构"、"平衡"、"性质"、"应用"八个字。学习无机及分析化学,就是要理解并掌握物质结构的基础理论、化学反应的基本原理及其具体应用、元素化学的基本知识,培养运用无机及分析化学的理论去解决一般无机及分析化学问题的能力。

0.4 无机及分析化学课程的学习方法及意义

无机及分析化学是一门重要的专业基础课。开设本课程的目的,是使学生通过理论课的学习为后续化学课程和专业课程的学习打好基础,通过实验实训掌握相关基本实验技能,提高自己独立思考和独立解决问题的能力。在学习无机及分析化学的过程中,应注意以下几点。

(1) 科学方法和科学思维。科学的方法就是在仔细观察实验现象、搜集事实、获得感性知识的基础上,经过分析、比较、判断,加以推理和归纳,得到概念、定律、原理等不同层次的理性知识,再将这些理性知识应用到实践中去。学习无机及分析化学也是一个从实践到理论再到实践的过程,在这整个过程中,人脑所起的作用就是科学思维。

(2) 掌握重点,突破难点。要在课前预习的基础上,认真听课,根据各章的教学基本要求进行学习。凡属重点一定要学懂学通;对难点要作具体分析,有的难点亦是重点,有的难点并非重点。努力学会运用理论知识去分析解决实际问题。

(3) 学习中注意让"点的记忆"汇成"线的记忆"。善于运用分析对比和联系归纳的方法,对课程的基本理论、基本知识要反复理解与应用,在理解中进行记忆,弄清相关概念、原理,尤其是应用条件及使用范围。做到举一反三,通过归纳,寻找联系,做到熟练掌握、灵活运用,融会贯通,将知识系统化。

(4) 着重培养自学能力。掌握知识是提高自学能力的基础,而提高自学能力又是掌握知识的重要条件,二者相互促进。为此要充分利用图书馆、资料室,通过参阅各种参考资料,帮助自己更深刻地理解与掌握课程的基本理论和基本知识。

(5) 重视化学实验。化学是一门以实验为基础的科学,不仅要通过理论课学习,而且要结合实验现象,巩固和深化、扩大理论知识,努力变应试学习为创新、探索性学习,通过实验培养实事求是的科学态度及分析问题、解决问题的能力。

(6) 学点化学史。在化学形成、发展的过程中,有无数前辈为此付出了辛勤的劳动,作出了巨大的贡献。他们的成功经验与失败教训值得我们借鉴,而他们那种不怕困难、百折不挠、脚踏实地、勤奋工作、严谨治学、实事求是的精神更值得我们学习。

当前化学发展的总趋势可以概括为:从宏观到微观,从静态到动态,从定性到定量,从体相到表相,从描述到理论。化学在理论方面将会有更大的突破。在美国化学会成立一百周年纪念会上,原美国化学会会长 G. T. Seaborg 发表演讲时就指出:"化学必将有指数的而不是线性的增长。化学将在它对人类生活的影响方面发挥日益重大的作用。"

现代科学技术的迅猛发展促进了不同学科的深入发展、交叉与融合,不同科技领域的共鸣与共振必将爆发出更为惊人的综合效果。人类对物质世界的探索至广、至深,令人惊叹! 目前,科学研究所涉及的空间线度已可从 10^{-18} m(电子半径)到 10^{26} m(100亿光年),纵贯44个数量级,人们凭借扫描隧道显微镜已经能比较直观地看到原子和分子的形貌;所涉及的时间范围已可从 10^{-22} s(共振态粒子)到 10^{18} s(100亿年),横穿40个数量级。人们运用闪光分解技术已经可以直接观测到化学反应最基本的动态历程。人们已经在飞秒级(10^{-15} s)的时间内追踪化学变化。与分子器件、纳米材料、生物体系的模拟有关的亚微观体系的研究备受青睐。纳米技术涉及原子或分子团簇、超细微粒,并与微电子技术密切相关,不仅有理论意义,而且有实用意义。与此同时,人们把越来越多的注意力投向处理复杂性问题,特别是化学与生物学、生命科学相关联的一些领域。一些物理学的新思想,如非线性科学中的耗散结构理论、混沌理论、分形理论等在化学中的应用日广,前景引人注目。可以预计,在解决以开放、非平衡态为特点的生命体系中的化学问题时,必将引起化学领域的新的突破。

第 1 章

溶液和胶体

学习目标

1. 了解分散系的基本概念,掌握分散系分类及各类分散系特征;
2. 掌握溶液浓度各种表示方法及有关计算,学会溶液的配制、稀释、混合等基本操作;
3. 了解稀溶液的依数性,掌握渗透压定律及有关计算、应用,学会分析渗透进行的方向及解释与渗透压相关的药学问题;
4. 了解胶体溶液概念、胶团结构,掌握溶胶、高分子溶液的性质及应用;
5. 了解表面张力与表面能的概念,掌握表面活性物质的基本性质及应用。

1.1 分散系

1.1.1 基本概念

在研究问题时,为了明确研究的对象,常把要研究的一部分物质与其他物质分开。被划分出来作为研究对象的这部分物质称为体系。例如,在一只烧杯中装有水,若要研究杯中的水,就把水看成体系。体系中物理性质和化学性质完全相同的均匀部分称为相。只含有一个相的体系称为单相体系或均相体系。例如,纯水、食盐水、气体混合物等体系中都只含有一个相,均属单相体系。而含两个或多个相的体系称为多相体系或非均相体系。例如,冰、水、水蒸气共存的体系,铜和盐酸共存的体系均属多相体系。在多相体系中,相与相之间存在着明显的界面。

一种或几种物质以细小颗粒分散在另一种物质中所形成的体系称为分散体系,简称分散系。其中被分散的物质称为分散质或分散相,容纳分散质的物质称为分散剂或分散介质。例如,将少量泥土(或蔗糖)放进水中,形成分散系,其中泥土(或蔗糖)是分散质,水是分散剂。

1.1.2 分类

上述泥水和糖水两个分散系,在外观上和性质上均有很大差异。这种差异是由于分散质粒子大小不同引起的。根据分散质粒子大小,可将分散系分成三类。

(1) 粗分散系。分散质粒子较大(直径>100 nm),分散质粒子与分散剂之间存在明显的界面,体系呈混浊状态。其中分散质为固体微粒的粗分散系称为悬浊液,如泥水分散系;分散质为液体微粒的粗分散系称为乳浊液,如油水分散系。粗分散系属多相不稳定体系,放置一段时间,分散质会从体系中分离出来,其中悬浊液会产生沉淀,乳浊液会分层。粗分散系中的分散质不能通过滤纸和半透膜。

(2) 胶体分散系。分散质粒子直径在1~100 nm 的分散系称为胶体分散系,包括溶胶和高分子溶液两类。溶胶是以分子的聚集体为分散质分散在分散剂中所形成的体系,高分子溶液是以单个大分子为分散质分散在分散剂中所形成的体系。从外观上看,二者均不混浊且性质相似,但二者有着本质的区别。溶胶是多相、相对稳定体系,而高分子溶液是单相、稳定体系。

(3) 分子、离子分散系。分散质为分子或离子(直径<1 nm),分散系是均匀稳定的单相体系,无论放置多久,在密闭器中分散质都不会从体系中分离出来,这种均匀稳定的分散系称为真溶液(简称溶液)。例如,实验室常用的酸、碱、盐溶液均属分子、离子分散系。

分散系的分类见表1-1。

表1-1 分散系的分类

分散系	分子、离子分散系	胶体分散系		粗分散系	
	真溶液	溶胶	高分子溶液	悬浊液	乳浊液
分散质	小分子、小离子	分子、原子、离子的聚集体	单个高分子	固体微粒	液体微粒
粒子直径	<1 nm	1~100 nm		>100 nm	
性质	单相,透明,均匀,稳定,不聚沉,粒子能透过滤纸和半透膜	多相,不均匀,有相对稳定性,不易聚沉	单相,均匀,稳定,不聚沉	多相,不透明,不均匀,不稳定,能自动聚沉,粒子不能透过滤纸和半透膜	
		粒子能透过滤纸而不能透过半透膜			
实例	葡萄糖溶液	AgI 溶胶	淀粉溶液	泥浆水	油水

1.2 溶液

溶液(即分子、离子分散系)可以是固态的(如合金)、液态的(如食盐水)或气态的(如气体混合物)。通常所说的溶液是指液态溶液,溶液中的分散质也称溶质,分散剂也称溶剂,因此溶液由溶质和溶剂两部分组成。若溶液是由液体与固体(或气体)组成时,则把液体看做溶剂,其他看做溶质;若溶液是由两种液体组成时,一般把量多的看做溶剂,把量少的看做溶质;若两种液体中有一种是水,则水为溶剂。通常不指明溶剂的溶液即指水溶液,如95％乙醇溶液、NaOH溶液等。

1.2.1 溶液浓度的表示方法

溶液的浓度是指一定量的溶液(或溶剂)中所含溶质的量。溶液浓度的表示方法有多种,可根据工作的需要或溶质的状态,选择不同的表示方法。

1. 物质的量浓度

溶质 B 的物质的量(n_B)除以溶液的体积(V)称为溶质 B 的物质的量浓度,简称浓度,用符号 c_B 或 $c(B)$ 表示。即

$$c_B = \frac{n_B}{V} \tag{1-1}$$

物质的量浓度的 SI 单位为 mol/m^3,实际工作中常用的单位是 mol/L、$mmol/L$。这种浓度表示方法在化学和药学中最常用。

【例 1-1】 将 8.0 g NaOH(相对分子质量为 40.00)溶于水配成 500 mL NaOH 溶液,求此溶液的物质的量浓度。

解 溶液中所含 NaOH 的物质的量

$$n(\text{NaOH}) = \frac{8.0}{40.00} \text{mol} = 0.20 \text{ mol}$$

溶液的物质的量浓度

$$c(\text{NaOH}) = \frac{0.20}{0.500} \text{mol/L} = 0.40 \text{ mol/L}$$

在使用物质的量浓度时要注明基本单元。如 $c(H_2SO_4) = 1 \text{ mol/L}$,表示 1 L 该 H_2SO_4 溶液中含有 H_2SO_4 1 mol,即含 H_2SO_4 98 g;而 $c(\frac{1}{2}H_2SO_4) = 1 \text{ mol/L}$,表示 1 L 该 H_2SO_4 溶液中含有 ($\frac{1}{2}H_2SO_4$) 1 mol,即含 H_2SO_4 49 g。

2. 质量浓度

溶质 B 的质量(m_B)除以溶液的体积(V)称为溶质 B 的质量浓度,用符号 ρ_B 或 $\rho(B)$ 表示。即

$$\rho_B = \frac{m_B}{V} \tag{1-2}$$

质量浓度的 SI 单位是 kg/m³,实际工作中常用的单位是 g/L、mg/L 和 μg/L。

质量浓度 ρ_B 与密度 ρ 表示符号相同但含义不同。溶液的质量(m)除以溶液的体积(V)称为溶液的密度,单位是 kg/L 或 g/mL。使用时应特别注意。

【例 1-2】 500 mL 静脉滴注用的葡萄糖溶液中含 25.0 g $C_6H_{12}O_6$,此 $C_6H_{12}O_6$ 溶液的质量浓度是多少?

解 $C_6H_{12}O_6$ 溶液的质量浓度

$$\rho(C_6H_{12}O_6) = \frac{m(C_6H_{12}O_6)}{V} = \frac{25.0}{0.500} \text{g/L} = 50 \text{ g/L}$$

3. 质量分数和体积分数

溶质 B 的质量(m_B)除以溶液的质量(m)称为溶质 B 的质量分数,用符号 w_B 或 $w(B)$ 表示。即

$$w_B = \frac{m_B}{m} \tag{1-3}$$

式中,m_B 和 m 的单位相同,质量分数可用小数或百分数表示,药学上常用符号％(g/g)表示。

【例 1-3】 将 80.0 g 蔗糖溶于水,配制成 500 g 蔗糖溶液,此溶液中蔗糖的质量分数是多少?

解 蔗糖的质量分数

$$w_{蔗糖} = \frac{m_{蔗糖}}{m} = \frac{80.0}{500} = 0.160$$

溶液中气体或液体溶质 B 的体积(V_B)除以溶液的体积(V)称为溶质 B 的体积分数,用符号 φ_B 或 $\varphi(B)$ 表示。即

$$\varphi_B = \frac{V_B}{V} \tag{1-4}$$

式中,V_B 和 V 的单位相同,体积分数也可用小数或百分数表示,药学上常用符号 ％(mL/mL)表示。

【例 1-4】 配制 300 mL 医用消毒酒精需用 225 mL 纯酒精,此酒精溶液中酒精的体积分数是多少?

解 酒精的体积分数

$$\varphi_{酒精} = \frac{V_{酒精}}{V} = \frac{225}{300} = 0.750$$

4. 摩尔分数

溶质 B 的物质的量(n_B)除以溶液的物质的量($n_A + n_B$)称为溶质 B 的摩尔分数,用符号 x_B 或 $x(B)$ 表示。即

$$x_B = \frac{n_B}{n_A + n_B} \tag{1-5}$$

式中,n_A 为溶剂 A 的物质的量,$n_A + n_B$ 与 n_B 单位相同,摩尔分数可用小数或百分数表

示。

同理,溶剂 A 的摩尔分数可用符号 x_A 或 $x(A)$ 表示。即

$$x_A = \frac{n_A}{n_A + n_B} \tag{1-6}$$

显然 $$x_A + x_B = 1$$

【**例 1-5**】 室温下,将 30.0 g NaCl(相对分子质量为 58.44)溶于 100.0 g 水(相对分子质量为 18.02)中,分别计算 NaCl 和水的摩尔分数。

解 NaCl 的物质的量

$$n(NaCl) = \frac{30.0}{58.44} \text{mol} = 0.513 \text{ mol}$$

H_2O 的物质的量

$$n(H_2O) = \frac{100.0}{18.02} \text{mol} = 5.549 \text{ mol}$$

NaCl 的摩尔分数

$$x(NaCl) = \frac{0.513}{0.513 + 5.549} = 0.0846$$

H_2O 的摩尔分数

$$x(H_2O) = 1 - 0.0846 = 0.9154$$

5. 质量摩尔浓度

溶质 B 的物质的量(n_B)除以溶剂 A 的质量(m_A)称为溶质 B 的质量摩尔浓度,用符号 b_B 或 $b(B)$ 表示。即

$$b_B = \frac{n_B}{m_A} \tag{1-7}$$

质量摩尔浓度的 SI 单位是 mol/kg,使用时要注明基本单元。质量摩尔浓度数值不受温度影响。对于极稀的溶液,$b_B \approx c_B$。

【**例 1-6**】 计算质量分数为 10% NaCl(相对分子质量为 58.44)溶液的质量摩尔浓度。

解 溶液的质量摩尔浓度

$$b(NaCl) = \frac{10}{58.44 \times 0.090} \text{mol/kg} = 1.9 \text{ mol/kg}$$

1.2.2 溶液浓度表示方法的相关计算

1. 溶液浓度表示方法的换算

实际工作中,常需要进行不同浓度表示方法之间的相互换算。在进行换算时,要从各种浓度表示方法的基本定义出发,找出各种表示方法之间的联系。如果进行溶液的质量和体积之间的换算,需知道溶液的密度才能实现换算;如果涉及质量与物质的量之间换算,需知道溶质的摩尔质量才能进行换算。

【**例 1-7**】 浓硫酸的质量分数为 98%,密度为 1.84 kg/L,计算浓硫酸的质量浓度和

物质的量浓度（H_2SO_4 的摩尔质量为 98.07 g/mol）。

解 H_2SO_4 的质量浓度
$$\rho(H_2SO_4)=1.84\times 98\%\times 1000\ \text{g/L}=1800\ \text{g/L}$$

H_2SO_4 的物质的量浓度
$$c(H_2SO_4)=\frac{1.84\times 98\%\times 1000}{98.07}\ \text{mol/L}=18.4\ \text{mol/L}$$

c_B 与 w_B 的关系为
$$c_B=\frac{1000\times \rho \times w_B}{M_B}$$

2. 溶液的配制、稀释和混合

实际工作中经常需要进行溶液的配制、稀释和混合等基本操作。首先进行有关计算，然后根据具体要求进行操作。

1) 溶液的配制

(1) 配制一定质量的溶液：分别称取一定质量的溶质和溶剂，将二者混合均匀即可。用质量分数（w_B）、摩尔分数（x_B）和质量摩尔浓度（b_B）表示溶液浓度时需采用这种方法配制。

【例 1-8】 现需质量分数为 0.20 的 NaCl 溶液 100 g，应怎样配制？

解 溶液中含有 NaCl 的质量
$$m(NaCl)=0.20\times 100\ \text{g}=20\ \text{g}$$

需要水的质量
$$m(H_2O)=(100-20)\ \text{g}=80\ \text{g}$$

配制方法：分别称取 20 g 固体 NaCl 和 80 g 蒸馏水，将二者混合均匀，即得到 100 g 质量分数为 0.20 的 NaCl 溶液。

(2) 配制一定体积的溶液：用适量的溶剂将一定质量（或体积）的溶质完全溶解后，再加溶剂至所需体积混匀即可。用质量浓度（ρ_B）、物质的量浓度（c_B）及体积分数（φ_B）表示溶液浓度时需采用这种方法配制。

【例 1-9】 今需质量浓度为 50 g/L 的葡萄糖溶液 500 mL，应怎样配制？

解 溶液中含葡萄糖的质量
$$m(C_6H_{12}O_6)=50\times \frac{500}{1000}\ \text{g}=25\ \text{g}$$

配制方法：称取 25 g 葡萄糖放入烧杯中，用少量蒸馏水溶解后，将其转移至 500 mL 量筒中，再用少量蒸馏水冲洗烧杯 2～3 次，洗涤水也全部转移至量筒中（此过程称为定量转移），最后加蒸馏水至 500 mL 刻线处混匀即可。

配制一般试剂溶液（如指示剂），可用托盘天平称物质的质量，用量筒量取液体的体积来配制。当需精确的溶液浓度（如标准溶液）时，则需用分析天平称物质的质量，用移液管量取液体的体积，用容量瓶来配制溶液。

2) 溶液的稀释

在浓溶液中加入溶剂使溶液浓度降低的操作称为溶液的稀释。计算依据是：稀释前后，溶液中所含溶质的量不变。即

$$c_1V_1 = c_2V_2 \qquad (1-8)$$

式(1-8)称为稀释公式。式中,c_1、V_1分别为浓溶液的浓度和体积;c_2、V_2分别为稀释后稀溶液的浓度和体积。

【例 1-10】 用体积分数为 95% 的酒精来配制体积分数为 75% 的消毒酒精 1000 mL,应怎样配制?

解 设需 95% 酒精的体积为 V_1(mL),根据稀释公式得

$$V_1 = \frac{75\% \times 1000}{95\%} \text{mL} = 790 \text{ mL}$$

配制方法:用量筒量取 95% 酒精 790 mL,加蒸馏水稀释至 1000 mL 混匀即可。

3) 溶液的混合

在浓溶液中加入同溶质的稀溶液得到所需浓度的溶液的操作称为溶液的混合。计算依据是:混合前后,溶液中所含溶质的总量不变。即

$$c_1V_1 + c_2V_2 = c(V_1 + V_2) \qquad (1-9)$$

式中,c_1、V_1分别为浓溶液的浓度和体积;c_2、V_2分别为稀溶液的浓度和体积;c、V_1+V_2分别为混合溶液的浓度和体积(忽略了混合后体积的改变)。式(1-8)、式(1-9)中 c_B 可替换成 ρ_B 或 φ_B,使用时要保持等式两边单位一致。

【例 1-11】 现有 0.2 mol/L 的 H_2SO_4 溶液 500 mL,需用多少毫升 3 mol/L 的 H_2SO_4 溶液与其混合,才能配成 0.5 mol/L 的 H_2SO_4 溶液?

解 设需 3 mol/L 的 H_2SO_4 溶液的体积为 V_1(mL),则

$$0.2 \times 500 + 3V_1 = 0.5 \times (500 + V_1)$$

解得

$$V_1 = 60 \text{ mL}$$

配制方法:量取 3 mol/L 的 H_2SO_4 溶液 60 mL,加入 500 mL 0.2 mol/L 的 H_2SO_4 溶液中混匀即可。

1.3 稀溶液的依数性

将溶质溶解于溶剂中形成溶液,溶液的性质已不同于溶质或溶剂。溶液的性质可划分为两类:一类性质(如颜色、酸碱性变化等)与溶质的本性有关;而另一类性质(如蒸气压、沸点、凝固点和渗透压变化)与溶质的本性无关,仅取决于溶液中所含溶质粒子的浓度。后者称为稀溶液的依数性,只适用于难挥发非电解质稀溶液。

1.3.1 溶液的蒸气压下降

1. 溶剂的蒸气压

在一定温度下,将一纯溶剂放在密闭容器中,由于溶剂分子的热运动,液面上将存在液体蒸发和蒸气凝聚两个过程。液面上一部分能量较高的溶剂分子将自液面逸出,扩散到空间形成气相的溶剂分子,这一过程称为蒸发。同时,气相的溶剂分子也会接触到液面

并被吸引到液相中,这一过程称为凝聚。在一定温度下,溶剂的蒸发速率是恒定的。开始时蒸气凝聚速率很小。随着蒸发的进行,蒸气密度逐渐增加,凝聚速率也增大,最终蒸发速率与凝聚速率相等,气、液两相达到平衡状态,这时蒸气的密度不再改变。此时蒸气所具有的压力称为该温度下该溶剂的饱和蒸气压,简称蒸气压,单位是 Pa 或 kPa。

蒸气压与物质的本性和温度有关。不同的物质有不同的蒸气压,如在 293 K 时,水的蒸气压为 2.34 kPa,乙醇的蒸气压为 5.85 kPa;同一物质蒸气压随温度升高而增大,如水的蒸气压在 273 K 时为 0.610 kPa,在 373 K 时为 101.33 kPa。固体也具有蒸气压,一般来说,固体的蒸气压都很小,如冰的蒸气压,在 273 K 时为 0.610 kPa,在 263 K 时为 0.286 kPa。每种固体和液体,在一定温度下,它们的蒸气压均是一个定值。

2. 溶液的蒸气压下降

在溶剂中溶解了难挥发的非电解质溶质后,溶质能与溶剂形成溶剂化分子,从而束缚了一部分高能量的溶剂分子,同时溶质又占据了一部分溶剂的表面,使溶剂蒸发的速率变小。这导致溶剂蒸发的速率小于蒸气凝聚的速率,蒸气会不断地凝聚成液体。达到新的平衡时,溶液的蒸气压(即溶液中溶剂的蒸气压)必然比同温度下纯溶剂的蒸气压低。这种现象称为溶液的蒸气压下降,如图 1-1 所示。溶液的浓度越大,其蒸气压下降就越多。

1887 年法国物理学家拉乌尔(F. M. Raoult)通过实验得出结论:在一定温度下,难挥发的非电解质稀溶液的蒸气压下降与溶液的质量摩尔浓度成正比,而与溶质本性无关。此结论称为拉乌尔定律。可表示为

$$\Delta p = K b_B \tag{1-10}$$

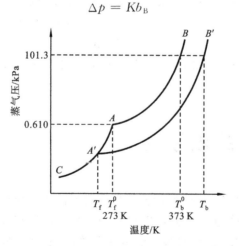

图 1-1 溶液的蒸气压下降、沸点升高、凝固点降低

AB 为纯水的蒸气压曲线,A'B' 为溶液的蒸气压曲线,AC 为冰的蒸气压曲线

1.3.2 溶液的沸点升高

1. 溶剂的沸点

加热液体时,液体的蒸气压将随温度升高而逐渐增大。液体的蒸气压等于外界大气压时的温度称为该液体在该压强下的沸点,如图 1-1 中 T_b^0 点所示。通常所说的液体的沸

点是指在标准大气压(101.33 kPa)时的沸点。例如,水的沸点为 373 K。液体的沸点与外界压强关系很大,外界压强越大,液体的沸点就越高。达到沸点时若继续加热,液体不断沸腾、蒸发,但温度不再上升。因此,纯液体的沸点是恒定的。

2. 溶液的沸点升高

在 101.33 kPa 下,纯水的沸点为 373 K。此时若在水中加入难挥发的非电解质溶质,溶液的蒸气压将下降,在 373 K 时会低于 101.33 kPa,水溶液不会沸腾。只有继续加热升高温度到 T_b,溶液的蒸气压等于 101.33 kPa 时,溶液才能沸腾。温度 T_b 就是该溶液的沸点。因此,溶液的沸点是指溶液的蒸气压等于外界大气压时的温度。溶液的沸点总是高于纯溶剂的沸点,这种现象称为溶液的沸点升高。溶液浓度越大,其蒸气压就越低,其沸点也就越高。

根据拉乌尔定律可知,在一定温度下,难挥发非电解质稀溶液的沸点升高与溶液的质量摩尔浓度成正比,而与溶质本性无关。可表示为

$$\Delta T_b = K_b b_B \tag{1-11}$$

式中,ΔT_b 为溶液的沸点升高度数(K);K_b 为溶剂的沸点升高常数,其值只与溶剂的本性有关,如水的 K_b 为 0.512,乙醇的 K_b 为 1.22,乙醚的 K_b 为 2.02 等。

1.3.3 溶液的凝固点降低

1. 溶剂的凝固点

在一定外压下,某物质的液相与固相具有相同蒸气压而能平衡共存时的温度称为该物质的凝固点,如图 1-1 中 T_f^0 点所示。例如,当外界大气压为 101.33 kPa 时,水的凝固点为 273 K,此温度下,水与冰的蒸气压均为 0.610 kPa,水与冰两相共存。若温度高于或低于 273 K 时,水和冰的蒸气压不再相等,两相不能共存,蒸气压大的相将向蒸气压小的相转化。

2. 溶液的凝固点降低

在 273 K、101.33 kPa 时,若向冰、水混合体系中加入少量难挥发的非电解质,溶质溶解后,水溶液蒸气压会下降,而冰的蒸气压不会改变。这样在 273 K 时,水溶液的蒸气压要低于冰的蒸气压,溶液和冰不能共存,冰会不断融化成水,在此温度下溶液不会凝固。要使溶液和冰二者蒸气压相等而能平衡共存,必须继续降低温度。如图 1-1 所示,当温度降到 273 K 以下 T_f 时,溶液和冰二者的蒸气压再次相等,两相可平衡共存。温度 T_f 就是该溶液的凝固点。因此,溶液的凝固点是指溶液与其固相溶质具有相同蒸气压而能平衡共存时的温度。溶液的凝固点比纯溶剂的低,这种现象称为溶液的凝固点降低。溶液浓度越大,其蒸气压就越低,其凝固点也就越低。

根据拉乌尔定律可知,在一定温度下,难挥发非电解质稀溶液的凝固点降低与溶液的质量摩尔浓度成正比,而与溶质本性无关。可表示为

$$\Delta T_f = K_f b_B \tag{1-12}$$

式中,ΔT_f 为溶液的凝固点降低度数(K);K_f 为溶剂的凝固点降低常数,其值只与溶剂的本性有关,如水的 K_f 为 1.86,乙醚的 K_f 为 1.80,乙酸的 K_f 为 3.90 等。

溶液的凝固点降低的性质应用广泛。例如：冬天往汽车水箱中加入甘油或乙二醇可防止水结冰；在寒冷的冬天往道路上撒盐，可以使路面上的冰雪融化；还可利用凝固点降低法对药液进行等渗调节及测定物质的摩尔质量等。

溶液凝固点降低及沸点升高的根本原因是溶液蒸气压下降，因此，二者均是稀溶液的依数性。

1.3.4 溶液的渗透压

1. 渗透现象和渗透压

在浓蔗糖溶液的液面上小心加一层纯水，避免振动，静置一段时间。由于分子的热运动，糖分子会向水层运动，水分子会向蔗糖溶液中运动，最后会成为均匀的蔗糖溶液。这种溶质与溶剂分子间的双向运动称为扩散。纯溶剂与溶液（或两种不同浓度的溶液）相互接触时，会有扩散现象产生。

1) 渗透现象

如果将纯水和蔗糖溶液用半透膜隔开，情况就不同了。半透膜是一种允许某些物质透过，而不允许另一些物质透过的多孔性薄膜。例如，人体的膀胱膜、细胞膜、毛细血管壁等都是半透膜。有的半透膜（如细胞膜）只允许水分子透过而不允许溶质分子透过；有的半透膜（如毛细血管壁）允许水分子、小分子化合物及金属离子透过，而不允许大分子化合物透过。用只允许水分子透过而蔗糖分子不能透过的半透膜，将纯水和蔗糖溶液隔开，并使膜两侧液面高度相等，如图1-2所示。水分子可以透过半透膜双向运动。由于纯水中比蔗糖溶液中所含水分子浓度大，因此，从纯水进入蔗糖溶液的水分子速率 v_1 比从蔗糖溶液进入纯水的水分子速率 v_2 大，结果蔗糖溶液的液面升高。这种溶剂分子透过半透膜进入溶液的自发过程称为渗透。产生渗透现象的条件是有半透膜存在和膜两侧溶液存在浓度差。渗透方向总是溶剂分子从纯溶剂向溶液（或从稀溶液向浓溶液）方向渗透。渗透的结果是膜两侧溶液的浓度差减小。

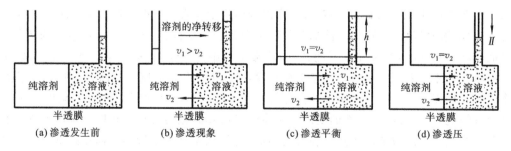

图1-2 渗透现象和渗透压

2) 渗透压

由于渗透作用，蔗糖溶液的液面逐渐上升。当半透膜两侧液面高度差达到某一定值 h 时，水分子向两个方向渗透的速率相等，蔗糖溶液的液面不再继续升高，此时体系达到渗透平衡。若要阻止渗透现象发生，必须在溶液液面上施加一定压力 Π，这种恰好能阻止渗透进行而施加于溶液液面上的压力,称为该溶液的渗透压。溶液的渗透压是相对纯溶剂而言的。如果将两种不同浓度的溶液用半透膜隔开,为了阻止渗透现象发生,必须在浓溶液液面上施加一压力,但此压力是浓、稀两溶液的渗透压之差。

图 1-2 中,若在溶液一侧施加大于渗透压的额外压力,则溶液中将有更多的溶剂分子透过半透膜进入纯溶剂。这种使渗透作用逆向进行的过程称为反渗透。反渗透技术可用于海水淡化、废水处理和溶液的浓缩等方面。

2. 渗透压与浓度、温度的关系

1886 年荷兰物理学家范特霍夫(van't Hoff)根据实验结果,总结出稀溶液的渗透压与浓度、温度的关系:

$$\Pi V = nRT \quad 或 \quad \Pi = cRT \tag{1-13}$$

式中,Π 为稀溶液的渗透压(kPa);V 为稀溶液的体积(L);n 为溶质的物质的量(mol);c 为溶液的物质的量浓度(mol/L);T 为绝对温度(K);R 为气体常数,其值为 8.314 kPa·L/(K·mol)。

式(1-13)表明,稀溶液的渗透压与溶液的物质的量浓度及绝对温度成正比,而与溶质本性无关,这称为渗透压定律或范特霍夫定律。此定律说明了在一定温度下,稀溶液的渗透压只与单位体积溶液内的溶质颗粒数成正比,而与溶质的本性无关。因此,渗透压也是稀溶液的一种依数性。

式(1-13)仅适用于非电解质稀溶液。非电解质分子在溶液中不解离,在相同温度下,只要物质的量浓度相同,单位体积内溶质颗粒数目就相等,因此渗透压也相等。例如,温度、物质的量浓度相同的 $C_6H_{12}O_6$ 和 $C_{12}H_{22}O_{11}$ 溶液,它们的渗透压相等。在计算电解质溶液渗透压时,式(1-13)应引入一个校正系数 i,即

$$\Pi = icRT \tag{1-14}$$

式中,i 是电解质的一个分子在溶液中能产生的离子数,如 $i(NaCl) \approx 2$,$i(CaCl_2) \approx 3$。因为电解质溶质在溶液中要发生解离,溶液中所含溶质颗粒的数目要比相同浓度的非电解质溶液多,故渗透压也大。

通过测定溶液的渗透压,可求得溶质的摩尔质量。由式(1-13)得

$$\Pi V = \frac{m}{M}RT \quad 或 \quad M = \frac{m}{\Pi V}RT \tag{1-15}$$

式中,m 为溶质的质量,M 为溶质的摩尔质量。此法较适合于测定高分子化合物的摩尔质量。

【例 1-12】 将 2.5 g 血红蛋白溶于适量水中,配成 250 mL 溶液,在 20 ℃时测得该溶液的渗透压为 0.365 kPa,求血红蛋白的摩尔质量。

解 设血红蛋白的摩尔质量为 M,血红蛋白溶液物质的量浓度

$$c = \frac{\Pi}{RT} = \frac{0.365}{8.314 \times 293} \text{mol/L} = 1.5 \times 10^{-4} \text{ mol/L}$$

根据物质的量浓度的定义,有

$$\frac{2.5}{M} \times \frac{1000}{250} = 1.5 \times 10^{-4}$$

解得血红蛋白的摩尔质量

$$M = 6.7 \times 10^4 \text{ g/mol}$$

3. 渗透压在医学上的意义

1) 渗透浓度

在人体体液(如血浆)中含有许多电解质和非电解质组分。医学上把体液中能产生渗透效应的各种分子、离子的总浓度定义为渗透浓度,其单位为 mol/L 或 mmol/L。渗透压与渗透浓度成正比,故医学上用渗透浓度间接表示溶液渗透压的高低。

【例 1-13】 计算 50 g/L 葡萄糖溶液和生理盐水(9 g/L NaCl)的渗透浓度($C_6H_{12}O_6$ 的摩尔质量为 180.15 g/mol,NaCl 的摩尔质量为 58.44 g/mol)。

解 $c(C_6H_{12}O_6) = \dfrac{50}{180.15} \text{mol/L} = 0.278 \text{ mol/L} = 278 \text{ mmol/L}$

因为 $C_6H_{12}O_6$ 是非电解质,所以葡萄糖溶液的渗透浓度为 278 mmol/L。

$c(\text{NaCl}) = \dfrac{9}{58.44} \text{mol/L} = 0.154 \text{ mol/L} = 154 \text{ mmol/L}$

因为 NaCl 是电解质($i(\text{NaCl}) \approx 2$),所以溶液渗透浓度为 154 mmol/L × 2 = 308 mmol/L。

2) 等渗、低渗和高渗溶液

在相同温度下,两种溶液的渗透压相等时,称它们互为等渗溶液;两种溶液的渗透压不等时,渗透压高的溶液称为高渗溶液,渗透压低的溶液称为低渗溶液。

医学上的等渗溶液、高渗溶液和低渗溶液是以血浆的渗透压(或渗透浓度)为标准来衡量的。正常人的血浆的渗透浓度约为 300 mmol/L。医学上规定渗透浓度在 280~320 mmol/L 范围内的溶液为等渗溶液,渗透浓度高于 320 mmol/L 的溶液为高渗溶液,渗透浓度低于 280 mmol/L 的溶液为低渗溶液。生理盐水、50 g/L 葡萄糖灭菌液等是临床上常用的等渗溶液。

临床上给病人静脉输液时,必须使用等渗溶液。因为正常情况下,血液中的红细胞膜内的细胞液和膜外的血浆是等渗的。静脉滴注等渗溶液,红细胞能保持正常的生理功能;若大量滴注高渗溶液,使血浆浓度增大,细胞液将向血浆渗透,导致红细胞萎缩;若大量滴注低渗溶液,使血浆稀释,血浆中的水分将向红细胞内渗透,导致红细胞肿胀,最后破裂(医学上称为溶血),从而引起严重后果。医生在给病人换药时,通常用生理盐水冲洗伤口,若用纯水或高渗盐水冲洗会引起疼痛。在配制眼药水时,也必须使眼药水与眼黏膜细胞渗透压相同,否则也会刺激眼睛而疼痛。

临床上除了使用等渗溶液外,也可根据治疗需要使用少量高渗溶液。如有时需给急救病人或低血糖病人静脉注射 500 g/L 葡萄糖溶液,但必须控制好用量和注射速度。少量高渗溶液进入血液后,随着血液循环被稀释、利用,不会出现细胞萎缩的现象。

3) 晶体渗透压和胶体渗透压

人体血浆中既有小分子、小离子物质(如葡萄糖、Na^+ 等),也有大分子、大离子胶体物质(如蛋白质、核酸等)。由小分子、小离子产生的渗透压称为晶体渗透压;由大分子、大离子产生的渗透压称为胶体渗透压。血浆总渗透压是这两类渗透压的总和。37 ℃时,正常人血浆的总渗透压约为 770 kPa,其中晶体渗透压约为 729.5 kPa,而胶体渗透压约为

40.5 kPa。

晶体渗透压和胶体渗透压具有不同的生理功能。细胞膜和毛细血管壁等生物半透膜对各种溶质的通透性不同。细胞膜是一种间隔着细胞内液和细胞外液的半透膜,它只允许水分子自由透过而不允许溶质分子透过。由于晶体渗透压远大于胶体渗透压,因此水分子的渗透方向主要取决于晶体渗透压。当人体内缺水时,细胞外液浓度升高,晶体渗透压增大,于是细胞内液中的水分子会透过细胞膜向细胞外液渗透,造成细胞萎缩。如果大量饮水,则又会导致细胞外液晶体渗透压减小,水分子会透过细胞膜向细胞内液渗透,使细胞肿胀。毛细血管壁是一种间隔着血液和组织间液的半透膜,它允许水分子、小分子和小离子自由透过,而不允许大分子透过。这样,只有胶体渗透压对维持血管内血液和血管外组织间液的水盐平衡起着作用。人体因疾病或某种原因导致血浆蛋白减少时,血浆的胶体渗透压降低,血浆中的水和其他小分子、小离子就会透过毛细血管壁而进入组织间液,致使血容量(人体血液总量)降低,组织间液增多,这是形成水肿的原因之一。临床上对大面积烧伤或失血过多造成血容量降低的患者进行补液时,除补充生理盐水外,还需要同时输入血浆或右旋糖酐等代血浆,以恢复胶体渗透压和增加血容量。

1.4 胶体溶液

分散相粒子直径在 1～100 nm 的分散体系称为胶体溶液,包括溶胶和高分子溶液两类。胶体溶液的应用很广,在工农业生产、科学实验及医药工作中都具有重要意义。例如:在药剂工作中,常将难溶的药物制成胶体,以便病人服用和吸收;许多金属胶体(如胶体银、胶体汞),在医药中用做杀菌剂。

1.4.1 溶胶

溶胶是由分子(或原子)的聚集体高度分散在不相溶的分散介质中形成的,是多相、相对稳定体系。按分散介质不同,可分为气溶胶(如烟、雾等)、固溶胶(如有色玻璃)和液溶胶(如氢氧化铁溶胶)。其中最重要的是固态分散相粒子分散在液态分散介质中而形成的液溶胶,也称溶胶。

溶胶不是物质固有的特性,是物质存在的一种特殊状态。制备溶胶的方法有分散法和凝聚法。分散法是将固体研细到细小胶粒的方法。例如,工业上常用胶体磨来制备胶体石墨。凝聚法是用化学或物理方法将分子聚集成胶粒的方法。例如,将 $FeCl_3$ 溶液滴入沸水,$FeCl_3$ 水解可形成红棕色透明的 $Fe(OH)_3$ 溶胶:

$$FeCl_3 + 3H_2O \xrightarrow{煮沸} Fe(OH)_3 + 3HCl$$

1. 溶胶的性质

1) 光学性质

在暗室里将一束经聚焦的光射入溶胶时,在与光束垂直的方向上观察,可以看到溶胶中有一条明亮的光柱,这种现象称为丁达尔(Tyndall)现象,如图 1-3 所示。

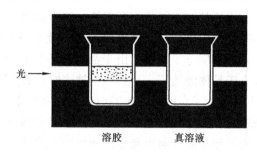

图 1-3 丁达尔现象

丁达尔现象是由于胶体粒子对光的散射而形成的。当光射到分散质颗粒上时,可能发生散射或反射。若分散质粒子远远大于入射光波长(如粗分散系),主要发生反射现象,光线无法通过,体系是混浊不透明的;若分散质粒子略小于入射光波长(如胶体分散系),则主要发生散射现象,在与光线垂直的方向上观察,可看到溶胶中有一道明亮的光柱。若分散质粒子太小(如真溶液),光的散射极弱,光基本全部透过,溶液是透明的。因此,丁达尔现象是溶胶的特征,可用来区分三类分散系。高分子溶液也属胶体分散系,但它是均相体系,丁达尔现象不如溶胶明显。

2) 动力学性质

在超显微镜下观察,可以看到胶体颗粒不断地在做无规则运动,这种不断改变方向、改变速度的运动称为布朗运动,如图 1-4 所示。温度越高、胶体粒子越小、介质黏度越低,则布朗运动越激烈。布朗运动实质是分子热运动的结果。布朗运动使胶粒具有一定的能量,可以克服重力的影响,使胶粒稳定不易沉降。由于存在布朗运动,胶体粒子能自动从浓度大的区域向浓度小的区域扩散,浓度差越大,扩散越快,最后达到浓度均匀。

如果把盛有溶胶的半透膜放入分散介质中,实验证明胶粒不能透过半透膜。利用胶粒不能透过半透膜,而小分子、小离子能透过半透膜的性质,可以把胶体溶液中混有的电解质杂质分离出来,使胶体溶液净化,这种方法称为透析或渗析。利用透析原理,临床上使用透析机(人工肾)来帮助肾功能衰竭的患者去除血液中的毒素、水分,使血液净化。透析法也可用于中草药中有效成分的分离提取及改变中草药注射剂的澄明度等方面。

3) 电学性质

在 U 形管内装入红棕色的氢氧化铁溶胶,在两端管口插入电极,通直流电后,阴极附近溶液颜色逐渐变深,表明氢氧化铁胶粒带正电荷、向阴极移动。如图 1-5 所示。若改用黄色的硫化砷溶胶做上述实验,则阳极附近溶液颜色逐渐变深,表明硫化砷胶粒带负电荷、向阳极移动。

在电场中,胶粒在分散介质中定向移动的现象称为电泳。电泳现象的存在,证明胶粒带电。根据电泳方向可判断胶粒所带的电荷。大多数金属氧化物和金属氢氧化物胶粒带正电(正溶胶),大多数金属硫化物、金属以及土壤胶粒带负电(负溶胶)。电泳技术在医药学上有很重要的作用。例如,临床上常用于分离和鉴定血清中生物大分子,帮助诊断疾病。

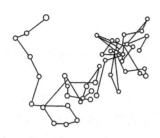

图 1-4 布朗运动

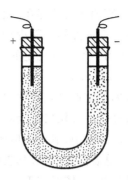

图 1-5 电泳实验

2. 胶团的结构

胶粒带电是胶核选择性吸附某种离子而引起的。胶核是胶粒的中心,由某种物质的分子(或原子)的聚集体构成,与分散介质之间存在着巨大的相界面,能优先吸附与自身有相同成分的离子。例如,在过量 KI 中加入 $AgNO_3$ 制备 AgI 溶胶时,生成的 AgI 分子会聚集成 AgI 胶核,胶核表面优先吸附过剩的 I^- 离子而带负电。如图 1-6 所示。I^- 离子又吸引过剩的带相反电荷的 K^+ 离子,K^+ 离子既受到 I^- 离子的静电吸引有靠近胶核的倾向,又因本身的热运动有扩散到溶液中去的倾向,最终结果是只有一部分 K^+ 离子紧密地排列在胶核表面上,与 I^- 离子组成吸附层。电泳时,

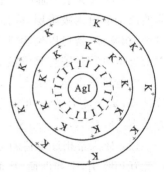

图 1-6 AgI 胶团结构

吸附层和胶核一起运动,因此胶核和吸附层构成胶粒。在吸附层之外,还有一部分 K^+ 离子疏散地分布在胶粒周围形成一个扩散层。胶粒和扩散层一起总称胶团。通常所说的溶胶带电是指胶粒带电,整个胶团是电中性的。在过量 KI 中,AgI 胶团结构式为

$$[(AgI)_m nI^- (n-x)K^+]^{x-} xK^+$$

$$\underbrace{\underbrace{胶核\quad 吸附层}_{胶粒(带负电)}\quad 扩散层(带正电)}_{胶团(电中性)}$$

若 $AgNO_3$ 过量,则 AgI 胶团结构式为

$$[(AgI)_m nAg^+ (n-x)NO_3^-]^{x+} xNO_3^-$$

3. 溶胶的稳定性

溶胶虽是多相体系,但一般相当稳定,事实上有的溶胶可以稳定存在数月、数年,甚至更长的时间都不会沉降。使溶胶稳定的主要原因如下。

(1) 胶粒带电。在相同条件下,同种胶粒带同号的电荷,因而相互排斥,从而阻止了胶粒互相接近,使胶粒很难聚集成较大的颗粒而沉降。

(2) 溶剂化膜(水化膜)的存在。胶核吸附层上的离子,水化能力强,在胶粒周围形成一个水化层,阻止了胶粒之间的聚集。

另外,布朗运动的存在,使胶粒具有一定的能量,可以克服重力作用,使胶粒具有一定的稳定性。但激烈的布朗运动,使胶粒间不断地相互碰撞,也可形成大的颗粒而沉降。因此,布朗运动不是溶胶稳定的主要原因。

4. 溶胶的聚沉

胶体的稳定性是相对的,只要减弱或消除使它稳定的因素,就能使胶粒聚集成较大的颗粒而沉降。使胶粒聚集成较大的颗粒而沉降的过程称为聚沉。

在生产实践中,溶胶的形成有时会带来不利影响。例如:制备沉淀时,若沉淀以胶体状态存在,总表面积巨大,其表面会吸附许多杂质,不易洗涤干净,造成产品不纯;过滤时,胶粒能透过滤纸,使沉淀丢失。因此生产中往往需要破坏胶体,促使胶粒快速聚沉。常用的聚沉方法有以下三种。

(1) 加入少量电解质。电解质加入后,增加了胶体中离子的总浓度,与胶粒带相反电荷的离子能进入吸附层,这样就中和了胶粒所带的电荷,因此水化膜被破坏。当胶粒运动时,互相碰撞,就可以聚集成大的颗粒而沉降。江河入海口三角洲的形成,就是由于河流中带有负电荷的胶态黏土被海水中带正电荷的电解质中和后,沉淀堆积而形成。

电解质聚沉能力的大小,主要取决于与胶粒带相反电荷的离子所带的电荷数。电荷数越高,聚沉能力越强;电荷数相同的离子,聚沉能力基本相近。例如,对正溶胶的聚沉能力是 $K_3[Fe(CN)_6]>K_2SO_4>KCl$,对负溶胶的聚沉能力是 $AlCl_3>CaCl_2>NaCl$。

(2) 加入带相反电荷的溶胶。将带相反电荷的两种溶胶混合后,带相反电荷的胶粒彼此互相吸引,中和电荷,从而发生聚沉。明矾净水是溶胶相互聚沉的典型例子。明矾的主要成分是 $KAl(SO_4)_2 \cdot 12H_2O$,水解后生成 $Al(OH)_3$ 正溶胶,遇到悬浮在水中的泥土负溶胶,互相中和电荷而聚沉,达到净水目的。

(3) 加热。有些溶胶在加热时能发生聚沉,其原因有两个方面:一方面,加热使胶粒的运动速度加快,胶粒间碰撞聚合的机会增多;另一方面,升温降低了胶核对离子的吸附作用,减少了胶粒所带的电荷,使水化程度降低,有利于胶粒在碰撞时聚沉。

1.4.2 高分子溶液

高分子化合物是由成千上万个原子组成的链状的具有巨大相对分子质量(1万以上)的物质。高分子化合物有天然(如蛋白质、纤维素、淀粉、动物胶等)和合成(如塑料、合成橡胶、尼龙等)两大类。

高分子化合物溶解在适当的溶剂中所形成的均相体系称为高分子溶液。高分子溶液的分散质粒子大小与溶胶粒子相近,因而它表现出溶胶的某些特性,如不能透过半透膜、丁达尔现象、布朗运动等。但它又与溶胶有不同之处。溶胶是非均相体系,而高分子溶液是均相体系,因而它又具有某些真溶液的特点。又因其分子大,高分子溶液与低分子溶液在性质上也有许多差异。

1. 高分子溶液的特征

(1) 稳定。高分子溶液比溶胶稳定,其稳定性与真溶液相似。稳定的主要原因是高分子化合物在溶液中的溶剂化能力很强,分子结构中有许多亲水能力很强的基团(如

—OH、—COOH、—NH$_2$等),当以水作溶剂时,高分子化合物表面能通过氢键与水形成很厚的水化膜,使其能稳定分散于溶液中不易凝聚,而溶胶粒子的溶剂化能力比高分子化合物弱得多。

(2) 黏度大。高分子溶液的黏度比纯溶剂大得多,而真溶液和溶胶的黏度几乎与纯溶剂没有区别。其原因是:高分子化合物是链状分子,长链之间互相靠近结合成网状,把一部分溶剂包围在结构中而失去流动性;网状的大分子在流动时受到的阻力很大;高分子的溶剂化作用又束缚了大量溶剂。因此高分子溶液的黏度比溶胶和真溶液要大得多。

(3) 盐析。在高分子溶液中加入大量电解质,使高分子化合物从溶液中析出的过程称为盐析。溶胶对电解质非常敏感,少量电解质就能使溶胶聚沉。若要使高分子化合物从溶液中析出,则需要大量电解质。因为溶胶稳定的主要原因是胶粒带电,少量的电解质就可中和胶粒电荷,使溶胶聚沉。而高分子溶液稳定的主要原因不是胶粒带电,而是高分子化合物分子表面有很厚的水化膜,只有加入大量电解质才能把水化膜破坏掉,使高分子化合物聚沉析出。常用做盐析的电解质有氯化钠、硫酸钠、硫酸镁、硫酸铵等。可利用盐析法分离纯化中草药中的有效成分。

(4) 溶胀现象。将高分子化合物加到适当溶剂中,溶剂分子会不断进入高分子链段之间,使高分子化合物体积膨胀,这就是高分子化合物所特有的溶胀现象。高分子也会扩散进入溶剂,彼此扩散,最后完全溶解形成高分子溶液。当蒸发除去溶剂后,再加入溶剂,高分子化合物仍能自动溶解,它的溶解过程是可逆的。而溶胶一旦聚沉,一般很难或者不能用简单加入溶剂的方法使之复原。

2. 高分子化合物对溶胶的保护作用

在溶胶中加入足量的高分子化合物能使溶胶对电解质的稳定性增加,这种现象称为高分子化合物对溶胶的保护作用。高分子化合物能保护胶体,是因为高分子化合物都是链状能卷曲的线性分子,能吸附在胶粒表面包住胶粒;高分子化合物本身又有很厚的水化膜,能有效阻止胶粒之间互相碰撞,从而大大增加了溶胶的稳定性。

高分子化合物对溶胶的保护作用应用很广。例如:医学上用于胃肠道造影的硫酸钡合剂,为了防止其细粉下沉,就在硫酸钡溶胶中加入足量阿拉伯胶,起保护作用;血液中所含的难溶盐碳酸钙、磷酸钙就是靠血液中的蛋白质保护而以胶态存在;医药中的杀菌剂蛋白银就是由蛋白质保护的银溶胶。

1.5 表面现象

体系中物理性质和化学性质完全相同的均匀部分称为相。相与相之间的接触面称为界面,如水与油接触的面、水与桌子接触的面等。若其中一相为气体,则此界面称为表面,如水面、桌面等。物质在界面上所发生的一切物理、化学现象统称为表面现象。溶胶所具有的吸附作用、胶粒带电等特性都与表面现象有关。在药物制剂的研究和生产实践中广泛存在着表面现象。

1.5.1 表面张力与表面能

表面层的分子与内部分子所处的环境不同,受力情况不同,故表面层的分子具有一些特殊性质。下面以液体表面为例说明。

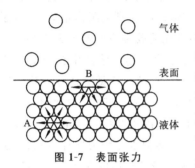

图1-7 表面张力

如图1-7所示,在液体内部的分子A受其邻近分子来自各个方向的吸引力是相等的,其所受的合力等于零,因此分子A在液体内部移动时并不需要做功。而在表面层的分子B,由于下方密集的液体分子对它的吸引力远大于上方稀疏气体分子对它的吸引力,所以分子B所受的合力不等于零,而是垂直于液面指向液体内部。这样液体表面分子会受到向内的拉力,从而使液体表面有自动缩小的趋势。例如,水滴常形成球形。这种表面分子受到的垂直于表面指向内部的力称为表面张力。如果要扩大液体表面,把内部分子移到表面上来,则需要克服向内的拉力而做功。所做的功以位能的形式储存于表面分子中。这表明液体表面分子比内部分子具有更高的能量,这种表面层分子比内部分子所多出的能量称为表面能。显然表面张力越大,表面能就越高;表面积越大,表面能也越高。一定质量的物质分得越细小,其表面积就越大,表面能就越高,因此体系越不稳定。胶体溶液中,分散质粒子直径为1~100 nm,所以胶体粒子的总表面积是巨大的,因此胶体具有强大的吸附力。

1.5.2 表面吸附

表面吸附是物质在两相界面上浓度与内部浓度不同的现象。具有吸附作用的物质称为吸附剂,被吸附的物质称为吸附质。例如,在黄色的碘水中加入活性炭振摇,溶液颜色会变浅或消失。活性炭是吸附剂,碘是吸附质,碘在活性炭表面的浓度远大于在溶液内部的浓度。吸附作用可以在固体表面上发生,也可以在液体表面上发生。

1. 固体表面的吸附

固体表面层的分子具有指向内部的表面张力,对碰到固体表面的分子、原子、离子能产生吸引力,使它们能在固体表面上聚集,这样就减小了固体表面张力,降低了固体的表面能,使固体表面变得稳定。

影响吸附剂吸附能力的因素有很多,如吸附质的结构、浓度、温度、压强和吸附剂的表面积等。当其他条件相同时,固体表面积越大,固体吸附剂的吸附能力就越大。疏松多孔或细粉末状物质(如活性炭、硅胶、活性氧化铝等)具有很大的表面积,常作吸附剂,可用于吸附大气中的有毒有害气体或体内的重金属毒物,除去中草药中植物色素,净化水中的杂质,治疗肠炎,干燥药物等。

2. 液体表面的吸附

液体表面也会因某种溶质的加入而产生吸附,使液体表面张力发生相应的变化。实验表明,有些物质溶于水后,溶质在表面层的浓度大于其在溶液内部的浓度,这些物质的加入能使水的表面张力显著降低;也有的物质溶于水后,溶质在表面层的浓度小于其在溶液内部的浓度,这些物质的加入能使水的表面张力增大。凡是能够显著降低液体表面张力产生正吸附的物质称为表面活性物质或表面活性剂。凡是能够增大液体表面张力产生负吸附的物质称为表面惰性物质。表面活性剂在生产实践中有着很重要的作用。

1.5.3 表面活性剂

1. 基本性质

表面活性剂分子是由亲水的极性基团(如—NH_2、—COOH 等)和亲油的非极性基团(如烃基、苯基等)两部分组成,是一种两亲分子。例如,长链脂肪酸盐(如肥皂)、合成洗涤剂(如十二烷基磺酸钠)等都是表面活性剂。当表面活性剂溶于水后,根据相似相溶规则,一部分分子将其极性基团留在水中,非极性基团翘出水面;而另一部分分子则分散在水中。因此表面活性剂分子一部分在液面形成一层定向排列的单分子膜,使

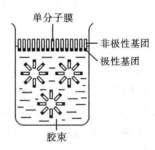

图 1-8 表面活性剂在溶液中分布

水和空气的接触面减小,溶液的表面张力急剧降低;而另一部分在溶液内部聚集起来,把亲油基靠在一起,形成亲水基朝向水而亲油基向内,直径在胶体微粒尺度范围内的胶束。以胶束形式存在于水中的表面活性剂是比较稳定的,如图 1-8 所示。

2. 表面活性剂的应用

表面活性剂在日常生活、生产、科研和医药学中应用广泛,可用做洗涤剂、消毒剂和杀菌剂、起泡剂和消泡剂、乳化剂、助悬剂、润湿剂、增溶剂等,这里简单介绍在药物制剂制备过程中的几种应用。

1) 乳化剂

将油(指一切不溶于水的有机液体)加入水中,充分混合后形成乳浊液,静置一会,油、水分为两层,不能得到稳定的乳浊液。这是因为液滴分散后,其表面积增大,表面能增高,体系不稳定,因此小液滴会自动聚合,减小表面积,降低表面能,使体系达到稳定状态。要想得到稳定的乳浊液,就必须有使乳浊液稳定的物质存在,这种物质称为乳化剂。乳化剂所起的作用称为乳化作用。常用的乳化剂是一些表面活性剂。将表面活性剂加到乳浊液中,其分子的亲水基朝向水相,亲油基朝向油相,在油、水两相界面上定向排列,不仅降低了表面张力,而且在细小液滴周围形成一层保护膜,使乳浊液得以稳定存在。

药学上把由水相、油相和乳化剂形成的乳浊液称为乳剂。乳剂有两种类型,一种是油相分散在水相中,称为水包油型(O/W)乳剂;一种是水相分散在油相中,称为油包水型(W/O)乳剂。如图 1-9 所示。有些药物制成乳剂口服,有利于吸收,如鱼肝油乳剂。把消毒和杀菌用的药剂制成乳剂,可以增加药物与细菌的接触面,大大提高药效。

2) 润湿剂

在固、液两相接触的界面上,加入表面活性剂,能降低固、液界面张力,使液体能在固

(a) 水包油型(O/W)　　　　　(b) 油包水型(W/O)

图 1-9　乳剂示意图

体表面很好黏附。液体在固体表面黏附的现象称为润湿。能改善润湿程度的表面活性剂称为润湿剂。润湿剂广泛应用于外用软膏,可提高药物与皮肤的润湿程度,发挥更好的药效。

3）增溶剂

有些药物在水中的溶解度很低,达不到有效浓度。将药物加入到能形成胶束的表面活性剂的溶液中,药物分子可以钻进胶束的中心或夹缝中,使药物的溶解度明显增大,这种现象称为增溶作用。起增溶作用的表面活性剂称为增溶剂。在药物制备过程中经常使用增溶剂,例如,消毒防腐药煤酚在水中的溶解度为2%,加入肥皂作为增溶剂,可使其溶解度增大到50%。

4）消泡剂

用来破坏、消除泡沫的表面活性剂称为消泡剂。在药剂生产中,某些中药材浸出液本身含有表面活性剂,在剧烈搅拌或蒸发浓缩等操作时会产生大量稳定的泡沫,阻碍操作的进行,可以加入消泡剂消除泡沫。泡沫为很薄的液膜包裹着气体,消泡剂能吸附在泡沫液膜表面上取代原有的起泡剂,但因其本身不能形成稳定的液膜而导致泡沫被破坏。

5）杀菌剂

表面活性剂可与细菌生物膜蛋白质发生强烈作用而使之变性或被破坏。甲酚磺酸钠、苯扎溴铵等表面活性剂可作杀菌剂使用,可用于皮肤、黏膜、器械、环境等的消毒、杀菌。

学习小结

1. 把一种或几种物质以细小微粒的形式分散在另一种物质中所得到的体系称为分散系。根据分散质粒子大小,分散系可分为粗分散系,胶体分散系和分子、离子分散系。三类分散系在性质上彼此有很大差异。

2. 常用溶液浓度表示方法有物质的量浓度(c_B)、质量浓度(ρ_B)、质量分数(w_B)、体积分数(φ_B)、摩尔分数(x_B)和质量摩尔浓度(b_B)。根据其定义可进行相互换算。溶液的稀释和混合计算依据是:稀释和混合前后,溶液中所含溶质总的量不变。

3. 稀溶液的依数性包括溶液的蒸气压下降、沸点升高、凝固点降低和渗透压。这些性质仅与溶液中所含溶质粒子的浓度成正比,而与溶质的本性无关。这些性质只适用于难挥发的非电解质稀溶液,讨论电解质溶液依数性时须引入校正系数 i。稀溶液的依数性的本质是溶液的蒸气压下降。

医学上用渗透浓度来衡量体液渗透压高低,规定渗透浓度在 280～320 mmol/L 范围内的溶液为等渗溶液,渗透浓度低于 280 mmol/L 的溶液为低渗溶液,渗透浓度高于 320 mmol/L 的溶液为高渗溶液。人体血浆总渗透压包括晶体渗透压和胶体渗透压,它们具有不同的生理功能。

4. 胶体溶液是物质在一定条件下被分散到一定范围(1～100 nm)时的一种分散体系,不是物质固有的特性。溶胶是固体分散在液体中所形成的高度分散的多相体系,有相对稳定性。溶胶能稳定存在的主要原因是胶粒带电和水化膜的存在。加少量电解质、加带相反电荷的溶胶、加热都可以使溶胶聚沉。

高分子溶液也属于胶体分散系,是均相的稳定体系。由于溶质分子大,许多性质又不同于真溶液,具有黏度大、盐析等性质。高分子化合物具有卷曲的线性结构,易吸附在胶粒的表面,对溶胶有保护作用。

5. 表面现象的产生是由于物质的表面分子与内部分子性质的差异所引起的,表面分子受到垂直表面指向内部的力(表面张力),使表面分子比内部分子多出能量(表面能),表面能越大,体系越不稳定。吸附是表面现象的主要性质。表面活性剂能显著降低液体的表面张力,降低体系的表面能,使体系稳定。表面活性剂的应用很广泛,可用做洗涤剂、消毒剂和杀菌剂、起泡剂和消泡剂、乳化剂、润湿剂、增溶剂等。

目标测试

一、填空题

1. 蛋白质溶液、NaCl 溶液、泥浆水都属于分散系,其中分散质分别是_____,分散剂是_____。蛋白质溶液属于_____分散系,NaCl 溶液属于_____分散系,泥浆水属于_____分散系。

2. 溶液稀释和混合时计算依据是_____。

3. 溶液产生渗透现象的条件是_____和_____。渗透方向是_____。

4. 血浆渗透压正常范围相当于_____mmol/L,9 g/L 的 NaCl 溶液的渗透浓度是_____mmol/L,所以它属于_____溶液,将红细胞置于 3 g/L 的 NaCl 溶液中,红细胞会发生_____现象;将红细胞置于 15 g/L 的 NaCl 溶液中,红细胞会发生_____现象。

5. 将等体积的 0.1 mol/L 的 KI 溶液和 0.2 mol/L 的 $AgNO_3$ 溶液混合制成溶胶,若将 $MgSO_4$、$K_3[Fe(CN)_6]$ 和 $AlCl_3$ 分别加入上述溶液中,其聚沉能力由大到小排列顺序为_____。

6. 溶胶稳定的主要原因是_____和_____,加入_____可增加溶胶的稳定性。

7. 高分子溶液稳定的原因是_____,使高分子溶液沉淀析出的方法是_____。

8. 鉴别胶体和溶液可用_____方法,分离胶体和溶液可用_____方法,证明胶粒带电可用_____方法。

9. 油分散在水中,形成_____型乳剂,可用符号_____表示;水分散在油中,形成_____型乳剂,可用符号_____表示。

10. 表面活性剂分子的结构特点是_____。

二、单项选择题

1. 有四种溶液分别是①NaCl、②$CaCl_2$、③H_2SO_4和④葡萄糖($C_6H_{12}O_6$),它们的浓度均为0.1 mol/L,按渗透压由高到低排列的顺序是(   )。
   A. ①>②>③>④   B. ④>③>②>①
   C. ②>③>①>④   D. ③>②>①>④

2. 分散相粒子能透过滤纸而不能透过半透膜的是(   )。
   A. 粗分散系   B. 胶体分散系
   C. 分子、离子分散系   D. 都不是

3. 下列溶液的质量浓度相同,则渗透压最大的是(   )。
   A. $C_{12}H_{22}O_{11}$ B. $C_6H_{12}O_6$ C. KCl   D. $CaCl_2$

4. 下列关于分散系概念的描述,正确的是(   )。
   A. 分散系只能是液态体系   B. 分散质微粒都是单个分子或离子
   C. 分散系为均一稳定的体系   D. 分散系中被分散的物质称为分散质

5. 表面活性剂加入液体后(   )。
   A. 能显著降低液体表面张力   B. 能增大液体表面张力
   C. 可能降低或增大液体表面张力 D. 不影响液体表面张力

6. 用半透膜分离胶体粒子与电解质溶液的方法称为(   )。
   A. 电泳   B. 渗析   C. 过滤   D. 冷却结晶

7. 将0.02 mol/L KCl溶液12 mL和0.05 mol/L $AgNO_3$溶液10 mL混合制备AgCl溶胶,此溶胶的胶团结构式为(   )。
   A. $[(AgCl)_m nAg^+ \cdot (n-x)NO_3^-]^{x+} \cdot xNO_3^-$ B. $[(AgCl)_m nCl^- \cdot (n-x)K^+]^{x-} \cdot xK^+$
   C. $[(AgCl)_m nNO_3^- \cdot (n-x)Ag^+]^{x-} \cdot xAg^+$ D. $[(AgCl)_m nK^+ \cdot (n-x)Cl^-]^{x+} \cdot xCl^-$

8. 在As_2S_3溶胶中,加入等体积、等浓度的下列几种电解质溶液,使溶胶聚沉最快的是(   )。
   A. $CaCl_2$ B. NaCl   C. LiCl   D. $AlCl_3$

9. 下列分散系有丁达尔现象,加少量电解质不聚沉的是(   )。
   A. AgCl溶胶   B. NaCl溶液
   C. 蛋白质溶液   D. 蔗糖溶液

10. 稀溶液的依数性的本质是(   )。
    A. 溶液的凝固点降低   B. 溶液的沸点升高
    C. 溶液的蒸气压下降   D. 溶液的渗透压

三、简答题

1. 在一密闭的钟罩下,有一杯浓溶液和一杯水,过一段时间后,水全部转移到浓溶液

中。如何解释这一现象?

2. 把一块冰放在 273 K 的水中,另一块放在 273 K 的盐水中,各有什么现象?

3. 用只允许水分子透过的半透膜将 0.02 mol/L 蔗糖溶液和 0.02 mol/L NaCl 溶液隔开时,将会发生什么现象?

4. 高分子溶液和溶胶同属胶体分散系,其主要异同点是什么?

5. 什么是表面活性剂? 其分子结构有何特点? 可应用于哪些方面?

四、计算题

1. 将 9.0 g NaCl(相对分子质量为 58.44)溶于 1 L 蒸馏水中配成溶液,计算该溶液的质量分数和质量摩尔浓度。

2. 如何用密度为 1.84 kg/L,H_2SO_4(相对分子质量为 98.07)的质量分数为 98% 的浓硫酸来配制 2 mol/L 的 H_2SO_4 溶液 1000 mL?

3. 现需 2200 mL 浓度为 2.0 mol/L 的 HCl(相对分子质量为 36.46)溶液,现有 1.0 mol/L 的 HCl 溶液 550 mL,应加多少毫升的 $\omega(HCl)=20\%$、密度 $\rho=1.10$ kg/L 的 HCl 溶液之后再冲稀?

4. 37 ℃时血液的渗透压为 770 kPa,求配制 1 L 与血液等渗的 NaCl(相对分子质量为 58.44)溶液需 NaCl 多少克?

第 2 章 物 质 结 构

学习目标

1. 熟悉四个量子数对核外电子运动状态的描述,熟悉 s、p、d、f 原子轨道的形状和伸展方向;

2. 掌握原子核外电子分布原理,会由原子序数写出元素原子的电子排布式和外层电子构型;能根据元素原子的电子排布式确定元素在周期表中的位置;

3. 理解化学键的本质及共价键键长、键角等概念;

4. 理解分子间作用力和氢键对物质物理性质的影响。

19 世纪末,科学实验证实了原子很小,却有着复杂的结构。1911 年卢瑟福(Rutherford E.)建立了有核原子模型,指出原子是由带正电荷的原子核和核外带负电荷的电子组成的。在化学反应中,原子核并不发生变化,只是核外电子的数目或运动状态发生改变。因此原子核外电子的分布和运动规律是深入认识物质性质及其变化规律的重要理论知识。

2.1 核外电子的运动状态

2.1.1 核外电子的运动

电子是带负电荷的质量很小的微粒,电子的运动与宏观物体的运动不同,没有确定的轨道,而是在原子核周围空间做高速复杂的运动,它的运动规律采用统计的方法,即对一个电子多次的行为或许多电子的一次行为进行总的研究,可以统计出电子在核外空间某单位体积中出现机会的多少,这个机会在数学上称为概率密度。在一定时间内,电子在核外空间的运动在有些区域概率密度较大,而在另一区域概率密度较小,其形象犹如笼罩在核外周围的一层带负电的云雾,形象地称为电子云,如图 2-1 所示。如果把电子出现概率相等的地方连接起来,称为等密度面,也称为电子云界面,这个界面所包含的空间范围称为原子轨道。

(a) 电子云　　　　　(b) 等密度面　　　　　(c) 界面图

图 2-1　氢原子基态电子云

2.1.2　核外电子运动状态的描述

电子在原子中不仅围绕原子核运动,而且还有自旋运动。核外电子的运动状态比较复杂,需要从以下四个方面来描述。

1. 主量子数 n

主量子数 n 用来描述核外电子距离核的远近,电子运动的能量主要由主量子数 n 来决定,n 的取值为 $1,2,\cdots,n$ 等正整数,n 值越大,电子的能量越高。一个 n 值表示一个电子层,与各 n 值相对应的电子层符号见表 2-1。

表 2-1　主量子数与电子层

主量子数 n	1	2	3	4	5	6	7
电子层符号	K	L	M	N	O	P	Q
电子层名称	第一层	第二层	第三层	第四层	第五层	第六层	第七层

2. 角量子数 l

角量子数 l 用来描述原子轨道或电子云的形状,并在多电子原子中和主量子数 n 一起决定电子的能级。l 的数值不同,原子轨道或电子云的形状就不同,l 的取值受 n 的限制,只能取从 0 到 $n-1$ 的正整数。n、l 的关系见表 2-2。

表 2-2　主量子数与角量子数的关系

n	1	2	3	4
l	0	0,1	0,1,2	0,1,2,3

每一个 l 代表一个电子亚层,即一个电子层可分成一个或几个电子亚层,分别用光谱符号 s、p、d、f 等表示。角量子数、电子亚层符号及原子轨道(或电子云)形状的对应关系见表 2-3。

表 2-3　角量子数、电子亚层符号及原子轨道形状的对应关系

l	0	1	2	3
电子亚层符号	s	p	d	f
原子轨道形状	球形	哑铃形	花瓣形	复杂花瓣形

在同一电子层中,随着 l 的增大,原子轨道能量也依次升高,即 $E_{ns} < E_{np} < E_{nd} < E_{nf}$。与主量子数决定的电子层间的能量差别相比,角量子数决定的电子亚层间的能量差要小得多。

3. 磁量子数 m

原子轨道不仅有一定的形状,而且还有不同的空间伸展方向。磁量子数 m 就是用来描述原子轨道在空间的伸展方向的。磁量子数的取值受角量子数的制约,它可以取从 0,$±1,±2,\cdots,±l$ 的整数值,共有 $2l+1$ 个值。每一个数值代表一个原子轨道。

通常把 $n、l、m$ 三个量子数都确定的电子运动状态称为原子轨道,即 $n、l、m$ 可决定一个特定原子轨道的大小、形状和伸展方向。磁量子数不影响原子轨道的能量,$n、l$ 都相同的几个原子轨道能量是相同的,这样的轨道称为等价轨道或简并轨道。$n、l$ 和 m 的关系见表 2-4。

表 2-4　$n、l$ 和 m 的关系

主量子数 n	1	2		3			4			
电子层符号	K	L		M			N			
角量子数 l	0	0	1	0	1	2	0	1	2	3
电子亚层符号	1s	2s	2p	3s	3p	3d	4s	4p	4d	4f
磁量子数 m	0	0	0 ±1	0	0 ±1	0 ±1 ±2	0	0 ±1	0 ±1 ±2	0 ±1 ±2 ±3
亚层轨道数 $2l+1$	1	1	3	1	3	5	1	3	5	7
电子层轨道数 n^2	1	4		9			16			

4. 自旋量子数 m_s

原子中电子除绕核运动外,其自身还做自旋运动。电子有两种不同方向的自旋,即顺时针方向和逆时针方向。自旋量子数 m_s 就是描述核外电子自旋运动的量子数,其取值为 $+\dfrac{1}{2}$ 和 $-\dfrac{1}{2}$,通常用向上和向下的箭头来代表,即 "↑" 代表正方向自旋电子,"↓" 代表逆方向自旋电子。

以上讨论了四个量子数的意义和它们之间相互联系又相互制约的关系。将这四个量子数综合起来就可以比较全面地描述一个核外电子的运动状态。即要说明一个电子在核外的运动状态必须由主量子数、角量子数、磁量子数和自旋量子数四个方面来确定。

2.2 核外电子的排布

2.2.1 近似能级图

在多电子原子中,核外电子是按能级顺序分层排布的。1939 年鲍林(L. Pauling)根据光谱实验结果总结出多电子原子中各原子轨道能级的相对高低的情况,并用图近似地表示出来,称为鲍林近似能级图。每一个小圆圈代表一个原子轨道,如图 2-2 所示。

近似能级图是按原子轨道能量高低的顺序排列的,能量相近的能级划为一组放在一个方框中,称为一个能级组。不同能级组之间的能量差较大,同一能级组内各能级之间的能量差别较小。每个能级组(除第一能级组外)都是从 s 能级开始,于 p 能级结束。能级组数等于核外电子层数。能级组的划分与周期表中周期的划分相一致。

鲍林近似能级图近似地反映了多电子原子中原子轨道能量的高低,它只有近似意义,不能认为所有元素原子中的能级高低都是一成不变的,更不能用它来比较不同元素原子轨道能级的相对高低。

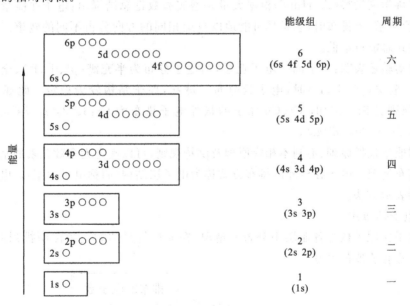

图 2-2 原子轨道近似能级图

2.2.2 核外电子排布的规律

根据光谱实验数据及对元素性质周期律的分析,归纳出多电子原子中的电子在核外的排布应遵从三条原则,即泡利(Pauli)不相容原理、能量最低原理和洪特(Hund)规则。

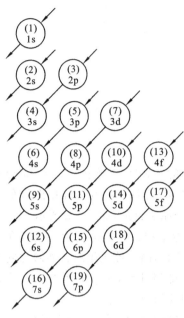

图 2-3 基态原子核外电子填充顺序

1. 泡利(Pauli)不相容原理

奥地利科学家泡利(Pauli)指出:在同一原子中不可能有四个量子数完全相同的 2 个电子同时存在。换言之,每一种运动状态的电子只能有 1 个,在同一轨道上最多只能容纳自旋方向相反的 2 个电子。由于每个电子层中原子轨道的总数是 n^2 个,因此各电子层中电子的最大容量是 $2n^2$ 个。

2. 能量最低原理

在不违背泡利(Pauli)不相容原理的前提下,电子在各个轨道上的排布方式应使整个原子能量处于最低状态,即多电子原子在基态时核外电子总是尽可能地先占据能量最低的轨道,只有当能量较低的原子轨道被占满后,电子才依次进入能量较高的轨道。能量最低状态是物质的最稳定状态,这是自然界的普遍规律。如图 2-3 所示,该图反映核外电子填入轨道的先后顺序。

3. 洪特(Hund)规则

德国科学家洪特(F. Hund)根据大量光谱实验数据总结提出:电子在能量相同的轨道(即等价轨道)上排布时,总是尽可能地以自旋相同的方向分占不同的轨道。因为这样的排布方式总能量最低。

光谱实验还表明:对于同一电子亚层,当电子分布为半充满(p^3、d^5、f^7)、全充满(p^6、d^{10}、f^{14})和全空(p^0、d^0、f^0)时,电子云分布呈球状,原子结构较为稳定。此规则为洪特(Hund)规则特例。例如,Cr、Cu 原子的核外电子排布为 Cr:$1s^2 2s^2 2p^6 3s^2 3p^6 3d^5 4s^1$,Cu:$1s^2 2s^2 2p^6 3s^2 3p^6 3d^{10} 4s^1$。

根据能量最低原理、泡利不相容原理及洪特规则,可以确定大多数元素的基态原子中电子的排布情况。电子在核外的排布方式称为电子层结构(简称电子构型)。电子构型通常有三种表示方法。

1) 电子排布式

按电子在原子核外各亚层中分布的情况,在亚层符号的右上角注明排列的电子数。例如:$_8$O 的电子排布式为

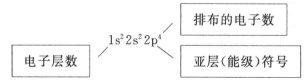

通常参与化学反应的只是原子的外围电子,内层电子结构一般不变。为避免电子排布式过长,在书写核外电子排布时,对于原子序数大的原子的内层电子结构常用"原子实"来表示。"原子实"是指原子内层电子构型中与某一稀有气体电子构型相同时,就用该稀有气体的元素符号来表示原子的内层电子构型,并用方括号表示。例如:

$_{13}$Al 的电子排布式:$1s^22s^22p^63s^23p^1$　　　　表示为$[Ne]3s^23p^1$

$_{26}$Fe 的电子排布式:$1s^22s^22p^63s^23p^63d^64s^2$　　表示为$[Ar]3d^64s^2$

2) 轨道表示式

按电子在核外原子轨道中的分布情况,用一个圆圈或一个方格表示一个原子轨道,用向上或向下箭头表示电子的自旋状态。例如:

$_{12}$Mg 的轨道表示式
　　　　　　　　　　　1s　　2s　　　2p　　　3s

3) 用量子数表示

原子核外电子的运动状态是由 4 个量子数确定的,因此可用 4 个量子数一起表示 1 个电子的运动状态,例如:

$_7$N 的核外电子排布为$[He]2s^22p^3$,则这 7 个电子用整套量子数可表示为

$1s^2:1,0,0,+\frac{1}{2};1,0,0,-\frac{1}{2}$

$2s^2:2,0,0,+\frac{1}{2};2,0,0,-\frac{1}{2}$

$2p^3:2,1,-1,+\frac{1}{2};2,1,0,+\frac{1}{2};2,1,+1,+\frac{1}{2}$

2.3　元素周期律与元素的基本性质

元素的性质随着核电荷数的递增而呈现周期性的变化,这个规律称为元素周期律(又称为元素周期系)。元素周期律是化学家门捷列夫(Mendeleev)于 1869 年总结出来的,他指出元素的性质随着相对原子质量的增加而呈周期性的变化,并根据这个规律将当时已发现的 63 种元素排列成了元素周期表。元素周期表是元素形成周期性规律体系(称为元素周期系)的具体表现形式。

元素周期律是指随着元素原子序数的递增,元素的性质呈周期性变化的规律。原子的外电子层构型是决定元素性质的主要因素,而元素原子核外电子层构型则是随原子序数的递增而周期性地重复排列,因此,原子核外电子排布的周期性变化是元素周期律的本质原因,元素周期表则是各元素原子核外电子排布呈周期性变化的反映。

2.3.1　原子的电子层结构与周期表

1. 周期与能级组

元素周期表中共有 7 个横行,称为 7 个周期。具有相同的电子层数而又按照原子序数递增的顺序排列的一系列元素称为一个周期。周期的序数等于该元素的原子具有的电子层数。每一个能级组对应一个周期,周期的划分与能级组的划分是一致的,周期的本质是按能级组的不同对元素进行分类。周期与能级组的关系见表 2-5。

表 2-5　周期与能级组的关系

周期数和名称	能级组	起止元素	所含元素个数	能级组内各亚层电子填充次序
1. 特短周期	Ⅰ	$_1H \to _2He$	2	$1s^2$
2. 短周期	Ⅱ	$_3Li \to _{10}Ne$	8	$2s^{1\sim2} \to 2p^{1\sim6}$
3. 短周期	Ⅲ	$_{11}Na \to _{18}Ar$	8	$3s^{1\sim2} \to 3p^{1\sim6}$
4. 长周期	Ⅳ	$_{19}K \to _{36}Kr$	18	$4s^{1\sim2} \to 3d^{1\sim10} \to 4p^{1\sim6}$
5. 长周期	Ⅴ	$_{37}Rb \to _{54}Xe$	18	$5s^{1\sim2} \to 4d^{1\sim10} \to 5p^{1\sim6}$
6. 特长周期	Ⅵ	$_{55}Cs \to _{86}Rn$	32	$6s^{1\sim2} \to 4f^{1\sim14} \to 5d^{1\sim10} \to 6p^{1\sim6}$
7. 不完全周期	Ⅶ	$_{87}Fr \to$ 未完		$7s^{1\sim2} \to 5f^{1\sim14} \to 6d^{1\sim7}$

2. 族与价电子构型

元素周期表中共有18个纵行,分为7个主族,7个副族,1个第Ⅷ族(包括8、9、10三个纵行),1个零族。周期表中"族"的实质是根据价电子构型的不同对元素进行分类。

原子的价电子是指原子参加化学反应时能够用于成键的电子。价电子所在的亚层统称为价电子层(简称价层)。原子的价电子构型是指价层电子的排布式,它能反映出该元素原子在电子层结构上的特征。

(1) 主族。凡包含长、短周期元素的各列,称为主族,在族号罗马字后加"A"表示主族。从ⅠA到ⅦA共7个族,主族元素的族序数=元素的最外层电子数=其价电子数。例如,元素S的核外电子排布是$1s^2 2s^2 2p^6 3s^2 3p^4$,最后填入3p亚层,价层电子构型为$3s^2 3p^4$,故为ⅥA族元素。

(2) 副族。只含有长周期元素的各列,称为副族,在族号罗马字后加"B"表示副族。周期表中有ⅠB到ⅦB共有7个副族。凡最后1个电子填入$(n-1)d$或$(n-2)f$亚层的都属于副族。ⅢB~ⅦB族元素的价层电子总数等于其族数。例如,元素Mn的核外电子排序是$1s^2 2s^2 2p^6 3s^2 3p^6 3d^5 4s^2$,价层电子构型为$3d^5 4s^2$,所以是ⅦB族元素。ⅠB、ⅡB族由于$(n-1)d$亚层已经填满,所以最外层上的电子数等于其族数。

(3) Ⅷ族。Ⅷ族处于周期表的中间,共有三个纵行。它们的价层电子的构型是$(n-1)d^{6\sim10}ns^{0\sim2}$,价层电子数是8~10。Ⅷ族多数元素在化学反应中的价数并不等于族数。

(4) 零族元素是稀有气体,其最外层均已填满,呈稳定结构。

3. 元素的分区

元素的化学性质主要取决于价电子,而周期表中"区"的划分主要是基于价电子构型的不同。根据元素最后一个电子填充的能级不同,将周期表中的元素分为五个区,如图2-4所示。元素分区与原子结构见表2-6。

表 2-6　元素分区与原子结构

按区划分	价电子层结构	最后一个电子的填充情况	按 族 划 分
s区	$ns^{1\sim2}$	在最外层的s轨道上增添电子,其余各层均已充满	ⅠA,ⅡA
p区	$ns^2 np^{1\sim6}$	在最外层的p轨道上增添电子,其余各层均已充满(零族各层均已充满)	ⅢA,ⅣA,ⅤA,ⅥA,ⅦA 和零族

续表

按区划分	价电子层结构	最后一个电子的填充情况	按 族 划 分
d区	$(n-1)d^{1\sim9}ns^{1\sim2}$	在次外层的d轨道上增添电子,最外层、次外层的电子数尚未充满	ⅢB,ⅣB,ⅤB,ⅥB,ⅦB和第Ⅷ族
ds区	$(n-1)d^{10}ns^{1\sim2}$	次外层的d轨道已经充满,最外层的s轨道未满	ⅠB,ⅡB
f区	$(n-2)f^{0\sim14}$ $(n-1)d^{0\sim2}ns^2$	在倒数第三层(即第$n-2$层)的f轨道上增添电子(有个别例外)	镧系和锕系

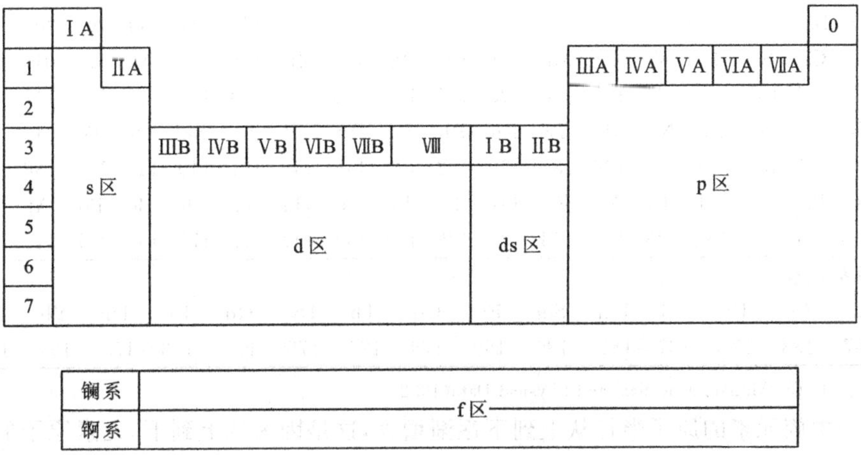

图 2-4 周期表中元素的分区

综上所述,元素在周期表中的位置与其基态原子的电子层构型密切相关,从元素在周期表中的位置可以推算该原子的电子层构型;反之,知道原子的电子层构型,就能确定元素在周期表中的位置。

2.3.2 元素基本性质的周期性变化规律

元素性质取决于原子的内部结构,原子的电子层结构有周期性,从而使元素的基本性质(如原子半径、电离能、电负性等)也呈现出周期性。

1. 原子半径

按照量子力学的观点,电子在核外运动没有固定轨道,只是概率密度不同。因此,对原子来说并不存在固定的半径。通常所说的原子半径,是通过实验测得相邻两原子的原子核之间的距离(核间距)的一半。通常根据原子之间成键的类型不同,原子半径一般可分为三种:共价半径、金属半径和范德华半径。

(1) 共价半径。同种元素的两个原子以共价键连接时,它们核间距离的一半称为该原子的共价半径。同一元素的两个原子以共价单键、双键或三键连接时,其共价半径也不同。

(2)金属半径。金属晶体中相邻两个金属原子的核间距的一半称为金属半径。

(3)范德华半径。当两个原子只靠范德华力(分子间作用力)互相吸引时,它们核间距的一半称为范德华半径。各元素的原子半径见表 2-7。

表 2-7　周期表中各元素原子半径　　　　　　　　　(单位:pm)

ⅠA	ⅡA	ⅢB	ⅣB	ⅤB	ⅥB	ⅦB	Ⅷ			ⅠB	ⅡB	ⅢA	ⅣA	ⅤA	ⅥA	ⅦA	0
H																	He
37																	54
Li	Be											B	C	N	O	F	Ne
156	105											91	77	71	60	67	80
Na	Mg											Al	Si	P	S	Cl	Ar
186	160											143	117	111	104	99	96
K	Ca	Sc	Ti	V	Cr	Mn	Fe	Co	Ni	Cu	Zn	Ga	Ge	As	Se	Br	Kr
231	197	161	154	131	125	118	125	125	124	128	133	123	122	116	115	114	99
Rb	Sr	Y	Zr	Nb	Mo	Tc	Ru	Rh	Pd	Ag	Cd	In	Sn	Sb	Te	I	Xe
243	215	180	161	147	136	135	132	134	138	144	149	151	140	145	229	138	109
Cs	Ba		Hf	Ta	W	Re	Os	Ir	Pt	Au	Hg	Tl	Pb	Bi	Po	At	Rn
265	210		154	143	137	138	134	136	139	144	147	189	175	155	167	145	

镧系元素

La	Ce	Pr	Nd	Pm	Sm	Eu	Gd	Tb	Dy	Ho	Er	Tm	Yb	Lu
187	183	182	181	~181	180	199	179	176	175	174	173	~173	194	172

注:引自 Mac Millian. Chemical and Physical Data(1992)。

同一主族元素的原子半径从上到下逐渐增大,这是因为从上到下,元素原子的电子层数增多起主要作用,所以半径增大;副族元素的原子半径从上到下的变化不很明显。

同一周期中原子半径的变化有两个因素在起作用:从左到右,随着核电荷数的增加,原子核对外层电子的吸引力也增加,使原子半径逐渐缩小;另一方面,随着核外电子数的增加,电子间的相互排斥力也增强,使得原子半径增大。这是两个作用相反的因素。但是,由于增加的电子不足以完全屏蔽增加的核电荷,因而从左到右有效核电荷数逐渐增加,原子半径逐渐减小。

2. 电离能

一个基态的气态原子失去 1 个电子成为 +1 价气态阳离子所需要的能量,称为该元素的第一电离能,用 I_1 表示,单位为 kJ/mol。从 +1 价正离子再失去 1 个电子,成为 +2 价正离子所消耗的能量称为第二电离能 I_2,以此类推。

电离能的大小反映原子失去电子的难易,电离能愈大,失电子愈难。各级电离能的大小按 $I_1<I_2<I_3\cdots$ 次序递增,因为随着离子电荷的递增,离子半径递减,失去电子需要的能量也递增。周期表中各元素的第一电离能见表 2-8。

元素原子的第一电离能随原子序数的增加呈现明显的周期性变化。电离能的大小主要取决于原子的核电荷数、半径和电子构型。

表 2-8　元素的第一电离能 I_1　　　　　　　　　　（单位：kJ/mol）

IA	IIA	IIIB	IVB	VB	VIB	VIIB	VIII			IB	IIB	IIIA	IVA	VA	VIA	VIIA	0
H 1310																	He 2370
Li 519	Be 900											B 799	C 1096	N 1401	O 1310	F 1680	Ne 2080
Na 494	Mg 736											Al 577	Si 786	P 1060	S 1000	Cl 1260	Ar 1520
K 418	Ca 590	Sc 632	Ti 661	V 648	Cr 653	Mn 716	Fe 762	Co 757	Ni 736	Cu 745	Zn 908	Ga 577	Ge 762	As 966	Se 941	Br 1140	Kr 1350
Rb 402	Sr 548	Y 636	Zr 669	Nb 653	Mo 694	Tc 699	Ru 724	Rh 745	Pd 803	Ag 732	Cd 866	In 556	Sn 707	Sb 833	Te 870	I 1010	Xe 1170
Cs 376	Ba 502	La 540	Hf 531	Ta 760	W 779	Re 762	Os 841	Ir 887	Pt 866	Au 891	Hg 1010	Tl 590	Pb 716	Bi 703	Po 812	At 920	Rn 1040

同一周期：自左向右核电荷数增加，原子核对外层电子的吸引力也增加，半径减小，故电离能也随之增大。

同一主族中，从上到下电子层数增加，原子核对外层电子的引力减小，半径增大，电离能也随之减小。

元素的第一电离能愈小，表示它愈容易失去电子，该元素的金属性也愈强。因此，元素第一电离能可用来衡量元素的金属活泼性。

3. 电负性

有些元素在形成化合物时，既不是完全失去电子，也不是完全得到电子，因此不能仅从一个侧面来衡量元素的金属性或非金属性。为了综合表征原子得失电子的能力，鲍林在 1932 年提出了电负性的概念。

元素电负性是指元素的原子在分子中吸引成键电子的能力，并指定最活泼的非金属元素氟的电负性为 4.0，然后通过计算得出其他元素电负性的相对值。元素电负性越大，表示该元素原子在分子中吸引成键电子的能力越强；反之，则越弱。它较全面地反映了元素金属性或非金属性的强弱。

元素的电负性也呈现周期性的变化（见表 2-9）：同一周期中，从左到右电负性递增，过渡元素的电负性变化不大，稀有气体的电负性是同周期元素中最高的；同一主族中，从上到下电负性递减。副族元素电负性没有明显的变化规律。

表 2-9　元素电负性（Pauling 值）

H 2.18																	H 2.18	He —
Li 0.98	Be 1.57											B 2.04	C 2.55	N 3.04	O 3.44	F 4.0		Ne —
Na 0.93	Mg 1.31											Al 1.61	Si 1.90	P 2.19	S 2.58	Cl 3.16		Ar —
K 0.82	Ca 1.00	Sc 1.36	Ti 1.54	V 1.63	Cr 1.66	Mn 1.55	Fe 1.8	Co 1.88	Ni 1.91	Cu 1.90	Zn 1.65	Ga 1.81	Ge 2.01	As 2.18	Se 2.55	Br 2.96		Kr —
Rb 0.82	Sr 0.95	Y 1.22	Zr 1.33	Nb 1.60	Mo 2.16	Tc 1.9	Ru 2.28	Rh 2.2	Pd 2.20	Ag 1.93	Cd 1.69	In 1.73	Sn 1.96	Sb 2.05	Te 2.1	I 2.66		Xe —
Cs 0.79	Ba 0.89	La 1.10	Hf 1.3	Ta 1.5	W 2.36	Re 1.9	Os 2.2	Ir 2.2	Pt 2.28	Au 2.54	Hg 2.00	Tl 2.04	Pb 2.33	Bi 2.02	Po 2.0	At 2.2		Rn —

元素电负性的大小可用以衡量元素的金属性或非金属性的强弱。一般来说,金属元素的电负性在 2.0 以下,非金属的电负性在 2.0 以上,但这不是一个严格的界限。电负性大的元素集中在周期表的右上角,F 是电负性最高的元素。周期表的左下角集中了电负性较小的元素,Cs 和 Fr 是电负性最小的元素。电负性数据是研究化学键性质的重要参数。电负性差值大的元素之间的化学键以离子键为主,电负性相同或相近的非金属元素以共价键结合,电负性相等或相近的金属元素以金属键结合。

2.4　化学键

分子是物质能独立存在并保持其化学特性的最小微粒。在自然界中,除了稀有气体为单原子分子之外,其他元素的原子都是相互结合成分子或晶体。分子或晶体之所以能稳定存在,是因为分子或晶体中相邻原子之间存在强烈的相互作用。通常把分子或晶体中相邻原子间强烈的相互作用称为化学键。化学键可以分为离子键、金属键和共价键三种类型。形成的晶体相应为离子晶体、原子晶体和金属晶体。

2.4.1　离子键

1. 离子键的形成

氯化钠在熔融或溶解状态下能导电,这说明氯化钠由带相反电荷的正、负离子组成。这种原子间发生的电子转移,形成正、负离子,并通过静电作用而形成的化学键称为离子键。由离子键形成的化合物称为离子化合物。离子键大多存在于晶体中,如氯化钠晶体;也可以存在于气体分子中,如 LiF 蒸气,因离子型气体很少,故一般所称的离子型化合物就是指离子晶体。

形成离子键的重要条件是成键两原子的电负性差值较大。在周期表中,大多数活泼金属电负性小,活泼非金属电负性大,它们之间相互化合形成的卤化物、氧化物、氢氧化物及含氧酸盐中均存在离子键。

2. 离子键的特征

离子键的本质是阴、阳离子间的静电引力。离子键没有方向性和饱和性。

离子键是由正、负离子通过静电吸引作用结合而成的。离子是带电体,其电场分布呈球形对称,因此可从任何方向吸引带相反电荷的离子,所以离子键没有方向性。此外,任何正、负离子间都存在静电作用,其作用力大小只取决于离子所带的电荷与离子间的距离,因此只要离子键周围空间允许,将尽可能多地吸引带相反电荷的离子,所以离子键也没有饱和性。

2.4.2　共价键

1927 年,德国化学家海特勒(W. Heitler)和伦敦(F. London)用量子力学原理处理

H_2 分子的形成,初步揭示了共价键的本质,并在此基础上建立了现代价键理论。

1. 共价键的形成

原子间通过共用电子对(或电子云重叠)所形成的化学键称为共价键。

价键理论认为:共价键的本质是两个原子有自旋方向相反的未成对电子,它们的原子轨道发生了重叠,使体系能量降低而成键。因此,形成共价键的条件如下:

(1) 自旋相反的未成对电子相互接近时,可配对形成稳定的共价键;

(2) 成键电子的原子轨道重叠越多,即在两核之间的电子云密度越大,所形成的共价键就越稳定。

2. 共价键的特点

1) 共价键的饱和性

根据价键理论可知:只有未成对的电子才能形成共价键,而各种原子的未成对电子数是一定的。一个原子含有几个未成对电子,就可以和几个自旋方向相反的电子配对成键,或者说,原子能形成共价键的数目是受原子中未成对电子数限制的,这就是共价键的饱和性。

2) 共价键的方向性

原子轨道具有一定的空间伸展方向。两原子在形成共价键时,成键电子的原子轨道要发生重叠,如果重叠越多,则两核间的电子云密度越大,所形成的共价键就越稳定,此即最大重叠原理。按最大重叠原理,成键原子的电子云必须在各自密度最大的方向上才能发生最大限度的重叠,这就是共价键的方向性。

3. 共价键的类型

根据成键时原子轨道重叠方式的不同,共价键可分为 σ 键、π 键。

(1) σ 键。两个成键原子轨道都沿着轨道对称轴的方向重叠,键轴(原子核间的连线)与轨道对称轴重合,即以"头碰头"的方式发生原子轨道重叠,这种键称为 σ 键。形成 σ 键的电子称为 σ 电子。如图 2-5 所示。

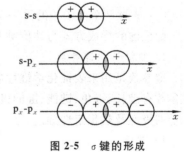

图 2-5 σ 键的形成

(2) π 键。两个成键轨道沿键轴方向靠近(重叠),重叠部分在键轴的两侧并对称于与键轴垂直的平面,这样形成的共价键称为 π 键。形象地说,π 键是两个成键轨道以"肩并肩"的方式重叠而形成的共价键。形成 π 键的电子称为 π 电子。如图 2-6 所示。

通常形成 π 键时的原子轨道重叠程度小于 σ 键的,所以 π 键没有 σ 键稳定,π 电子易参与化学反应。σ 键和 π 键的特征比较见表 2-10。

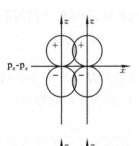

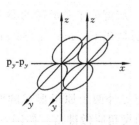

图 2-6 π 键的形成

表 2-10 σ 键和 π 键的特征比较

特征	σ 键	π 键
存在	可以单独存在	不能单独存在,只能与 σ 键共存
形成	成键轨道沿键轴重叠(头碰头),重叠程度大	成键轨道平行侧面重叠(肩并肩),重叠程度小
分布	电子云对称分布在键轴周围,呈圆柱形,键能较大,比较稳定	电子云对称分布于 σ 键所在平面的上下,键能较小,不稳定
性质	成键两个原子可沿键轴自由旋转,电子云受核的束缚大,流动性小,不易极化	成键两个原子不能沿键轴自由旋转,电子云受核的束缚小,流动性大,容易极化
组成	C—C 一个 σ 键	C=C 一个 σ 键,一个 π 键 C≡C 一个 σ 键,两个 π 键

4. 特殊共价键——配位键

前面所讨论的共价键的共用电子对都是由成键的两个原子分别提供一个电子组成的。除此之外还有一类特殊的共价键,其共用电子对是由其中一个原子单方面提供的。这种由一个原子提供电子对而为两个原子共用所形成的共价键称为配位共价键,简称配位键。

配位键的形成条件如下:

(1) 成键两个原子中的一个原子的价电子层有孤电子对(即未共用的电子对);

(2) 成键两个原子中的另一个原子的价电子层有可接受孤电子对的空轨道。

配位键的形成方式与共价键有所不同,但成键后二者是没有本质区别的。

5. 共价键的键参数

键参数是用来表征化学键性质的物理量。在讨论以共价键形成的分子时,常用到的键参数有键长、键角、键能、键的极性等,利用键参数可以判断键的强弱、分子的几何构型、分子的极性及热稳定性等。

1) 键长

分子中两成键原子的核间平衡距离称为键长。光谱及衍射实验的结果表明,同一种键在不同分子中的键长几乎相等,因而可用其平均值(即平均键长)作为该键的键长。一般情况下,键长越短,键强度越大,键越牢固。

键长取决于成键的两个原子的大小及原子轨道重叠的程度。成键原子及成键的类型不同,其键长也不相同。例如,C—C、C=C 及 C≡C 的键长分别是 0.154 nm、0.133 nm 和 0.121 nm,即单键最长,双键次之,三键最短。

图 2-7 四氯甲烷分子和甲醛分子中的键角

2) 键角

分子中某一原子与另外两个原子形成的两个共价键在空间形成的夹角叫做键角。如图 2-7 所示。键角是两共价键的夹角,由于共价键的方向性,共价化合物的键角是一定的,但组成相似的化合物未必有相同的键角,孤电子对成键电子有较大的排斥作用,可导致键角变小。

键角是反映分子空间结构的重要因素之一,一般可由键长和键角推知分子的空间构型。一些分子的键长、键角及几何构型见表 2-11。

表 2-11 一些分子的键长、键角及几何构型

分子	键长 l/pm	键角 α	几何构型
$HgCl_2$	234	180°	直线形
CO_2	116.3	180°	
H_2O	96	104.5°	折线形(角形、V 形)
SO_2	143	119.5°	
BF_3	131	120°	三角形
SO_3	143	120°	
NH_3	101.5	107.3°	三角锥形
SO_3^{2-}	151	106°	
CH_4	109	109.5°	四面体形
SO_4^{2-}	149	109.5°	

3) 键能

键能是指在 298.15 K 和 101.33 kPa 条件下,断裂 1 mol 化学键所需的能量。键能是衡量化学键强弱的物理量,用符号 E 表示,单位为 kJ/mol。

双原子分子的键能在数值上等于键解离能;对于多原子分子,要断裂其中的键成为单个原子,需要多次解离,故其解离能不等于键能,而应取其平均值作为键能(即平均键能)。

键能的大小标志着共价键的强弱,键能越大,体系的能量越低,键越牢固,该分子越稳定。

4) 键的极性

按共用电子对是否有偏移,共价键分为非极性共价键和极性共价键。由同种元素的原子间形成的共价键称为非极性共价键。同种原子吸引共用电子对的能力相等,成键电子对匀称地分布在两核之间,不偏向任何一个原子,成键的原子都不显电性。例如,H_2、O_2、N_2 等双原子分子中的共价键都是非极性键。

当两个不同元素的原子以共价键结合时,由于成键的两个原子的电负性不同,吸引电子的能力不同,共用电子对偏向电负性较大的原子,导致其带部分负电荷,而电负性较小的原子带部分正电荷,使正、负电荷中心不重合。这种共价键称为极性共价键,简称为极性键。例如,在 HCl 中,由于 Cl 吸引电子的能力较强,使得共用电子对偏向于 Cl,因此 H—Cl 键是极性键。

共价键的极性与成键两原子的电负性差有关,电负性差值越大,共价键的极性就越大。一般来说,可以用电负性差值判断共价键极性的强弱。当电负性差值为 0 时,形成的共价键没有极性,差值在 0~1.7 时,形成极性共价键(大于 1.7 形成离子键)。

2.5 分子间作用力和氢键

物质的分子与分子之间存在着一种比较弱的相互作用力,称为分子间作用力。一般在几十 kJ/mol。正是由于分子间作用力的存在,气体分子才能凝聚成相应的液体和固体,分子间作用力是影响物质熔点、沸点、溶解度等理化性质的一个重要因素。由于分子间作用力最早是由荷兰科学家范德华(van der Waals)提出的,因此也称为范德华力。

2.5.1 分子的极性

对双原子分子来说,键的极性就是分子的极性。由相同原子形成的分子(如 O_2、N_2、H_2 等),由于两个原子对共用电子对的吸引力相同(即电负性相同),分子中电子云的分布是均匀的,分子中的键是非极性共价键。在整个分子中,正电荷重心与负电荷重心重合,这种分子称为非极性分子。

由两个不同原子形成的分子(如 HI、HBr、HCl、HF 等),由于两个原子对共用电子对的吸引力不同(即电负性不同),分子中形成了正、负两极。整个分子中正电荷重心与负电荷重心不重合,这种分子称为极性分子。

但对于多原子分子来说,情况就复杂些,除考虑键的极性外,还要考虑分子构型是否对称。例如:CCl_4 分子中 C—Cl 键是极性键,但由于分子呈正四面体中心对称结构,所以 CCl_4 是非极性分子;而 H_2O 分子中,H—O—H 不在一条直线上,分子结构无中心对称成分,所以 H_2O 分子是极性分子。

分子极性的大小通常用偶极矩(μ)来衡量。偶极矩是指分子中正电荷中心或负电荷中心上的电荷量与正、负电荷中心间距离的乘积,即 $\boldsymbol{\mu}=q\times\boldsymbol{d}$。

偶极矩是一个矢量,通常用箭头"→"表示其方向,箭头指向的是负电中心。偶极矩的单位为库仑·米(C·m)。μ 可由实验测定。$\mu=0$ 时,分子是非极性分子;μ 越大,分子极性越大。

键的极性是决定分子的物理性质及化学性质的重要因素之一。偶极矩越大,键的极性越强,分子的极性越强。分子的极性既与化学键的极性有关,又与分子的几何构型有关,因此测定分子的偶极矩,有助于比较物质极性的强弱和推断分子的几何构型。

2.5.2 分子间作用力

物质的分子与分子之间存在的作用力较弱,要比键能小 1~2 个数量级,但它是影响物质的三态变化(固态、液态、气态)、熔点、沸点、溶解性等的重要因素。

分子间作用力从本质上说都是静电作用力,通常来自分子偶极间的相互作用,按作用力产生原因可分为取向力、诱导力和色散力三种类型。

1. 取向力

当两个极性分子充分靠近时,极性分子的固有偶极(或永久偶极)间发生同极相斥、异极相吸,从而使杂乱的分子相对偏转而取向排列,固有偶极处于异极相邻状态。这种由极性分子固有偶极之间的取向而产生的分子间作用力称为取向力,如图 2-8 所示。

分子的偶极矩越大,取向力也就越大。

2. 诱导力

当极性分子与非极性分子靠近时,极性分子的固有偶极使非极性分子电子云变形,电子云偏向极性分子固有偶极的正极,使非极性分子的正、负电荷中心不再重合而产生的偶极称为诱导偶极。由诱导偶极与极性分子的固有偶极相吸引产生的作用力称为诱导力,如图 2-9 所示。

极性分子间除存在取向力外,也存在诱导力。

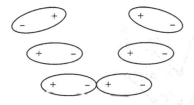

图 2-8 取向力产生示意图

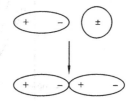

图 2-9 诱导力产生示意图

3. 色散力

非极性分子内由于电子和原子核在不断地运动,在某一瞬间,分子内的正、负电荷分布发生瞬间的相对位移,使分子产生瞬时偶极,而且可以影响周围分子也产生瞬时偶极。瞬时偶极会很快消失,但也会不断出现,结果非极性分子间靠瞬时偶极而发生相互吸引,如图 2-10 所示。两个瞬时偶极相互吸引产生的作用力称为色散力。

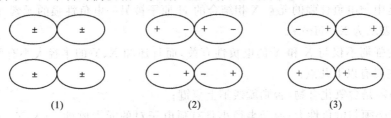

图 2-10 非极性分子相互作用示意图

色散力不仅存在于非极性分子之间,也存在于极性分子之间及极性分子与非极性分子之间。

色散力、诱导力和取向力统称为范德华力。范德华力从本质来讲是一种静电引力,没有方向性和饱和性。范德华力的大小与分子的偶极矩等有关。

范德华力只在分子间靠得很近的部分才起作用,而且很弱。但其与物质的物理性质密切相关。通常,分子间作用力越大,则液体的沸点就越高,固体的熔点也越高。相同类型的单质和相同类型的化合物,其熔点和沸点一般随相对分子质量的增大而升高,主要原因就是它们的分子间作用力随相对分子质量的增大而增强。

2.5.3 氢键

分子之间除范德华力之外还有一种特殊作用力——氢键。如图 2-11 中 F、O、N 的氢化物熔点、沸点表现出反常规律,其原因就在于氢键的存在。

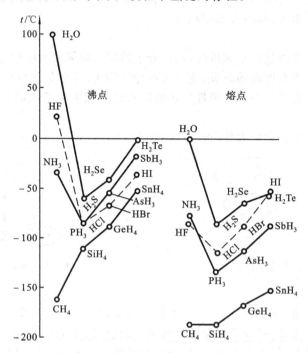

图 2-11 ⅣA～ⅦA 同族元素氢化物熔点、沸点的递变情况

氢键是由与电负性强的元素 X 相结合的 H 原子被另一电负性强的元素 Y 所吸引而形成的,可表示为 X—H⋯Y。

氢键的强弱不仅与 X 和 Y 的电负性有关,而且还和 X、Y 的半径大小有关。氢键的形成条件主要有以下几点:

(1) 必须是含氢化合物,否则就谈不上氢键;

(2) 氢必须与电负性大、原子半径小且有孤电子对的元素成键。(X、Y 一般是指 F、N、O 等原子)

氢键实际上也是具有永久偶极的分子间产生的取向力。氢键强于分子间作用力,是分子间作用力最强的,但最高不超过 25 kJ/mol。通常用虚线表示氢键(X—H⋯Y)。

氢键不同于范德华力,它有方向性,即孤电子对的伸展方向。一般情况下也有饱和性,即氢与孤电子对一一对应。

氢键有分子间氢键和分子内氢键,如图 2-12 所示。分子间氢键是一个分子的 X—H 键和另一分子中的 Y 原子之间形成的氢键,相当于使相对分子质量增大,色散力增大,故熔点、沸点升高,极性下降,水溶性下降;分子内氢键是一个分子的 X—H 键与它内部的 Y 原子相吸引所生成的氢键,未增大相对分子质量,却使分子极性下降,故熔点、沸点下降,水溶性也下降。

氢键广泛存在于无机含氧酸、有机羧酸、醇、酚、胺分子之间,不仅对化合物的熔点、沸点、溶解度和物质的聚积状态等有重要的影响,而且对生物大分子(如蛋白质、核酸、糖类等)的形状与结构也起着关键的作用。

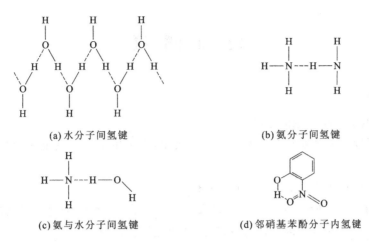

(a) 水分子间氢键　　　　　　(b) 氨分子间氢键

(c) 氨与水分子间氢键　　　　(d) 邻硝基苯酚分子内氢键

图 2-12　氢键的形成

学习小结

1. 核外电子的运动状态需要用四个量子数来描述：主量子数 n、角量子数 l、磁量子数 m 和自旋量子数 m_s。四个量子数相互联系、相互制约。核外电子排布应遵循的原则有泡利不相容原理、能量最低原理、洪特规则及其特例。

2. 元素周期律是指随着元素原子序数的递增，元素的性质呈周期性变化的规律。原子核外电子排布的周期性变化是元素周期律的本质原因，元素周期表则是各元素原子核外电子排布呈周期性变化的反映。元素性质取决于原子的内部结构，原子的电子层结构有周期性，从而使元素的基本性质（如原子半径、电离能、电负性等）也呈现出周期性。

3. 元素周期表中共有 7 周期、18 个族（分为 7 个主族，7 个副族，1 个第Ⅷ族（包括 8、9、10 三个纵行），1 个零族）；根据元素最后一个电子填充的能级不同，将周期表中的元素分为 s、p、d、ds、f 五个区。

4. 通常把分子或晶体中直接相邻的原子或离子间的强烈相互作用称为化学键。化学键可以分为离子键、金属键和共价键三种类型。原子间发生电子转移，形成正、负离子，并通过静电作用而形成的化学键称为离子键。原子间通过共用电子对（或电子云重叠）所形成的化学键称为共价键。共价键有方向性和饱和性。

键参数是用来表征化学键性质的物理量。在讨论以共价键形成的分子时，常用到的键参数有键长、键角、键能、键的极性等，利用键参数可以判断分子的几何构型、分子的极性及热稳定性。

5. 物质的分子与分子之间也存在一定的作用力，这种分子间的作用力较弱，要比键能小 1～2 个数量级，但它是影响物质理化性质等的重要因素，这种分子间的作用力也叫范德华力。按作用力产生原因可分为取向力、诱导力和色散力三种类型。

氢键是一种特殊的分子间作用力。氢键对化合物的熔点、沸点、溶解度和物质的聚积状态等有重要的影响。

目标测试

一、填空题

1. 核外电子排布遵循的原则有_____、_____、_____及其_____。
2. 单电子原子的能量由量子数_____决定,而多电子原子的能量由量子数_____决定。
3. CO_2 与 SO_2 分子间存在的分子间力有_____。
4. 分子间氢键一般具有_____性和_____性,一般分子间形成氢键,物质的熔点、沸点_____,而分子内形成氢键,物质的熔点、沸点往往_____。
5. 在下列空格中填入合适的量子数:

	n	l	m
(1)	2	1	
(2)		2	−1
(3)	2		+2
(4)	3		0

6. 已知某些元素的原子序数,试填写下表中空白处:

原子序数	电子排布式	各层电子数	周期	族	区	金属或非金属
8						
11						
17						
19						
24						
35						

二、简答题

1. 下列说法是否正确?为什么?
 (1) σ 键只能由 s-s 轨道形成。
 (2) 原子核外层电子运动状态的描述需要四个量子数。
 (3) 色散力存在于非极性分子之间,取向力存在于极性分子之间。
 (4) 极性键组成极性分子,非极性键组成非极性分子。
 (5) 氢键就是 H 与其他原子间形成的化学键。

2. 简述四个量子数的物理意义和取值要求。

3. 已知下列元素原子的价电子构型为：$2s^2,2s^22p^2,3s^23p^3,4s^24p^4$。它们各属于第几周期？第几族？最高正化合价是多少？各是什么元素？

4. 已知某副族元素 A 的原子，电子最后填入 3d 轨道，最高氧化值为 4；元素 B 的原子，电子最后填入 4p 轨道，最高氧化值为 5：

(1) 写出 A、B 元素原子的电子分布式；

(2) 根据电子分布，指出它们在周期表中的位置（周期、区、族）。

5. 试解释下列现象：

(1) NH_3 易溶于水，而 CH_4 难溶于水；

(2) H_2O 的沸点高于同族其他元素的氢化物的沸点。

6. 判断下列各组分子之间存在着什么形式的分子间作用力。

CO_2 与 N_2 HBr（气） N_2 与 NH_3 HF 水溶液

7. 第四周期的 A、B、C 三种元素，其价电子数依次为 1、2、7，其原子序数按 A、B、C 顺序增大。已知 A、B 次外层电子数为 8，而 C 次外层电子数为 18，根据结构判断：

(1) C 与 A 的简单离子是什么？

(2) B 与 C 两元素间能形成何种化合物？请写出其化学式。

第 3 章 元 素

学习目标

1. 理解 s 区元素的特征与其电子层结构的关系；
2. 掌握 Na、K、Mg 和 Ca 元素及其重要化合物的性质；
3. 熟悉 p 区各族元素的性质和电子层结构的关系；
4. 掌握各族元素的通性及其重要化合物的基本化学性质；
5. 掌握铜、银、锰、锌和汞等重要化合物的性质和有关反应。

3.1 s 区元素

3.1.1 s 区元素的通性

s 区元素是指元素周期表中 ⅠA 族和 ⅡA 族的元素。ⅠA 族包括 H、Li、Na、K、Rb、Cs 等共 7 种元素。这 7 种元素的共同特点是最后一个电子填充在外层的 s 轨道上,形成 ns^1 电子构型。由于价电子离核较远,原子核对其束缚能力较弱,所以特别容易失去 1 个电子,形成氧化数为 +1 的离子,无变价。生成的化合物都是离子型化合物,在同一周期中,碱金属原子体积最大,第一电离能最低(H、Li 除外)。固态时,原子引力最小,所以熔点、沸点、硬度、密度、升华热都低。在同一主族中,从上到下,元素的金属性和活泼性逐渐增加,电离能和电负性逐渐降低。

ⅡA 族包括了 Be、Mg、Ca、Sr、Ba 等 6 种元素,它们最外层有 2 个 s 电子,形成 ns^2 电子构型。它们的最高氧化态均为 +2,无变价。与 ⅠA 族的碱金属相比,由于增加了一个单位的核电荷,对核外的电子引力有所增加,从而导致同周期碱土金属的原子半径小于相邻碱金属,电离能、熔点、沸点、密度、硬度较碱金属高。较难失去第一个价电子,失去第二个价电子的电离能约为第一电离能的 2 倍。从电离能来看,碱土金属失去 2 个价电子似乎不太容易,实际它们生成化合物时释放出的晶格能足以弥补失去两个电子所需的能量。因此,碱土金属是典型的金属元素,化学性质活泼。但 Be 的原子半径较小,核电荷对外层电子吸引力较强,故呈现金属与非金属两种性质,是一种两性元素。Be 的很多化合物是共价化合物,而其他碱土金属化合物则是离子型化合物。在同一主族中,从上到下,元素的金属性递增。在同一周期中,碱土金属的金属性仅次于碱金属。碱金属是最轻的金属,它们都具有银白色金属光泽,它们的金属键较弱,可用刀切割,都具有良好的导电性。碱土金属除 Be 以外,都是具有银白色金属光泽的固体,在空气中易被氧化而失去光泽。常温下,碱土金属大都能从水中置换出氢。但 Be、Mg 固体在表面形成一层难溶氧化膜,阻止了与水的继续作用。镁质轻而硬,是制造飞机等轻合金的重要材料。镁燃烧时所发出的光十分明亮,故过去常用于摄影照明。钙金属本身用处不大,但钙的化合物具有多种用途。

3.1.2 氢

1. 性质

氢通常排在元素周期表的第一个位置,它的原子结构最为简单,只有一个 s 电子,常把它与碱金属排在ⅠA 族。氢比碱金属的半径小,电离能比碱金属电离能大得多。氢原子是周期表中唯一不含中子的单电子原子,故失去电子后形成的 H^+ 就是质子。一般情况下,H^+ 不能单独存在,它经常与 H_2O 结合在一起,以水合质子的形式出现。而同族碱金属离子则在无水条件下仍可以其盐的晶体存在。ⅠA 族的碱金属易形成离子型化合物,而氢则易形成共价化合物。氢原子也可得到一个电子,变成 H^-,并与同族碱金属或ⅡA 族的碱土金属结合成金属氢化物,如 NaH、CaH_2 等,因此,它又具有卤素的特性,也可将其排列在元素周期表的ⅦA 族。

氢原子共价结合形成氢气,该气体无色、无味、最轻,难以液化,几乎不溶于水。

2. 用途

氢在科学研究、工业生产中具有重要作用,同样质量情况下,氢气的燃烧热是汽油的 3 倍,因此,人们早就试图以水做原料生产氢气,发展燃烧热高、无污染、不影响生态环境的新能源。然而,要使其变为现实,还有许多技术问题要解决。

3.1.3 钠和钾

1. 性质

钠和钾极易氧化,在自然界中找不到它们的单质。但它们的化合物大量存在于自然界中,如钠长石($NaAlSi_3O_8$)和正长石($KAlSi_3O_8$)等。钠和钾质软可切,呈银白色并且是电、热的良导体。在潮湿的空气中这两种金属会马上失去金属光泽,并同水和酸剧烈反应,分别生成氢氧化物和盐,并放出氢气。这两种金属与水反应可释放出大量热,这种热量足以引起它们各自的燃烧。这也正是用手摸这两种金属可导致烧伤的原因。

2. 重要化合物

1) 卤化物

钠和钾能与许多非金属发生反应，生成的化合物比其他金属的相应化合物稳定得多，如 $2Na+Cl_2 =\!=\!= 2NaCl$（爆炸反应），钠盐一般有结晶水，而钾盐在溶液中析出时通常不含结晶水。NaCl 是透明晶体，它是人和动物所必需的物质，在人体中 NaCl 的含量约占 0.9%，NaCl 也是重要的化工原料，它可用来合成氢气、氯气、氢氧化钠、金属钠和碳酸钠等。碳酸钠是世界上应用最广的工业碱。NaCl 的另一个特点是在水中的溶解度随温度的影响不大。

2) 氧化物和氢氧化物

碱金属的氧化物有普通氧化物、过氧化物和超氧化物。Na 和 K 只能在缺氧条件下才能生成普通氧化物，但条件难以控制。Na 和 K 与 O_2 燃烧后生成过氧化物（Na_2O_2、K_2O_2），实用性强的是 Na_2O_2。当 O_2 过量时，K 燃烧生成超氧化物（KO_2）。过氧化物和超氧化物不稳定，与水自动反应，生成氢氧化物、双氧水和氧气。例如：

$$Na_2O_2 + 2H_2O =\!=\!= 2NaOH + H_2O_2$$
$$2KO_2 + 2H_2O =\!=\!= 2KOH + H_2O_2 + O_2\uparrow$$

据此，可用过氧化物或超氧化物作氧气的发生剂、漂白剂和潜水时的供氧剂。

钠和钾的化学性质极为活泼，它们与水可发生剧烈的反应：

$$2Na + 2H_2O =\!=\!= 2NaOH + H_2\uparrow$$
$$2K + 2H_2O =\!=\!= 2KOH + H_2\uparrow$$

因此在贮存时不能与含水的空气接触，通常将金属钠存放在煤油中。

钠和钾的氢氧化物俗称苛性碱，在实际生产中并不是通过上述反应来进行，而是用电解氯化钠（钾）溶液，放出 Cl_2 并制得 NaOH(KOH)。NaOH(KOH) 是白色固体，极易吸收水和空气中的 CO_2。NaOH(KOH) 吸收 CO_2 后变成 Na_2CO_3(K_2CO_3)。Na_2CO_3 在浓 NaOH 溶液中不溶解，故可利用这种性质把 Na_2CO_3 从 NaOH 浓溶液中分离出来。NaOH(KOH) 的水溶液可与许多金属、非金属及其氧化物作用生成钠（钾）盐。在ⅠA族中碱金属的碱性强弱次序为 LiOH < NaOH < KOH < RbOH < CsOH，除 LiOH 为中强碱外，其余均为强碱。

3.1.4 镁和钙

1. 性质

在空气中，镁和钙的表面可迅速形成一种氧化膜，不再继续氧化。它们的金属活动性顺序均在 H 之前，与酸作用可置换出氢气，但与冷水作用缓慢。另外，碱土金属（除 Mg 外）形成配合物的性能较弱，碱土金属与氧化合一般可生成氧化物、过氧化物和超氧化物，而 Mg 一般只生成氧化物。钙、镁与碱不起反应。

2. 重要化合物

1) 氧化物和氢氧化物

碱土金属很容易与氧直接化合生成 MO 型氧化物，镁和钙的硝酸盐、氢氧化物、草酸盐、碳酸盐加热后都生成相应的氧化物。但工业上生产镁和钙的氧化物主要是用菱镁矿和石灰石的煅烧进行。

$$MgCO_3 =\!=\!= MgO + CO_2 \uparrow$$
$$CaCO_3 =\!=\!= CaO + CO_2 \uparrow$$

碱土金属氢氧化物的碱性比碱金属氢氧化物的碱性要弱一些，MgO 和 CaO 与 H_2O 反应生成 $Mg(OH)_2$ 和 $Ca(OH)_2$。镁和钙的氢氧化物在水中溶解度不大，在ⅡA族中，其碱性强弱次序为

$$Be(OH)_2 < Mg(OH)_2 < Ca(OH)_2 < Sr(OH)_2 < Ba(OH)_2$$
　　　两性　　中强碱　　中强碱　　　强碱　　　　强碱

2）碳酸盐

镁和钙主要是以碳酸盐的形态存在于自然界中，除了可生成其氧化物和氢氧化物外，它们还可与水中的 CO_2 发生作用，从而转化为 $Ca(HCO_3)_2$ 和 $Mg(HCO_3)_2$：

$$CaCO_3(s) + H_2O + CO_2 =\!=\!= Ca(HCO_3)_2$$
$$MgCO_3(s) + H_2O + CO_2 =\!=\!= Mg(HCO_3)_2$$

$MgCO_3$ 和 $CaCO_3$ 在水中溶解度较小，但有 CO_2 存在时则可增加它们的溶解度，主要是因为转化成了 $Mg(HCO_3)_2$ 和 $Ca(HCO_3)_2$。$Mg(HCO_3)_2$ 和 $Ca(HCO_3)_2$ 溶液煮沸时又能析出 $MgCO_3$ 和 $CaCO_3$ 沉淀。这就是烧水生垢的原因。水中 Ca^{2+}、Mg^{2+} 的含量代表着水的硬度，Ca^{2+}、Mg^{2+} 含量越高，水的硬度就越大，加热过程中就越易生垢。因此进入锅炉的水，一般需通过软化处理，以除去 Mg^{2+} 和 Ca^{2+}。目前软化水的方法主要有离子交换法。

3.2　p 区金属元素

3.2.1　p 区金属元素的通性

p 区共有 10 种金属元素，它们分别分布于ⅢA、ⅣA、ⅤA、ⅥA 四个主族的下部。其外层电子构型ⅢA族的 Al、Ga、In、Tl 为 ns^2np^1；ⅣA族的 Ge、Sn、Pb 为 ns^2np^2；ⅤA族 Sb 和 Bi 为 ns^2np^3；ⅥA族只有一种放射性元素 Po，其外层电子构型为 $6s^26p^4$。它们的共同特性是最后剩余的电子均填充于 p 轨道上，其数量为 1～4。它们与其他元素化合时，常常会出现两种情况：一种是仅有 p 电子参加反应，另一种则是 s、p 电子全都参与反应。因此经常出现两种或两种以上的氧化态。

3.2.2　铝

1. 性质

ⅢA族的金属元素都是具有银白色光泽的软金属，其金属性明显地弱于相应ⅡA族

元素但强于ⅣA族元素。就同族元素来讲最上边的硼为非金属,到铝变为金属,且从上到下金属性逐渐增强。该族元素从上到下氢化物共价性逐渐减弱,离子性逐渐增强,氧化物从上到下逐渐由酸性(硼的氧化物)、中性(铝的氧化物)变为碱性(其他元素氧化物)。铝的性质在ⅢA族元素中有很大代表性。

铝不能从水中置换出氢,因为与水接触时表面易生成一层难溶解的氢氧化铝。铝在冷的浓 H_2SO_4、浓 HNO_3 中呈钝化状态,因此可用铝制品贮运浓 H_2SO_4、浓 HNO_3。但铝可与稀 HCl、稀 H_2SO_4 及碱发生反应:

$$2Al + 6HCl = 2AlCl_3 + 3H_2 \uparrow$$

$$2Al + 3H_2SO_4 = Al_2(SO_4)_3 + 3H_2 \uparrow$$

$$2Al + 2NaOH + 2H_2O = 2NaAlO_2 + 3H_2 \uparrow$$

铝是强还原剂,能从金属氧化物中将金属还原出来,常用此法来制备金属单质,称为"铝热法"。例如:

$$2Al(s) + Cr_2O_3(s) = Al_2O_3(s) + 2Cr(s)$$

以上反应之所以能发生,主要是因为 Al 和 O_2 的结合能力极强。

2. 重要化合物

铝存在于黏土、长石、云母以及很多其他矿物中。最重要的铝矿是刚玉(Al_2O_3)、矾土($Al_2O_3 \cdot 2H_2O$)和冰晶石($AlF_3 \cdot 3NaF$)。目前最常见的铝化合物有 Al_2O_3、$Al(OH)_3$ 及铝的一些盐。

1) 氧化铝和氢氧化铝

氧化铝(Al_2O_3)和氢氧化铝($Al(OH)_3$)都是两性物质。氢氧化铝脱水可得到氧化铝,一般氧化铝既可溶于酸,也可溶于碱。但将 $Al(OH)_3$ 加热至 900 ℃时转变成的 α-Al_2O_3 则既不溶于酸,又不溶于碱。Al_2O_3 硬度大,熔点高,俗称刚玉。当含有其他金属氧化物时,显示美丽的颜色,可作为宝石。另外,Al_2O_3 也是重要的激光材料。

氢氧化铝溶于酸形成铝盐,溶于碱形成铝酸盐。当 pH<3.8 时,有

$$Al(OH)_3 + 3H^+ = Al^{3+} + 3H_2O$$

当 pH>9 时,$Al(OH)_3$ 便开始溶解;当 pH>11 时,$Al(OH)_3$ 可全部溶解。

2) 铝盐

Al 和 Cl_2(或 HCl)反应可生成 $AlCl_3$。$AlCl_3$ 分子中 Al 外围电子不足 8 个,属缺电子化合物,因此易形成二聚体。$AlCl_3$ 遇水可发生强烈水解:

$$AlCl_3 + 3H_2O = Al(OH)_3 + 3HCl$$

Al 的硫酸盐主要有 $Al_2(SO_4)_3 \cdot nH_2O$ 和 $KAl(SO_4)_2 \cdot 12H_2O$,后者俗称明矾,它们都是可溶性铝盐。将 $Al_2(SO_4)_3$ 的饱和溶液装在泡沫灭火器的内筒中,$NaHCO_3$ 溶液装在外筒中,使用时将其混合,迅速生成 $Al(OH)_3$ 和 CO_2,据此可制得 CO_2 泡沫灭火器。

$$Al^{3+} + 3HCO_3^- = Al(OH)_3 + 3CO_2$$

$KAl(SO_4)_2$ 在印染工业上用做媒染剂,主要是利用 Al^{3+} 水解产生的 $Al(OH)_3$ 具有很强的吸附能力,可将染料吸附于织物上。

3.2.3 锗、锡、铅

ⅣA族的金属包括Ge、Sn、Pb三种元素。其中Ge属稀有元素,可从Fe、Cu、Ge的硫化物矿中制得,也可从精炼Zn和Pb的矿渣中提炼,Ge主要用于制造半导体二极管和晶体管,因此是电子行业不可缺少的材料。

1. 性质

ⅣA族的元素从上到下依次为C、Si、Ge、Sn、Pb,其中C和Si为非金属。C和Si的电阻系数很大,Sn和Pb电阻系数很低,Ge则介于二者之间,因此称为半导体。随着该族元素从非金属到金属性质的逐渐变化,其理化性质也出现了规律性变化,非金属元素C、Si和准金属元素Ge不与酸发生反应,但金属Sn和Pb可以从酸中置换出氢:

$$Sn + 2HCl \xrightarrow{\quad} SnCl_2 + H_2 \uparrow$$
$$Pb + H_2SO_4 \xrightarrow{\quad} PbSO_4 + H_2 \uparrow$$

Sn和Pb不仅具有+2价还有+4价。浓HNO_3与Sn、Pb反应生成相应盐。例如:

$$Pb + 4HNO_3 \xrightarrow{\quad} Pb(NO_3)_2 + 2NO_2 \uparrow + 2H_2O$$

ⅣA族元素与过量的氧发生反应均生成氧化物,只有铅生成低价氧化物,这正是铅金属性更强的体现。ⅣA族元素与卤素直接化合生成高价卤化物,但C只与F、Cl形成CF_4和CCl_4,不与其他卤素化合;Pb只与F形成PbF_4,而与其他卤素则形成二卤化铅。

2. 重要化合物

1) 锡的化合物

锡是具有白色光泽的金属,柔软,有延展性。加热时Sn可与O_2生成SnO_2,Sn可与卤素或硫直接化合。Sn的化合物有+2和+4两种氧化态。前者不太稳定,常见的化合物有SnO和$SnCl_2$。SnO在空气中易被氧化成SnO_2;SnO也可与酸发生反应生成亚锡盐,与碱反应生成亚锡酸盐。例如:

$$SnO + 2HCl \xrightarrow{\quad} SnCl_2 + H_2O$$
$$SnO + 2NaOH \xrightarrow{\quad} Na_2SnO_2 + H_2O$$
$$Sn^{4+} + 2e^- \longrightarrow Sn^{2+} \qquad \varphi^{\ominus} = 0.15 \text{ V}$$
$$Sn^{2+} + 2e^- \longrightarrow Sn \qquad \varphi^{\ominus} = -0.1375 \text{ V}$$

从电极电势可知,锡氧化能力较弱,还原能力较强,$SnCl_2$是比较常用的还原剂之一。例如:

$$SnCl_2 + 2HgCl_2 \xrightarrow{\quad} Hg_2Cl_2 \downarrow (白) + SnCl_4$$
$$Hg_2Cl_2 + SnCl_2 \xrightarrow{\quad} 2Hg \downarrow (黑) + SnCl_4$$

据此,可用$SnCl_2$来鉴定Hg^{2+}或Hg^+的存在。也可用$HgCl_2$来鉴定Sn^{2+}的存在。将氯化亚锡溶液加热或冲稀,都会发生水解:

$$SnCl_2 + H_2O \xrightarrow{\quad} Sn(OH)Cl \downarrow + HCl$$

因此,在配制$SnCl_2$溶液时,应先加适量的盐酸。

2) 铅的化合物

铅是浅灰色金属,有延展性,质软,密度较大。在空气中可迅速被氧化,使表面生成一层氧化膜。铅可与卤素或硫直接化合,但反应不够迅速,有时需加热才可进行。铅与 H_2O 一般不发生反应,但有空气存在时,可发生如下反应:

$$2Pb + O_2 + 2H_2O =\!=\!= 2Pb(OH)_2 \downarrow$$

Pb 化合物有 +2 和 +4 两种氧化态,其中 +2 氧化态的化合物较为稳定。Pb 的氧化物主要有 PbO(橘黄色)和 PbO_2(暗褐色)、Pb_3O_4(俗称铅丹,鲜红色)三种。其中,PbO_2 在酸性溶液中是强氧化剂,可将 Mn^{2+}、Cl^- 氧化:

$$5PbO_2 + 2Mn^{2+} + 4H^+ =\!=\!= 5Pb^{2+} + 2MnO_4^- + 2H_2O$$
$$PbO_2 + 4HCl =\!=\!= PbCl_2 + Cl_2 \uparrow + 2H_2O$$

铅蓄电池的正极为 PbO_2,负极为 Pb,反应为

正极 $\quad PbO_2 + SO_4^{2-} + 4H^+ + 2e^- =\!=\!= PbSO_4 \downarrow + 2H_2O \qquad \varphi^\ominus = 0.69 \text{V}$

负极 $\quad Pb + SO_4^{2-} - 2e^- =\!=\!= PbSO_4 \downarrow \qquad\qquad\qquad\qquad \varphi^\ominus = -0.36 \text{ V}$

电池反应 $\quad PbO_2 + Pb + 2SO_4^{2-} + 4H^+ =\!=\!= 2PbSO_4 \downarrow + 2H_2O \quad E = 1.05 \text{ V}$

Pb^{2+} 盐除 $Pb(NO_3)_2$ 和 $Pb(Ac)_2 \cdot 3H_2O$ 易溶解外,其余大部分难溶于水。Pb^{2+} 与 K_2CrO_4 在弱酸性或中性溶液中生成黄色沉淀,这是鉴定 Pb^{2+} 的反应。

3.2.4 锑、铋

1. 性质

Sb、Bi 都是ⅤA族金属元素。ⅤA 族元素的化学性质以非金属性为优势,就连金属性较强的 Bi 在 +5 氧化态时形成的化合物也类似于非金属化合物。Sb 的金属性较 Bi 弱,因此其非金属性就更强,这与锑可形成分子型固体 Sb_4 而铋只能形成原子型金属 Bi 的事实相一致。

Sb 和 Bi 的化学性质比较稳定,常温下不与空气和氧起作用。但在强热时可燃烧生成三氧化物。Sb 和 Bi 耐酸性较好,常温下不与稀盐酸、稀硫酸作用,但 Sb 和 Bi 在加热时可被硫酸溶解。

2. 重要化合物

锑的氧化物(Sb_4O_6)、氢氧化物($Sb(OH)_3$)都是以碱性为主的两性物质。在酸性介质中,锑以 Sb^{3+} 的形式存在;在碱性介质中则以 SbO_3^{3-} 的形式存在。Sb^{3+} 和 SbO_3^{3-} 在水溶液中都发生水解:

$$SbCl_3 + H_2O =\!=\!= SbOCl \downarrow + 2H^+ + 2Cl^-$$
$$SbO_3^{3-} + 3H_2O =\!=\!= Sb(OH)_3 \downarrow + 3OH^-$$

锑酸只存在于极稀的溶液中,锑酸钾易溶于水,而锑酸钠的溶解度很小,据此可检出 Na^+。

Bi_2O_3 和 $Bi(OH)_3$ 都是碱性物质,Bi^{3+} 的盐在水溶液中发生水解:

$$Bi(NO_3)_3 + H_2O =\!=\!= BiONO_3 \downarrow + 2H^+ + 2NO_3^-$$

因此,在配制 Bi^{3+} 盐时,应加入一定量的酸,然后稀释到一定的浓度。实验室可用 Cl_2 与

Bi_2O_3 的氢氧化钠溶液反应,得到铋酸钠:

$$Bi_2O_3 + 2Cl_2 + 6NaOH = 2NaBiO_3 + 4NaCl + 3H_2O$$

$NaBiO_3$ 是强氧化剂,在酸性介质中可将 Mn^{2+} 氧化为 MnO_4^-:

$$5NaBiO_3 + 2Mn^{2+} + 14H^+ = 2MnO_4^- + 5Na^+ + 5Bi^{3+} + 7H_2O$$

分析化学中常用此反应鉴定 Mn^{2+} 的存在。

3.3 p区非金属元素

3.3.1 p区非金属元素的通性

已知的非金属元素有 22 种,除氢以外,其余 21 种都集中在 p 区。若以硼、硅、砷、碲、砹为斜线,可将 p 区元素分为两部分,上部分为非金属元素,下部分为金属元素,在金属与非金属交界处的元素为过渡元素或准金属元素。p 区非金属元素的价电子构型为 $ns^2np^{1\sim6}$。与金属元素相类似,同一周期中非金属元素从左到右有效核电荷增多而原子半径缩小,非金属性递增;同一族中由上到下随着电子层数的增多,原子半径增大,非金属性递减。非金属元素的电负性一般比金属元素大,处于金属与非金属交界处的元素电负性较低,越靠近周期表右上角的元素,其电负性越大。非金属元素与活泼金属化合时,常常形成离子型化合物。非金属元素的原子形成单质时,均以非极性共价键相结合,而不同非金属元素相互化合时,则以极性共价键相结合。

3.3.2 卤素

1. 性质

周期系 ⅦA 族的元素统称为卤素,包括 F、Cl、Br、I、At 五种元素,除放射性元素 At 外,其余四种均为生命必需元素。卤素的电负性随着原子序数的增大而减少。除 F_2 以外其他卤素单质在水中溶解度较小,在有机溶剂中溶解度较大并呈现特殊的颜色。据此可用有机溶剂分离水溶液中的卤素并进行鉴定。卤素单质的氧化性次序为 $F_2 > Cl_2 > Br_2 > I_2$。由于 F_2 具有很强的氧化能力,故遇水后立即发生分解反应:

$$2F_2 + 2H_2O = O_2 + 4HF$$

Cl_2 的氧化性次之,与水生成 HCl 和 HClO,只有在日光照射下才放出 O_2;Br_2 与 H_2O 反应很慢;I_2 几乎不与 H_2O 发生反应。卤素的还原能力由 F^- 至 I^- 依次增强;I^- 可还原 Br_2,Br^- 可还原 Cl_2。

2. 重要化合物

1) 卤素的氢化物

卤素单质(X_2)可与 H_2 反应生成卤化氢(HX),但由于 F_2 和 H_2 反应十分剧烈且成本较高,实际中不用此法制取 HF。Br_2、I_2 与 H_2 反应很慢,产率不高,所以实际中也很少采用。只有 HCl 采用此法制备。工业上利用 H_2 与 Cl_2 平稳反应,从而制得 HCl 气体,HCl 气体用水吸收即可制得盐酸。

实验室制备 HX 通常采用酸(如 H_2SO_4、H_3PO_4 等)与卤化物作用。HF 和 HCl 用浓 H_2SO_4 与相应的盐作用制备,例如:

$$CaF_2 + H_2SO_4(浓) = CaSO_4 + 2HF\uparrow$$
$$2NaCl + H_2SO_4(浓) = Na_2SO_4 + 2HCl\uparrow$$

HBr、HI 所含的 Br^- 和 I^- 具有较强的还原性,故不能用浓 H_2SO_4 与相应的盐制得,实际中常采用浓 H_3PO_4 代替浓 H_2SO_4 制备:

$$KBr + H_3PO_4 = KH_2PO_4 + HBr\uparrow$$
$$KI + H_3PO_4 = KH_2PO_4 + HI\uparrow$$

HF 具有很强的腐蚀性,若盛于 Cu、Pb 容器中,即可生成 CuF_2、PbF_2 保护层,防止进一步腐蚀,因此氢氟酸常贮存于铅、铜或塑料容器中。

HX 是共价型化合物,从 HF 到 HI 分子中核间距依次增大。H 与 X 间结合力依次减弱,还原性依次增强,热稳定性依次减弱。如 HF、HCl 在 1000 ℃时才可分解,而 HBr 和 HI 在光照下就可分解。从 HCl 到 HI 分子间作用力依次增大,熔点、沸点依次升高。因 HF 分子间有氢键,所以熔点、沸点高于 HCl。HX 是极性分子,在水中溶解度较大。HCl、HBr、HI 都是强酸,且酸性依次增强,只有 HF 为弱酸。

2) 卤素的含氧酸

卤素除具有很强的结合电子能力外,在一定条件下还可将电子偏移给别的原子,使氯、溴、碘氧化数最高达+7,而氟仅有-1 一种氧化态。氯、溴、碘都可同氧化合生成不同氧化数的含氧化合物。卤素的含氧化合物都不稳定,它们的含氧酸盐相对较为稳定。所有卤素的含氧化合物都有较强的氧化性。卤素原子上的 d 轨道可和氧原子上充满电子的 2p 轨道形成 π 键,从而生成卤素的含氧酸,下面仅对应用最多的氯的含氧酸及其盐进行讨论。

(1) 次氯酸及其盐。

Cl_2 在水中溶解度小,HClO 酸性很弱又不稳定,为促使反应发生经常加入碱。例如:

$$Cl_2 + H_2O = HCl + HClO$$
$$3Ca(OH)_2 + 2Cl_2 = Ca(ClO)_2 + CaCl_2 + Ca(OH)_2 \cdot H_2O + H_2O$$
$$2NaOH + Cl_2 = NaClO + NaCl + H_2O$$

$Ca(ClO)_2$ 是漂白粉的主要成分。

(2) 氯酸及其盐。

$HClO_3$ 是强酸,Cl_2 或 ClO^- 在碱性介质中发生歧化反应可制得氯酸盐。例如:

$$3Cl_2 + 6OH^- = 5Cl^- + ClO_3^- + 3H_2O$$

固体 $KClO_3$ 常用来制造火柴、炸药、信号弹等。氯酸盐受热易分解。例如:

$$2KClO_3 = 2KCl + 3O_2\uparrow$$
$$2Cu(ClO_3)_2 = 2Cl_2\uparrow + 5O_2\uparrow + 2CuO$$

(3) 高氯酸及其盐。

$HClO_4$ 是极强的无机酸,市售试剂为 70%的液体,较为稳定。浓 $HClO_4$ 溶液不稳定,

是强氧化剂,易爆炸和受热分解,因此常用 $KClO_4$ 制造炸药。但高氯酸盐比较稳定。高氯酸分解的反应式为

$$4HClO_4 \rightleftharpoons 2Cl_2 + 7O_2 + 2H_2O$$

3.3.3 氧、硫、硒

氧、硫、硒同属ⅥA族非金属元素。其中氧是地壳中含量最多的一种元素,质量分数为48.6%,在大气中体积占21%,在水中质量分数为91%;硫是化学工业的基本原料;硒在地壳中含量很少,属稀有元素,但它对人和动物的作用十分重要。

1. 性质

氧、硫、硒的价电子排布是 ns^2np^4,所以趋向于得到两个电子而形成八偶体。氧的电负性为3.5,仅次于氟,在与氟形成 OF_2 时显正氧化数,其余化合物中均为负氧化数。氧与电负性较低的碱金属、碱土金属等化合时,形成离子型化合物;与电负性较高的元素形成共价单键、双键和三键化合物,如 H_2O 和 CO 等。

硫也可与电负性低的元素形成离子型化合物(如 Na_2S 等),但这种倾向比氧要弱得多。硫可与电负性较高的元素形成共价单键化合物(H_2S),共价双键化合物(CS_2)等。硫原子价电子轨道中的3d轨道是空的,3s3p轨道中的电子可被成单地激发到3d轨道参加成键,因此常出现多种价态,而氧没有这种情况。

2. 重要化合物

1) H_2O_2

纯的 H_2O_2 为无色液体,市售的一般为30%的水溶液,又称双氧水。从氧化数来看,H_2O_2 中氧是-1,它可以继续得到一个电子显-2价,也可失去一个电子显零价。因此 H_2O_2 既有氧化性,又有还原性。

H_2O_2无论在酸性还是碱性溶液中都是强氧化剂:

在酸性介质中 $\quad H_2O_2 + 2H^+ + 2e^- \longrightarrow 2H_2O$

在碱性介质中 $\quad H_2O_2 + 2e^- \longrightarrow 2OH^-$

因此,H_2O_2 在酸性溶液中可与KI、PbS等作用,常用前者测定过氧化氢的含量;H_2O_2 可使黑色的PbS变为白色的 $PbSO_4$,常用于字画的修复。其反应式为

$$H_2O_2 + 2KI + 2HCl \rightleftharpoons I_2 + 2H_2O + 2KCl$$

$$PbS(黑) + 4H_2O_2 \rightleftharpoons PbSO_4(白) + 4H_2O$$

H_2O_2 还原性较弱,只有当遇到更强的氧化剂时,才显示出还原性:

$$H_2O_2 - 2e^- \longrightarrow 2H^+ + O_2$$

H_2O_2 可与 Cl_2、$KMnO_4$ 等作用,前一反应工业上用来除氯,后一反应可用来测定 H_2O_2 的含量。其反应式为

$$Cl_2 + H_2O_2 \rightleftharpoons 2HCl + O_2 \uparrow$$

$$2KMnO_4 + 5H_2O_2 + 3H_2SO_4 \rightleftharpoons K_2SO_4 + 2MnSO_4 + 8H_2O + 5O_2 \uparrow$$

2) 硫化氢

H_2S 是无色、有恶臭味的气体,为大气污染物,有较强的毒性。硫化氢可与许多金属

离子形成难溶性硫化物沉淀,这些沉淀具有特殊的颜色和不同的溶解性。H_2S 的水溶液为氢硫酸,室温下饱和硫化氢水溶液的浓度为 0.1 mol/L,它在水溶液中存在如下平衡:

$$H_2S \rightleftharpoons H^+ + HS^- \quad K_{a_1}=1.3\times10^{-7}$$

$$HS^- \rightleftharpoons H^+ + S^{2-} \quad K_{a_2}=7.1\times10^{-15}$$

可见,溶液的酸度不同,S^{2-} 的浓度也不同。在定性分析中,常通过控制溶液的酸碱度,用 H_2S 分离溶液中的阳离子。H_2S 又是还原剂,既可被中等强度的氧化剂氧化为单质硫,也可被强氧化剂氧化为硫酸。例如:

$$H_2S + I_2 \rightleftharpoons 2HI + S\downarrow$$

$$H_2S + 4Cl_2 + 4H_2O \rightleftharpoons H_2SO_4 + 8HCl$$

3) SO_2 及 SO_3

SO_2 是无色、有刺激气味的气体,比空气重 2.26 倍,易溶于水,易液化,有毒。SO_2 溶于水生成 H_2SO_3,它是一个中等强度的二元酸。亚硫酸盐除碱金属盐和铵盐以外大都难溶于水,而酸式亚硫酸盐易溶于水。SO_2 和 H_2SO_3 既具有氧化性,又具有还原性。作为还原剂它可使许多带色有机物在水溶液中还原褪色,这就是工业上用来作漂白剂的原理。

SO_2 与 O_2 反应生成 SO_3,SO_3 遇水可生成硫酸。纯 SO_3 是无色、易挥发固体,熔点 16.8 ℃,沸点 44.8 ℃,气态 SO_3 分子为平面三角形。浓硫酸为无色透明液体,密度为 1.84 g/mL,含 H_2SO_4 98%。浓硫酸有强烈的吸水性,因此实验室常用它来作干燥剂。浓 H_2SO_4 由于具有很强的脱水性和氧化性,可使有机物炭化,还原性物质氧化。稀 H_2SO_4 的氧化作用是靠解离出的 H^+ 进行,因此与其他酸一样,它只能氧化电位顺序在 H 以前的金属并放出 H_2。

3.3.4 氮和磷

1. 性质

氮和磷是ⅤA族元素,ⅤA族元素价电子构型为 ns^2np^3,它们有获得 3 个电子形成 8 电子稳定结构的趋势,但与同周期ⅥA、ⅦA族对应元素相比,ⅤA族元素结合电子的能力要差些,失去电子的趋势要大些。ⅤA族元素的气态氢化物的稳定性,从上到下逐渐减少;元素氧化物的酸性,从上到下逐渐减弱。ⅤA族元素的电负性比ⅥA、ⅦA族小。常见的氧化态有 -3、+3 和 +5 三种价态。

2. 重要单质及其化合物

1) 氮及其化合物

氮是自然界中分布最广的元素之一,约占地壳的 0.04%,其中大部分以游离态存在于空气中,占空气体积的 78%。游离氮一般条件下不活泼,但在特殊条件下可与氢、氧直接化合:

$$N_2 + 3H_2 \rightleftharpoons 2NH_3$$

$$N_2 + O_2 \rightleftharpoons 2NO$$

NH_3 是氮的重要化合物之一,是一种无色、有刺激性臭味的气体,比空气轻、易液化,其水溶液称为氨水。NH_3 与酸作用生成铵盐。铵盐分解产物与盐中阴离子的性质有关,

当铵盐阴离子对应的酸无氧化性时,分解产物是 NH_3 和相应酸。例如:

$$NH_4HCO_3 =\!\!= NH_3\uparrow + CO_2\uparrow + H_2O$$

$$NH_4Cl =\!\!= NH_3\uparrow + HCl$$

$$(NH_4)_3PO_4 =\!\!= 3NH_3\uparrow + H_3PO_4$$

当组成铵盐的阴离子所对应的酸有氧化性时,分解产物是氮或氮的氧化物。例如:

$$NH_4NO_3 =\!\!= N_2O\uparrow + 2H_2O$$

$$NH_4NO_2 =\!\!= N_2\uparrow + 2H_2O$$

氮的重要氧化物是 NO 和 NO_2,NO 为无色气体,难溶于水,在空气中易变成红棕色的 NO_2 气体。NO_2 溶于水后生成 HNO_3 和 NO。将等物质的量的 NO_2 和 NO 溶于冰冻水或者向亚硝酸盐的水溶液中加入酸,都可制得 HNO_2 水溶液。亚硝酸是一种弱酸,不稳定,易分解;但亚硝酸盐很稳定,并且易溶于水,有毒,是致癌物质。HNO_2 及其盐既有氧化性,又有还原性。

NO_2 溶于水后生成 HNO_3 和 NO。硝酸的特性是具有很强的氧化性,浓硝酸与固态非金属作用,可使之氧化成相应的酸,并放出 NO。

2) 磷及其化合物

磷有白磷和红磷之分。白磷剧毒,不溶于水而溶于 CS_2,轻微摩擦就会引起燃烧,白磷遇皮肤也会燃烧,导致皮肤严重灼伤。红磷为红紫色粉末,无毒,不溶于水而溶于 CS_2,在空气中几乎不氧化。磷在充足的氧气或空气中燃烧,生成磷酸酐 P_2O_5。P_2O_5 为白色粉末,极易与水结合。根据结合 H_2O 数目的不同生成偏磷酸(HPO_3)、焦磷酸($H_4P_2O_7$)和磷酸(H_3PO_4)三种酸:

$$P_2O_5 + H_2O =\!\!= 2HPO_3$$

$$P_2O_5 + 2H_2O =\!\!= H_4P_2O_7$$

$$P_2O_5 + 3H_2O =\!\!= 2H_3PO_4$$

纯 H_3PO_4 是无色透明晶体,极易溶于水,无氧化性,是高沸点中强酸。市售的磷酸含 H_3PO_4 85%,密度为 1.7 g/mL,是黏稠液体。H_3PO_4 可形成正磷酸盐(如 Na_3PO_4)和酸式磷酸盐(如 Na_2HPO_4 和 NaH_2PO_4)等。所有磷酸二氢盐都能溶于水,但磷酸一氢盐、正磷酸盐难溶于水,铵盐、碱金属(除 Li 外)盐可溶于水。对同种二价金属磷酸盐的溶解度一般为 $M_3(PO_4)_2 < MHPO_4 < M(H_2PO_4)_2$。

3.3.5 碳

1. 性质

碳属ⅣA族元素,价电子结构为 $2s^2 2p^2$,以石墨和无定形碳形式存在的碳在单质碳中占多数,少数以金刚石形式存在;结合态碳主要存在于石灰石($CaCO_3$)、石油和天然气中。碳的有机化合物数量、种类非常之多,常专门作为一个学科来研究,本节仅介绍几种常见碳的无机化合物。

2. 碳及其化合物

碳在常温下不活泼,但加热时可与酸、碱、氢、氧、硫、硅、硼及其他若干金属化合。碳的三种形式中,无定形碳最为活泼。碳在空气中加热时生成 CO_2 并放出大量热,空气不足时生成 CO。

CO_2 是无色、无味气体,常温下不活泼,遇水可生成 H_2CO_3 溶液。CO_2 比空气重约1.5倍,可使水中溶有较大量的 CO_2,这是生产汽水的基础。CO_2 的临界温度为 304 K,室温下可液化。CO_2 从贮存钢瓶放出时,立即汽化,由于汽化过快,其汽化热只能由 CO_2 自身来提供,结果使急骤冷却的 CO_2 蒸气凝固为干冰。在 101.33 kPa 下干冰的温度为 $-78\ ℃$,干冰在常温下可升华为 CO_2,因此是良好的制冷剂。

二氧化碳溶于水后,部分与水作用生成碳酸 H_2CO_3,碳酸是一种很弱的二元酸,在常温下,饱和水溶液的 pH 值为 4。只有碱金属的碳酸盐是可溶性的,其他金属的碳酸盐一般为难溶盐。Na_2CO_3 与酒石酸混合是常用的发酵粉,它的作用是在快速发酵的面团中释放出 CO_2 气泡,使面团膨胀,并中和部分发酵酸。

3.4　d 区元素

3.4.1　d 区元素的通性

d 区元素包括ⅢB～Ⅷ族所有的元素。这些元素的价电子层构型为 $(n-1)d^{1\sim 9}ns^{1\sim 2}$。由于 $(n-1)d$ 轨道和 ns 轨道的能量相近,d 电子可部分或全部参与化学反应,从而构成了 d 区元素独有的特性。

1. 独特的金属性

d 区元素都是金属,一般质地坚硬,色泽光亮,是电和热的良导体,有较高的熔点、沸点。具有金属一般的物理性质,化学性质与主族元素有显著的不同。如ⅢA 族金属都是优良还原剂,而ⅢB 族金属的还原性就不太明显。

2. 氧化态的可变性

d 区元素除最外层的 s 电子外,次外层的 d 电子也可参与化学反应,因此常常出现多种氧化态,从ⅢB 族到ⅦB 族的元素最高氧化数与族数相同。

从 Sc 到 Mn,氧化态的氧化性增加,如 $KMnO_4$ 是强氧化剂,而 Sc^{3+} 无氧化性。

3. 有形成配合物的倾向性

过渡金属离子含有未充满的 d 轨道,在与配位体形成配合物时,既达到了轨道充满电子的稳定态,又可从 d 轨道分裂过程中获得晶体场稳定化能,所以过渡金属离子易形成稳定的配合物。

3.4.2　重要元素及其化合物

1. 钒

钒是ⅤB 族重要的元素,在地壳中含量很少,属稀有元素,价电子层结构 $3d^3 4s^2$,5 个电子都有成键的可能,因此氧化态有+2、+3、+4和+5四种。常用钒的化合物有V_2O_5(橙黄色)和NH_4VO_3(偏钒酸铵)。V_2O_5是两性物质,但以酸性为主,溶于强碱。例如:

$$V_2O_5 + 2NaOH =\!=\!= 2NaVO_3 + H_2O$$

2. 铬

铬是ⅥB族的重要元素,价电子层结构为$3d^54s^1$,氧化态有+2、+3和+6三种,+2、+3价铬具有还原性,+6价铬在酸性溶液中具有较强的氧化性。铬的重要化合物有Cr_2O_3、$Cr(OH)_3$、$K_2Cr_2O_7$等。将$(NH_4)_2Cr_2O_7$加热分解,用C还原$Na_2Cr_2O_7$或使铬在空气中燃烧都可制得绿色Cr_2O_3:

$$(NH_4)_2Cr_2O_7 =\!=\!= Cr_2O_3 + N_2\uparrow + 4H_2O$$

$$Na_2Cr_2O_7 + 2C =\!=\!= Cr_2O_3 + Na_2CO_3 + CO\uparrow$$

Cr_2O_3为两性物质,微溶于水,易溶于酸和碱(经燃烧后的Cr_2O_3不溶于酸)。在Cr^{3+}的盐溶液中加入碱,可得灰绿色的氢氧化铬胶状沉淀。

$$Cr^{3+} + 3OH^- =\!=\!= Cr(OH)_3\downarrow$$

$Cr(OH)_3$为两性物质,溶于酸形成Cr^{3+},溶于碱形成羟基配离子$[Cr(OH)_4]^-$。可见$Cr(OH)_3$的沉淀与溶解与溶液的酸度有密切的关系。

$$Cr(OH)_3 + OH^- =\!=\!= [Cr(OH)_4]^- \text{(或} CrO_2^- + 2H_2O\text{)}$$

Cr^{6+}最重要的化合物是CrO_3、铬酸盐和重铬酸盐。CrO_3极易溶于水生成铬酸,铬酸仅存在于溶液中。向铬酸盐(CrO_4^{2-})溶液中加酸,溶液变成橙色,CrO_4^{2-}和$Cr_2O_7^{2-}$之间可相互转化。溶液中$Cr_2O_7^{2-}$和CrO_4^{2-}的浓度比取决于$c(H^+)$。在中性溶液中$c(Cr_2O_7^{2-})$与$c(CrO_4^{2-})$之比接近于1,在酸性溶液中$Cr_2O_7^{2-}$的浓度较大,在碱性溶液中CrO_4^{2-}的浓度较大。$Cr_2O_7^{2-}$在酸性溶液中为强氧化剂,可与许多还原性物质发生反应。例如:

$$Cr_2O_7^{2-} + 6Fe^{2+} + 14H^+ =\!=\!= 2Cr^{3+} + 6Fe^{3+} + 7H_2O$$

$$Cr_2O_7^{2-} + 6I^- + 14H^+ =\!=\!= 2Cr^{3+} + 3I_2 + 7H_2O$$

在加热条件下,$Cr_2O_7^{2-}$可使Cl^-、Br^-氧化成单质:

$$Cr_2O_7^{2-} + 14HCl(\text{浓}) =\!=\!= 2Cr^{3+} + 3Cl_2\uparrow + 8Cl^- + 7H_2O$$

3. 锰

锰为ⅦB族元素,它的价电子层结构为$3d^54s^2$,有+2、+4、+6和+7四种氧化态。Mn^{2+}的盐有$MnSO_4 \cdot 5H_2O$、$MnCl_2 \cdot 4H_2O$等,它们都是粉红色晶体,易溶于水,在酸性溶液中Mn^{2+}相当稳定。Mn^{4+}的化合物主要有MnO_2,MnO_2可作$KClO_3$、H_2O_2分解为O_2的催化剂。在酸性溶液中MnO_2可氧化浓H_2SO_4、浓HCl:

$$2MnO_2 + 2H_2SO_4 =\!=\!= 2MnSO_4 + O_2\uparrow + 2H_2O$$

$$MnO_2 + 4HCl =\!=\!= MnCl_2 + Cl_2\uparrow + 2H_2O$$

MnO_2不溶于稀酸,但可溶于稀酸和H_2O_2的混合溶液:

$$MnO_2 + H_2O_2 + 2H^+ =\!=\!= Mn^{2+} + O_2\uparrow + 2H_2O$$

Mn^{7+}的重要化合物是$KMnO_4$,它的主要用途是作氧化剂和消毒剂。MnO_4^-还原产物随溶液的酸度而变化。例如:

$$2MnO_4^- + 6H^+ + 5SO_3^{2-} = 2Mn^{2+} + 5SO_4^{2-} + 3H_2O \quad (酸性)$$
$$2MnO_4^- + H_2O + 3SO_3^{2-} = 2MnO_2 + 3SO_4^{2-} + 2OH^- \quad (近中性)$$
$$2MnO_4^- + 2OH^- + SO_3^{2-} = 2MnO_4^{2-} + SO_4^{2-} + H_2O \quad (碱性)$$

利用 $KMnO_4$ 在酸性溶液中的氧化性,可测定 Fe^{2+}、$C_2O_4^{2-}$、NO_2^-、SO_3^{2-}、H_2O_2 等的含量。

4. 铁、钴、镍

铁、钴、镍属Ⅷ族元素,由于它们的性质相似,故常称为铁系元素。铁系元素的化学性质表现出许多相似性。

在铁系元素的二价盐溶液中加入氢氧化物,可生成 $Fe(OH)_2$(白)、$Co(OH)_2$(粉红)和 $Ni(OH)_2$(绿)沉淀。$Fe(OH)_2$ 可很快被空气中的氧氧化,因此看到的是灰绿色的 $Fe(OH)_2$ 和 $Fe(OH)_3$ 的混合物,最后被完全氧化为棕红色 $Fe(OH)_3$;$Co(OH)_2$ 也会慢慢地被氧化为棕褐色 $Co(OH)_3$;只有 $Ni(OH)_2$ 可稳定存在。由此可见 Ni^{2+}、Co^{2+}、Fe^{2+} 的还原性依次增大。$Co(OH)_2$ 明显显两性,可溶于较浓的强碱中,形成蓝色 $[Co(OH)_4]^{2-}$。而 $Fe(OH)_2$ 和 $Ni(OH)_2$ 则不溶于强碱。$Fe(OH)_3$ 略显两性,但以碱性为主,一般不溶于碱,只有新配制的 $Fe(OH)_3$ 才可溶于浓的强碱溶液生成 $[Fe(OH)_6]^{3-}$。$Co(OH)_3$ 和 $Ni(OH)_3$ 具有碱性,不溶于强碱,但都是强氧化剂,而 $Fe(OH)_3$ 则无氧化性。

常用的 Fe(Ⅱ)盐是 $FeSO_4 \cdot 7H_2O$(绿矾)和 $(NH_4)_2SO_4 \cdot FeSO_4 \cdot 6H_2O$。

常见的 Co(Ⅱ)盐是 $CoCl_2 \cdot 6H_2O$,氯化钴含结晶水不同其颜色各异:

$$CoCl_2 \cdot 6H_2O \longrightarrow CoCl_2 \cdot 2H_2O \longrightarrow CoCl_2 \cdot H_2O \longrightarrow CoCl_2$$
$$\text{粉红} \qquad\qquad \text{紫红} \qquad\qquad \text{蓝紫} \qquad\qquad \text{蓝}$$

干燥的 $CoCl_2$ 具有较强的吸水性,吸水量达饱和时呈现粉红色,因此将 $CoCl_2$ 与硅胶制成变色硅胶,常用做实验室干燥剂。

Co(Ⅲ)的重要化合物有 $Na_3[Co(NO_2)_6]$,在分析化学中常用它来检测 K^+ 的存在:

$$2K^+ + Na^+ + [Co(NO_2)_6]^{3-} = K_2Na[Co(NO_2)_6] \downarrow (黄)$$

学习小结

1. 主族元素位于长式周期表的两侧(s 区和 p 区),它们的最高氧化数和族数一致。同周期主族元素氢化物的酸性,从左到右随元素电负性的增加而增强;同一主族元素氢化物的酸性,随着原子半径的增大而增强;同周期主族元素最高氧化数氧化物的水合物,从左到右酸性增强,碱性减弱;同一主族元素氧化数相同的氧化物,从上到下酸性减弱,碱性增强;同种元素不同氧化数的氧化物的水合物,随着氧化数的增高而酸性增强。

2. 过渡元素都是金属,并且它们的金属性差别不大;过渡元素具有可变的氧化数;过渡元素的水合离子大多具有特征颜色;过渡元素的离子具有空价轨道,它们与合适的配体形成配合物的倾向很强。

目标测试

简答题

1. 为什么碱金属不能在水溶液中作还原剂？
2. 碱金属和碱土金属能生成何种氧化物？
3. 举例说明卤素单质氧化能力随原子序数变化的递变规律。
4. 比较 H_2O 和 H_2O_2 的结构、热稳定性和还原性。
5. 举例说明硝酸的氧化性及硝酸盐的热分解。
6. 为什么ⅠB族与ⅠA族、ⅡB族与ⅡA族元素性质的差别很大？
7. 分别讨论 $Cr(Ⅲ)$、$Cr(Ⅵ)$ 在酸性和碱性溶液中的氧化还原性。
8. 溶液的酸度对 $KMnO_4$ 的氧化性有何影响？在酸性、中性和强碱性溶液中 MnO_4^- 被还原的产物分别是什么？
9. 硅胶由蓝色变成红色为什么就失效了？

第 4 章

化学反应速率和化学平衡

学习目标

1. 掌握化学反应速率的概念、表示方法及反应速率方程式,理解浓度、温度和催化剂等因素对化学反应速率的影响;
2. 掌握化学平衡的定义和特征,能正确书写平衡常数表达式,掌握化学平衡移动的规律,理解温度、浓度和压力等因素对化学平衡的影响;
3. 能运用化学平衡的原理熟练进行有关平衡常数和反应转化率方面的计算。

将化学反应应用于生产实践或科学研究时,有两个问题值得重视:一是化学反应进行的快慢及影响反应快慢的因素,即反应速率问题;二是反应进行的程度及影响反应进行程度的外界因素,即化学平衡问题。前者是动力学问题,后者是热力学问题。本章讨论一定条件下化学反应进行的快慢、反应能够进行的程度,以及外界因素(温度、浓度、压力和催化剂等)的改变对化学反应速率和化学平衡的影响等内容。

4.1 化学反应速率

自然界不同物质之间的转化都是通过化学反应得以实现的,比如酸碱中和、炸药的爆炸、金属腐蚀及橡胶老化等。可见,有些反应瞬间就能完成,有些反应则需要很长时间才能完成。那么,为什么反应会有快慢呢?用什么方法可以表达不同快慢的反应呢?

4.1.1 化学反应速率及其表示方法

化学反应速率是指一定条件下,反应物通过反应过程转化为生成物的快慢。可用单位时间内反应物浓度的减少或生成物浓度的增加来表示。由于物质的量浓度的单位常用 mol/L 表示,时间单位根据反应进行的快慢一般用秒(s)、分(min)或小时(h)表示,所以化学反应速率的单位是 mol/(L·s)、mol/(L·min)、mol/(L·h)等。

例如,一定条件下,用 N_2 和 H_2 合成 NH_3,其反应方程式为

$$N_2(g) + 3H_2(g) \rightleftharpoons 2NH_3(g)$$

若反应开始时($t=0$ s),N_2 的浓度为 1 mol/L,2 s 后($t'=2$ s),N_2 的浓度减少为 0.8 mol/L,则在 2 s 内,该反应的平均速率为 0.1 mol/(L·s)。因此,反应的平均速率的计算公式可表示为

$$\bar{v} = \left|\frac{c'-c}{t'-t}\right| = \left|\frac{\Delta c}{\Delta t}\right| \tag{4-1}$$

然而,在 N_2 和 H_2 合成 NH_3 的反应中,参加反应的反应物除了 N_2 还有 H_2,那么,用反应物 H_2 表示反应速率的结果又是怎样的呢?

首先,从 N_2 和 H_2 合成 NH_3 的反应方程式中可以看到,在消耗 1 mol N_2 的同时消耗了 3 mol 的 H_2。因此,如果反应进行后 2 s 内 N_2 的浓度减少 0.2 mol/L,则 H_2 的浓度将减少 0.6 mol/L。若以 H_2 浓度的减少来表示该反应的速率,则该反应的速率为 0.3 mol/(L·s)。由此可见,同一反应的反应速率,用单位时间内不同物质的浓度改变来表示时,得到的数值是不同的。但是,在同一反应中,反应物与反应物之间、反应物与生成物之间物质的量的变化有一定的关系。因此,以单位时间内不同物质的量浓度的改变表示反应速率时,其数值上也存在一定的关系,即速率比等于方程式中各物质的系数比。上述 N_2 和 H_2 合成 NH_3 的反应中,分别以 N_2、H_2 和 NH_3 表示反应速率时的数值之比为 1∶3∶2。为了使得不同物质表示同一反应速率时得到相同的数值,有时也可将各个物质表示的反应速率数值除以该物质在反应式中的系数来表达。

在化学反应实际进行过程中,反应物浓度的减少或生成物浓度的增加在不同时间内的程度并不相同,即一个反应的速率不是固定不变的。因此,单位时间物质浓度的改变所表示的只是该反应在单位时间内的平均速率,为了能了解反应进行的真实情况,经常采用反应瞬时速率和平均速率两种方法来表达。所谓瞬时速率,是指某一时刻的反应速率,即反应平均速率的极限值,用符号"v"表示。其表达式为

$$v = \lim_{\Delta t \to 0} \left|\frac{\Delta c}{\Delta t}\right| \tag{4-2}$$

4.1.2 化学反应速率理论

不同的化学反应,其反应速率不同。那么为什么反应速率有大有小呢?为了理解这个问题,必须了解化学反应是如何进行的。

1. 碰撞理论简介

1918 年,美国科学家路易斯(Lewis)在气体分子运动论的基础上,首先提出了化学反应速率的碰撞理论。其要点是:反应物分子之间的相互碰撞是反应进行的必要条件,没有反应物分子间的碰撞就不可能发生化学反应。通常表现为碰撞的次数越多,发生反应的可能性就越大,反应速率则越大。但反应物分子间的碰撞并不是每次都有效的,事实证明,在反应物分子间大量的碰撞过程中,只有极少数碰撞才引起反应的发生。把能引起反应发生的碰撞,称为有效碰撞。有效碰撞的频率越高,反应的速率才越大。

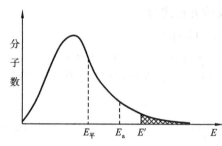

图 4-1 反应物分子能量分布示意图

碰撞理论认为,只有具有较高能量的分子间的碰撞,才能表现出比一般分子之间更为强烈的碰撞,分子间的强烈碰撞才足以破坏原先分子内的化学键,促使反应有效进行。这种具有较高能量的分子称为活化分子,活化分子之间的碰撞才是有效碰撞。活化分子具有的最低能量 E' 与反应物分子的平均能量 $E_平$ 之差,称为反应的活化能 E_a,如图 4-1 所示,阴影部分的面积为活化分子的总数。由于一定温度下,反应物分子的平均能量是个定值,因而活化分子的数目与活化能的数值有关。活化能越小,活化分子的数目越多;反之,活化分子的数目越少。

不同的反应有不同的活化能,活化能越小的反应,其反应速率就越大。反之,活化能越大的反应,则反应速率越小。因此,活化能是决定反应速率的内在因素。一般反应的活化能为 60 kJ/mol 到 250 kJ/mol。活化能小于 40 kJ/mol 的反应叫做快反应,可瞬间完成,而活化能大于 400 kJ/mol 的反应叫做慢反应。

2. 过渡状态理论简介

1935 年,美国科学家艾林(H. Eyring)在碰撞理论的基础上,应用量子力学和统计力学的原理,提出了化学反应速率的过渡状态理论。其中心思想是:化学反应并不是通过反应物分子的简单碰撞就能完成的,在反应物到产物的转变过程中,必须先经过一个过渡状态,即反应物分子活化形成活化配合物的中间状态,如物质 A 与物质 BC 反应过程中先形成活化配合物[A⋯B⋯C]的过渡状态:

$$A+B-C \longrightarrow [A\cdots B\cdots C] \longrightarrow A-B+C$$
$$\text{活化配合物}$$

活化配合物的能量比反应物或产物的平均能量都要高,处于不稳定的状态,因此,活化配合物会迅速分解成产物或反应物。如图 4-2 所示,A、B、C 三点分别为反应物、活化配合物(过渡状态)、生成物的平均势能,且活化配合物的平均势能比反应物和生成物的平均势能都要高,形成一个活化配合物的势能能峰。活化配合物的能量与反应物能量之差 E_a 称为正反应的活化能,活化配合物的能量与生成物能量之差 E_a' 称为逆反应的活化能。

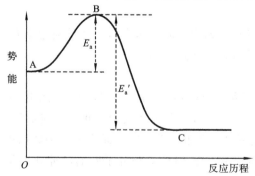

图 4-2 反应过程中物质势能示意图

能峰越高,活化能越大,反应速率越小。

根据过渡状态理论,不同的化学反应,因为参加反应的不同物质分子内化学键不同,具有不同的活化能,因而,反应速率也不相同。若参加反应的分子结构较稳定,分子自身的能量较低,反应的活化能较高,则反应速率较小;若参加反应的分子自身势能较大,反应的活化能较低,则反应速率较大。

可见,过渡状态理论将化学反应速率与反应物分子的结构有机地联系起来,克服了碰撞理论忽略分子自身对化学反应速率影响的不足,使得化学反应速率理论得到了有效的推进和完善。

4.1.3　影响化学反应速率的因素

1. 温度对化学反应速率的影响

温度对化学反应速率的影响比较明显,通过加热提高反应的温度达到加大反应速率的目的,是比较常用的手段。

温度升高,反应速率为什么会加大呢?一方面的解释是,温度的升高加快了反应物分子无规则运动的速度,在不改变反应空间的情况下,增加了反应物分子之间碰撞的几率,即单位时间内反应物分子之间的有效碰撞次数增加了,因而反应速率加快。然而,根据气体分子运动论的计算,温度每升高10 ℃,分子间碰撞的几率仅增加约2%,有效碰撞次数的增加显然就更小了,而反应速率实际增加的倍数往往达到2~4倍,远远超过了2%。因此,通过温度的升高增加有效碰撞的次数并不是加快反应速率的主要因素。另一方面,温度的升高,使得一些本来能量较低的分子通过吸收热能得以提高自身能量,从而转化为活化分子,活化分子多了,反应的速率自然大大地加大了。只有当反应物分子中活化分子的比例得到较大提高,反应速率才会有明显的加大,因此,温度升高增加了反应物分子中活化分子的数量,才是反应速率加大的主要原因。

1889年,瑞典物理学家、化学家阿仑尼乌斯(S. A. Arrhenius)在总结了大量实验事实的基础上,得到了速率常数与温度的定量关系式:

$$k = A e^{-E_a/RT} \qquad (4-3)$$

式中,k 是反应速率常数;E_a 是反应的活化能(kJ/mol);A 是常数;R 为气体常数,其数值为8.314 J/(K·mol);T 为热力学温度(K)。可见,速率常数 k 与热力学温度 T 成指数关系,T 的微小变化将导致 k 值的较大变化,当活化能 E_a 较大时,k 值的变化更为明显。

2. 浓度对反应速率的影响

实验事实证明,一定温度下,改变反应物的浓度,同样对化学反应速率带来影响。表现为:反应物浓度增加,反应速率加大;反之,反应物浓度减小,反应速率减小。所以,对于一个具体的反应过程来说,反应过程中每时每刻反应的速率都不同。反应刚开始时,由于反应物浓度最大,所以反应速率最大。随着反应的不断进行,反应物的量越来越少,反应速率则越来越小。

一定温度下,对于某一具体反应来说,反应物的活化分子百分数是一定的,且单位体积内,反应物的活化分子数与反应物分子总数成正比。因此,当反应物浓度发生改变时,相应改变了单位体积内反应物分子的总数,即改变了反应物活化分子的数量。反应物浓度增加,单位体积内活化分子数量增加,故反应速率加大;反之,反应物浓度降低,单位体积内活化分子的数量减少,反应速率减小。那么,一定温度下,反应物浓度与化学反应速率的定量关系又是如何的呢?

1) 基元反应和非基元反应

化学反应从反应物到最终的生成物所经历的整个过程称为反应历程。除了少数反应外,绝大多数的反应都不是一步即能完成,需要分步进行。反应历程简单,一步即能完成的反应,称为基元反应。例如,下列反应属于基元反应:

$$2NO_2 \longrightarrow 2NO + O_2$$
$$CO + NO_2 \longrightarrow NO + CO_2$$
$$SO_2Cl_2 \longrightarrow SO_2 + Cl_2$$

反应历程复杂,从反应物到生成物需要经过中间过程逐步才能完成的反应,称为非基元反应。例如,对于反应:

$$HIO_3 + H_2SO_3 \longrightarrow H_2SO_4 + H_2O + I_2$$

其反应历程为

① $HIO_3 + H_2SO_3 \longrightarrow H_2SO_4 + HIO_2$

② $HIO_2 + H_2SO_3 \longrightarrow H_2SO_4 + HI$

③ $HIO_3 + HI \longrightarrow H_2O + I_2$

整个反应经历了三个中间步骤,可看做是三个基元反应组合的结果,故属于非基元反应。

2) 质量作用定律

1864年,挪威化学家古尔德堡(G. M. Guldberg)和瓦格(P. Waage)在大量实验的基础上,总结了基元反应的反应速率和反应物浓度之间的定量关系:在一定温度下,基元反应的反应速率与反应物浓度幂的乘积成正比。这一等量关系称为质量作用定律。对于任一基元反应:

$$aA + bB \longrightarrow cC + dD$$

质量作用定律的数学表达式为

$$v = kc_A^a c_B^b \tag{4-4}$$

上述表达式又称速率方程。式中,k 称为速率常数,其物理意义是:在一定温度下,反应物浓度都为 1 mol/L 时的反应速率。k 与反应物浓度无关,但与反应物的本性、温度及催化剂等因素有关。相同的条件下,k 越大,反应速率就越大。

例如:一定温度下,基元反应 $CO + NO_2 \longrightarrow NO + CO_2$ 中速率与反应物浓度的关系为

$$v = kc(CO)c(NO_2)$$

基元反应 $2NO_2 \longrightarrow 2NO + O_2$ 的速率方程为

$$v = kc^2(NO_2)$$

应用质量作用定律时应注意:

(1) 质量作用定律只适用于基元反应,不适用于非基元反应,对于非基元反应,需要通过实验测定,而不能根据反应方程式直接写出其反应速率方程式;

(2) 速率常数 k 是温度的函数,随温度和催化剂的改变而改变,在一定温度和催化剂

下,不受反应物浓度变化的影响;

(3) 固体或纯液体物质的浓度不写入速率方程式中。

3. 催化剂对反应速率的影响

催化剂是一种能改变化学反应速率而自身的质量、组成和化学性质在反应前、后均不发生改变的物质。催化剂改变化学反应速率的作用称为催化作用。催化作用包括正催化和负催化两种情况:能加大反应速率的叫做正催化;能减小反应速率的叫做负催化,或叫抑制作用。

催化剂对反应速率的影响,是通过改变反应历程、有效降低反应的活化能起作用的,故催化剂对反应速率的影响效果极大。图 4-3 为合成氨反应中,铁催化剂的催化机理示意图,图中虚线为铁催化剂的应用带来的新的反应历程。

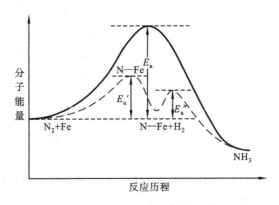

图 4-3 催化剂对反应速率的影响机理

可以看出,在合成氨反应中,铁催化剂的应用使反应的历程发生了改变,反应分成了两步完成:

$$N_2 + Fe \longrightarrow N-Fe$$
$$N-Fe + H_2 \longrightarrow NH_3 + Fe$$

无论是第一步反应还是第二步反应,反应的活化能都比不用催化剂时低了许多。因此,有效增加了活化分子的数目,大大加大了化学反应的速率。同时,由于在反应过程中,催化剂的应用对正反应活化能的降低数值与对逆反应活化能的降低数值相同,所以催化剂的应用只是缩短了反应完成的时间。另外,催化剂虽然参与了反应,但起到的作用仅仅是改变反应历程,在反应结束时,又重新生成,所以在反应前后,其自身的质量、组成和化学性质并没有发生改变。

4.2 化学平衡

化学反应的应用价值不仅取决于反应进行的快慢,即化学反应速率,更取决于反应进行的程度。不同反应的进行程度都不相同,除了少数反应进行程度比较彻底外,大多数的反应只能进行到一定程度,反应并不完全彻底。本节讨论大多数反应不能完全进行到底的原因、影响反应进行程度的主要外界因素,以及应用这些因素达到反应进行的最大程度,提高反应的转化率等内容。

4.2.1 可逆反应与化学平衡

大多数反应进行程度并不能完全彻底,是因为在反应进行的同时,相反方向的反应也在进行。比如,合成氨反应:$N_2 + 3H_2 \rightleftharpoons 2NH_3$,在氮气和氢气反应生成氨气(正方向)的同时,其相反方向的反应,即氨气分解为氮气和氢气的反应(反方向)也在不断地进行。

这种在完全相同的条件下,反应既能向正方向进行同时又能向逆方向进行的反应,称为可逆反应。通常把正方向进行的反应称为正反应,反方向进行的反应称为逆反应。

对于任何一个可逆反应来说,反应刚开始时,由于正反应方向反应物的浓度较大,所以表现出较大的反应速率,表达为 $v_正$。随着反应的进行,反应物浓度逐渐减少,正反应速率逐渐减小;生成物浓度则逐渐升高,逆反应速率 $v_逆$ 逐渐加大。最终,当反应进行到一定程度时,正反应速率与逆反应速率相等,此时,反应体系所处的状态即为化学平衡状态。可见,化学平衡状态是反应进行的最大限度。

化学平衡具有以下特点:

(1) 正反应和逆反应的速率相等,只要外界条件不变,各物质的浓度将不再随时间而改变;

(2) 化学平衡是一种动态平衡,反应物和生成物还在相互转化,反应还在进行,只不过正、逆反应速率相等(但是不等于零);

(3) 平衡状态是可逆反应进行的最大限度;

(4) 化学平衡是有条件的,当外界条件改变时,平衡将被破坏,反应继续进行,直到建立新的平衡。

4.2.2 化学平衡常数

为了定量研究化学反应进行的程度,需要得出反应达到平衡状态时,体系内各组分之间量的关系。化学平衡常数是体现这种量关系的标志。大量实验事实表明:任何一个可逆反应,无论反应的起始情况如何,一定温度下反应达到平衡时,生成物浓度幂的乘积与反应物浓度幂的乘积之比为常数,这个常数称为化学平衡常数。例如,对于下列反应:

$$aA + bB \rightleftharpoons dD + eE$$

在一定温度下,反应达到平衡状态时,有下列等式存在:

$$K_c = \frac{c_D^d c_E^e}{c_A^a c_B^b} \tag{4-5}$$

式中,c_A、c_B、c_D、c_E 分别为在一定温度下反应达到平衡时,反应物 A、B 和生成物 D、E 的平衡浓度(单位为 mol/L);K_c 为该温度下反应的浓度平衡常数,简称平衡常数。

如果化学反应发生在气相体系,其化学平衡常数除了可以用浓度平衡常数表示外,还可用平衡时各气相物质的分压关系,即压力平衡常数来表示。例如,对于下列反应:

$$aA(g) + bB(g) \rightleftharpoons dD(g) + eE(g)$$

在一定温度下反应达到平衡时,有下列等量关系:

$$K_p = \frac{p_D^d p_E^e}{p_A^a p_B^b} \tag{4-6}$$

式中,p_A、p_B、p_D、p_E 分别为一定温度下反应达到平衡时,A、B、D、E 四种气体的分压(单位为 Pa 或 kPa);K_p 称为压力平衡常数。

化学平衡常数是化学反应限度的数值标志,在一定温度下,不同的化学平衡各有其特定的平衡常数值。根据相同温度下化学平衡常数值的大小,可以判断不同反应的进行程度,估计反应进行的可能性。根据不同温度下化学平衡常数值的大小,可以判断同一反应进行程度受温度影响的效果。平衡常数越大,说明反应进行的程度越高,或者说反应越完全。平衡常数数值极小时,说明反应在该条件下几乎无法进行。

化学平衡常数值与温度和反应式的书写形式有关,与反应体系内反应物浓度无关。书写化学平衡常数表达式应该注意以下问题。

(1) 在一定温度下,同一反应的化学平衡常数表达式和平衡常数的数值取决于反应方程式的书写形式,因此,要注意反应方程式不同书写形式时的平衡常数表达方式。例如:

$$N_2(g) + 3H_2(g) \rightleftharpoons 2NH_3(g) \qquad K_c = \frac{c^2(NH_3)}{c(N_2)c^3(H_2)}$$

$$\frac{1}{2}N_2(g) + \frac{3}{2}H_2(g) \rightleftharpoons NH_3(g) \qquad K_c' = \frac{c(NH_3)}{c^{\frac{1}{2}}(N_2)c^{\frac{3}{2}}(H_2)}$$

$$2NH_3(g) \rightleftharpoons N_2(g) + 3H_2(g) \qquad K_c'' = \frac{c(N_2)c^3(H_2)}{c^2(NH_3)}$$

$$K_c = (K_c')^2 = \frac{1}{K_c''}$$

(2) 反应体系中的纯固体、纯液体,均不写入平衡常数表达式。例如:

$$C(s) + O_2(g) \rightleftharpoons CO_2(g) \qquad K_c = \frac{c(CO_2)}{c(O_2)}$$

(3) 稀溶液中进行的反应,如反应中有水参与,水不写入平衡常数表达式,非水溶液中水作为反应物或生成物时要写入。例如:

$$Cr_2O_7^{2-} + H_2O \rightleftharpoons 2CrO_4^{2-} + 2H^+ \qquad K_c = \frac{c^2(H^+)c^2(CrO_4^{2-})}{c(Cr_2O_7^{2-})}$$

$$C_2H_5OH + CH_3COOH \rightleftharpoons CH_3COOC_2H_5 + H_2O \qquad K_c = \frac{c(CH_3COOC_2H_5)c(H_2O)}{c(C_2H_5OH)c(CH_3COOH)}$$

4.2.3 化学平衡的移动

化学平衡是动态平衡,一旦外界条件发生改变,原先建立的化学平衡受到破坏。破坏的结果是反应继续向着反应速率大的方向移动,直至建立新的平衡。这种在外界条件改变下,可逆反应从原先的平衡状态向新的平衡状态转变的过程,称为化学平衡的移动。引起化学平衡发生移动的外界因素包括浓度、压力和温度等。

可逆反应在任意状态下生成物浓度幂的乘积与反应物浓度幂的乘积之比称为反应熵,用 Q 表示。

在一定温度下,对于某可逆反应 $aA+bB \rightleftharpoons gG+hH$,有

$$Q = \frac{c_G^g c_H^h}{c_A^a c_B^b}$$

式中,c_A、c_B、c_G 和 c_H 表示各反应物和生成物在任意状态下的浓度。

反应熵和平衡常数的表达式极其相似,但是前者浓度和分压均为任一时刻的数值,而后者为平衡状态下,其数值在一定温度下为常数。通过比较 Q 和 K 的大小,可以判断反应进行的方向:

当 $Q<K$ 时,表示产物浓度小于平衡浓度或反应物浓度大于平衡浓度,这时 $v_正>v_逆$,反应将正向自发进行,直到 $v_正=v_逆$,反应达到平衡状态为止;

当 $Q=K$ 时,反应已处于平衡状态,即该条件下反应进行到最大限度;

当 $Q>K$ 时,产物浓度大于平衡浓度或反应物浓度小于平衡浓度,这时 $v_正<v_逆$,逆向反应将自发进行,直到 $v_正=v_逆$,反应达到平衡状态为止。

1. 浓度对化学平衡的影响

在一定温度下,可逆反应达到平衡状态时,增加反应物浓度或减少生成物浓度时,$Q<K$,平衡向正反应方向移动。反之,减少反应物浓度或增加生成物浓度时,$Q>K$,平衡则向逆反应方向移动。

【例 4-1】 温度为 830 ℃时,$CO(g)+H_2O(g) \rightleftharpoons H_2(g)+CO_2(g)$ 的 $K_c=1.0$。若起始浓度 $c(CO)=2$ mol/L,$c(H_2O)=3$ mol/L,则 CO 转化为 CO_2 的百分率为多少?若向上述平衡体系中加入 3.2 mol/L 的 $H_2O(g)$,再次达到平衡时,CO 总转化率为多少?

解 设平衡时 $c(H_2)$ 为 x mol/L。

$$CO(g)+H_2O(g) \rightleftharpoons H_2(g)+CO_2(g)$$

初始浓度/(mol/L)　　2　　　3　　　　0　　　　0
平衡浓度/(mol/L)　2-x　　3-x　　　x　　　　x

将平衡浓度代入平衡常数表达式,得

$$K_c = \frac{c(CO_2)c(H_2)}{c(CO)c(H_2O)} = \frac{xx}{(2-x)(3-x)} = 1.0$$

解得　　　　　　　　$x=1.2$ mol/L

所以 CO 的转化率为

$$\frac{1.2}{2} \times 100\% = 60\%$$

设第二次平衡时,$c(H_2)=y$ mol/L。

$$CO(g)+H_2O(g) \rightleftharpoons H_2(g)+CO_2(g)$$

初始浓度/(mol/L)　　2　　　6.2　　　0　　　　0
平衡浓度/(mol/L)　2-y　　6.2-y　　y　　　　y

$$\frac{y^2}{(2-y)(6.2-y)} = 1.0$$

解得
$$y = 1.512 \text{ mol/L}$$

所以CO的转化率为
$$\frac{1.512}{2} \times 100\% = 75.6\%$$

答：第一次CO转化为CO_2的百分率为60%，向平衡体系中继续加入3.2 mol/L的$H_2O(g)$后再次达到平衡后，CO转化率为75.6%。

从计算结果可知，增加反应物浓度，CO转化率提高，即反应平衡向生成CO_2的方向（正方向）移动。

2. 压力对化学平衡的影响

气体的体积随压力的变化有很大的改变，压力增大则气体体积减小，单位体积内气态分子数增加，或者说气体物质的密度增大。反之，压力减小，气体分子数则减少。因此，对于有气体参加或生成气体的反应，在一定温度下，反应达到平衡后，如果增大反应体系的压力，化学平衡向气体分子数减小的方向移动。例如，对于如下反应：

$$C(s) + O_2(g) \rightleftharpoons CO_2(g) \tag{1}$$

$$N_2O_4(g) \rightleftharpoons 2NO_2(g) \tag{2}$$

$$N_2(g) + 3H_2(g) \rightleftharpoons 2NH_3(g) \tag{3}$$

$$AgNO_3 + KI \rightleftharpoons KNO_3 + AgI(s) \tag{4}$$

反应(4)中没有气体物质参与，因此，压力的改变对化学平衡无影响；反应(1)中虽然有气体物质参与反应，但反应前后气体分子的数量没有改变，故压力的改变对化学平衡也无影响；反应(2)和反应(3)中既有气体物质参与，而且反应前后气体分子数发生了改变，因此，压力的改变导致化学平衡发生移动。反应(2)中，生成物二氧化氮气体分子数大于反应物四氧化二氮，压力增大，平衡向逆反应方向移动；反应(3)中，生成物氨气分子的数目小于反应物氮气、氢气的数目，所以，压力增加，平衡向正方向移动。

3. 温度对化学平衡的影响

化学反应过程中，往往伴随着吸热或放热的现象，反应中需要吸收热量的反应称为吸热反应，而放出热量的反应则称为放热反应。如果一个可逆反应的正反应是吸热反应，那么，逆反应就是放热反应；反之亦然。

温度改变对化学平衡的影响表现为：升高温度，平衡向吸热反应方向移动；降低温度，平衡向放热反应方向移动。值得注意的是，温度对化学平衡的影响与浓度、压力对化学平衡的影响有着本质的区别。温度改变，导致了化学平衡常数数值的改变，而浓度、压力的改变，只是使反应的平衡点发生改变。因此，对于一个无吸热或放热现象的反应来说，温度的改变虽然没有导致化学平衡发生移动，但大大缩短了化学平衡到达的时间。

综合浓度、压力、温度等外界因素对化学平衡的影响情况，得到以下关于化学平衡移动的普遍规律：在一定条件下，当可逆反应达到平衡时，若改变平衡所处的条件，平衡即被破坏并发生移动，平衡的移动是为了削弱该外界条件的改变对平衡带来的影响，即向着削弱或消除影响的方向移动。这一规律称为吕·查德里(Le Chatelier)原理。

4.2.4 有关化学平衡的计算

1. 由平衡浓度计算平衡常数

【例 4-2】 某温度下,反应 $N_2(g)+3H_2(g) \rightleftharpoons 2NH_3(g)$ 达到平衡时,$N_2(g)$、$H_2(g)$、$NH_3(g)$ 的浓度分别为 3 mol/L、8 mol/L、4 mol/L,求该温度下,反应的平衡常数。

解 $\qquad N_2(g)+3H_2(g) \rightleftharpoons 2NH_3(g)$
平衡浓度/(mol/L)   3   8   4

将平衡浓度代入平衡常数表达式,有

$$K_c = \frac{c^2(NH_3)}{c(N_2)c^3(H_2)} = \frac{4^2}{3\times 8^3} = 0.01$$

答:该温度下,反应的平衡常数为 0.01。

2. 已知平衡常数,求平衡浓度和有关物质的转化率

【例 4-3】 在 713 K 时,下列反应 $2HI(g) \rightleftharpoons H_2(g)+I_2(g)$ 的 $K_c=1$,若反应开始时,$c(HI)=1.00$ mol/L,求平衡时各物质浓度和平衡转化率。

解 设反应达到平衡时,有 x mol/L 的 H_2 和 I_2 生成,则
$\qquad\qquad\qquad\qquad 2HI(g) \rightleftharpoons H_2(g) + I_2(g)$
初始浓度/(mol/L)   1.00   0   0
平衡浓度/(mol/L)   1.00−2x x x

根据平衡常数等式

$$K_c = \frac{x^2}{(1.00-2x)^2} = 1.0$$

得 $\qquad\qquad\qquad x = \frac{1}{3}$ mol/L

故 $\qquad\qquad c(H_2) = c(I_2) = 0.333$ mol/L

$\qquad\qquad\qquad c(HI) = (1-2x)$ mol/L $= 0.333$ mol/L

平衡转化率为

$$\frac{0.333}{1.00} \times 100\% = 33.3\%$$

答:平衡时,H_2、I_2 和 HI 的浓度均为 0.333 mol/L,反应物转化率为 33.3%。

3. 应用平衡常数和转化率,求反应物初始浓度

【例 4-4】 可逆反应 $2NO(g)+O_2(g) \rightleftharpoons 2NO_2(g)$ 在 494 ℃时,$K_c=2.2$,若 NO 的起始浓度为 0.04 mol/L,为了把 40% 的 NO 氧化为 NO_2,问:O_2 的起始浓度为多少?

解 设 O_2 的起始浓度为 x mol/L,则

	2NO(g)	+	O_2(g)	$\rightleftharpoons$	2NO_2(g)
初始浓度/(mol/L)	0.04		x		0
平衡浓度/(mol/L)	0.04(1−40%) =0.024		$x-\frac{1}{2}\times 0.04\times 40\%$ =x−0.008		0.04×40% =0.016

将平衡浓度代入平衡常数表达式,有

$$K_c = \frac{0.016^2}{0.024^2 \times (x-0.008)} = 2.2$$

得

$$x = 0.21 \text{ mol/L}$$

答:O_2 的起始浓度为 0.21 mol/L。

【例 4-5】 445 ℃时,将一定量的 I_2 与 $0.02 \text{ mol } H_2$ 通入 1 L 密闭容器中,达到平衡后 I_2 的转化率为 15%,此时体系内有 0.03 mol HI 生成。求体系中 I_2 的起始浓度及反应的平衡常数。

解 根据反应式 $I_2(g) + H_2(g) \rightleftharpoons 2HI(g)$ 可知,生成 0.03 mol HI 需要消耗 $0.015 \text{ mol } H_2$ 和 $0.015 \text{ mol } I_2$,再从 I_2 转化率为 15% 可得,I_2 的起始浓度为 $0.015 \div 15\% = 0.1 \text{ mol}$。

	$I_2(g)$ +	$H_2(g)$ $\rightleftharpoons$	$2HI(g)$
初始浓度/(mol/L)	0.1	0.02	0
平衡浓度/(mol/L)	0.085	0.005	0.015

将平衡浓度代入平衡常数表达式,有

$$K_c = \frac{c^2(HI)}{c(H_2)c(I_2)} = \frac{0.015^2}{0.005 \times 0.085} = 0.53$$

答:体系中 I_2 的起始浓度 0.1 mol/L,反应的平衡常数为 0.53。

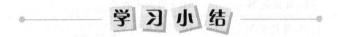

学习小结

1. 化学反应速率的概念、表示方法及影响化学反应速率的主要因素。

单位时间内反应物或生成物的物质的量的变化,称为化学反应速率,用单位时间内反应浓度的减少或生成物浓度的增加来表示。反应物的性质是决定化学反应速率的内因,外部因素包括浓度、温度、催化剂等。

2. 碰撞理论和过渡状态理论。

能引起反应发生的碰撞称为有效碰撞。具有较高能量的反应物分子称为活化分子,活化分子的最低能量与反应物分子平均能量的差值称为活化能。

过渡状态理论:化学反应并不是通过反应物分子的简单碰撞就能完成的,在反应物到产物的转变过程中,必须先经过一个过渡状态,即反应物分子活化形成活化配合物的中间状态,活化配合物的能量与反应物能量之差称为反应的活化能。活化能越大,能量越高,反应速率越小。

3. 化学平衡的概念和特点,影响化学平衡移动的主要外界因素有浓度、压力和温度等。

在同一条件下,同时向正、反两个方向进行的反应,称为可逆反应。在一定条件下,正反应速率与逆反应速率相等时的状态,称为化学平衡。此时,反应体系内,生成物浓度幂的乘积与反应物浓度幂的乘积之比等于常数,这个常数叫做化学平衡常数。化学平衡是在一定外界条件下形成的动态平衡,因此,当外界条件(如浓度、压力和温度等)发生改变时,平衡将发生移动。

吕·查德里原理:一定条件下,当可逆反应达到平衡时,若改变平衡所处的外界条件,平衡即向着削弱或消除外因改变带来的影响的方向移动。

目 标 测 试

一、填空题

1. 在一定温度下,反应 $PCl_5(g) \rightleftharpoons PCl_3(g)+Cl_2(g)$ 达到平衡后,维持温度和体积不变,向容器中加入一定量的惰性气体,反应将_____移动。

2. 对于反应 $2Cl_2(g)+2H_2O(g) \rightleftharpoons 4HCl(g)+O_2(g)$(正反应为吸热反应),将 Cl_2、H_2O、HCl、O_2 四种气体混合后,反应达到平衡。下列左边的操作条件改变对右边的平衡时的数值有何影响?(填"减小"、"增大"或"不变",操作条件中没有注明的,是指温度不变,容积不变)

(1) 加 O_2	H_2O 的物质的量_____
(2) 加 O_2	HCl 的物质的量_____
(3) 提高温度	Cl_2 的物质的量_____
(4) 加催化剂	HCl 的物质的量_____
(5) 增大压强	Cl_2 的物质的量_____
(6) 加 H_2O	平衡常数 K _____

3. 在一定温度下,反应物浓度增加,化学反应速率_____;在其他条件一定的情况下,温度升高,化学反应速率_____。

4. 已知基元反应 $CO(g)+NO_2(g) \rightleftharpoons CO_2(g)+NO(g)$,该反应的速率方程式为 $v=$_____,此速率方程为_____数学表达式。

5. 在反应 $A+B \rightleftharpoons C$ 中,A 的浓度加倍,反应速率加倍;B 的浓度减半,反应速率变为原来的 $\frac{1}{4}$,此反应的速率方程为_____。

二、单项选择题

1. 反应 $NO(g)+CO(g) \rightleftharpoons \frac{1}{2}N_2(g)+CO_2(g)$,且正反应为吸热反应,有利于使 NO 和 CO 取得最高转化率的条件是( )。
   A. 低温高压　　B. 高温高压　　C. 低温低压　　D. 高温低压

2. 某反应 $A+B \rightleftharpoons C$ 的 $K=10^{-10}$,这意味着( )。
   A. 正方向的反应不可能进行,物质 C 不能存在
   B. 反应向逆方向进行,物质 C 不能存在
   C. 它是可逆反应,两个方向机会相等,物质 C 大量存在

D. 正反应能进行,但程度小;物质C存在,但量很少

3. 吕·查德里原理适用于以下哪种情况？（　　）。
   A. 只适用于气体间反应　　　　　　B. 适用于所有化学反应
   C. 平衡状态下的所有体系　　　　　D. 所有的物理平衡

4. 某温度下在2 L密闭容器中,反应$2SO_2+O_2 \rightleftharpoons 2SO_3$进行一段时间后$SO_3$的物质的量增加了0.4 mol,在这段时间内用$O_2$表示的反应速率为0.4 mol/(L·s),则这段时间为（　　）。
   A. 0.1 s　　　　B. 0.25 s　　　　C. 0.5 s　　　　D. 2.5 s

5. 在一密闭容器中,$mA(g)+nB(g) \rightleftharpoons pC(g)$反应平衡时,测得$c_A$为0.5 mol/L,在温度不变的情况下,将容器体积增大一倍,当达到新的平衡时,测得c_A为0.3 mol/L,则下列判断中正确的是（　　）。
   A. 物质B的转化率减小了　　　　　B. 平衡向正反应方向移动了
   C. 化学计量数:$m+n<p$　　　　　D. 物质C的质量分数增加了

6. 对可逆反应$4NH_3(g)+5O_2(g) \rightleftharpoons 4NO(g)+6H_2O(g)$,则下列叙述中正确的是（　　）。
   A. 达到化学平衡时,$4v_{正}(O_2)=5v_{逆}(NO)$
   B. 若单位时间内生成x mol NO的同时,消耗x mol NH_3,则反应达到平衡状态
   C. 达到化学平衡时,若增加容器体积,则正反应速率减小,逆反应速率增大
   D. 化学反应速率关系是:$2v_{正}(NH_3)=3v_{正}(H_2O)$

7. 在一定温度时,将1 mol A和2 mol B放入容积为5 L的某密闭容器中,发生如下反应:$A(s)+2B(g) \rightleftharpoons C(g)+2D(g)$。经5 min后,测得容器内B的浓度减少了0.2 mol/L。下列叙述中不正确的是（　　）。
   A. 在5 min内该反应用C的浓度变化表示的反应速率为0.02 mol/(L·min)
   B. 在5 min时,容器内D的浓度为0.2 mol/L
   C. 当容器内压强保持恒定时,该可逆反应达到平衡状态
   D. 5 min时容器内气体总的物质的量为3 mol

8. 关于催化剂的作用,下列叙述正确的是（　　）。
   A. 能够加快反应的进行
   B. 在几个反应中能选择性地加快其中一两个反应
   C. 能改变某一反应的正、逆向速率的比值
   D. 能改变到达平衡的时间

三、简答题

1. 用碰撞理论解释为什么在化学反应进行过程中,反应的速率表现为反应起始时的速率最大,随着反应的进行,反应速率会越来越小。

2. 为什么在合成氨的工业生产中,需要不断将生成的氨气分离出来？

3. 为什么在可逆反应中使用催化剂并不影响化学平衡的移动？

4. 化学平衡的特点是什么？简述平衡常数的物理意义。

四、计算题

1. 反应 $4NH_3(g)+5O_2(g) \rightleftharpoons 4NO(g)+6H_2O(g)$ 在10 L密闭容器中进行,半分钟后,水蒸气的物质的量增加了0.45 mol,则以NO表示此反应平均速率是多少?

2. 在合成氨反应过程中,某一时刻混合气体中各成分的体积比为 $V(N_2):V(H_2):V(NH_3)=6:18:1$,反应一段时间后,混合气体中体积比变为 $V(N_2):V(H_2):V(NH_3)=9:27:8$,则这一段时间内 H_2 转化率为多少?(气体体积在相同条件下测定)

3. 某温度下,在密闭容器中发生如下反应:$2A(g) \rightleftharpoons 2B(g)+C(g)$。若开始时只充入2 mol A,达平衡时,混合气体压力比起始时增大了20%,则平衡时A的体积分数为多少?

4. X、Y、Z为三种气体,把 a mol X 和 b mol Y 充入一密闭容器中,发生反应 $X+2Y \rightleftharpoons 2Z$,若达到平衡时,它们的物质的量满足 $n_X+n_Y=n_Z$,则Y的转化率为多少?

5. 恒温下,将 a mol N_2 与 b mol H_2 的混合气体通入一个固定容积的密闭容器中,发生如下反应:$N_2(g)+3H_2(g) \rightleftharpoons 2NH_3(g)$。

(1) 若反应至某时刻 t 时,$n_t(N_2)=13$ mol,$n_t(NH_3)=6$ mol,计算 a 的值。

(2) 反应达平衡时,混合气体的体积为726.8 L(标况下),其中 NH_3 的含量(体积分数)为25%。计算平衡时 NH_3 的物质的量。

第 5 章 定量分析化学概论

学习目标

1. 了解定量分析的作用、分类和方法;
2. 理解准确度与误差、精密度与偏差的关系;
3. 掌握误差、偏差和有效数字的计算及可疑数据的取舍;
4. 掌握滴定分析中的基本概念;
5. 掌握滴定分析法的分类、滴定方式、滴定分析对滴定反应的要求;
6. 掌握标准溶液浓度的表示方法、标准溶液的配制及标定方法;
7. 掌握滴定分析计算方法。

5.1 定量分析概述

5.1.1 定量分析的任务和作用

在无机化学元素及其化合物的学习中,常遇到一些阴、阳离子的检验或鉴定的问题。通常是利用它们的反应特征(生成物的颜色变化等)来作出判断。这些方法只能初步检验或鉴定出某物质的组成,属于定性分析。而定量分析是通过一系列分析步骤去获得待测组分的准确含量。定量分析方法是分析化学的重要组成部分,只有准确、可靠的结果和数据才能对生产和科研起指导作用。

通过了解定量分析的基本知识,可以建立准确的"量"的概念,培养严谨、认真和实事求是的科学态度。学习有关定量分析的基本理论、基本计算和基本操作技术,可提高处理实际问题的能力,为学习后续专业课程打下良好的基础。对于一般的生产和科研来说,分析试样的组成和性质往往是已知的,因此工业生产中的原料分析、中间产品的控制分析和出厂成品的质量检验等,常常只需要进行定量分析即可。同时随着社会经济的发展,在环

境污染物的处理和监测、商品的检验和检疫等方面,定量分析得到越来越广泛的应用。

 5.1.2 分析方法的分类

分析化学的内容十分丰富,可从不同角度(如分析对象、测定原理及操作方法、取样量、组分含量和具体要求的不同)对分析方法进行分类。

1. 定性分析、定量分析、结构分析

根据分析任务的不同,可分为定性分析、定量分析和结构分析。

1) 定性分析

定性分析的任务是鉴定物质含有何种组分。对于无机定性分析来说,常用元素或离子表示组分;而在有机分析中常用元素、官能团或化合物表示结构组成。

2) 定量分析

定量分析的任务是准确测定试样中各组分的相对含量。定量分析过程常包括以下几个步骤。

(1) 取样:定量分析取样一般是从大量样品中取出少量试样。采取的试样必须保证具有代表性,即所分析的试样组成能代表整批物质的平均组成。取样时要在物质的各个不同的部位进行采样,采取具有代表性的一部分试样作为原始试样,然后再进行预处理制备成供分析用的分析试样。

(2) 试样的分离:在定量分析中,通常采用湿法分析,即先根据试样性质采用不同方法将原始试样制成液态,然后进行测定。分解试样方法很多,主要有酸溶法、碱溶法和熔融法等。分解试样时要求试样分解完全,待测组分不损失,不引入干扰物质。

(3) 测定方法的选择:根据测定的目的和要求,如时间、组分的含量、准确度等,并结合实验室的具体条件,确定合适的测定方法。

(4) 干扰杂质的排除:在分析过程中,若试样组分较简单且彼此互不干扰,则经分解制成溶液后便可直接测定。复杂试样中含有多种组分,在测定某一组分,共存的其他组分有干扰时,应当消除干扰。消除干扰的方法主要有掩蔽和分离。

(5) 数据处理及分析结果的评价:分析过程中将得到相关的数据,通过对这些数据的处理,计算出待测组分的含量。同时也要对测定结果的准确性作出评价。

3) 结构分析

结构分析的任务是确定物质的分子结构。主要用于有机分析中,有机物由于相对分子质量较大,同分异构现象普遍。所以仅知道组成元素是远远不够的,还必须确定其官能团以及具体的分子排列方式,才能对其准确命名和分析研究。

2. 无机分析与有机分析

根据分析对象的不同,可分为无机分析和有机分析。

无机分析的对象是无机物,有机分析的对象是有机物。虽然二者在分析原理上大体相同,但由于对象不同,二者的分析手段也不同。无机物所含的元素种类繁多,要求测定的结果以元素、离子、化合物或各组分的相对含量来表示。而有机物则不同,虽然它们的构成元素种类很少,但是结构相当复杂,目前有机化合物种类已达近千万种。故分析方法不仅有组成元素的分析,还有官能团和结构分析。

3. 化学分析法与仪器分析法

根据测定原理及操作方法不同,可分为化学分析法与仪器分析法。

1) 化学分析法

以物质的化学反应为基础的分析方法称为化学分析法。化学分析法历史悠久,又称为经典分析法,主要包括重量分析法和滴定分析法。

(1) 重量分析法:重量分析法是根据被测物质在化学反应前后的重量差来测定组分含量的方法。

(2) 滴定分析法:滴定分析法是根据一种已知准确浓度的试剂溶液(称为标准溶液)与被测物质完全反应时所消耗的体积及其浓度来计算被测组分含量的方法。依据反应类型不同,滴定分析法又可分为酸碱滴定法、沉淀滴定法、配位滴定法和氧化还原滴定法。

重量分析法和滴定分析法通常用于较高含量组分的测定,即待测组分的含量一般在1%以上。

重量分析法比较准确,但操作烦琐,测定速度较慢。滴定分析法操作简便、快捷,测定结果的准确度也较高,所用设备简单、成本低,故该法在生产实践和分析化验上都有很大的实用价值。

2) 仪器分析法

以被测物质的物理性质(如密度、折光率、旋光度等)为基础进行分析的方法称为物理分析法;根据被测物质经化学反应后,其产物的物理性质为基础的分析方法,称为物理化学分析法。由于进行物理和物理化学分析时,大多需要使用比较复杂、精密的仪器,故此类方法又称为仪器分析法。

仪器分析法主要包含电化学分析法、光学分析法、色谱分析法等。

(1) 电化学分析法:以被测物质的电化学性质而进行分析的方法。按电化学原理,可分为电势分析法、电解分析法、电导分析法和伏安分析法等。

(2) 光学分析法:根据被测物质的光学性质所建立起来的分析方法。主要分为吸收光谱分析法(紫外-可见分光光度法、红外分光光度法、原子吸收分光光度法、核磁共振波谱法等)、发射光谱分析法(荧光分光光度法)、折光分析法、旋光分析法等。

(3) 色谱分析法:色谱分析法是利用被测样品中各组分分配系数不同而进行测定的分离分析方法。主要包含经典液相色谱法、气相色谱法、高效液相色谱法等。

仪器分析法的特点是取样量少、灵敏度高、分析快速、比较准确、仪器可自动化,适合于微量或痕量组分定量测定或结构分析,是现代分析化学研究的重点。但仪器分析法中试样的溶解,干扰物质的分离、富集、掩蔽等,均需使用化学分析的方法处理。因此化学分析法和仪器分析法相辅相成,互相配合。

4. 常量分析、半微量分析、微量及超微量分析

根据取样量多少及操作规模不同,定量分析方法又可分为常量分析、半微量分析、微量分析和超微量分析。各种分析方法的试样用量见表5-1。

表 5-1　各种分析方法的试样用量

方　　法	试样质量	试液体积/mL
常量分析	>0.1 g	>10
半微量分析	0.01~0.1 g	1~10
微量分析	0.1~10 mg	0.01~1
超微量分析	<0.1 mg	<0.01

5.2　误差与分析数据的处理

定量分析的任务是准确测量试样中组分的相对含量,要求分析结果必须具有一定的准确度。但在实际分析过程中,由于受到分析方法、测量仪器、测量时主客观条件等方面的限制,测量结果会偏离真实值。这说明误差是客观存在的,难以避免的。因此,为了获得准确的分析结果,必须分析产生误差的原因,估计误差的大小,科学地处理实验数据,得到合理的分析结果,并采取适当的方法减少各种误差,提高分析结果的准确度。

5.2.1　误差的分类

误差是指测定值与真实值之差。测定值大于真实值,误差为正值;测定值小于真实值,误差为负值。

误差按其来源和性质主要分为系统误差和偶然误差。

1. 系统误差

系统误差又称可测误差,指在测定过程中由于某些确定的原因所造成的误差。它对分析结果的影响比较固定,在同一条件下重复测定会重复出现,使测定结果有规律地偏高或偏低。系统误差有固定的大小、方向(正、负),是可测的,也是可消除的。

系统误差按其产生的原因不同,可分为以下四类。

(1) 方法误差:由于分析方法本身不够完善而引入的误差。例如,在重量分析中由于沉淀损失而产生的误差,在滴定分析法中由于指示剂选择不当而造成的误差。

(2) 操作误差:由于操作人员主观原因造成的误差。例如,在滴定分析中对终点颜色辨别不够敏锐,有人偏深,有人偏浅,以及滴定管读数偏高或偏低等所造成的误差。

(3) 仪器误差:由于仪器本身的缺陷造成的误差。例如,天平两臂长度不一致,滴定管、砝码、容量瓶等未经校正而引入的误差。

(4) 试剂误差:如果所用的试剂不纯,或配制溶液所用的蒸馏水纯度不够,此时将引入微量的待测组分或对测定有干扰的杂质,从而造成误差。

2. 偶然误差

偶然误差又称不可测误差(或随机误差),是由分析过程中某些不确定的偶然因素所造成的。例如,在分析过程中,由于气压、湿度、温度等的偶然变化,测量仪器的微小波动,电压瞬间波动等所引起的误差。偶然误差对分析结果的影响在一定范围内是可变的,正负、大小也是不确定的。

偶然误差难于觉察,较难预测和控制。但如果在相同条件下对同一样品进行多次平行测定,并将测定数据进行统计处理,则可发现其符合正态分布规律:
(1) 绝对值相等的正、负误差出现的概率相等;
(2) 小误差出现的概率大,大误差出现的概率小,特别大的误差出现的概率极小。

除了上述两类误差外,有时还可能由于操作者的粗心大意或不遵守操作规程产生失误,如溶液溅失、加错试剂、读错刻度、记录和计算不正确等。这种错误是人为造成的,不属于误差之列。只要在操作过程中认真细致,严格遵守操作规程,这种错误是可以避免的。在分析工作中出现较大的误差时,应该查明原因,若为过失造成的错误,应将此次测定结果删除不用。

5.2.2 准确度与精密度

1. 准确度与误差

测定值与真实值相接近的程度称为准确度。误差和准确度成反比关系。误差越大,准确度越低;误差越小,准确度越高。所以,误差的大小是衡量准确度高低的尺度。误差分为绝对误差和相对误差。

绝对误差(E):测定值(x)与真实值(μ)的差值。

$$E = x - \mu \tag{5-1}$$

相对误差(RE):绝对误差(E)在真实值(μ)中占有的百分比。

$$\mathrm{RE} = \frac{E}{\mu} \times 100\% \tag{5-2}$$

分析结果的准确度常用相对误差来表示,因为相对误差能更真实地表达准确的程度。例如,用分析天平称量两试样的质量为 4.4560 g 和 0.4456 g,假设二者的真实质量分别为 4.4561 g 和 0.4457 g,则两者称量的绝对误差分别为

$$(4.4560 - 4.4561) \text{ g} = -0.0001 \text{ g}$$
$$(0.4456 - 0.4457) \text{ g} = -0.0001 \text{ g}$$

二者称量的相对误差分别为

$$-\frac{0.0001}{4.4561} \times 100\% = -0.0022\%$$
$$-\frac{0.0001}{0.4457} \times 100\% = -0.022\%$$

由此可知,两物体称量的绝对误差相等时,它们的相对误差并不一定相等,第一个称量结果的相对误差是第二个称量结果的相对误差的 $\frac{1}{10}$,即当绝对误差相等时,称量的质量较大,相对误差就越小,测定结果的准确度也就越高。

绝对误差和相对误差都有正值和负值,正值表示分析结果偏高,负值表示分析结果偏低。

【例5-1】 测定硫酸铵中氮的质量分数为20.84%,已知真实值为20.82%,求绝对误差和相对误差。

解
$$E = 20.84\% - 20.82\% = +0.02\%$$
$$RE = \frac{+0.02\%}{20.82\%} \times 100\% = +0.10\%$$

【例5-2】 甲、乙两名实验员分别称取样品1.8364 g和0.1836 g,已知这两份样品的真实值分别为1.8363 g和0.1835 g,试求其绝对误差和相对误差,并比较准确度的高低。

解 甲的绝对误差和相对误差分别为
$$E = (1.8364 - 1.8363)\,g = 0.0001\,g$$
$$RE = \frac{0.0001}{1.8363} \times 100\% = 0.005\%$$

乙的绝对误差和相对误差分别为
$$E = (0.1836 - 0.1835)\,g = 0.0001\,g$$
$$RE = \frac{0.0001}{0.1835} \times 100\% = 0.05\%$$

可以看出二者的绝对误差相同,而相对误差不一样。甲实验员称量的质量较大,相对误差较小,测定结果的准确度较高。

2. 精密度和偏差

精密度是指在相同条件下多次测定结果相接近的程度,它表现了测定结果的再现性。精密度用偏差表示,偏差越小说明分析结果的精密度越高。偏差的大小是衡量精密度高低的尺度。

1) 绝对偏差和相对偏差

绝对偏差(d)是测定值(x_i)与测量平均值($\bar{x}$)的差值。

$$d = x_i - \bar{x} \tag{5-3}$$

相对偏差(Rd)是绝对偏差在平均值中占有的百分比。

$$Rd = \frac{d}{\bar{x}} \times 100\% \tag{5-4}$$

如果对同一种试样,只做了两次测定,常用下式来表示其相对偏差:

$$Rd = \frac{x_1 - x_2}{\bar{x}} \times 100\% \tag{5-5}$$

【例5-3】 测量铁矿石中铁的百分含量时,两次测得的结果为50.20%和50.22%,求其平均值和相对偏差。

解
$$\bar{x} = \frac{50.20\% + 50.22\%}{2} = 50.21\%$$
$$Rd = \frac{50.22 - 50.20}{50.21} \times 100\% = 0.04\%$$

2) 平均偏差和相对平均偏差

平均偏差($\bar{d}$)是各次测定绝对偏差绝对值的平均值。

$$\bar{d} = \frac{1}{n}\sum_{i=1}^{n}|d_i| = \frac{1}{n}\sum_{i=1}^{n}|x_i - \bar{x}| \tag{5-6}$$

相对平均偏差($R\bar{d}$)是平均偏差在平均值中占有的百分比。

$$R\bar{d} = \frac{\bar{d}}{\bar{x}} \times 100\% \tag{5-7}$$

用平均偏差和相对平均偏差表示精密度比较简单,在一系列的测定结果中,小偏差占大多数,大偏差占少数,如果按总的测定次数计算算术平均值,所得结果会偏小,大偏差得不到应有的反映。用数理统计方法处理数据时,常用标准偏差来衡量精密度。

3) 标准偏差和相对标准偏差

对于少量的测定结果而言($n \leq 20$),标准偏差

$$S = \sqrt{\frac{\sum_{i=1}^{n}(x_i - \bar{x})^2}{n-1}} \tag{5-8}$$

相对标准偏差(RSD)又称变异系数,是标准偏差在平均值中占有的百分比。其表达式为

$$\text{RSD} = \frac{S}{\bar{x}} \times 100\% \tag{5-9}$$

【例 5-4】 用氧化还原滴定法测得 $FeSO_4 \cdot 7H_2O$ 样品中铁的质量分数为 20.01%、20.03%、20.04%、20.05%,计算分析结果的平均值、平均偏差和标准偏差。

解 测定值及平均值见表 5-2。

表 5-2 $FeSO_4 \cdot 7H_2O$ 中铁的质量分数的测定值及平均值

测定次数	测定值 $w(Fe)/\%$	算术平均值 $M/\%$	个别测定值偏差 $d_i/\%$
1	20.01		−0.02
2	20.03	20.03	+0.00
3	20.04		+0.01
4	20.05		+0.02

$$\sum|d_i| = 0.05\%$$

$$\bar{d} = \frac{0.05\%}{4} = 0.013\%$$

$$S = \sqrt{\frac{d_1^2 + d_2^2 + d_3^2 + d_4^2}{4-1}} = 0.017\%$$

用标准偏差表示精密度能更好地说明数据的分散程度。

3. 准确度与精密度的关系

准确度是表示测定结果与真实值符合的程度,而精密度是表示测定结果的重现性。由于真实值是未知的,因此常常根据测定结果的精密度来衡量分析结果是否可靠,但是精密度高的测定结果不一定是准确的。因为系统误差是定量分析中误差的主要来源,它影响分析结果的准确度;偶然误差影响分析结果的精密度。也就是说,在有系统误差存在的情况下,即便是分析结果的重现性很好,准确度也是较低的。准确度与精密度的关系可用图 5-1 来说明。

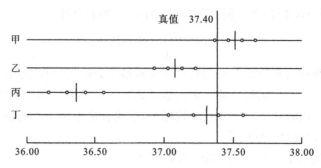

图 5-1　不同人员的测定结果

"。"代表个别测定；"|"代表平均值

图 5-1 表示甲、乙、丙、丁四人测定同一试样中铜含量时所得的结果。由图可见：甲所得结果的准确度与精密度均较好，结果可靠；乙的分析结果精密度虽然很高，但准确度较低；丙的精密度和准确度都很差；丁的精密度很差，平均值虽然接近真值，但这是由于大的正、负误差相互抵消的结果，因此丁的分析结果也是不可靠的。

由此可知：准确度高一定需要精密度好，但精密度好不一定准确度高。若精密度很差，说明所测结果不可靠，虽然由于测定的次数多可能使正、负偏差相互抵消，但已失去衡量准确度的前提。因此在评价分析结果时，必须将系统误差和偶然误差的影响结合起来考虑，以提高分析结果的准确度。

5.2.3　提高分析结果准确度的方法

从误差产生的原因来看，要获得正确的分析结果，必须尽可能减少测定过程中的误差。只有尽可能地减少系统误差和偶然误差，才能提高分析结果的准确度。

1. 选择适当的分析方法

不同的分析方法有不同的灵敏度和准确度。一般来说，常量组分的测定选择化学分析法，微量组分或痕量组分的测定选择仪器分析法。

2. 减少测量误差

为了保证分析结果的准确度，必须尽量减小各分析步骤的测量误差。例如，分析天平的称量误差为 0.0001 g，为使称量时的相对误差不大于 0.1%，所称试样就不能小于 0.1 g。

此外，在做要求较高的实验时，应尽量选用精密度高的优良仪器，工作人员要做到严格遵守操作规程、一丝不苟、耐心细致地进行实验，并应尽量保持实验条件（如温度、湿度等）的稳定。

3. 减少系统误差

1）空白实验

由试剂、蒸馏水、实验仪器和环境引入的杂质所带来的系统误差，可以通过做空白实验来减少或消除。空白实验是在不加试样的情况下，按照试样的分析步骤和条件去进行分析的实验。得到的结果叫做"空白值"。从试样的分析结果中扣除空白值，就可以使测量值更接近于真实值。

2) 校准仪器

当允许的相对误差大于1‰时,一般可不必校准仪器。在准确度要求较高的分析中,对所用的仪器如滴定管、移液管、容量瓶、天平砝码等,必须进行校准,求出校正值,并在计算结果时采用,以消除由仪器带来的误差。

3) 对照实验

对照实验是检查系统误差的有效方法。常用已知准确含量的标准试样(或纯物质配成的试液)代替待测试样,在完全相同的条件下进行分析来对照;也可用被证实可靠(法定)的分析方法对试样分析对照;还可以向试样中加入已知量的被测组分,通过加入的被测组分能否被定量回收来进行对照。

例如,在进行新的分析方法研究时常用标准试样来检验方法的准确度。如果用所拟定的方法分析若干种标准试样,均能得到满意的结果,则说明这种方法是可靠的。或者用国家标准规定的标准方法,或公认可靠的"经典"分析方法分析同一试样,将结果同所拟定的方法的测定值进行对照,如果一致,也说明新的分析方法可靠。

有时候为了检查分析人员之间是否存在系统误差和其他方面的问题,许多生产单位常在安排试样分析任务时,将一部分试样重复安排在不同分析人员之间,并比较他们的实验结果。此法叫做"内检"。有时可将部分试样送到其他单位进行对照分析,这种方法称为"外检"。

4. 减小偶然误差

在消除系统误差的前提下,为了减少偶然误差,可以仔细地操作,选用可靠的分析方法进行多次测定,求出其平均值,这样就可以减小偶然误差。

5.2.4 有效数字及其运算规则

1. 有效数字

为了得到准确的分析结果,除了要准确地测定外,还要正确地记录和计算,即记录的数字不仅要表示数量的大小,而且要正确地反映测量的准确程度。

在分析工作中实际能够测量出并有实际意义的数字叫做有效数字,包含所有准确数字和最后一位可疑数值。例如,用万分之一的分析天平称得某物质的质量为0.6180 g,该值中,"0.618"是正确的,最后一位数字"0"是可疑的,有上下一个单位的误差,即其实际质量是在(0.6180±0.0001) g范围内。此时称量的绝对误差为0.0001 g,相对误差为

$$\frac{\pm 0.0001}{0.6180} \times 100\% = \pm 0.016\%$$

如果将上述称量结果写成0.618 g,则意味着该物体的实际质量将为(0.618±0.001) g,即绝对误差为±0.001 g,而相对误差则为±0.16%。由此可见,在小数点后多写或少写一位"0"数字,从数学角度来看关系不大,但是记录所反映的测量精确程度在无形中被夸大了10倍或缩小到原来的$\frac{1}{10}$。显然在数据中代表着一定的量的每一个数字都是重要的。

数字"0"在数据中具有双重意义。如果作为普通数字使用,则为有效数字;若只起定位作用,就不是有效数字。例如:

2.0009 g		五位有效数字
0.6000 g	6.066%	四位有效数字
0.0660 g	6.66×10⁻⁵	三位有效数字
0.060 g	0.66%	两位有效数字

在 2.0009 中的三个"0"和 0.6000 中的后三个"0",都是有效数字;在 0.006 中的"0"只起定位作用,不是有效数字。

在分析化学中,经常会遇到一些倍数或分数的关系。例如,对于反应

$$Zn + 2HCl =\!=\!= ZnCl_2 + H_2 \uparrow$$

Zn 与 HCl 的物质的量之比为 $\frac{1}{2}$,分母"2"并不意味着只有一位有效数字。它是自然数,并非测量所得,因此应将它视为无限多位的有效数字。分析化学中还会遇到 pH、lgK 等数值,其有效数字的位数仅取决于小数部分数字的位数,因为整数部分只说明方次,即仅起定位作用。例如,pH=12.68 即 $[H^+]=2.1 \times 10^{-13}$ mol/L,其有效数字为两位,而不是四位。

2. 有效数字的运算规则

在分析测定过程中,往往要经过几个不同的测量环节,得到准确程度不同的测量数据。对于这些数据,必须按一定规则进行记录、修约及运算,可避免得出不合理的结论。

(1) 计算有效数字位数时,若第一位有效数字大于或等于 8 时,其有效数字的位数可多算一位。例如,9.66 虽然只有三位,但它已接近于 10,故可以认为它是四位有效数字。

(2) 记录测定数值时,只保留一位可疑数字即最后一位数字;表示准确度和精密度时,在大多数情况下,只取一位有效数字即可,最多保留两位有效数字。

(3) 当有效数字位数确定后,其余数字(尾数)应一律弃去。舍去办法采用"四舍六入五留双"的规则。

① 被修约数字小于或等于 4 时,舍去;等于或大于 6 时,进位。例如,将 3.1424 和 12.861 分别修约为四位和三位有效数字,修约后为 3.142 和 12.9。

② 被修约数字等于 5 时,若 5 后还有不全为 0 的数字,则进位。5 后无数字或全为零,则看 5 前一位是奇数还是偶数,若为奇数,则进位;若为偶数则将 5 舍弃。例如,将 3.2256 修约为三位有效数字应为 3.23,1.3550 和 12.85 修约为三位有效数字应写成 1.36 和 12.8。

③ 修约要一次完成,不能分多次修约。例如,1.3548 修约为三位有效数字,不能先修约为 1.355,再修约为 1.36。

(4) 当几个数据相加或相减时它们的和或差有效数字的保留,应以小数点后位数最少(绝对误差最大的)的数据为依据。例如:

$$0.0121 + 35.64 + 1.05782$$

由于 35.64 小数点后位数最少(绝对误差最大的),所以应以 35.64 为准,将其余两个数据

整理到只保留两位小数。因此，0.0121 应写成 0.01，1.05782 应写成 1.06，三者之和为

$$0.01+35.64+1.06=36.71$$

在大量数据的运算中，为了不使误差快速积累，对参加运算的所有数据，可以多保留一位可疑数字（该数字叫做安全数字）。例如，在计算 5.2727、0.076、3.7 和 2.12 的总和时，根据上述规则，只应保留一位小数。但在运算中可以多保留一位，故 5.2727 应写成 5.27，0.076 应写成 0.08，2.12 应写成 2.12，因此它们的和为

$$5.27+3.7+0.08+2.12=11.17$$

然后再将 11.17 整理成 11.2。

(5) 在对数运算中，所取对数位数应与小数部分的数字位数相等。

(6) 在所有的计算式中，常数 e 及倍数、分数等数值的有效数字位数可以认为是无限制的，即在计算中需要几位就可以写成几位。

(7) 几个数据相乘除时，积或商的有效数字的保留应该以有效数字位数最少（相对误差最大）的那个数为准则。例如：

$$0.0121\times25.64\times1.05782$$

0.0121 有效数字位数为三位（相对误差最大），应以此数据为依据，确定其他数据的位数。

$$0.0121\times25.6\times1.06=0.328$$

若是多保留一位可疑数字时，则

$$0.0121\times25.64\times1.058=0.3282$$

然后再按"四舍六入五留双"规则，将 0.3282 整理成 0.328。

5.2.5 可疑值的取舍

在日常的测定工作中，经常会遇到一组平行测定数值中，有个别数据的精密度不够高，这些数据明显偏离其余测量值，此数据称为可疑值（离群值、逸出值）。如果此值确实是由于实验过失引起的，那就应该剔除；否则，就不能随意舍去，要用统计方法来检验是否取舍。目前常用方法有 Q 检验法和 G 检验法。

1. Q 检验法

当测定次数 $n=3\sim10$ 时，根据所要求的置信度，按照以下步骤，检验可疑值的取舍：

(1) 将各数据按递增的顺序排列 $x_1, x_2, \cdots, x_{n-1}, x_n$；

(2) 求出最大数据与最小数据之差（极差），即 $x_{max}-x_{min}$；

(3) 求出可疑数据与其最相邻数据之差的绝对值（邻差），即 $|x_{可疑}-x_{邻}|$；

(4) 用极差除邻差得出舍弃商，即

$$Q_{计}=\frac{|x_{可疑}-x_{邻}|}{x_{max}-x_{min}} \tag{5-10}$$

(5) 按置信度 P 和测量次数 n，由表 5-3 查出 $Q_{表}$；

(6) 若 $Q_{计}\geqslant Q_{表}$，可疑值应舍去；若 $Q_{计}<Q_{表}$，可疑值应保留。

表 5-3 不同置信度下的 Q 值表

测定次数 n	$Q_{0.90}$	$Q_{0.95}$	$Q_{0.99}$	测定次数 n	$Q_{0.90}$	$Q_{0.95}$	$Q_{0.99}$
3	0.94	0.98	0.99	7	0.51	0.59	0.68
4	0.76	0.85	0.93	8	0.47	0.54	0.63
5	0.64	0.73	0.82	9	0.44	0.51	0.60
6	0.56	0.64	0.74	10	0.41	0.48	0.57

【例 5-5】 测量某试样中钙的百分含量，平行测定了五次，测量值分别为 22.38、22.39、22.36、22.40、22.44，试用 Q 检验法判断 22.44 可否舍弃。（要求置信度为 90%）

解 测量值中最大值为 22.44，最小值为 22.36。

$$x_{\max} - x_{\min} = 22.44 - 22.36 = 0.08$$

$$|x_{可疑} - x_{邻}| = 22.44 - 22.40 = 0.04$$

$$Q_{计} = \frac{|x_{可疑} - x_{邻}|}{x_{\max} - x_{\min}} = \frac{0.04}{0.08} = 0.5$$

查表得 $Q_{0.90} = 0.64$，$Q_{计} < Q_{0.90}$，所以 22.44 应予保留。

2. G 检验法

计算包括可疑值在内所有测量值的平均值（$\bar{x}$）和标准偏差（S）。

若 x_i 是可疑值，则

$$G_{计} = \frac{|\bar{x} - x_i|}{S} \tag{5-11}$$

按置信度 P 和测量次数 n，由表 5-4 查出 $G_{表}$。

若 $G_{计} \geq G_{表}$，可疑值应舍去；若 $G_{计} < G_{表}$，可疑值应保留。

表 5-4 不同置信度下的 G 值表

n	3	4	5	6	7	8	9	10
$G_{0.95}$	1.15	1.46	1.67	1.82	1.94	2.03	2.11	2.18
$G_{0.99}$	1.15	1.49	1.75	1.94	2.10	2.22	2.32	2.41

5.3 滴定分析法

5.3.1 滴定分析法概述

1. 滴定分析法的过程

1）相关概念

滴定分析法（titrimetric analysis）是定量分析方法之一，是用滴定管将一种已知准确浓度的试剂溶液（即标准溶液），滴加到待测组分的溶液中，直到所加试剂与待测组分按化学计量关系定量反应完全为止,然后根据标准溶液的浓度和所消耗的体积,算出待测组分的含量的分析方法。

将标准溶液从滴定管滴加到被测组分溶液中的操作过程称为滴定。通过滴定管滴加到待测溶液中的标准溶液称为滴定液。滴加的标准溶液与待测组分按反应式所表示的化学计量关系恰好完全反应时,称到达了反应的化学计量点,也称计量点。

例如,将盐酸标准溶液从滴定管滴加到一定浓度、一定体积的氢氧化钠被测液中时,其反应式为

$$HCl + NaOH = NaCl + H_2O$$

假如浓度为 $c(HCl)$ 的盐酸溶液与氢氧化钠溶液之间的反应正好符合化学反应式中的计量关系时,盐酸消耗体积为 $V(HCl)$,此时 $n(HCl):n(NaOH)=1$,即加入盐酸的物质的量等于被测物氢氧化钠的物质的量,也就是达到了滴定的化学计量点。

在化学计量点时,反应往往没有外观现象,因此通常在待测溶液中加入指示剂,利用指示剂颜色的突变来指示化学计量点到达,在指示剂发生颜色转变的那一点称为滴定终点。

实际分析操作中,滴定终点和理论上的化学计量点往往不能恰好吻合,二者之间通常存在很小的差别,由此而引起的误差称为终点误差。

2) 滴定分析法的特点

滴定分析法主要用于组分含量在 1% 以上(常量组分)物质的测定;有时也可采用微量滴定管进行微量分析。一般情况下,该分析法相对误差在 ±0.2% 以内,准确度较高,而且所需仪器设备简单、价廉,操作方便,测定快速,可应用于多种化学反应类型,在生产实践和科学研究中的应用十分广泛。

2. 滴定分析法的类型

滴定分析法是以化学反应为基础的分析方法,根据不同的化学反应类型,滴定分析方法一般可分为四大类。

1) 酸碱滴定法

酸碱滴定法又称中和法,是以酸碱反应(质子传递)为基础的滴定分析法。可用来测定酸、碱、酸性物质、碱性物质。其基本反应为

$$H^+ + OH^- = H_2O$$

2) 配位滴定法

配位滴定法是以配位反应为基础的滴定分析法,可用于测定金属离子的含量。目前,广泛采用 EDTA(乙二胺四乙酸)作为标准溶液,对多种金属离子进行测定,其反应式为

$$M^{n+} + Y^{4-} \longrightarrow MY^{n-4}$$

3) 氧化还原滴定法

氧化还原滴定法是以氧化还原反应为基础的一种滴定分析法。通常用氧化性标准溶液来测定还原性物质,也可用还原性标准溶液测定氧化性物质。该法能用于测定具有氧化还原性物质或某些不具备氧化还原性物质的含量。例如,重铬酸钾法测定铁离子的含量:

$$Cr_2O_7^{2-} + 6Fe^{2+} + 14H^+ = 2Cr^{3+} + 6Fe^{3+} + 7H_2O$$

4) 沉淀滴定法

沉淀滴定法是以生成沉淀的反应为基础的一种滴定分析法。最常用的是利用生成难溶银盐的反应来进行测定,习惯上称为银量法。可以对 Ag^+、Cl^-、Br^-、I^-、CN^-、SCN^- 等离子进行测定。其反应通式为

$$Ag^+ + X^- \longrightarrow AgX \downarrow$$

滴定分析主要在水溶液中进行,但也有少数情况下在非水溶剂的溶液中进行,称为非水滴定。

3. 滴定分析法对滴定反应的要求

化学反应很多,但并非都能用于滴定分析,适用于滴定分析法的化学反应必须具备下列条件。

（1）反应必须定量完成。

要求反应按一定的反应式进行,无副反应发生,而且进行完全(≥99.9%),这是定量计算的基础。

（2）反应快速进行。

滴定反应要求在瞬间完成。如果反应慢,将给滴定终点的确定带来困难。对于速率较小的反应,应采取适当的措施,如通过加热或加入催化剂等方法来加大其反应速率。

（3）有适当的、简便的确定终点的方法。

有适当的指示剂或其他物理化学方法来确定滴定终点。此外,当溶液中有其他物质共存时,应不干扰被测物质的测定,否则要采取适当措施消除干扰。

4. 滴定方式

滴定分析法中常用到的滴定方式有四种。

1) 直接滴定法

凡是能满足滴定分析要求的反应,都可以应用直接滴定法,即用标准溶液直接滴定被测物质。例如,用 HCl 标准溶液可直接滴定 Na_2CO_3、$Na_2B_4O_7 \cdot 10H_2O$ 等,用 NaOH 标准溶液可直接滴定 HAc、HCl、H_2SO_4 等试样,用 EDTA 标准溶液可直接测定 Ca^{2+}、Mg^{2+} 等,用 $AgNO_3$ 标准溶液可直接滴定 Cl^- 等。直接滴定法是滴定分析中最常用和最基本的滴定方法。

如果反应不能完全符合滴定分析要求,可采用下述滴定法。

2) 返滴定法

当反应较慢,或待测物是固体,或缺乏合适的检测终点的方法时,可于待测物中加入一定量过量的滴定液,待反应完成后,再用另一种标准溶液滴定剩余的滴定液,根据标准溶液的量计算待测组分的含量,这种滴定方式称为返滴定法,又称回滴法。例如,Al^{3+} 和 EDTA 溶液的反应速度很慢,不能用直接滴定法进行测定,则可采用返滴定法,在一定的 pH 条件下,在待测的 Al^{3+} 离子试液中加入过量的 EDTA 溶液,加热促使反应完全后,用标准 Zn^{2+} 或 Cu^{2+} 溶液滴定剩余的 EDTA,从而计算出试样中 Al^{3+} 的含量。又如对于固体 $CaCO_3$ 的测定,可先加入过量的 HCl 标准溶液,待反应完成后,用 NaOH 标准溶液滴定剩余的 HCl。

3）置换滴定法

当反应没有定量关系或伴随有副反应时,可以先用适当的试剂与待测物反应,转换成一种能被定量滴定的物质,然后再用适当的滴定液进行滴定,根据滴定液的消耗量计算出待测组分的含量,这种滴定方式即为置换滴定法。例如,不能用 $Na_2S_2O_3$ 标准溶液直接滴定 $K_2Cr_2O_7$ 及其他氧化剂,因为在酸性溶液中 $K_2Cr_2O_7$ 能将 $Na_2S_2O_3$ 部分氧化成 $S_4O_6^{2-}$ 和 SO_4^{2-} 等混合物。但是,若在 $K_2Cr_2O_7$ 的酸性溶液中加入过量的 KI, $K_2Cr_2O_7$ 与 KI 定量反应后析出的 I_2 就可以用 $Na_2S_2O_3$ 标准溶液直接滴定,进而能求得 $K_2Cr_2O_7$ 的含量。其反应式为

$$Cr_2O_7^{2-} + 6I^- + 14H^+ =\!=\!= 2Cr^{3+} + 3I_2 + 7H_2O$$

$$I_2 + 2S_2O_3^{2-} =\!=\!= 2I^- + S_4O_6^{2-}$$

4）间接滴定法

对于不能和滴定液直接起反应的物质,有时可以通过另一种化学反应,用间接滴定法来进行滴定,从而测得其含量。例如,Ca^{2+} 没有可变价态,不能直接用氧化还原法滴定,但利用 $(NH_4)_2C_2O_4$ 与 Ca^{2+} 作用形成 CaC_2O_4 沉淀,过滤洗涤后,加入 H_2SO_4 使其溶解,用 $KMnO_4$ 标准溶液滴定 $C_2O_4^{2-}$,可间接测定 Ca^{2+} 的含量。

返滴定法、置换滴定法、间接滴定法等方式的应用,大大扩展了滴定分析法的测定范围,使滴定分析法成为应用广泛的定量分析法。

5.3.2 标准溶液

标准溶液是指确定了准确浓度的用于滴定分析的溶液。在滴定分析中,标准溶液的浓度和消耗体积是计算待测组分含量的主要依据,因此,正确地配制标准溶液,准确地标定标准溶液的浓度及对标准溶液进行妥善保存,对于提高滴定分析的准确度有重大意义。

1. 标准溶液浓度的表示方法

在滴定分析法中,标准溶液的浓度通常用物质的量浓度和滴定度来表示。

1）物质的量浓度

物质的量浓度是指单位体积溶液中所含溶质 B 的物质的量,以符号 c_B 表示。即

$$c_B = \frac{n_B}{V} \tag{5-12}$$

式中,n_B 为 B 物质的量,单位为 mol 或 mmol;V 为溶液的体积,单位为 L;c_B 为物质的量浓度,常用单位为 mol/L。

物质 B 的质量 m_B、物质的量 n_B 之间存在以下的关系:

$$n_B = \frac{m_B}{M_B} \tag{5-13}$$

式中,M_B 为物质 B 的摩尔质量,其与所选用的基本单元有关。

根据上述两式,有

$$c_B = \frac{m_B}{M_B V} \tag{5-14}$$

用直接法配制标准溶液时,需用式(5-13)计算物质的量。进而计算出溶液的浓度。

2) 滴定度

在生产部门的例行分析中,由于测定对象比较固定,常使用同一标准溶液测定同种物质,对大批试样进行组分的例行分析时,采用滴定度来表示标准溶液的浓度,使得计算更为简便。

滴定度是指每毫升标准溶液相当于待测物质的质量(g 或 mg),单位是 g/mL 或 mg/mL,用符号 $T_{B/A}$ 表示,其中 B 表示标准溶液中溶质的化学式,A 表示被测物质的化学式。

例如,$T_{NaOH/HCl}$ = 0.003646 g/mL,表示用 NaOH 标准溶液滴定 HCl 时,1 mL NaOH 标准溶液恰好与 0.003646 g HCl 完全反应。

如果用此 NaOH 标准溶液滴定 HCl,滴定终点时,消耗 NaOH 标准溶液为 21.28 mL,则 HCl 的质量为

$$m(HCl) = T_{NaOH/HCl} V(NaOH) = 0.003646 \times 21.28 \text{ g} = 0.07759 \text{ g}$$

在例行分析中,利用滴定度、标准溶液体积计算被测物质质量或含量很方便。

有时滴定度也用每毫升标准溶液中所含溶质的质量(单位为 g)来表示,符号表示为 T_B。例如,T_{NaOH} = 0.0048 g/mL,即表示每毫升 NaOH 标准溶液中含有 NaOH 0.0048 g。这种表示方法在配制专用的标准溶液时应用广泛。

2. 基准物质

能用于直接配制或标定标准溶液的物质称为基准物质,如重铬酸钾、邻苯二甲酸氢钾等。作为基准物质必须符合下列条件。

(1) 物质必须具有足够的纯度,其纯度要求在 99.9% 以上。

(2) 组成恒定并与化学式相符,包括结晶水。例如,$H_2C_2O_4 \cdot 2H_2O$、$Na_2B_4O_7 \cdot 10H_2O$ 等。

(3) 化学性质稳定。例如,干燥时不分解,不易吸收空气中的水分和 CO_2,不易被空气氧化,不易潮解等。

(4) 试剂的摩尔质量较大,这样可以减少称量误差。

(5) 试剂参加滴定反应时,应严格按反应式定量进行,没有副反应。

基准物质在使用前通常要经过一定的处理。表 5-5 中列出了一些常见的基准物质及其应用范围等,在使用中,应按规定进行保存和干燥处理。

表 5-5 常用基准物质的干燥条件及其应用范围

名 称	分子式	干燥后组成	干燥条件、温度/℃	标定对象
碳酸氢钠	$NaHCO_3$	Na_2CO_3	270~300	
十水合碳酸钠	$Na_2CO_3 \cdot 10H_2O$	Na_2CO_3	270~300	
无水碳酸钠	Na_2CO_3	Na_2CO_3	270~300	酸
碳酸氢钾	$KHCO_3$	K_2CO_3	270~300	
硼砂	$Na_2B_4O_7 \cdot 10H_2O$	$Na_2B_4O_7 \cdot 10H_2O$	放在装有 NaCl 和蔗糖饱和溶液的干燥器中	

续表

名　称	分　子　式	干燥后组成	干燥条件、温度/℃	标定对象
邻苯二甲酸氢钾	$KHC_8H_4O_4$	$KHC_8H_4O_4$	105～110	碱
二水合草酸	$H_2C_2O_4 \cdot 2H_2O$	$H_2C_2O_4 \cdot 2H_2O$	室温空气干燥	碱或高锰酸钾
三氧化二砷	As_2O_3	As_2O_3	硫酸干燥器中保存	氧化剂
草酸钠	$Na_2C_2O_4$	$Na_2C_2O_4$	105	
铜	Cu	Cu	室温干燥器中保存	还原剂
溴酸钾	$KBrO_3$	$KBrO_3$	180	
碘酸钾	KIO_3	KIO_3	180	
重铬酸钾	$K_2Cr_2O_7$	$K_2Cr_2O_7$	120	
碳酸钙	$CaCO_3$	$CaCO_3$	110	EDTA
锌	Zn	Zn	室温干燥器中保存	
氧化锌	ZnO	ZnO	800	
硝酸银	$AgNO_3$	$AgNO_3$	硫酸干燥器中保存	氯化物
氯化钠	$NaCl$	$NaCl$	500～550	硝酸银
氯化钾	KCl	KCl	500～550	

3. 标准溶液的配制与标定

滴定分析中必须使用标准溶液,最后要通过标准溶液的浓度和用量来计算待测组分的含量,因此,正确地配制标准溶液,准确地标定标准溶液的浓度对于提高滴定分析的准确度非常关键。

配制标准溶液通常采用直接法和间接法配制。

1) 直接法

按照实际需要准确称取一定量的基准物质,待完全溶解后,室温下定量转入容量瓶中,加蒸馏水稀释至标线,根据所称基准物质的质量和容量瓶的体积,直接算出该标准溶液的准确浓度。例如,称取基准物质 $K_2Cr_2O_7$ 4.9030 g,置于烧杯中溶解后全部转移到 1 L 容量瓶中,再加水稀释至刻度,摇匀后即得浓度为 0.01667 mol/L 的 $K_2Cr_2O_7$ 标准溶液。

2) 间接法

用来配制标准溶液的物质大多不能满足基准物质的条件。例如:酸碱滴定法中的盐酸,除了恒沸点的盐酸外,一般市售盐酸中的 HCl 含量有一定的波动;NaOH 易于吸收空气中的水分和 CO_2,纯度不高;$KMnO_4$、$Na_2S_2O_3$ 等均不易提纯,且见光易分解。因此,对于这一类物质,不能用直接法配制标准溶液,而要用间接法配制。

间接法是先将试剂配制成接近要求浓度的溶液,然后再用基准物质或另一种标准溶液来测定它的准确浓度。这种利用基准物质或已知准确浓度的溶液来确定待测溶液准确浓度的操作过程称为标定。

(1) 用基准物标定。

称取一定量的基准物质,溶解后,用待标定的溶液滴定,根据所消耗的待标定溶液的体积和基准物的质量,计算出该溶液的准确浓度。例如,欲标定某 NaOH 溶液的浓度,可以先准确称取一定质量的邻苯二甲酸氢钾基准物质,溶解后用待标定的 NaOH 溶液进行滴定,直至二者定量反应完全,再根据滴定中消耗 NaOH 溶液的体积计算出其准确浓度。大多数标准溶液的准确浓度是根据标定的方法来确定的。

(2) 与标准溶液比较。

准确吸取一定体积的待标定溶液,然后用另外一种已知准确浓度的标准溶液滴定或反过来滴定,依据两溶液所消耗的体积及标准溶液的浓度,便可计算出待标定溶液的浓度。这一过程称为"浓度的比较"。

例如,用 NaOH 溶液滴定一定体积的某 HCl 溶液(或者相反),然后根据二者定量反应时的体积和 HCl 溶液的准确浓度,可计算出 NaOH 溶液的浓度。

显然,直接采用基准物质进行标定,有助于提高测定结果的准确度。

标定时,无论采用哪种方法,应注意以下几点:①标定时应平行测定 3~4 次,至少 2~3 次,取其平均值,并要求测定结果的相对偏差不大于 0.2%;②对于配制和标定溶液时使用的量器,在必要时应校正其体积,并考虑温度的影响;③为了减小测量误差,称取基准物质的量不宜过少,滴定时所消耗标准溶液的体积也不宜过少;④标定后的标准溶液应妥善保存。

5.3.3 滴定分析计算

滴定分析是用标准溶液去滴定被测组分的溶液,无论采用哪种滴定方式,都离不开一个最根本的依据:当滴定到化学计量点时,它们的物质的量之间的关系恰好符合其化学反应中的化学计量关系。

1. 被测组分的物质的量 n_A 和滴定剂的物质的量 n_B 的关系

设在滴定分析中,被测组分 A 和滴定剂 B 之间的反应为

$$aA + bB = cC + dD$$

当滴定达到化学计量点时,a mol A 恰好和 b mol B 作用完全,即有

$$n_A : n_B = a : b$$

故

$$n_A = \frac{a}{b}n_B, \quad n_B = \frac{b}{a}n_A \tag{5-15}$$

若被测物是溶液,其体积为 V_A,浓度为 c_A,到达化学计量点时用去浓度为 c_B 的滴定剂的体积为 V_B,则

$$c_A V_A = \frac{a}{b} c_B V_B \tag{5-16}$$

例如,用已知浓度的 NaOH 标准溶液测定 H_2SO_4 溶液的浓度,其反应式为

$$H_2SO_4 + 2NaOH = Na_2SO_4 + 2H_2O$$

滴定达到化学计量点时,有

$$c(H_2SO_4)V(H_2SO_4) = \frac{1}{2}c(NaOH)V(NaOH)$$

$$c(H_2SO_4) = \frac{c(NaOH)V(NaOH)}{2V(H_2SO_4)}$$

上述关系式也能用于有关溶液稀释的计算中。因为溶液稀释前后所含溶质的物质的量没有改变,所以有

$$c_1V_1 = c_2V_2$$

式中,c_1、V_1 为稀释前溶液的浓度和体积,c_2、V_2 为稀释后溶液的浓度和体积。

2. 被测组分质量分数的计算

若试样的质量为 G,被测组分的质量为 m_A,则被测组分在试样中的质量分数

$$w_A = \frac{m_A}{G} \times 100\% \tag{5-17}$$

在滴定分析中,被测组分的物质的量 n_A 是由滴定液的浓度 c_B、体积 V_B 及被测物与滴定剂反应的物质的量之比 $a : b$ 求得的,即

$$n_A = \frac{a}{b} n_B = \frac{a}{b} c_B V_B$$

根据

$$n_A = \frac{m_A}{M_A}$$

即可求得被测物质的质量

$$m_A = \frac{a}{b} c_B V_B M_A$$

因此

$$w_A = \frac{\frac{a}{b} c_B V_B M_A}{G} \times 100\% \tag{5-18}$$

这是滴定分析中计算被测组分含量的通式。

3. 滴定分析计算示例

【例 5-6】 中和 20.00 mL 0.1890 mol/L NaOH 溶液,用去硫酸溶液 18.90 mL,计算该 H_2SO_4 溶液的浓度。

解 该反应为

$$2NaOH + H_2SO_4 = Na_2SO_4 + 2H_2O$$

    2 mol 1 mol

0.02000 L×0.1890 mol/L 0.01890 L×$c(H_2SO_4)$

则

$$c(H_2SO_4) = \frac{1 \times 0.02000 \times 0.1890}{0.01890 \times 2} \text{ mol/L} = 0.1000 \text{ mol/L}$$

即该 H_2SO_4 溶液的浓度为 0.1000 mol/L。

【例 5-7】 称取基准物质无水碳酸钠 2.5130 g,加水溶解后转入 500 mL 容量瓶中定容,求该标准溶液的浓度。

解 $M(Na_2CO_3) = 106.0$ g/mol

Na_2CO_3 物质的量

$$n(Na_2CO_3) = \frac{m(Na_2CO_3)}{M(Na_2CO_3)}$$

又 $V(Na_2CO_3) = 500.0$ mL $= 0.5000$ L

则 $c(Na_2CO_3) = \dfrac{m(Na_2CO_3)}{M(Na_2CO_3)V(Na_2CO_3)} = \dfrac{2.5130}{0.5000 \times 106.0}$ mol/L $= 0.04742$ mol/L

即该标准溶液的浓度为 0.04742 mol/L。

【例 5-8】 有一高锰酸钾标准溶液,已知其浓度为 0.02010 mol/L,求其 $T_{Fe/KMnO_4}$ 和 $T_{Fe_2O_3/KMnO_4}$。

解 此滴定反应是

$$5Fe^{2+} + MnO_4^- + 8H^+ == 5Fe^{3+} + Mn^{2+} + 4H_2O$$

$$n(Fe) = 5n(KMnO_4)$$

$$n(Fe_2O_3) = \dfrac{5}{2} n(KMnO_4)$$

$$T_{Fe/KMnO_4} = \dfrac{m(Fe)}{V(KMnO_4)} = \dfrac{n(Fe)M(Fe)}{V(KMnO_4)} = \dfrac{5n(KMnO_4)M(Fe)}{V(KMnO_4)}$$
$$= 5c(KMnO_4)M(Fe) = 5 \times 0.02010 \times 55.85 \times 10^{-3} \text{ g/mL}$$
$$= 0.005613 \text{ g/mL}$$

$$T_{Fe_2O_3/KMnO_4} = \dfrac{m(Fe_2O_3)}{V(KMnO_4)} = \dfrac{n(Fe_2O_3)M(Fe_2O_3)}{V(KMnO_4)}$$
$$= \dfrac{5n(KMnO_4)M(Fe_2O_3)}{2V(KMnO_4)} = \dfrac{5}{2} c(KMnO_4)M(Fe_2O_3)$$
$$= 2.5 \times 0.02010 \times 159.7 \times 10^{-3} \text{ g/mL} = 0.008025 \text{ g/mL}$$

【例 5-9】 称取基准物质草酸($H_2C_2O_4 \cdot 2H_2O$)0.3802 g 溶于水,用来标定 NaOH 溶液,达到滴定终点时消耗 NaOH 溶液 24.50 mL,求该 NaOH 溶液的准确浓度。

解 $M(H_2C_2O_4 \cdot 2H_2O) = 126.1$ g/mol

0.3802 g $H_2C_2O_4 \cdot 2H_2O$ 的物质的量

$$n(H_2C_2O_4 \cdot 2H_2O) = \dfrac{0.3802}{126.1} = 0.003015$$

由反应式 $H_2C_2O_4 + 2NaOH == Na_2C_2O_4 + 2H_2O$

         1 mol   2 mol

     0.003015 mol   0.02450 L$\times c$(NaOH)

得 $$c(NaOH) = \dfrac{2 \times 0.003015}{1 \times 0.02450} \text{ mol/L} = 0.2461 \text{ mol/L}$$

即该 NaOH 溶液的准确浓度为 0.2461 mol/L。

【例 5-10】 称取 0.8806 g $KHC_8H_4O_4$ 样品,溶于水后用 0.2050 mol/L NaOH 标准溶液滴定至终点,消耗 NaOH 溶液 20.10 mL,求该样品中 $KHC_8H_4O_4$ 的百分含量。

解 $M(KHC_8H_4O_4) = 204.22$ g/mol

由反应式 $KHC_8H_4O_4 + NaOH == KNaC_8H_4O_4 + H_2O$

可知 $$n(NaOH) = n(KHC_8H_4O_4)$$

即 $$c(NaOH)V(NaOH) = \dfrac{m(KHC_8H_4O_4)}{M(KHC_8H_4O_4)}$$

$$m(KHC_8H_4O_4) = c(NaOH)V(NaOH)M(KHC_8H_4O_4)$$
$$= 0.2050 \times 20.10 \times 10^{-3} \times 204.22 \text{ g}$$

$$= 0.8415 \text{ g}$$

所以 $KHC_8H_4O_4$ 样品的纯度

$$w(KHC_8H_4O_4) = \frac{0.8415 \text{ g}}{0.8806 \text{ g}} \times 100\% = 95.56\%$$

即该样品中 $KHC_8H_4O_4$ 的质量分数为 95.56%。

学习小结

1. 定量分析的任务和分类：
(1) 定量分析的任务是测定各组分的相对含量；
(2) 定量分析分为化学分析法和仪器分析法，而化学分析法又分为重量分析法和滴定分析法。
2. 误差及偏差。
(1) 定量分析的误差有系统误差、偶然误差。
(2) 误差用准确度表示，误差越小，准确度越高，偏差用精密度表示，偏差越小，精密度越高，精密度可体现测定值的重现性。
3. 有效数字的处理：要注意测量仪器的最小刻度且对可疑数字要合理取舍。然后再按运算规则进行运算。
4. 滴定分析法的基本内容：
(1) 滴定分析的过程、方法特点、分类、滴定方式和对滴定反应的要求等；
(2) 标准溶液浓度的表示方法，配制标准溶液的方法，对基准试剂的要求及各类滴定分析法中常用的基准试剂；
(3) 滴定分析中的基本定量计算公式及其应用，包括标准溶液的配制、标定的计算，待测组分质量分数的计算等。

目标测试

一、选择题
1. 测定结果的精密度很高，说明(　　)。
A. 系统误差大　　B. 系统误差小　　C. 偶然误差大　　D. 偶然误差小
2. 下列说法正确的是(　　)。
A. 准确度越高，则精密度越好　　B. 精密度越好，则准确度越高
C. 只有消除系统误差后，精密度越好准确度才越高
D. 只有消除系统误差后，精密度才越好
3. 下列数据中，有效数字是 4 位的是(　　)。
A. 0.132　　B. 1.0×10^3　　C. 6.023×10^{23}　　D. 0.0150

4. 下列情况中引起偶然误差的是（　　）。

A. 读取滴定管读数时，最后一位数字估计不准

B. 使用腐蚀的砝码进行称量

C. 标定 EDTA 溶液时，所用金属锌不纯

D. 所用试剂中含有被测组分

二．填空题

1. 当测定的次数趋向无限多次时，偶然误差的分布趋向_____，正、负误差出现的概率_____。

2. （1） $1.060 + 0.05974 + 0.0013 =$ _____；

　　（2） $0.0121 \times 25.64 \times 1.05782 =$ _____。

三、判断题

1. 偶然误差是由某些难以控制的偶然因素所造成的，因此无规律可循。（　　）

2. 精密度高的一组数据，其准确度一定高。（　　）

3. 绝对误差等于某次测定值与多次测定结果平均值之差。（　　）

4. pH＝11.21 的有效数字为四位。（　　）

5. 偏差与误差一样有正、负之分，但平均偏差恒为正值。（　　）

四、简答题

1. 误差既然可以用绝对误差表示，为什么还要引入相对误差？

2. 下列情况引起的误差是何种误差：

（1）砝码被腐蚀；

（2）天平两臂不等长；

（3）重量分析中杂质被共沉淀；

（4）读取滴定管读数时，最后一位数字估读不准。

3. 下列数据中各包含几位有效数字：

(1) 0.0376；(2) 1.2067；(3) 0.2180；(4) 1.8×10^{-5}。

4. 标定 HCl 溶液时，得到如下数据(mol/L)：0.1011、0.1010、0.1012、0.1016。用 Q 检验法进行检验，第 4 个数据是否该舍弃？（设置信度为 90%）

五、计算题

1. 有一铜矿试样，经两次测定，铜含量分别为 24.87%、24.93%，而铜的实际含量为 25.05%。试计算测定结果的绝对误差和相对误差。

2. 某试样经分析测得含锰量(%)为 41.24、41.27、41.23 和 41.26，求分析结果的平均偏差和标准偏差。

3. 配制浓度为 2.0 mol/L 的下列物质溶液各 5.0×10^{-2} mL，应各取其浓溶液多少毫升？

（1）氨水（密度 0.89 g/mL，含 NH_3 29%）；

（2）冰乙酸（密度 1.05 g/mL，含 HAc 100%）；

（3）浓 H_2SO_4（密度 1.84 g/mL，含 H_2SO_4 98%）。

4. 应在 500.0 mL 0.08000 mol/L NaOH 溶液中加入多少毫升 0.5000 mol/L NaOH 溶液，才能使最后得到的溶液浓度为 0.2000 mol/L？

5. 要加多少毫升水到 1.000 L 0.2000 mol/L HCl 溶液里，才能使稀释后的 HCl 溶液对 CaO 的滴定度 $T_{HCl/CaO}$ = 0.005000 g/mL？

6. 称取分析纯试剂 $K_2Cr_2O_7$ 14.709 g，配成 500.0 mL 溶液，试计算：

（1）$K_2Cr_2O_7$ 溶液物质的量浓度；

（2）$K_2Cr_2O_7$ 溶液对 Fe 和 Fe_2O_3 的滴定度。

第6章 酸碱平衡与酸碱滴定法

学习目标

1. 理解酸碱质子理论、酸碱平衡等基本知识；
2. 掌握弱酸解离常数、解离度和稀释定律，熟练掌握一元弱酸[H^+]（pH）、弱碱[OH^-]（pOH）的计算方法；
3. 理解缓冲溶液 pH 值的计算、缓冲范围、选择缓冲溶液的基本原则；
4. 了解酸碱指示剂的变色原理，掌握常用酸碱指示剂的变色范围和变色点，掌握酸碱指示剂的使用方法；
5. 了解各类酸碱滴定曲线的特征，掌握影响各类酸碱滴定突跃范围的因素；
6. 掌握一元弱酸（碱）、多元酸（碱）滴定可行性判断方法及指示剂的选择；
7. 掌握酸碱标准溶液的配制和标定方法；
8. 掌握酸碱滴定法的计算。

6.1 酸碱质子理论

6.1.1 酸碱的定义和共轭酸碱对

1. 酸碱电离理论

人们对酸和碱的认识经过了 200 多年，最初认为能使蓝色石蕊溶液变红的物质是酸；有涩味和滑腻感，能使红色石蕊溶液变蓝的物质是碱。1884 年，瑞典科学家阿仑尼乌斯（S. A. Arrhenius）提出了酸碱电离理论：凡是在水溶液中电离产生的阳离子全部是 H^+ 的物质称为酸，电离产生的阴离子全部是 OH^- 的物质称为碱。例如：

$$酸 \quad HCl \rightleftharpoons H^+ + Cl^-$$
$$碱 \quad NaOH \rightleftharpoons Na^+ + OH^-$$

酸碱发生中和反应生成盐和水：
$$NaOH + HCl \rightleftharpoons NaCl + H_2O$$
反应的实质是
$$H^+ + OH^- \rightleftharpoons H_2O$$

酸碱电离理论提高了人们对酸碱本质的认识，对化学的发展起了很大的作用。根据电离理论，酸碱的强度用电离度 α 表示。电离度也称解离度，表示解离的程度，根据解离度的大小把电解质分为强电解质和弱电解质，相应地就有强酸和弱酸、强碱和弱碱之分。强酸和强碱是完全解离的强电解质；弱酸和弱碱是部分解离，属弱电解质。

随着科学的发展，人们认识到酸碱电离理论也有一定的局限性。首先，酸碱电离理论把酸和碱限制在以水为溶剂的系统中，不适用于非水溶液。而近几十年来，科学实验越来越多地使用非水溶剂（如乙醇、苯、丙酮等），电离理论无法说明物质在非水溶剂中的酸碱性。另外，电离理论无法说明一些物质的水溶液呈现的酸碱性。例如，无法说明氨水表现碱性这一事实，人们长期错误地认为氨溶于水生成强电解质 NH_4OH，但实验证明，氨水是一种弱碱。这些事实说明了酸碱理论尚不完善，为此，又产生了其他的酸碱理论，如酸碱质子理论。

2. 酸碱质子理论

1923 年丹麦布朗斯特（Brönsted）和英国劳瑞（Lowry）共同提出酸碱质子理论。这一理论这样定义酸碱：凡是能给出质子（H^+）的物质（包括分子、正离子、负离子）为酸；凡能接受质子的物质（包括分子、正离子、负离子）为碱。酸和碱可以相互转化，即

$$酸 \rightleftharpoons 碱 + H^+$$

例如：
$$HCl \rightleftharpoons H^+ + Cl^-$$
$$HAc \rightleftharpoons H^+ + Ac^-$$
$$NH_4^+ \rightleftharpoons H^+ + NH_3$$

酸和碱之间的这种对应关系称为酸碱的共轭关系。上面式子中左边的酸是右边碱的共轭酸，右边的碱是左边酸的共轭碱。仅相差一个质子的一对酸、碱称为共轭酸碱对，如 HCl 和 Cl^-、HAc 和 Ac^-、NH_4^+ 和 NH_3。酸给出质子的倾向越强，则其共轭碱接受质子的倾向越弱。即酸越强，它的共轭碱就越弱。

以上各个共轭酸碱对的质子得失反应称为酸碱半反应。由于质子的半径极小，电荷密度极高，它不可能在水溶液中独立存在（或者说只能瞬间存在），因此上述的各种酸碱半反应在溶液中也不能单独进行，而是当一种酸给出质子时，溶液中必定有一种碱来接受质子。例如，HAc 在水溶液中解离时，溶剂水就是接受质子的碱，它们的反应可以表示如下：

$$HAc \rightleftharpoons H^+ + Ac^-$$
酸₁   碱₁

$$H_2O + H^+ \rightleftharpoons H_3O^+$$
碱₂   酸₂

$$HAc + H_2O \rightleftharpoons H_3O^+ + Ac^-$$
酸₁   碱₂   酸₂   碱₁

共　轭

两个共轭酸碱对相互作用而达到平衡。

同样,碱在水溶液中接受质子的过程,也必须有溶剂水分子的参与。例如:

$$NH_3 + H^+ \rightleftharpoons NH_4^+$$
$$\text{碱}_1 \qquad\qquad \text{酸}_1$$

$$H_2O \rightleftharpoons H^+ + OH^-$$
$$\text{酸}_2 \qquad\qquad \text{碱}_2$$

$$NH_3 + H_2O \rightleftharpoons NH_4^+ + OH^-$$
$$\text{碱}_1 \quad \text{酸}_2 \qquad \text{酸}_1 \quad \text{碱}_2$$

共 轭

同样也是两个共轭酸碱对相互作用而达到平衡。

6.1.2 酸碱反应的实质

根据酸碱质子理论,酸和碱的中和反应也是一种质子的传递反应。例如:

$$HCl \rightleftharpoons H^+ + Cl^-$$
$$NH_4^+ \rightleftharpoons H^+ + NH_3$$

$$HCl + NH_3 \rightleftharpoons NH_4^+ + Cl^-$$
$$\text{酸}_1 \quad \text{碱}_2 \qquad \text{酸}_2 \quad \text{碱}_1$$

酸碱反应的实质是质子转移,质子传递的最终结果是较强碱夺取较强酸放出的质子而转变为它的共轭酸,较强酸放出质子转变为它的共轭碱。因此,在酸碱质子理论中,没有"盐"这个概念,但由于习惯的原因,以后还要常用到"盐"这个名词。

酸碱反应进行的方向总是由较强的酸与较强的碱作用,并向着生成较弱的酸和较弱的碱的方向进行。酸碱反应进行的程度则取决于两对共轭酸碱给出和接受质子能力的大小。参加反应的酸和碱越强,反应进行得越完全。

酸碱质子理论扩大了酸碱的范围,解释了一些非水溶剂或气体间的酸碱反应,并把水溶液中进行的各种离子反应都归为质子传递的酸碱反应。既阐明了物质的特征,又表现出一定的相对性。另外,酸碱质子理论也能应用平衡常数定量地衡量在某溶剂中酸或碱的强度,从而使酸碱质子理论得到广泛的应用。但是,酸碱质子理论只限于质子的给出和接受,对于无质子参与的酸碱反应仍不能解释,因此,酸碱质子理论仍具有一定的局限性。

6.1.3 酸碱的强度和溶液的酸碱性

酸碱的强弱取决于物质给出质子或接受质子能力的强弱。给出质子的能力越强,酸性就越强;反之就越弱。同样,接受质子的能力越强,碱性就越强;反之就越弱。也可以这样来描述:酸碱的强度与酸碱在溶剂中解离的完全程度有关,解离程度越大,其酸碱性越强;反之就越弱。

溶液的酸碱性与溶液的溶质解离后,形成的 H^+ 或 OH^- 浓度有关。形成的 H^+ 或 OH^- 浓度越高,其酸碱性越强;反之就越弱。

6.2 酸碱平衡

6.2.1 水的解离和溶液的 pH 值

1. 水的解离

水在酸碱平衡中起酸或碱的作用,因此水是一种两性物质。

由于水分子的两性作用,一个水分子可以从另一个水分子中夺取质子而形成 H_3O^+ 和 OH^-。即

$$H_2O + H_2O \rightleftharpoons H_3O^+ + OH^-$$

这种水分子之间的质子传递作用称为质子自递作用。这个作用的平衡常数称为水的质子自递常数,即

$$K_w = [H_3O^+][OH^-]$$

水合质子 H_3O^+ 也常常简写为 H^+,因此水的质子自递常数常简写为

$$K_w = [H^+][OH^-] \tag{6-1}$$

这个常数就是水的离子积,在 25 ℃ 时为 1.0×10^{-14},则 $pK_w = 14.00$。

2. 溶液的 pH 值

化学上常用到一些 H^+ 浓度很小的溶液,如果直接用 H^+ 浓度表示溶液的酸碱性,使用和记忆都不方便。为了简便起见,当溶液中 $[H^+]$ 或 $[OH^-]$ 小于 1.0 mol/L 时,常采用 pH 值来表示溶液的酸碱性。溶液中 H^+ 浓度的负对数叫做溶液的 pH 值。

$$pH = -\lg[H^+] \tag{6-2}$$

$$pOH = -\lg[OH^-] \tag{6-3}$$

溶液的酸碱性取决于溶液中 pH 与 pOH 的相对大小。

酸性溶液　　$[H^+] > [OH^-]$
　　　　　　$[H^+] > 1.0 \times 10^{-7}$ mol/L
　　　　　　pH < 7

中性溶液　　$[H^+] = [OH^-] = 1.0 \times 10^{-7}$ mol/L
　　　　　　pH = 7

碱性溶液　　$[H^+] < [OH^-]$
　　　　　　$[H^+] < 1.0 \times 10^{-7}$ mol/L
　　　　　　pH > 7

常温下,在水溶液中,$[H^+][OH^-] = K_w = 1.0 \times 10^{-14}$,所以 pH + pOH = 14.00。

pH 和 pOH 一般都在 0~14,在该范围外,用浓度表示溶液的酸碱性更为方便。

6.2.2 溶液的酸碱平衡

1. 解离度和解离常数

1) 解离度

酸碱和其他电解质一样,不同物质在水溶液中的解离程度不同。解离程度的大小可以用解离度(α)来表示。其表达式为

$$\alpha = \frac{\text{已解离的电解质分子数}}{\text{溶液中原有电解质的分子总数}} \times 100\% \tag{6-4}$$

【例 6-1】 25 ℃时,在 0.1 mol/L 的乙酸溶液里,每 10000 个乙酸分子里有 132 个分子电离成离子,求它的解离度。

解
$$\alpha = \frac{132}{10000} \times 100\% = 1.32\%$$

表 6-1 是几种常见弱电解质的解离度。

表 6-1 0.1 mol/L 溶液里某些弱电解质的解离度(25 ℃)

电解质	化学式	解离度/%	电解质	化学式	解离度/%
氢氟酸	HF	8.00	乙酸	CH_3COOH	1.32
亚硝酸	HNO_2	7.16	氢氰酸	HCN	0.01
甲酸	HCOOH	4.24	氨水	$NH_3 \cdot H_2O$	1.33

从表 6-1 可见,在相同条件下,不同弱电解质的解离度不同,这是由弱电解质的相对强弱决定的,一般来说,电解质越弱,解离度越小。

解离度不仅跟电解质的本性有关,还与溶液的浓度、温度等有关。同一弱电解质,通常是溶液越稀,离子相互碰撞而结合成分子的机会越少,解离度就越大。

2) 解离常数

解离常数是电解质在溶剂中电离达到平衡时的平衡常数,用 K 表示。酸的解离常数用 K_a 表示,碱的解离常数用 K_b 表示。例如:

$$HAc \rightleftharpoons H^+ + Ac^- \qquad K_a = \frac{[H^+][Ac^-]}{[HAc]}$$

$$NH_3 \cdot H_2O \rightleftharpoons NH_4^+ + OH^- \qquad K_b = \frac{[NH_4^+][OH^-]}{[NH_3 \cdot H_2O]}$$

对于多元酸碱,可分级电离:

$$H_2CO_3 \rightleftharpoons H^+ + HCO_3^- \qquad K_{a_1} = \frac{[H^+][HCO_3^-]}{[H_2CO_3]}$$

$$HCO_3^- \rightleftharpoons H^+ + CO_3^{2-} \qquad K_{a_2} = \frac{[H^+][CO_3^{2-}]}{[HCO_3^-]}$$

$$H_2CO_3 \rightleftharpoons 2H^+ + CO_3^{2-}$$

$$K = K_{a_1} K_{a_2} = \frac{[H^+][HCO_3^-]}{[H_2CO_3]} \cdot \frac{[H^+][CO_3^{2-}]}{[HCO_3^-]} = \frac{[H^+]^2[CO_3^{2-}]}{[H_2CO_3]}$$

3）解离度和解离常数的相互关系

解离度和解离常数既有区别又有联系，以乙酸溶液为例：

$$HAc \rightleftharpoons H^+ + Ac^-$$

平衡前浓度 c 0   0

平衡后浓度 $c-c\alpha$ $c\alpha$ $c\alpha$

$$K_a = \frac{[H^+][Ac^-]}{[HAc]} = \frac{c\alpha \cdot c\alpha}{c - c\alpha} = \frac{c\alpha^2}{1-\alpha}$$

$$c\alpha^2 + K_a\alpha - K_a = 0$$

$$\alpha = \frac{-K_a + \sqrt{K_a^2 + 4cK_a}}{2c} \tag{6-5}$$

当 K_a 或 K_b 很小时，α 也很小，$1-\alpha \approx 1$。此时有

$$K_a = \frac{c\alpha^2}{1-\alpha} \approx c\alpha^2$$

$$\alpha = \sqrt{\frac{K_a}{c}} \tag{6-6}$$

因解离常数是平衡常数，只与温度有关。从式(6-6)可以看出，解离度 α 和解离常数是正相关的关系；而解离度 α 与溶液浓度 c 是负相关的关系，溶液浓度 c 越小，解离度 α 越大。

2. 共轭酸碱对中 K_a 与 K_b 的关系

前面已经提到，共轭酸碱的强度成反比，下面分别以 $HAc\text{-}Ac^-$、$NH_3 \cdot H_2O\text{-}NH_4^+$ 为例，加以说明。

$$HAc \rightleftharpoons H^+ + Ac^- \quad K_a = \frac{[H^+][Ac^-]}{[HAc]}$$

$$Ac^- + H_2O \rightleftharpoons HAc + OH^- \quad K_b = \frac{[HAc][OH^-]}{[Ac^-]}$$

则

$$K_a K_b = \frac{[H^+][Ac^-]}{[HAc]} \cdot \frac{[HAc][OH^-]}{[Ac^-]} = [H^+][OH^-] = K_w \tag{6-7}$$

$$NH_3 \cdot H_2O \rightleftharpoons NH_4^+ + OH^- \quad K_b = \frac{[NH_4^+][OH^-]}{[NH_3 \cdot H_2O]}$$

$$NH_4^+ + H_2O \rightleftharpoons H^+ + NH_3 \cdot H_2O \quad K_a = \frac{[NH_3 \cdot H_2O][H^+]}{[NH_4^+]}$$

则

$$K_a K_b = \frac{[NH_4^+][OH^-]}{[NH_3 \cdot H_2O]} \cdot \frac{[NH_3 \cdot H_2O][H^+]}{[NH_4^+]} = [H^+][OH^-] = K_w$$

对于二元共轭酸碱对中 K_a 与 K_b 的关系也可以以此类推：

$$K_{a_1} K_{b_2} = K_{a_2} K_{b_1} = K_w \tag{6-8}$$

对于多元共轭酸碱对中 K_a 与 K_b 的关系也可以以此类推，以三元为例，其相互关系如下：

$$K_{a_1} K_{b_3} = K_{a_2} K_{b_2} = K_{a_3} K_{b_1} = K_w \tag{6-9}$$

3. 活度与活度系数

强酸、强碱等强电解质在水溶液中应该完全解离，实验测定时却发现它们的解离度并没有达到100%。这种现象主要是由于带不同电荷离子之间及离子和溶剂分子之间的相

互作用,使得每一个离子的周围都吸引着一定数量带相反电荷的离子,形成了所谓的"离子氛"。有些阴、阳离子会形成离子对,而影响了离子在溶液中的活动性,降低了离子在化学反应中的作用能力,使得离子参加化学反应的有效浓度要比实际浓度低。这种离子在化学反应中起作用的有效浓度称为活度。一般用下式表示浓度与活度的关系:

$$a = \gamma c \tag{6-10}$$

式中,a 为活度,γ 为活度系数,c 为溶液的浓度。

为了衡量溶液中正、负离子作用的情况,引入了离子强度(I)的概念:

$$I = \frac{1}{2}\sum_{i=1}^{n} c_i z_i^2 = \frac{1}{2}(c_1 z_1^2 + c_2 z_2^2 + \cdots + c_n z_n^2) \tag{6-11}$$

式中,c_i 为 i 离子浓度(mol/L),z_i 是 i 离子的电荷数。

上式表明,溶液的浓度越大,离子所带的电荷越多,离子强度也就越大。离子强度越大,离子间相互牵制作用越大,离子活度系数也就越小,相应离子的活度就越低。

【例 6-2】 求 0.010 mol/L NaCl 溶液中离子强度。

解 $$I = \frac{1}{2}\sum c_i z_i^2 = \frac{1}{2}(c(Na^+)z^2(Na^+) + c(Cl^-)z^2(Cl^-))$$

$$= \frac{1}{2} \times (0.010 \times 1^2 + 0.010 \times 1^2) = 0.010$$

严格地讲,电解质溶液中的离子浓度应该用活度来代替。当溶液中的离子强度 $<10^{-4}$ 时,离子间牵制作用就降低到极微弱的程度,一般近似认为活度系数 $\gamma=1$,$a=c$,所以对于稀溶液(尤其是弱电解质溶液),为了简便起见,通常就用浓度代替活度进行计算。

4. 同离子效应和盐效应

如果在 HAc 的溶液中加入一些 NaAc 固体,由于 NaAc 在溶液中完全解离,使溶液中 Ac^- 离子浓度增加很多,结果使 HAc 的解离平衡向左移动,从而降低了 HAc 的解离度。在氨水中加入 NH_4Cl 固体时,情况也与此类似。把这种在弱电解质溶液中加入与弱电解质具有相同离子的强电解质时,使弱电解质的解离度降低的现象,称为同离子效应。

【例 6-3】 如果在 0.10 mol/L 的 HAc 溶液中加入固体 NaAc,使 NaAc 的浓度达到 0.20 mol/L,求该 HAc 溶液中的 $[H^+]$ 和解离度 α。($K_a = 1.75 \times 10^{-5}$)

解 设平衡时 $[H^+] = x$。

$$HAc \rightleftharpoons H^+ + Ac^-$$

起始相对浓度 0.10 0 0.20

平衡相对浓度 $0.10-x$ x $0.20+x$

$$K_a = \frac{[H^+][Ac^-]}{[HAc]} = \frac{x(0.20+x)}{0.10-x}$$

因为 HAc 解离度较小,加上同离子效应使平衡向左移动,所以 $0.2+x \approx 0.2$,$0.1-x \approx 0.1$,代入上式得

$$K_a = \frac{x(0.20+x)}{0.10-x} = \frac{0.20x}{0.10} = 2x$$

即 $$[H^+] = 8.75 \times 10^{-6} \text{ mol/L}$$

$$\alpha = \frac{[H^+]}{c(HAc)} \times 100\% = \frac{8.75 \times 10^{-6}}{0.10} \times 100\% = 0.0088\%$$

与纯 HAc 相比较,解离度由 1.32% 减小到 0.0088%,二者之间相差 151 倍,可见同离子效应使电解质解离度降低很多。

在弱电解质的溶液中加入其他强电解质时,该弱电解质的解离度将会稍稍增大,这种影响称为盐效应。前面求得 0.10 mol/L 的 HAc 溶液的解离度为 1.32%,这是忽略了溶液中离子间相互作用,以浓度代替活度的计算结果。若 0.10 mol/L 的 HAc 溶液中加入强电解质 NaCl,此时溶液的离子强度 I 将增大,γ 就不能近似等于 1,所以应该用活度进行计算。

盐效应使弱电解质解离度增大并不显著。实际上在 HAc 溶液中加入 NaAc 固体除同离子效应外,还有盐效应存在。由于盐效应对电离平衡的影响在程度上远不如同离子效应,因此可以将盐效应影响忽略,只考虑同离子效应。

5. 酸碱溶液 pH 值的近似计算

1) 一元弱酸、弱碱溶液

设一元弱酸(HA)的浓度为 c,其水溶液存在如下平衡:

$$\begin{array}{cccc} \text{HA} & \rightleftharpoons & \text{H}^+ & + & \text{A}^- \\ c-[\text{A}^-] & & [\text{H}^+] & & [\text{A}^-] \end{array} \quad ([\text{H}^+]\approx[\text{A}^-])$$

$$K_a = \frac{[\text{H}^+][\text{A}^-]}{[\text{HA}]} = \frac{[\text{H}^+][\text{A}^-]}{c-[\text{A}^-]} = \frac{[\text{H}^+]^2}{c-[\text{H}^+]}$$

当 $c_a K_a \geqslant 20 K_w$ 时,可以忽略水的电离;由于弱电解质的解离度很小,溶液中 $[\text{H}^+]$ 远小于 HA 的总浓度 c,当弱酸比较弱,浓度又不太稀,一般在 $c/K_a \geqslant 500$ 时,可认为 $c-[\text{H}^+]\approx c$,上式简化为

$$K_a = \frac{[\text{H}^+]^2}{c}$$

$$[\text{H}^+] = \sqrt{cK_a} \tag{6-12}$$

同理,对于一元弱碱,当 $\dfrac{c}{K_b}\geqslant 500$,且 $c_b K_b \geqslant 20 K_w$ 时,得到

$$[\text{OH}^-] = \sqrt{cK_b} \tag{6-13}$$

【例 6-4】 25 ℃时,HAc 的解离常数 $K_a = 1.75\times 10^{-5}$。

(1) 计算该温度下,0.10 mol/L HAc 溶液中 $[\text{H}^+]$、$[\text{Ac}^-]$、$\alpha(\text{HAc})$;

(2) 如将此溶液稀释至 0.010 mol/L,求 $[\text{H}^+]$、$\alpha(\text{HAc})$。

解 (1) 因为 $\dfrac{c}{K_a}\geqslant 500$,且 $c_a K_a \geqslant 20 K_w$,则

$$[\text{H}^+] = \sqrt{cK_a} = \sqrt{0.10\times 1.75\times 10^{-5}} \text{ mol/L} = 1.3\times 10^{-3} \text{ mol/L}$$

$$[\text{Ac}^-] = [\text{H}^+] = 1.3\times 10^{-3} \text{ mol/L}$$

$$\alpha(\text{HAc}) = \frac{[\text{H}^+]}{c}\times 100\% = \frac{1.3\times 10^{-3}}{0.10}\times 100\% = 1.3\%$$

(2) 稀释后,$\dfrac{c}{K_a}\geqslant 500$,且 $cK_a \geqslant 20 K_w$,则

$$[\text{H}^+] = \sqrt{cK_a} = \sqrt{0.010\times 1.75\times 10^{-5}} \text{ mol/L} = 4.2\times 10^{-4} \text{ mol/L}$$

$$\alpha(\text{HAc}) = \frac{[\text{H}^+]}{c} \times 100\% = \frac{4.2 \times 10^{-4}}{0.010} \times 100\% = 4.2\%$$

【例 6-5】 分别计算：

(1) 0.10 mol/L HCl 溶液的 pH 值；

(2) 0.10 mol/L HAc 溶液的 pH 值；

(3) 0.10 mol/L $NH_3 \cdot H_2O$ 溶液的 pH 值。

解 (1) HCl 为强酸,在溶液全部解离,$[\text{H}^+] = 0.10$ mol/L,则

$$\text{pH} = -\lg[\text{H}^+] = -\lg 0.10 = 1.00$$

(2) HAc 为一元弱酸,$\frac{c}{K_a} \geq 500$,且 $cK_a \geq 20K_w$,则

$$[\text{H}^+] = \sqrt{cK_a} = \sqrt{0.10 \times 1.75 \times 10^{-5}} \text{ mol/L} = 1.3 \times 10^{-3} \text{ mol/L}$$

$$\text{pH} = -\lg[\text{H}^+] = \lg(1.3 \times 10^{-3}) = 2.89$$

(3) $NH_3 \cdot H_2O$ 为一元弱碱,$\frac{c}{K_b} \geq 500$,且 $cK_b \geq 20K_w$,则

$$[\text{OH}^-] = \sqrt{cK_b} = \sqrt{0.10 \times 1.75 \times 10^{-5}} \text{ mol/L} = 1.3 \times 10^{-3} \text{ mol/L}$$

$$\text{pH} = 14.00 - \text{pOH} = 14.00 + \lg[\text{OH}^-]$$
$$= 14.00 + \lg(1.3 \times 10^{-3})$$
$$= 14.00 - 2.89 = 11.11$$

2) 多元弱酸、弱碱

比较 K_{a_1} 和 K_{a_2} 的数值,$K_{a_1} \gg K_{a_2}$,说明第二步解离比第一步解离困难得多。所以多元弱酸中的 H^+ 主要来自第一级解离,计算 H^+ 浓度时,常可忽略第二步解离。比较多元酸的强弱,一般只比较第一级解离常数的大小即可。

(1) 多元弱酸。设二元酸浓度为 c,$\frac{c}{K_{a_1}} \geq 500$,且 $cK_{a_1} \geq 20K_w$,则

$$[\text{H}^+] = \sqrt{cK_{a_1}}$$

(2) 多元弱碱。设二元弱碱分析浓度为 c,$\frac{c}{K_{b_1}} \geq 500$,且 $cK_{b_1} \geq 20K_w$,则

$$[\text{OH}^-] = \sqrt{cK_{b_1}}$$

3) 两性物质溶液

在水溶液中,既能给出质子显酸性,又能接受质子显碱性的是两性物质。较重要的两性物质有：① 多元酸的酸式盐,如 $NaHCO_3$、NaH_2PO_4、Na_2HPO_4；② 弱酸弱碱盐,如 NH_4Ac、NH_4CN 等。

有一类物质,如 $NaHCO_3$、NaH_2PO_4、邻苯二甲酸氢钾等,在水溶液中既可以给出质子,又可以接受质子,其酸碱平衡较为复杂。但在计算$[\text{H}^+]$时,当 $cK_{a_2} \geq 20K_w$,$\frac{c}{K_{a_1}} \geq 20$ 时,可作简化处理为

$$[\text{H}^+] = \sqrt{K_{a_1}K_{a_2}} \qquad (6-14)$$

$$\text{pH} = \frac{1}{2}(\text{p}K_{a_1} + \text{p}K_{a_2}) \qquad (6-15)$$

6.3 缓冲溶液

6.3.1 缓冲溶液的概念和组成

一般的水溶液,若受到酸、碱或水的作用,其 pH 值易发生明显变化。但许多化学反应和生产过程要求在一定的 pH 值范围内才能进行或进行得比较完全。

那么什么样的溶液才具有维持自身 pH 值范围不变的作用呢? 实践发现,弱酸与弱酸盐、弱碱与弱碱盐等混合液具有这种作用。

缓冲溶液是指具有能保持本身 pH 值相对稳定性能的溶液。或者说,能够抵抗外加少量酸、碱或稀释,而本身 pH 值不甚改变的溶液叫做缓冲溶液。

缓冲溶液具有缓冲酸、碱的能力,需要存在抗酸和抗碱的缓冲对。组成缓冲溶液的缓冲对常见的有以下三种类型:

(1) 弱酸及其对应的盐,如 HAc-NaAc、H_2CO_3-$NaHCO_3$、H_3PO_4-NaH_2PO_4 等。

(2) 弱碱及其对应的盐,如 $NH_3 \cdot H_2O$-NH_4Cl 等。

(3) 多元酸的酸式盐及其对应的次级盐,如 $NaHCO_3$-Na_2CO_3、NaH_2PO_4-Na_2HPO_4、Na_2HPO_4-Na_3PO_4 等。

由上述组成可以看出,缓冲溶液总是由一对共轭酸碱组成。

6.3.2 缓冲作用原理

缓冲溶液为什么会有抵御外来酸、碱影响的能力呢? 现以 HAc-NaAc 缓冲系为例进行分析,从而了解缓冲溶液的一般规律。

HAc 为弱电解质,只能部分解离;NaAc 为强电解质可以完全解离。它们的解离式如下:

$$HAc \rightleftharpoons H^+ + Ac^-$$
$$NaAc \longrightarrow Na^+ + Ac^-$$

在含有 HAc 和 NaAc 的溶液中,同离子效应抑制了 HAc 解离。这时,[HAc]和[Ac^-]都很高,而[H^+]相对较低。

当在这个溶液中加入少量强酸时,H^+ 离子和 Ac^- 结合成 HAc 分子,迫使 HAc 的解离平衡向左移动,因此溶液中的 H^+ 离子浓度不会显著增大。Ac^- 在此起抵抗酸的作用,称之为抗酸成分。

如果加入强碱,H^+ 离子与 OH^- 离子形成 H_2O,这时 HAc 的解离平衡向右移动,溶液中存在的未解离的 HAc 分子不断地解离为 H^+ 离子和 Ac^- 离子,使 H^+ 浓度保持稳定,因而 pH 值改变不大。HAc 在此起抵抗碱的作用,称之为抗碱成分。

由分析可知,缓冲溶液是由共轭酸碱对组成,其中共轭酸是抗碱成分,共轭碱是抗酸成分。缓冲溶液因有足够浓度的抗碱成分、抗酸成分,当外加少量强酸、强碱时,可以通过解离平衡的移动,来保持溶液 pH 值基本不变。

显然,当加入大量的强酸或强碱,溶液中的 HAc 或 Ac^- 消耗殆尽时,就不再有缓冲能力了。所以缓冲溶液的缓冲能力是有限的,而不是无限的。

缓冲溶液不仅在一定范围内有抵御外来少量酸或少量碱的缓冲能力,当冲稀时,其 H^+ 离子浓度也几乎不改变。

6.3.3 缓冲溶液 pH 值的计算

既然缓冲溶液有保持溶液 pH 值相对稳定的性能,那么准确知道缓冲溶液的 pH 值十分重要。

现以 HAc-NaAc 缓冲溶液为例,说明缓冲溶液 pH 值的计算。

$$HAc \rightleftharpoons H^+ + Ac^-$$

初始浓度 $c_{酸}$ 0 $c_{碱}$

平衡浓度 $c_{酸}-x$ x $c_{碱}+x$
                         $\approx c_{酸}$ $\approx c_{碱}$

$$K_a = \frac{[H^+][Ac^-]}{[HAc]} = \frac{xc_{碱}}{c_{酸}}$$

$$[H^+] = x = K_a \frac{c_{酸}}{c_{碱}} \tag{6-16}$$

$$pH = pK_a - \lg \frac{c_{酸}}{c_{碱}} \tag{6-17}$$

同理,也可推导出一元弱碱与弱碱盐缓冲溶液 pH 值的计算公式:

$$pOH = pK_b - \lg \frac{c_{碱}}{c_{酸}} \tag{6-18}$$

$$pH = 14.00 - pOH = 14.00 - pK_b + \lg \frac{c_{碱}}{c_{酸}}$$

【例 6-6】 某缓冲溶液含有 0.10 mol/L HAc 和 0.15 mol/L NaAc,求该溶液的 pH 值。

解 $$pH = pK_a - \lg \frac{c_{酸}}{c_{碱}} = -\lg(1.8 \times 10^{-5}) - \lg \frac{0.10}{0.15} = 4.92$$

6.3.4 缓冲容量与缓冲范围

任何缓冲溶液的缓冲能力都是有一定限度的。对每一种缓冲溶液,只有在加入的酸碱的量不大时,或将溶液适当稀释时,才能保持溶液的 pH 值基本不变或变化不大。溶液缓冲能力的大小常用缓冲容量来量度。

缓冲容量的大小取决于缓冲体系共轭酸碱对的浓度及其浓度比值(缓冲比)。

(1) 当缓冲比一定时,缓冲溶液的总浓度越大,缓冲容量就越大;反之,缓冲容量就越小。

(2) 在缓冲溶液总浓度一定时,缓冲比越接近于1,缓冲容量就越大。当缓冲比等于1(即 pH=pK_a)时,缓冲容量最大。

常用的缓冲溶液各组分的浓度一般在 0.1～1.0 mol/L,共轭酸碱对浓度比在 $\frac{1}{10}$～10,其相应的 pH 及 pOH 变化范围为 pH=pK_a±1 或 pOH=pK_b±1,称为缓冲溶液的缓冲范围,各体系的相应的缓冲范围取决于它们的 K_a 和 K_b。

在实际配制一定 pH 值缓冲溶液时,为使共轭酸碱对浓度比接近于 1,则要选用 pK_a(或 pK_b)等于或接近于该 pH(或 pOH)的共轭酸碱对。例如:要配制 pH=5 左右的缓冲溶液,可选用 pK_a=4.76 的 HAc-Ac$^-$ 缓冲对;配制 pH=9 左右的缓冲溶液,可选用 pK_a=9.24 的 NH$_4^+$-NH$_3$ 缓冲对。可见 K_a、K_b 是配制缓冲溶液的主要依据。调节共轭酸碱的浓度比,即能得到所需 pH 值的缓冲溶液。在实际应用中,大多数缓冲溶液是通过加 NaOH 到弱酸溶液或将 HCl 溶液加入弱碱溶液中配制而成。

6.3.5 缓冲溶液的选择与配制

1. 缓冲溶液的选择

缓冲溶液根据用途不同可分成普通缓冲溶液和标准缓冲溶液两类。标准缓冲溶液主要用于校正酸度计;普通缓冲溶液主要用于化学反应或生产过程中酸度的控制,在实际工作中应用很广。

选择缓冲溶液时主要考虑以下三点。

(1) 对正常的化学反应或生产过程尽量不构成干扰,或易于排除。

(2) 应具有较强的缓冲能力。为了达到这一要求,所选择体系中两组分的浓度比应尽量接近 1,且浓度适当大些为好。

(3) 所需控制的 pH 值应在缓冲溶液的缓冲范围内。若缓冲溶液是由弱酸及其共轭碱组成,则所选弱酸的 pK_a 应尽量与所需控制的 pH 值一致。

另外,在实际工作中,有时只需要对 H$^+$ 或 OH$^-$ 有抵消作用即可,这时可以选择合适的弱碱或弱酸作为酸或碱的缓冲剂,加入体系后,与 H$^+$ 或 OH$^-$ 作用产生共轭酸或共轭碱,与之组成缓冲体系。例如,在电镀等工业中,常用 H$_3$BO$_3$、柠檬酸、NaAc、NaF 等作为缓冲剂。

2. 缓冲溶液的配制

缓冲溶液的配制方法一般有以下几种。

(1) 在一定量的弱酸或弱碱溶液中加入固体盐进行配制。

【例 6-7】 欲配制 pH 值为 5.00,乙酸浓度为 0.20 mol/L 的缓冲溶液 1 L,求所需乙酸钠(NaAc·3H$_2$O)的质量及所需 2.0 mol/L HAc 溶液的体积。

解 已知 pH=5.00,即[H$^+$]=1.0×10^{-5} mol/L,$c_{酸}$=0.20 mol/L,HAc 的 K_a=1.75×10^{-5}。

$$\mathrm{pH}=\mathrm{p}K_a-\lg\frac{c_{酸}}{c_{碱}}, \quad [\mathrm{H}^+]=K_a\frac{c_{酸}}{c_{碱}}$$

$$c(Ac^-) = c_{碱} = K_a \frac{c_{酸}}{[H^+]} = 1.75 \times 10^{-5} \times \frac{0.20}{1.0 \times 10^{-5}} \text{ mol/L} = 0.35 \text{ mol/L}$$

则所需的 NaAc·3H$_2$O 的质量为

$$1.0 \times 0.35 \times 136.1 \text{ g} = 48 \text{ g}$$

所需 2.0 mol/L HAc 溶液的体积为

$$\frac{0.20 \times 1.0}{2.0} \text{ L} = 0.10 \text{ L}$$

计算出所需 NaAc·3H$_2$O 和 HAc 之后,先将 48 g NaAc·3H$_2$O 放入少量水中,使其溶解,再加入 2.0 mol/L HAc 溶液 0.10 L,然后用水稀释至 1.0 L,即得 pH 值为 5.00 的缓冲溶液。必要时可用 pH 试纸或 pH 计检查 pH 值是否符合要求。

(2) 采用相同浓度的弱酸(或弱碱)及其盐(共轭碱或共轭酸)的溶液,按不同体积互相混合。这种配制方法方便,缓冲溶液计算公式中的浓度比可用体积比代替。

$$pH = pK_a - \lg \frac{c_{酸}}{c_{碱}} = pK_a - \lg \frac{V_{酸}}{V_{碱}}$$

$$pOH = pK_b - \lg \frac{c_{碱}}{c_{酸}} = pK_b - \lg \frac{V_{碱}}{V_{酸}}$$

【例 6-8】 如何配制 100 mL pH 值为 4.80 的缓冲溶液?

解 缓冲溶液的 pH 值为 4.80,而 HAc 的 pK_a=4.75,彼此接近,可选用 HAc-NaAc 缓冲对。设 HAc、NaAc 溶液浓度相同。

$$pH = pK_a - \lg \frac{V_{酸}}{V_{碱}}$$

$$4.80 = 4.75 - \lg \frac{V_{酸}}{100 - V_{酸}}$$

$$V_{酸} = 47.2 \text{ mL}, \quad V_{碱} = (100 - 47.2) \text{ mL} = 52.8 \text{ mL}$$

根据所需缓冲范围的大小(一般是 pH=pK_a±1 或 pOH=pK_b±1),选择缓冲溶液组分浓度在 0.05~0.5 mol/L 进行配制。然后量取浓度相同的 47.2 mL HAc 溶液和 52.8 mL NaAc 溶液混合即得。

(3) 在一定量的弱酸(或弱碱)中加入一定量的强碱(或强酸),通过中和反应生成的盐和剩余的弱酸(或弱碱)组成缓冲溶液。

【例 6-9】 欲配制 pH 值为 5.00 的缓冲溶液,如果用 0.10 mol/L HAc 溶液 100 mL,应加入 0.10 mol/L NaOH 溶液多少?

解 设加入 NaOH 溶液的体积为 V(mL),根据反应式,加入 NaOH 的物质的量必然与中和掉的 HAc 的物质的量及生成的 NaAc 的物质的量相等。此时 HAc 的剩余量为 $(0.10 \times 100 - 0.10V) \times 10^{-3}$ mol,生成的 NaAc 为 $0.10V \times 10^{-3}$ mol,而加入 NaOH 溶液后缓冲溶液总体积为 $(100+V)$ mL。反应后混合体系中缓冲组分的物质的量浓度分别为

$$c(HAc) = \frac{0.10 \times 100 - 0.1 \times V}{100 + V} \text{ mol/L}$$

$$c(NaAc) = \frac{0.1 \times V}{100 + V} \text{ mol/L}$$

将以上各值代入 $pH = pK_a - \lg \dfrac{V_{酸}}{V_{碱}}$，得

$$5.00 = 4.75 - \lg \dfrac{\dfrac{0.10 \times 100 - 0.1 \times V}{100 + V}}{\dfrac{0.1 \times V}{100 + V}}$$

解得 $V = 47 \text{ mL}$

即在 100 mL 0.10 mol/L HAc 溶液中，加入 0.10 mol/L NaOH 溶液 47 mL，便可配制成 pH 值为 5.00 的缓冲溶液。

表 6-2、表 6-3 为常用的普通缓冲溶液和标准缓冲溶液。

表 6-2 普通缓冲溶液

缓冲溶液组成	pK_a	缓冲液 pH	缓冲溶液配制方法
氨基乙酸-HCl	2.35 (pK_{a_1})	2.3	取氨基乙酸 150 g 溶于 500 mL 水中，加 80 mL 浓 HCl，稀释至 1 L
H_3PO_4-柠檬酸盐		2.5	取 $Na_2HPO_4 \cdot 12H_2O$ 113 g 溶于 200 mL 水后，加柠檬酸 387 g，溶解后，稀释至 1 L
一氯乙酸-NaOH	2.86	2.8	取 200 g 一氯乙酸溶于 200 mL 水中，加 NaOH 40 g，溶解后，稀释至 1 L
邻苯二甲酸氢钾-HCl	2.95 (pK_{a_1})	2.9	取 500 g 邻苯二甲酸氢钾溶于 500 mL 水中，加浓 HCl 180 mL，稀释至 1 L
甲酸-NaOH	3.76	3.7	取 95 g 甲酸和 40 g NaOH 溶于 500 mL 水中，溶解后，稀释至 1 L
NH_4Ac-HAc		4.5	取 NH_4Ac 77 g 溶于 200 mL 水中，加 HAc 59 mL，稀释至 1 L
NaAc-HAc	4.74	4.7	取无水 NaAc 83 g 溶于水中，加 HAc 60 mL，稀释至 1 L
NaAc-HAc	4.74	5.0	取无水 NaAc 160 g 溶于水中，加 HAc 60 mL，稀释至 1 L
NH_4Ac-HAc		5.0	取 NH_4Ac 250 g 溶于水中，加 HAc 25 mL，稀释至 1 L
六次甲基四胺-HCl	5.15	5.4	取六次甲基四胺 40 g 溶于 200 mL 水中，加浓 HCl 10 mL，稀释至 1 L
NH_4Ac-HAc		6.0	取 NH_4Ac 600 g 溶于水中，加 HAc 20 mL，稀释至 1 L
NaAc-Na_2HPO_4		8.0	取无水 NaAc 50 g 和 $Na_2HPO_4 \cdot 12H_2O$ 50 g 溶于水中，稀释至 1 L
Tris-HCl (Tris:三羟甲基氨基甲烷)	8.21	8.2	取 25 g Tris 试剂溶于水中，加浓 HCl 8 mL，稀释至 1 L
NH_3-NH_4Cl	9.26	9.2	取 NH_4Cl 54 g 溶于水中，加浓氨水 63 mL，稀释至 1 L
NH_3-NH_4Cl	9.26	9.5	取 NH_4Cl 54 g 溶于水中，加浓氨水 126 mL，稀释至 1 L
NH_3-NH_4Cl	9.26	10.0	取 NH_4Cl 54 g 溶于水中，加浓氨水 350 mL，稀释至 1 L

表 6-3 标准缓冲溶液

标准缓冲溶液	不同温度下的 pH 值					标准缓冲溶液配制方法
	15 ℃	20 ℃	25 ℃	30 ℃	38 ℃	
0.05 mol/L 草酸氢钾	1.672	1.675	1.679	1.683	1.691	称取 54±3 ℃下烘干 4~5 h 的草酸氢钾 12.71 g,溶于水中,在容量瓶中稀释至 1 L
25 ℃饱和酒石酸氢钾	—	—	3.557	3.552	3.548	在 25±5 ℃下,在磨口玻璃瓶中装入 20 g KHC$_4$H$_4$O$_6$、1 L 水,剧烈摇动 30 min,溶液澄清后,用倾注法,取其清液备用
0.05 mol/L 邻苯二甲酸氢钾	3.999	4.002	4.008	4.015	4.030	称取 115±5 ℃下烘干 2~3 h 的 KHC$_8$H$_4$O$_4$ 10.21 g,溶于水中,在容量瓶中稀释至 1 L
0.025 mol/L KH$_2$PO$_4$ +0.025 mol/L Na$_2$HPO$_4$	6.900	6.881	6.865	6.853	6.840	称取 115±5 ℃下烘干 2~3 h 的 Na$_2$HPO$_4$ 3.55 g 和 KH$_2$PO$_4$ 3.4 g 溶于水中,在容量瓶中稀释至 1 L
0.008695 mol/L KH$_2$PO$_4$ +0.03043 mol/L Na$_2$HPO$_4$	7.448	7.429	7.413	7.400	7.384	称取 115±5 ℃下烘干 2~3 h 的 Na$_2$HPO$_4$ 4.30 g 和 KH$_2$PO$_4$ 1.179 g 溶于水中,在容量瓶中稀释至 1 L
0.01 mol/L 硼砂	9.276	9.225	9.180	9.139	9.081	称取 Na$_2$B$_4$O$_7$·10H$_2$O 3.81 g(注意:不能烘!),溶于水中,在容量瓶中稀释至 1 L
25 ℃饱和氢氧化钙	12.810	12.627	12.454	12.289	12.043	在 25±5 ℃下,在 1 L 磨口玻璃瓶中装入 Ca(OH)$_2$ 5~10 g,加入 1 L 水

6.4 酸碱滴定法

酸碱滴定法是以质子转移反应为基础的滴定分析方法,是滴定分析法中较为重要的方法之一。一般的酸、碱及能与酸、碱直接或间接发生定量质子转移反应的物质,几乎都可以用酸碱滴定法滴定。

6.4.1 酸碱指示剂

1. 酸碱指示剂的变色原理

酸碱指示剂是能随着溶液 pH 值的变化而改变颜色,从而指示滴定终点的物质,通常是一些结构比较复杂的有机弱酸或弱碱。当溶液中的 pH 值改变时,指示剂由于结构上的改变而发生颜色的变化。例如,酚酞为无色弱酸,当溶液中的 pH 值渐渐升高时,酚酞解离并发生结构的改变,成为具有共轭体系醌式结构的红色离子,其解离过程可表示如下:

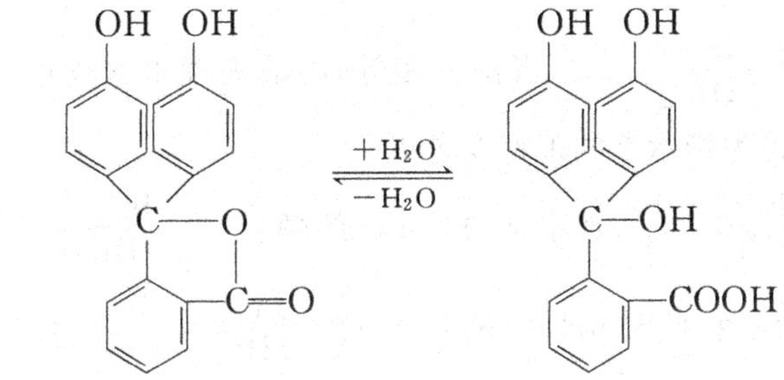

无色分子(内酯式)　　　　无色

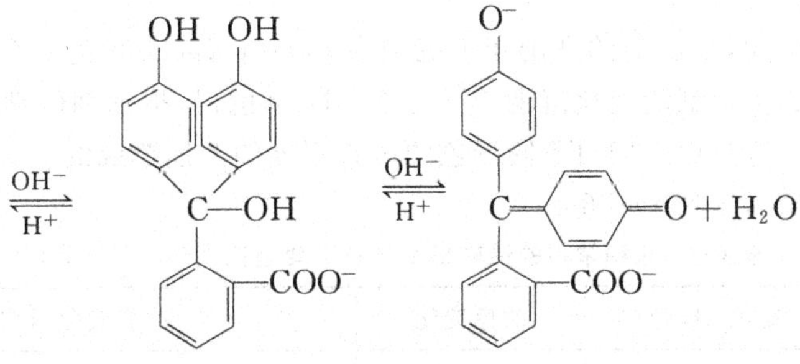

无色离子　　　　红色离子

为简便起见,常用 HIn 表示指示剂的酸式,其颜色称酸式色;用 In⁻ 表示指示剂的碱式,其颜色称为碱式色,在溶液中有下列平衡:

$$HIn + H_2O \rightleftharpoons H_3O^+ + In^-$$

　　酸式色　　　　　碱式色

这个变化过程是可逆的。当 H^+ 浓度增大时,平衡向左移动,酚酞主要以酸式结构存在,呈无色;当 OH^- 浓度增大时,平衡向右移动,酚酞主要以碱式结构存在,呈红色。

又如甲基橙是一种有机弱碱,它在溶液中存在着如下式所示的平衡。黄色的甲基橙分子,在酸性溶液中获得一个 H^+ 转变成为红色阳离子:

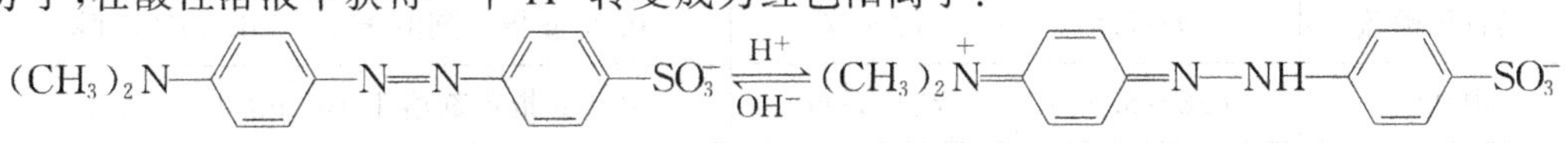

黄色(偶氮式)　　　　　　　　　　　红色(醌式)

由平衡关系可见,当溶液中 H^+ 浓度增大时,平衡向右移动,甲基橙主要以醌式存在,呈现红色;当溶液中 OH^- 浓度增大时,则平衡向左移动,甲基橙以偶氮式存在,呈现黄色。

2. 酸碱指示剂的变色范围及影响因素

1) 酸碱指示剂的变色范围

为了进一步说明指示剂颜色变化与酸度的关系,现以弱酸型指示剂酚酞(HIn)为例来说明酸碱指示剂的变色原理。

$$HIn \rightleftharpoons H^+ + In^-$$

$$K_{HIn} = \frac{[H^+][In^-]}{[HIn]}$$

$$\frac{K_{HIn}}{[H^+]} = \frac{[In^-]}{[HIn]}$$

$$[H^+] = K_{HIn}\frac{[HIn]}{[In^-]}$$

当 $[H^+] = K_{HIn}$ 时，$\frac{[In^-]}{[HIn]} = 1$，二者浓度相等，溶液表现出酸式色和碱式色的中间颜色，此时 $pH = pK_{HIn}$，称为指示剂的理论变色点。

一般来说，如果 $\frac{[In^-]}{[HIn]} > \frac{10}{1}$，观察到的是 In^- 的颜色；当 $\frac{[In^-]}{[HIn]} = \frac{10}{1}$ 时，可在 In^- 的颜色中勉强看出 HIn 的颜色，此时 $pH = pK_{HIn} + 1$；当 $\frac{[In^-]}{[HIn]} < \frac{1}{10}$ 时，观察到的是 HIn 的颜色；当 $\frac{[In^-]}{[HIn]} = \frac{1}{10}$ 时，可在 HIn 颜色中勉强看出 In^- 的颜色，此时 $pH = pK_{HIn} - 1$。

由上述讨论可知，指示剂的理论变色范围为 $pH = pK_{HIn} \pm 1$，为 2 个 pH 单位。但实际观察到的大多数指示剂的变化范围小于 2 个 pH 单位，且指示剂的理论变色点不是变色范围的中间点。这是由人们对不同颜色的敏感程度的差别造成的。

常用的酸碱指示剂列于表 6-4。

表 6-4　几种常用的酸碱指示剂及其变色范围(18～25 ℃)

指示剂名称	变色 pH 范围	颜色变化	溶液配制方法
百里酚蓝	1.2～2.8	红～黄	0.1 g 指示剂溶于 100 mL 20%乙醇
甲基橙	3.1～4.4	红～橙黄	0.1%水溶液
溴酚蓝	3.0～4.6	黄～蓝	0.1 g 指示剂溶于 100 mL 20%乙醇
刚果红	3.0～5.2	蓝紫～红	0.1%水溶液
溴甲酚绿	3.8～5.4	黄～蓝	0.1 g 指示剂溶于 100 mL 20%乙醇
甲基红	4.4～6.2	红～黄	0.1 g 指示剂溶于 100 mL 60%乙醇
溴酚红	5.0～6.8	黄～红	0.1 g 指示剂溶于 100 mL 20%乙醇
溴百里酚蓝	6.0～7.6	黄～蓝	0.05 g 指示剂溶于 100 mL 20%乙醇
中性红	6.8～8.0	红～亮黄	0.1 g 指示剂溶于 100 mL 60%乙醇
酚红	6.8～8.0	黄～红	0.1 g 指示剂溶于 100 mL 20%乙醇
甲酚红	7.2～8.8	亮黄～紫红	0.1 g 指示剂溶于 100 mL 50%乙醇
酚酞	8.2～10.0	无色～红	0.1 g 指示剂溶于 100 mL 60%乙醇
百里酚酞	9.4～10.6	无色～蓝	0.1 g 指示剂溶于 100 mL 90%乙醇

2) 影响指示剂变色范围的因素

(1) 指示剂的用量。由于指示剂本身为弱酸或弱碱，用量过多会消耗滴定剂，导致误差增大；另外，指示剂浓度大时将导致终点颜色变化不敏锐。但指示剂也不能太少，否则颜色太浅，不易观察到颜色的变化，通常每 10 mL 溶液加 1～2 滴指示剂。

(2) 温度。温度的变化会引起指示剂解离常数和水的质子自递常数发生变化,因而指示剂的变色范围也随之改变,对碱性指示剂的影响较酸性指示剂更为明显。例如:18 ℃时,甲基橙的变色范围为 3.1~4.4;而 100 ℃时,则为 2.5~3.7。

(3) 溶剂。不同的溶剂具有不同的介电常数和酸碱性,因而也会影响指示剂的解离常数和变色范围。例如,甲基橙在水溶液中 $pK_{HIn}=3.4$,在甲醇中则为 3.8。溶剂不同,必然会引起变色范围的改变。

(4) 滴定程序。滴定程序与指示剂的选用也有关系,如果指示剂使用不当,也会影响其变色的敏锐性。例如:酚酞由酸式色变为碱式色,颜色变化明显,易于辨别;反之则变不明显,容易使滴定过量。因此,强酸滴定弱碱时,一般用甲基橙作指示剂为宜。

3. 混合指示剂

在酸碱滴定中,有时需要将滴定终点控制在很窄的 pH 范围内,此时可采用混合指示剂。混合指示剂有以下两类。一类是由两种或两种以上的指示剂混合而成,利用颜色的互补作用,使指示剂变色范围变窄,变色更敏锐,有利于判断终点,减少滴定误差,提高分析的准确度。例如,溴甲酚绿($pK_a=4.9$)和甲基红($pK_a=5.2$)二者按 3∶1 混合后,在 pH<5.1 的溶液中呈酒红色,而在 pH>5.1 的溶液中呈绿色,且变色非常敏锐。另一类混合指示剂是在某种指示剂中加入另一种惰性染料组成的。例如,采用中性红与次甲基蓝混合而配制的指示剂,当配比为 1∶1 时,混合指示剂在 pH=7.0 时呈现蓝紫色,其酸式色为蓝紫色,碱式色为绿色,变色也很敏锐。

常用的几种混合指示剂列于表 6-5。

表 6-5 混合酸碱指示剂

指示剂溶液的组成	变色点 pH 值	颜 色		备 注
		酸式色	碱式色	
三份 0.1% 溴甲酚绿乙醇溶液 一份 0.2% 甲基红乙醇溶液	5.1	酒红	绿	
一份 0.2% 甲基红乙醇溶液 一份 0.1% 次甲基蓝乙醇溶液	5.4	红紫	绿	pH5.2 紫红 pH5.4 暗蓝 pH5.6 绿
一份 0.1% 溴甲酚绿钠盐水溶液 一份 0.1% 绿酚红钠盐水溶液	6.1	黄绿	蓝紫	pH5.4 蓝绿 pH5.8 蓝 pH6.2 蓝紫
一份 0.1% 中性红乙醇溶液 一份 0.1% 次甲基蓝乙醇溶液	7.0	蓝紫	绿	pH7.0 蓝紫
一份 0.1% 溴百里酚蓝钠盐水溶液 一份 0.1% 酚红钠盐水溶液	7.5	黄	绿	pH7.2 暗绿 pH7.4 淡紫 pH7.6 深紫
一份 0.1% 甲酚红钠盐水溶液 三份 0.1% 百里酚蓝钠盐水溶液	8.3	黄	绿	pH8.2 玫瑰色 pH8.4 紫色

6.4.2 酸碱滴定类型及指示剂的选择

酸碱滴定的关键是滴定终点(化学计量点)的确定,这就要求选择合适的指示剂指示滴定终点的到达。不同的指示剂变色的 pH 值不同,因此必须了解滴定过程中溶液 pH 值的变化,尤其是化学计量点前后±0.1%的相对误差范围内溶液 pH 值的变化情况,只有在此范围内发生颜色变化的指示剂,才能正确地指示滴定终点。为了更好地描述滴定过程中溶液 pH 值的变化情况,常以所加入滴定液的体积为横坐标,以相应溶液的 pH 值为纵坐标作图,得到的曲线称为酸碱滴定曲线,它不仅能很好地描述滴定过程中溶液 pH 值的变化规律,而且对指示剂的选择也具有一定的指导意义。

不同类型的酸碱滴定过程中 pH 值的变化特点、滴定曲线的形状和指示剂的选择都有所不同,下面分别予以讨论。

1. 强酸、强碱的滴定

以 0.1000 mol/L NaOH 溶液滴定 20.00 mL 0.1000 mol/L HCl 溶液为例,说明强碱、强酸滴定过程中溶液 pH 值的变化情况。

1) 滴定开始前

溶液的 pH 值取决于 HCl 溶液的原始浓度:

$$[H^+] = 0.1000 \text{ mol/L}, \quad pH = 1.00$$

2) 滴定开始至化学计量点前

溶液的 pH 值取决于剩余的 HCl 量,例如加入 18.00 mL NaOH 溶液时,H^+ 浓度

$$[H^+] = \frac{2.00 \times 0.1000}{20.00 + 18.00} \text{ mol/L} = 5.30 \times 10^{-3} \text{ mol/L}$$

$$pH = 2.28$$

当加入 19.98 mL NaOH 溶液时(离化学计量点约差半滴),还剩余 0.02 mL HCl 溶液,这时溶液中的 H^+ 浓度

$$[H^+] = \frac{0.02 \times 0.1000}{20.00 + 19.98} \text{ mol/L} = 5.00 \times 10^{-5} \text{ mol/L}$$

$$pH = 4.30$$

3) 化学计量点时

加入了 20.00 mL NaOH 溶液,中和反应进行完全,生成 NaCl 和水,溶液呈中性。此时

$$[H^+] = 1.00 \times 10^{-7} \text{ mol/L}, \quad pH = 7.00$$

4) 化学计量点后

溶液的 pH 值取决于过量的 NaOH,例如加入 20.02 mL NaOH 溶液时,NaOH 溶液过量 0.02 mL,多余的 NaOH 浓度

$$[OH^-] = \frac{0.02 \times 0.1000}{20.00 + 20.02} \text{ mol/L} = 5.0 \times 10^{-5} \text{ mol/L}$$

$$pOH = 4.30, \quad pH = 9.70$$

如此逐一计算,把计算所得结果列于表 6-6 中。如果以 NaOH 溶液的加入量为横坐

标,对应溶液的pH值为纵坐标,绘制关系曲线,则得图6-1所示的滴定曲线。

表6-6 用0.1000 mol/L NaOH溶液滴定20.00 mL 0.1000 mol/L HCl溶液

加入NaOH溶液体积/mL	剩余HCl溶液体积/mL	过量NaOH溶液体积/mL	pH值
0.00	20.00		1.00
18.00	2.00		2.28
19.80	0.20		3.30
19.98	0.02		A 4.30
20.00	0.00		7.00
20.02		0.02	B 9.70
20.20		0.20	10.70
22.00		2.00	11.70
40.00		20.00	12.50

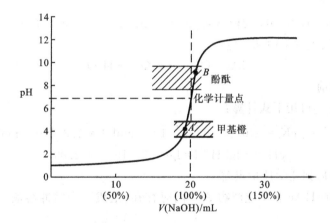

图6-1 0.1000 mol/L NaOH溶液滴定20.00 mL 0.1000 mol/L HCl溶液的滴定曲线

从图6-1和表6-6可以看出,从滴定开始到加入NaOH溶液19.98 mL为止,溶液pH值从1.00增加到4.3,仅改变了3.30个pH单位。所以此段曲线比较平坦。

曲线上从点A到点B,NaOH溶液的加入量相差仅0.04 mL,不过1滴左右,而溶液的pH值从4.30突然升高到9.70,增加5个多pH单位。这种化学计量点前后±0.1%范围内pH值的突跃称为滴定突跃,滴定突跃所在的pH值范围称为滴定突跃范围。

在酸碱滴定中,应根据滴定突跃来选择指示剂,选择指示剂的原则是指示剂的变色范围全部或部分处于滴定突跃范围之内。

以上讨论的是0.1 mol/L NaOH溶液滴定0.1 mol/L HCl溶液的情况。如果溶液浓度改变,滴定突跃范围也会随之改变。从图6-2可以清楚地看出,酸碱溶液越浓,滴定突跃范围越大,指示剂的选择也就越方便。溶液越稀,滴定突跃范围越小,指示剂的选择就越受到限制。

如果用NaOH溶液滴定其他强酸溶液,如H_2SO_4、HNO_3溶液,情况相似,指示剂的

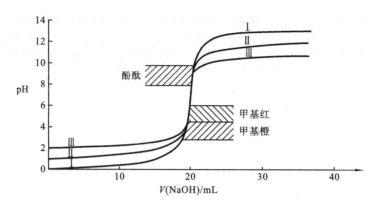

图 6-2 不同浓度 NaOH 溶液滴定不同浓度 HCl 溶液的滴定曲线
Ⅰ．$c(NaOH)=1.000$ mol/L；Ⅱ．$c(NaOH)=0.1000$ mol/L；Ⅲ．$c(NaOH)=0.0100$ mol/L

选择也相似。

滴定过程中 pH 值也可以用电势滴定法直接测定得到。

2. 一元弱酸的滴定

以 0.1000 mol/L NaOH 溶液滴定 20.00 mL 0.1000 mol/L HAc 溶液为例进行讨论。滴定过程中发生以下中和反应：

$$HAc + OH^- \rightleftharpoons Ac^- + H_2O$$

1) 滴定开始前

溶液中的 $[H^+]$ 可用下式计算：

$$[H^+] = \sqrt{cK_a} = \sqrt{0.10 \times 1.75 \times 10^{-5}} \text{ mol/L} = 1.3 \times 10^{-3} \text{ mol/L}$$

$$pH = -\lg[H^+] = \lg(1.3 \times 10^{-3}) = 2.89$$

2) 滴定开始后到化学计量点前

这时未反应的 HAc 和反应产物 Ac^- 同时存在，组成一个缓冲溶液，溶液中的 $[H^+]$ 按下式计算：

$$[H^+] = K_a \frac{[HAc]}{[Ac^-]}$$

当加入 NaOH 溶液 19.98 mL 时：

$$[HAc] = \frac{0.02 \times 0.1000}{20.00 + 19.98} \text{ mol/L} = 5.03 \times 10^{-5} \text{ mol/L}$$

$$[Ac^-] = \frac{19.98 \times 0.1000}{20.00 + 19.98} \text{ mol/L} = 5.00 \times 10^{-2} \text{ mol/L}$$

$$[H^+] = K_a \frac{[HAc]}{[Ac^-]} = 1.75 \times 10^{-5} \times \frac{5.03 \times 10^{-5}}{5.00 \times 10^{-2}} \text{ mol/L} = 1.76 \times 10^{-8} \text{ mol/L}$$

$$pH = 7.75$$

3) 化学计量点时

HAc 全部被中和成 NaAc，溶液显碱性。此时有

$$[OH^-] = \sqrt{K_b c} = \sqrt{\frac{K_w}{K_a} c} = \sqrt{\frac{1.0 \times 10^{-14}}{1.75 \times 10^{-5}} \times 0.05000} \text{ mol/L} = 5.3 \times 10^{-6} \text{ mol/L}$$

$$pOH=5.28, \quad pH=8.72$$

4) 化学计量点后

由于过量 NaOH 的存在,抑制了 Ac^- 离子的解离过程,溶液的 pH 值由过量的 NaOH 决定,计算方法和强碱滴定强酸的相同。例如,加入 NaOH 溶液 20.02 mL 时:

$$[OH^-]=\frac{0.02\times 0.1000}{20.00+20.02} \text{ mol/L}=5.0\times 10^{-5} \text{ mol/L}$$

$$pOH=4.30, \quad pH=9.70$$

如此逐一计算,把计算结果列于表 6-7 中,并根据计算结果绘制滴定曲线,如图 6-3 中曲线 I 所示。

表 6-7 用 0.1000 mol/L NaOH 溶液滴定 20.00 mL 0.1000 mol/L HAc 溶液

加入 NaOH 溶液体积/mL	剩余 HAc 溶液体积/mL	过量 NaOH 溶液体积 mL	pH 值
0.00	20.00		2.89
18.00	2.00		2.70
19.80	0.20		A 6.74
19.98	0.02		7.75
20.00	0.00		8.72
20.02		0.02	B 9.70
20.20		0.20	10.70
22.00		2.00	11.70
40.00		20.00	12.50

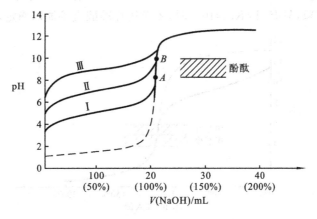

图 6-3 NaOH 溶液滴定不同弱酸溶液的滴定曲线

I. $K_a=10^{-5.0}$;Ⅱ. $K_a=10^{-7.0}$;Ⅲ. $K_a=10^{-9.0}$

从表 6-7 和图 6-3 中的曲线 I 可看出,由于 HAc 是弱酸,滴定开始前溶液中 $[H^+]$ 较低,pH 值较 NaOH-HCl 滴定时高。滴定开始后 pH 值较快地升高,这是由于中和生成的 Ac^- 产生同离子效应,使 HAc 更难解离,$[H^+]$ 降低较快。但在继续滴入 NaOH 溶液后,由于不断生成 NaAc,在溶液中形成 HAc-NaAc 的缓冲体系,pH 值增加较慢,使这一曲线较为平坦。当滴定接近化学计量点时,由于溶液中剩余 HAc 已经很少,溶液的缓冲能力已逐渐减弱,随着 NaOH 溶液的不断滴入,溶液的 pH 值升高逐渐变快,在化学计量点附近出现一个较小的滴定突跃,这个突跃的 pH 值范围为 7.75～9.70。根据滴定突跃范围及选择指示剂的原则,此类滴定应选择在碱性范围变色的指示剂,如酚酞、百里酚蓝可作为这类滴定的指示剂。

与强酸、强碱间的滴定类似,用强碱滴定弱酸的滴定突跃大小与浓度有关。浓度越大,滴定突跃越大。

除了浓度影响滴定突跃之外,弱酸的强度也影响突跃范围的大小。浓度相同而强度不同的弱酸,酸解离常数 K_a 越大,滴定突跃越大;反之越小。当弱酸的浓度为 0.1 mol/L, $K_a < 10^{-9}$ 时,其滴定突跃已不明显,无法用一般的指示剂确定滴定终点。酸碱越弱或浓度越小,反应就越不完全。因此,用强碱滴定弱酸是有条件的,当弱酸的 $cK_a \geq 10^{-8}$ 时,才能用强碱准确滴定弱酸。

3. 一元弱碱的滴定

以 HCl 溶液滴定 $NH_3 \cdot H_2O$ 溶液为例进行讨论。滴定反应式为

$$NH_3 + HCl \Longrightarrow NH_4^+ + Cl^-$$

此滴定和用 NaOH 溶液滴定 HAc 溶液十分相似,不同的是滴定中溶液的 pH 值由大到小,滴定曲线的形状恰好和用 NaOH 溶液滴定 HAc 溶液时相反,如图 6-4 所示。到达化学计量点时生成 NH_4^+,由于它是弱酸,在水溶液中解离产生一定数量的 H^+:

$$NH_4^+ + H_2O \Longrightarrow H_3O^+ + NH_3$$

使溶液显微酸性,化学计量点附近的 pH 突跃也在酸性范围内。如果用 0.1 mol/L HCl 溶液滴定 0.1 mol/L $NH_3 \cdot H_2O$ 溶液,化学计量点时 pH=5.28,滴定突跃范围为 6.25～4.30。选用甲基红、溴甲酚绿指示剂最合适,也可用溴酚蓝和甲基橙。

同样,对于弱碱,只有当 $cK_b \geq 10^{-8}$ 时,才能用标准酸直接加以滴定。

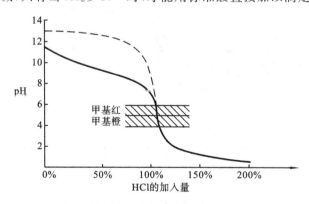

图 6-4 0.1000 mol/L HCl 溶液滴定 0.1000 mol/L $NH_3 \cdot H_2O$ 溶液的滴定曲线

4. 多元酸碱的滴定

1) 强碱滴定多元酸

常见的多元酸大多是弱酸,在水溶液中分步解离。例如,H_3PO_4 可分三步解离:

$$H_3PO_4 \rightleftharpoons H^+ + H_2PO_4^- \qquad K_{a_1} = 7.6 \times 10^{-3}$$
$$H_2PO_4^- \rightleftharpoons H^+ + HPO_4^{2-} \qquad K_{a_2} = 6.3 \times 10^{-8}$$
$$HPO_4^{2-} \rightleftharpoons H^+ + PO_4^{3-} \qquad K_{a_3} = 4.4 \times 10^{-13}$$

当用强碱滴定多元酸时,酸碱反应和解离一样也是分步进行的。判断多元酸各级解离的 H^+ 能否被准确滴定的依据与一元弱酸相同。即如果 $cK_a \geqslant 10^{-8}$,则这一级电离的 $[H^+]$ 可被准确滴定;如果 $cK_a < 10^{-8}$,则不能被直接准确滴定。判断相邻两级的 H^+ 能否被准确滴定的依据是相邻两级解离的 K_a 比值不小于 10^4。

例如亚硫酸,$K_{a_1} = 1.3 \times 10^{-2}$,$K_{a_2} = 6.3 \times 10^{-8}$,$\dfrac{K_{a_1}}{K_{a_2}} \geqslant 10^4$,能用 NaOH 溶液滴定,并有两个突跃。产生第一个突跃,即到达第一化学计量点时,产物为 $NaHSO_3$;到达第二化学计量点时,产物为 Na_2SO_3。

例如草酸($H_2C_2O_4$),$K_{a_1} = 5.4 \times 10^{-2}$,$K_{a_2} = 5.4 \times 10^{-5}$,$\dfrac{K_{a_1}}{K_{a_2}} < 10^4$,在用 NaOH 溶液滴定时,只能产生一个突跃(第一级、第二级 H^+ 一起被滴定),计量点时生成多元弱碱 $Na_2C_2O_4$;许多有机弱酸,如酒石酸、琥珀酸、柠檬酸等,由于相邻解离常数之比都太小,不能分步滴定,但又因最后一级常数都大于 10^{-7},因此能用 NaOH 溶液一起滴定两个或多个 H^+ 离子,形成一个突跃。

根据上述原则,如用 0.10 mol/L 的 NaOH 溶液滴定 20.00 mL 的 0.10 mol/L H_3PO_4 溶液,因 $cK_{a_1} \geqslant 10^{-8}$,$cK_{a_2} \geqslant 10^{-8}$,$\dfrac{K_{a_1}}{K_{a_2}} \geqslant 10^4$,因此第一级、第二级解离 H^+ 可被分步滴定得到两个突跃。虽然 $\dfrac{K_{a_2}}{K_{a_3}} \geqslant 10^4$,但由于 $cK_{a_3} \leqslant 10^{-8}$ 而得不到第三个突跃。

多元酸的滴定曲线计算比较复杂,通常用 pH 计测定滴定过程中的 pH 值,从而绘制滴定曲线。在实际工作中,为了选择指示剂,通常只需计算化学计量点时的 pH 值,然后选择合适的指示剂。

上例中,第一化学计量点时,滴定产物是 NaH_2PO_4,所以有
$$[H^+] = \sqrt{K_{a_1} K_{a_2}}$$
$$pH = \frac{1}{2}(pK_{a_1} + pK_{a_2}) = \frac{1}{2} \times (2.12 + 7.20) = 4.66$$
可选甲基红、溴甲酚绿等作指示剂。

第二个化学计量点时,滴定产物是 Na_2HPO_4,所以有
$$[H^+] = \sqrt{K_{a_2} K_{a_3}}$$
$$pH = \frac{1}{2}(pK_{a_2} + pK_{a_3}) = \frac{1}{2} \times (7.20 + 12.36) = 9.78$$
可选酚酞、百里酚酞等作指示剂。

2)强酸滴定多元碱

多元碱如 Na_2CO_3、$Na_2B_4O_7$ 等,在用强酸滴定时,其情况与多元酸的滴定相似。现以 0.1000 mol/L 的 HCl 溶液滴定 0.1000 mol/L 的 Na_2CO_3 溶液为例进行讨论。

反应分两步进行：

$$CO_3^{2-} + H^+ \underset{K_{a_2}}{\overset{K_{b_1}}{\rightleftharpoons}} HCO_3^- \qquad K_{b_1} K_{a_2} = K_w$$

$$HCO_3^- + H^+ \underset{K_{a_1}}{\overset{K_{b_2}}{\rightleftharpoons}} H_2CO_3 \qquad K_{a_1} K_{b_2} = K_w$$

$$K_{b_1} = \frac{K_w}{K_{a_2}} = \frac{1.00 \times 10^{-14}}{5.6 \times 10^{-11}} = 1.8 \times 10^{-4}$$

$$K_{b_2} = \frac{K_w}{K_{a_1}} = \frac{1.00 \times 10^{-14}}{4.2 \times 10^{-7}} = 2.4 \times 10^{-8}$$

因 $cK_{b_1} = 1.8 \times 10^{-5} > 10^{-8}$，$cK_{b_2} = 2.4 \times 10^{-9} \approx 10^{-8}$，$\frac{K_{b_1}}{K_{b_2}} \approx 10^4$，所以 Na_2CO_3 可被 HCl 标准溶液直接滴定，且可形成两个滴定突跃，滴定曲线如图 6-5 所示。

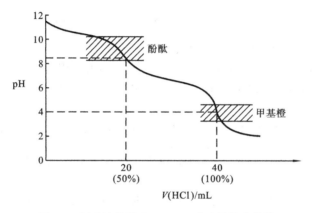

图 6-5 HCl 溶液滴定 Na_2CO_3 溶液的滴定曲线

到达第一个化学计量点时，生成的 $NaHCO_3$ 是两性物质。此时

$$pH = \frac{1}{2}(pK_{a_1} + pK_{a_2}) = \frac{1}{2} \times (6.38 + 10.32) = 8.32$$

可用酚酞作为指示剂，为能准确判断第一个终点，也可采用变色点为 8.30 的甲酚红-百里酚蓝混合指示剂，提高滴定结果的准确度。

到达第二个化学计量点时，溶液是 CO_2 的饱和溶液，其中 H_2CO_3 的浓度为 0.04 mol/L。此时有

$$[H^+] = \sqrt{c(H_2CO_3) K_{a_1}} = \sqrt{0.04 \times 4.2 \times 10^{-7}} \text{ mol/L} = 1.3 \times 10^{-4} \text{ mol/L}$$

$$pH = -\lg[H^+] = -\lg(1.3 \times 10^{-4}) = 3.89$$

可选用甲基橙为指示剂。但由于这时易形成 CO_2 的过饱和溶液，滴定过程中生成的 H_2CO_3 只能慢慢地转变为 CO_2，这就使溶液的酸度增大，终点出现过早，且变色不明显，往往不易掌握终点。因此，在滴定快达到化学计量点时，应剧烈地摇动溶液，以加快 H_2CO_3 的分解，或在近终点时，加热煮沸溶液以除去 CO_2，待溶液冷却后再继续滴定至终点。

总之，从以上讨论可见，滴定过程生动地体现了由量变到质变的辩证规律。在酸碱滴定中，因酸碱强弱程度的不同而具有不同的滴定曲线。因此，只有了解在滴定过程中，特别是化学计量点前后，即不足 0.1% 和过量 0.1% 时的 pH 值，才能选用最合适的指示剂，

达到准确测定的目的。

6.4.3 酸碱标准溶液的配制与标定

1. 酸标准溶液的配制和标定

酸碱滴定中最常用的酸标准溶液是 HCl,有时也可用 H_2SO_4。HNO_3 因其稳定性差,且具有氧化性,能破坏某些指示剂,故一般不用来配制标准溶液。

常用 HCl 标准溶液的浓度为 0.1 mol/L,但有时需用到浓度高达 1 mol/L 和低到 0.01 mol/L 的。

由于 HCl 具有挥发性,所以标准溶液采用间接法配制,即将浓酸稀释成接近于所需浓度的溶液,然后用基准物质进行标定。用来标定 HCl 溶液的基准物质有无水碳酸钠(Na_2CO_3)及硼砂($Na_2B_4O_7 \cdot 10H_2O$)。

1)无水碳酸钠

碳酸钠易得纯品,价廉,但有强烈的吸湿性,能吸收 CO_2,所以用前必须在 270～300 ℃ 加热约 1 h 干燥,稍冷后置于干燥器中备用。称量速度要快,以免因吸湿引入误差。用 Na_2CO_3 溶液标定 HCl 溶液时,其滴定反应式为

$$Na_2CO_3 + 2HCl = 2NaCl + H_2CO_3$$

可选用甲基红或甲基橙作指示剂。由于在计量点附近易形成 CO_2 过饱和溶液,使溶液的酸度增大,终点过早出现。因此,滴定至终点附近时应用力摇动或加热溶液,以使 CO_2 逸出。

2)硼砂

$Na_2B_4O_7 \cdot 10H_2O$ 作为基准物质的优点是摩尔质量大、不吸水和容易纯制。但在干燥的空气中易失去部分结晶水。因此,应保存在相对湿度为 60% 左右的器皿中,以免其组成与化学式不符合。滴定反应式为

$$Na_2B_4O_7 + 5H_2O + 2HCl = 4H_3BO_3 + 2NaCl$$

化学计量点时溶液的 pH=5.1,用甲基红(变色范围 pH 4.4～6.2)作指示剂,滴定的精密度和准确度均相当好。

2. 碱标准溶液的配制和标定

常用的碱标准溶液有 NaOH、KOH 和 $Ba(OH)_2$,其中最常用的为 NaOH 溶液(KOH 价格较高,应用不普遍,$Ba(OH)_2$ 可用来配制不含 CO_3^{2-} 的标准溶液)。市售固体 NaOH 容易吸潮,也容易吸收空气中的 CO_2,因此只能用间接法配制。

NaOH 吸收空气中的 CO_2 后生成 Na_2CO_3。可用不同方法配制不含 CO_3^{2-} 的碱标准溶液。

(1) 浓碱法。取一份纯净 NaOH,配成 50% 的浓溶液。在这种浓溶液中 Na_2CO_3 的溶解度很小,待 Na_2CO_3 沉降后,吸取上层澄清液,稀释至所需浓度。

(2) 漂洗法。由于 NaOH 固体一般只在其表面形成一薄层 Na_2CO_3,因此也可称取较多的 NaOH 固体于烧杯中,以蒸馏水洗涤二三次,每次用水少许,以洗去表面的 Na_2CO_3,倾去洗涤液,留下固体 NaOH,配成所需浓度的碱溶液。

(3) 沉淀法。在 NaOH 溶液中加少量 $Ba(OH)_2$ 或 $BaCl_2$,CO_3^{2-} 形成 $BaCO_3$ 沉淀后取上层清液稀释即可。

NaOH 溶液能侵蚀玻璃，因此最好储存在塑料瓶中。储存的 NaOH 标准溶液应避免与空气接触，以免吸收 CO_2。

标定 NaOH 的基准物质有邻苯二甲酸氢钾（$KHC_8H_4O_4$）、草酸（$H_2C_2O_4 \cdot 2H_2O$）和苯甲酸等，其中最常用的是邻苯二甲酸氢钾。

邻苯二甲酸氢钾作为基准物的优点：①易于获得纯品；②易于干燥，不吸湿；③摩尔质量大，可减少称量相对误差。标定反应式为

$$KHC_8H_4O_4 + NaOH = KNaC_8H_4O_4 + H_2O$$

反应后溶液呈弱碱性，故可选用酚酞为指示剂。

几种常用酸、碱的密度和浓度见表 6-8。

表 6-8 几种常用酸、碱的密度和浓度

酸 或 碱	分 子 式	密度/(g/mL)	溶质质量分数	浓度/(mol/L)
冰乙酸	CH_3COOH	1.05	0.995	17
稀乙酸		1.04	0.34	6
浓盐酸	HCl	1.18	0.36	12
稀盐酸		1.10	0.20	6
浓硝酸	HNO_3	1.42	0.72	16
稀硝酸		1.19	0.32	6
浓硫酸	H_2SO_4	1.84	0.96	18
稀硫酸		1.18	0.25	3
磷酸	H_3PO_4	1.69	0.85	15
浓氨水	$NH_3 \cdot H_2O$	0.90	0.28～0.30(NH_3)	15
稀氨水		0.96	0.10	6
稀氢氧化钠	NaOH	1.22	0.20	6

标定酸和碱液所用的基准试剂有多种，见表 6-9。

表 6-9 基准试剂的干燥条件

基 准 试 剂	使用前的干燥条件
碳酸钠	在坩埚中加热到 270～300 ℃，干燥至恒重
氨基磺酸	在抽真空的硫酸干燥器中放置约 48 h
邻苯二甲酸氢钾	在 105～110 ℃下干燥至恒重
草酸钠	在 105～110 ℃下干燥至恒重
重铬酸钾	在 140 ℃下干燥至恒重
碘酸钾	在 105～110 ℃下干燥至恒重
溴酸钾	在 180 ℃干燥 1～2 h
As_2O_3	在硫酸干燥器中干燥至恒重
铜	在硫酸干燥器中放置 24 h
氯化钠	在 500～600 ℃下灼烧至恒重
氟化钠	在铂坩埚中加热到 600～650 ℃，灼烧至恒重
锌	用 6 mol/L HCl 溶液冲洗表面，再用水、乙醇、丙酮冲洗，在干燥器中放置 24 h

6.4.4 酸碱滴定法应用示例

1. 硼酸的测定

硼酸(H_3BO_3)是一种极弱的弱酸($K_{a_1}=5.8\times10^{-10}$),因 $cK_{a_1}<10^{-8}$,故不能用标准碱溶液直接滴定,但是 H_3BO_3 可与某些多羟基化合物,如乙二醇、丙三醇、甘露醇等反应生成配合酸,增加酸的强度。

这种配合酸的解离常数在 10^{-5} 左右,因而使弱酸得到强化,用 NaOH 标准溶液滴定时化学计量点的 pH 值在 9 左右,可用酚酞或百里酚酞指示终点。

2. 铵盐的测定

$(NH_4)_2SO_4$、NH_4Cl 都是常见的铵盐,由于 NH_4^+ 的 $pK_a=9.26$,不能用标准碱溶液进行直接滴定,可用下列方法测定铵盐。

1) 蒸馏法

置铵盐试样于蒸馏瓶中,加入过量 NaOH 溶液后加热煮沸,蒸馏出的 NH_3 吸收在过量的 H_2SO_4 标准溶液或 HCl 标准溶液中,过量的酸用 NaOH 标准溶液回滴,用甲基红或甲基橙指示终点。反应式为

$$NH_4^+ + OH^- \Longrightarrow NH_3\uparrow + H_2O$$
$$NH_3 + HCl \Longrightarrow NH_4^+ + Cl^-$$
$$NaOH + HCl(剩余) \Longrightarrow NaCl + H_2O$$

也可用硼酸溶液吸收蒸馏出的 NH_3,生成的 $H_2BO_3^-$ 是较强的碱,可用标准酸溶液滴定,用甲基红和溴甲酚绿混合指示剂指示终点。反应式为

$$NH_3 + H_3BO_3 \Longrightarrow NH_4^+ + H_2BO_3^-$$
$$HCl + H_2BO_3^- \Longrightarrow H_3BO_3 + Cl^-$$

2) 甲醛法

较为简便的 NH_4^+ 测定方法是甲醛法,甲醛与 NH_4^+ 有如下反应:

$$4NH_4^+ + 6HCHO \Longrightarrow (CH_2)_6N_4H^+ + 3H^+ + 6H_2O$$

生成物 H^+ 是六次甲基四胺的共轭酸,可用碱直接滴定。计算时应注意反应中 4 个 N 比反应后生成 4 个可与碱作用的 H^+,因此当用 NaOH 滴定时,NH_4^+ 与 NaOH 的化学计量关系为 1:1。由于反应产物六次甲基四胺是一种极弱的有机弱碱,可用酚酞作指示剂,溶液出现淡红色即为终点。

蒸馏法操作烦琐,分析流程长,但准确度较高。甲醛法简便、快捷,准确度比蒸馏法稍差,但可满足工、农业生产要求,应用较广。

3. 凯氏定氮法

凯氏定氮法,是丹麦化学家凯耶达尔(J. Kjeldahl)于1883年提出的湿法定量测定含氮有机化合物中氮的方法。该法原理是首先将试样放入凯氏烧瓶中,加入浓硫酸及催化剂(硒、汞或铜盐)加热消解试样,使试样中的氮转化为铵态氮(硫酸铵);消解好的试样转移入蒸馏器中,加浓苛性钠液,将挥发出的氨气(NH_3)用过量的标准酸溶液吸收,剩余的酸用标准碱溶液返滴定;或用硼酸作吸收液,再用标准酸溶液直接滴定。

该法的准确度较高,不但能进行常量分析,也适于微量分析,广泛地用于食品、肥料、土壤、植物及生物试样中氮的测定。由于食品、谷物、饲料等中的氮多是以蛋白质形态存在的,故以上述测定的氮含量乘6.25,得出粗蛋白含量。

测定时将试样与浓硫酸共煮,进行消化分解,并加入硫酸钾,提高沸点,以促进分解过程,使有机物转化成CO_2或H_2O,所含的氮在硫酸铜或汞盐催化下成为NH_4^+,即

$$C_mH_nN \xrightarrow{H_2SO_4,K_2SO_4/CuSO_4} CO_2\uparrow + H_2O + NH_4^+$$

溶液以过量的NaOH碱化后,再以蒸馏法测定NH_4^+。

凯氏定氮法是酸碱滴定在有机物分析中的重要应用,是含氮量和蛋白质含量的通常检验方法。

4. 混合碱的测定

工业品烧碱(NaOH)中常含有Na_2CO_3,纯碱(Na_2CO_3)中也常含有$NaHCO_3$,欲测定混合碱中各组分的含量,通常采用双指示剂法。

1) NaOH+Na_2CO_3的测定

称取试样质量为m(单位为mg),溶解于水,用HCl标准溶液滴定,先用酚酞为指示剂,滴定至溶液由红色变为无色,则到达第一化学计量点。此时NaOH全部被中和,而Na_2CO_3被中和一半,所消耗HCl标准溶液的体积记为V_1。然后加入甲基橙指示剂,继续用HCl标准溶液滴定,使溶液由黄色恰好变为橙色,到达第二化学计量点。溶液中$NaHCO_3$被完全中和,所消耗的HCl标准溶液的体积记为V_2。因Na_2CO_3被中和先生成$NaHCO_3$,继续用HCl标准溶液滴定使$NaHCO_3$又转化为H_2CO_3,二者所需HCl量相等,故V_1-V_2为中和NaOH所消耗HCl标准溶液的体积,$2V_2$为滴定Na_2CO_3所需HCl标准溶液的体积。分析计算公式为

$$w(Na_2CO_3) = \frac{\frac{1}{2}c(HCl) \times 2V_2 \times M(Na_2CO_3)}{m_{试样}} \times 100\%$$

$$w(NaOH) = \frac{c(HCl) \times (V_1-V_2) \times M(NaOH)}{m_{试样}} \times 100\%$$

2) Na_2CO_3+$NaHCO_3$的测定

工业纯碱中常含有$NaHCO_3$,此二组分的测定可参照上述NaOH+Na_2CO_3的测定方法。但应注意,此时滴定Na_2CO_3所消耗的HCl标准溶液的体积为$2V_1$,而滴定$NaHCO_3$所消耗的HCl标准溶液的体积为V_2-V_1。分析计算公式为

$$w(Na_2CO_3) = \frac{\frac{1}{2}c(HCl) \times 2V_1 \times M(Na_2CO_3)}{m_{试样}} \times 100\%$$

$$w(NaHCO_3) = \frac{c(HCl) \times (V_2-V_1) \times M(NaHCO_3)}{m_{试样}} \times 100\%$$

5. 酸碱滴定法结果计算示例

【例 6-10】 吸取食醋试样 3.00 mL，加适量的水稀释后，以酚酞为指示剂，用 0.1150 mol/L NaOH 标准溶液滴定至终点，用去 20.22 mL，求食醋中总酸量（以 HAc 表示）。

解 食醋试样中总酸量（HAc）为

$$\frac{c(\text{NaOH})V(\text{NaOH})M(\text{HAc})}{1000V_{试样}} \times 100 \text{ g}/100 \text{ mL}$$

$$= \frac{0.1150 \times 20.22 \times 60.50}{1000 \times 3.00} \times 100 \text{ g}/100 \text{ mL} = 4.69 \text{ g}/100 \text{ mL}$$

食醋中总酸量为 4.69 g/100 mL。

【例 6-11】 称取含有惰性杂质的混合碱试样 0.3010 g，以酚酞为指示剂，用 0.1060 mol/L HCl 溶液滴定至终点，用去 20.10 mL，继续用甲基橙为指示剂，滴定至终点时又用去 HCl 溶液 27.60 mL。试样由何种成分组成（除惰性杂质外）？各成分含量为多少？

解 本题进行的是双指示剂法的测定，其中 HCl 溶液用量 $V_1 = 20.10$ mL，$V_2 = 27.60$ mL，根据滴定的体积关系（$V_2 > V_1 > 0$），此混合碱试样由 Na_2CO_3 和 $NaHCO_3$ 组成。

$$w(\text{Na}_2\text{CO}_3) = \frac{\frac{1}{2}c(\text{HCl}) \times 2V_1 \times M(\text{Na}_2\text{CO}_3)}{m_{试样}} \times 100\%$$

$$= \frac{\frac{1}{2} \times 0.1060 \times 2 \times 20.10 \times 106.0}{0.3010 \times 1000} \times 100\% = 75.02\%$$

$$w(\text{NaHCO}_3) = \frac{c(\text{HCl}) \times (V_2 - V_1) \times M(\text{NaHCO}_3)}{m_{试样}} \times 100\%$$

$$= \frac{0.1060 \times (27.60 - 20.10) \times 84.01}{0.3010 \times 1000} \times 100\% = 22.19\%$$

试样中 Na_2CO_3 和 $NaHCO_3$ 的质量分数分别为 75.02% 和 22.19%。

【例 6-12】 称取粗铵盐 1.2034 g，加过量 NaOH 溶液，产生的氨经蒸馏吸收在 100.00 mL 的 0.2145 mol/L 的 HCl 溶液中，过量的 HCl 用 0.2214 mol/L 的 NaOH 标准溶液返滴定，用去 3.04 mL，计算试样中 NH_3 的含量。

解
$$w(\text{NH}_3) = \frac{(c(\text{HCl})V(\text{HCl}) - c(\text{NaOH})V(\text{NaOH}))M(\text{NH}_3)}{m_{试样}} \times 100\%$$

$$= \frac{(0.2145 \times 100.00 - 0.2214 \times 3.04) \times 17.03}{1000 \times 1.2034} \times 100\% = 29.40\%$$

试样中 NH_3 的质量分数为 29.40%。

【例 6-13】 称取纯 $CaCO_3$ 0.5000 g，溶于 50.00 mL HCl 溶液中，多余的酸用 NaOH 标准溶液回滴，消耗 6.20 mL NaOH 溶液。1 mL NaOH 溶液相当于 1.010 mL HCl 溶液。求两种溶液的浓度。

解 6.20 mL NaOH 溶液相当于 6.20×1.010 mL = 6.26 mL HCl 溶液，因此与 $CaCO_3$ 反应的 HCl 溶液的体积实际为 (50.00 − 6.26) mL = 43.74 mL。已知 $M(CaCO_3) = 100.1$ g/mol。

根据反应式
$$CaCO_3 + 2HCl = CaCl_2 + CO_2\uparrow + H_2O$$

$CaCO_3$ 与 HCl 的化学计量关系为
$$n(HCl) = 2n(CaCO_3)$$

即
$$c(HCl) \times 43.74 \times 10^{-3} = 2 \times \frac{0.5000}{100.1}$$

得
$$c(HCl) = 2 \times \frac{0.5000}{100.1 \times 43.74 \times 10^{-3}} \text{ mol/L} = 0.2284 \text{ mol/L}$$

$$c(NaOH) \times 1.0 = c(HCl) \times 1.010$$

$$c(NaOH) = c(HCl) \times 1.010 = 0.2284 \times 1.010 \text{ mol/L} = 0.2307 \text{ mol/L}$$

因此,HCl 溶液的浓度为 0.2284 mol/L,NaOH 溶液的浓度为 0.2307 mol/L。

【例 6-14】 分别以 Na_2CO_3 和硼砂($Na_2B_4O_7 \cdot 10H_2O$)标定 HCl 溶液(浓度大约为 0.2 mol/L),希望用去的 HCl 溶液为 25 mL 左右。已知天平本身的称量误差为 ±0.1 mg(绝对误差 0.2 mg),从减少称量误差所占百分比考虑,选择哪种基准物较好?

解 欲使 HCl 耗量为 25 mL,需称取两种基准物的质量分别为 m_1 和 m_2。

(1) 以 Na_2CO_3 为基准物。
$$Na_2CO_3 + 2HCl = 2NaCl + H_2CO_3$$
$$\hookrightarrow CO_2 \uparrow + H_2O$$

$$c(HCl)V(HCl) = 2 \times \frac{m(Na_2CO_3)}{M(Na_2CO_3)}$$

$$m(Na_2CO_3) = \frac{0.2 \times 25 \times 106.0}{2 \times 1000} \text{ g} = 0.26 \text{ g}$$

(2) 以硼砂为基准物。
$$Na_2B_4O_7 \cdot 10H_2O + 2HCl = 2NaCl + 4H_3BO_3 + 5H_2O$$

$$c(HCl)V(HCl) = 2 \times \frac{m(Na_2B_4O_7 \cdot 10H_2O)}{M(Na_2B_4O_7 \cdot 10H_2O)}$$

$$m(Na_2B_4O_7 \cdot 10H_2O) = \frac{0.2 \times 25 \times 381.4}{2 \times 1000} \text{ g} = 0.9535 \text{ g}$$

可见以 Na_2CO_3 标定 HCl 溶液,需称 0.26 g 左右,由于天平本身的称重误差为 0.2 mg,相对误差 $\frac{0.2 \times 10^{-3}}{0.26} \times 100\% = 0.08\%$。同理,对于硼砂,称量相对误差约为 0.02%。可见 Na_2CO_3 的称量相对误差约为硼砂的 4 倍,所以选用硼砂作为标定 HCl 溶液的基准物更为理想。

6.5 非水溶液的酸碱滴定

酸碱反应一般是在水溶液中进行。但是,以水作为介质,有时会遇到困难:第一,K_a(或 K_b)小于 10^{-9} 的弱酸(或弱碱)或 $cK_a < 10^{-8}$(或 $cK_b < 10^{-8}$)的溶液在水中一般不能

准确滴定;第二,许多有机化合物在水中的溶解度小,使滴定无法进行;第三,由于水的拉平效应,使强酸或强碱不能分别进行滴定等。这些困难的存在,使得在水溶液中进行酸碱滴定受到一定限制。如果采用各种非水溶剂(包括有机溶剂与不含水的无机溶剂)作为滴定介质,常常可以克服这些困难,从而扩大酸碱滴定的应用范围。非水滴定包括酸碱滴定、氧化还原滴定、配位滴定及沉淀滴定等方法,在有机分析中得到了广泛的应用。本节只讨论非水溶液中的酸碱滴定。

6.5.1 溶剂

1. 溶剂的分类

在非水溶液酸碱滴定中,常用的溶剂有甲醇、乙醇、冰乙酸、二甲基甲酰胺、丙酮和苯等,种类很多。通常根据溶剂的酸碱性,可分为质子溶剂和非质子性溶剂两大类。

1) 质子溶剂

能给出质子或接受质子的溶剂称为质子溶剂。其特点是溶剂分子间有质子的转移,即质子自递反应。根据给出和接受质子能力的不同,又可分为以下三类。

(1) 两性溶剂:既能给出质子又能接受质子的一类溶剂,得失质子能力相近,如甲醇、乙醇、异丙醇等。

(2) 酸性溶剂:给出质子的能力比水强的一类溶剂,其酸性比水强,如甲酸、冰乙酸等。

(3) 碱性溶剂:接受质子的能力比水强的一类溶剂,其碱性比水强,如乙二胺、丁胺、乙醇胺等。

2) 非质子性溶剂

溶剂分子间不能发生质子转移的溶剂称为非质子性溶剂,在这类溶剂中,溶剂分子之间没有质子自递反应。但是,这类溶剂可能具有接受质子的倾向,因而溶液中有溶剂化质子的形成,但不可能有溶剂阴离子的形成。非质子性溶剂可分为以下两类。

(1) 亲质子溶剂:此类溶剂无质子,但具有较弱的接受质子的能力,如吡啶类、酰胺类、酮类等。

(2) 惰性溶剂:既不给出质子,也不接受质子的一类溶剂。此类溶剂的介电常数通常比较小($\varepsilon < 10$),如苯、氯仿、四氯化碳等。

2. 溶剂的性质

1) 溶剂的解离性

非质子性溶剂不能发生解离,称为非解离性溶剂。质子溶剂能发生解离,称为解离性溶剂。解离性溶剂与水一样,分子之间可以发生质子自递反应,即

$SH \rightleftharpoons H^+ + S^-$ $K_a^{SH} = \dfrac{[H^+][S^-]}{[SH]}$ 固有酸度常数

$SH + H^+ \rightleftharpoons SH_2^+$ $K_b^{SH} = \dfrac{[SH_2^+]}{[H^+][SH]}$ 固有碱度常数

$SH + SH \rightleftharpoons SH_2^+ + S^-$ $K_a^{SH} K_b^{SH} [SH]^2 = [SH_2^+][S^-] = K_s$ 溶剂的质子自递常数

通过质子自递反应,产生溶剂化质子及溶剂阴离子:

$$H_2O + H_2O \rightleftharpoons H_3O^+ + OH^- \quad K_s = K_w = 1.0 \times 10^{-14}$$
水化质子

$$C_2H_5OH + C_2H_5OH \rightleftharpoons C_2H_5OH_2^+ + C_2H_5O^- \quad K_s = 7.9 \times 10^{-20}$$
乙醇化质子

$$HAc + HAc \rightleftharpoons H_2Ac^+ + Ac^- \quad K_s = 3.5 \times 10^{-15}$$
乙酸化质子

K_s 称为溶剂的质子自递常数或离子积。$C_2H_5O^-$ 和 Ac^- 是溶剂阴离子。

知道溶剂的质子自递常数及介电常数,对于了解溶剂的性质十分重要。几种常见溶剂的质子自递常数及介电常数见表 6-10。

表 6-10　几种常见溶剂的 pK_s 及介电常数 ε(25 ℃)

溶剂	pK_s	ε	溶剂	pK_s	ε
水	14.00	78.5	乙腈	28.5	36.5
甲醇	16.7	31.5	甲基异丁酮	>30	13.1
乙醇	19.1	24.0	二甲基甲酰胺	—	36.7
甲酸	6.22	58.5	吡啶	—	12.3
乙酸	14.45	6.13	二氧六烷	—	2.21
乙酸酐	14.5	20.5	苯	—	2.30
乙二胺	15.3	14.2	三氯甲烷	—	4.81

根据溶剂的质子自递常数,可以知道该溶剂用于酸碱滴定时适用的 pH 值范围。K_s 对滴定突跃范围的影响:

溶剂	$H_2O(pK_s=14)$	$C_2H_5OH(pK_s=19.1)$
碱	NaOH	C_2H_5ONa
	↓	↓
酸	H_3O^+	$C_2H_5OH_2^+$
化学计量点前	pH = 4	pH* = 4
化学计量点后	pH = 14−4 = 10	pH* = 19.1−4 = 15.1
ΔpH	6	11.1

结论:K_s 越小,突跃范围越大,终点越敏锐。

例如,在甲基异丁酮介质中($pK_s > 30$),用氢氧化四丁基铵作为滴定液,可分别滴定 $HClO_4$ 和 H_2SO_4。

2) 溶剂的酸碱性

现以 HA 代表酸,B 代表碱,根据质子理论有下列平衡存在:

$$HA \rightleftharpoons H^+ + A^- \qquad K_a^{HA} = \frac{[H^+][A^-]}{[HA]}$$

$$B + H^+ \rightleftharpoons BH^+ \qquad K_b^B = \frac{[BH^+]}{[B][H^+]}$$

若酸、碱溶于质子溶剂 SH 中,则发生下列质子转移反应:

$$HA + SH \rightleftharpoons SH_2^+ + A^- \quad K_{HA} = \frac{[SH_2^+][A^-]}{[HA][SH]} = \frac{[H^+][A^-][SH_2^+]}{[HA][H^+][SH]} = K_a^{HA} K_b^{SH}$$

$$B + SH \rightleftharpoons S^- + BH^+ \qquad K_B = \frac{[S^-][BH^+]}{[B][SH]} = K_b^B K_a^{SH}$$

其中,K_{HA}、K_B 分别为酸 HA、碱 B 的解离常数。

可见,酸(碱)在溶剂中的酸(碱)强度取决于酸(碱)的固有酸(碱)度和溶剂的碱(酸)度。

结论:酸、碱的强度不仅与酸、碱本身授受质子的能力有关,而且与溶剂接受质子的能力有关。弱酸溶于碱性溶剂中可以增强其酸性,弱碱溶于酸性溶剂中可以增强其碱性。

3) 溶剂的极性

溶剂的介电常数能反映其极性的强弱,极性强的溶剂,其介电常数较大;反之,其介电常数较小。溶质分子在溶剂中的解离可分为电离和离子对解离两个步骤。以酸 HA 为例:

$$HA + SH \rightleftharpoons [SH_2^+ \cdot A^-] \rightleftharpoons SH_2^+ + A^-$$

即溶质分子电离产生正、负离子,借静电引力形成离子对,离子对再解离形成溶剂合质子和溶质阴离子。根据库仑定律,正、负离子之间的静电引力与溶剂的介电常数(ε)成反比,因此,ε 越大,越有利于离子对的解离,HA 的酸强度也越大。

例如,乙酸在水($\varepsilon = 78.5$)中的酸度比在乙醇($\varepsilon = 24.3$)中大。

4) 溶剂的区分效应和拉平效应

在水中,$HClO_4$、H_2SO_4、HCl、HNO_3 的稀溶液均为强酸,因为上述酸被水溶剂拉平到水合质子 H_3O^+ 强度的水平,故四种酸在水中显示不出差别,这就是拉平效应,而水称为拉平溶剂。

如果上述四种酸在冰乙酸中,由于 HAc 的酸性比水强,接受质子的能力比水弱,这四种酸在冰乙酸中不能将其质子全部转移给冰乙酸,给出 H^+ 的能力有所差别,其酸性就有差异,这种能区分酸或碱强度的作用称为区分效应,具有区分效应的溶剂称为区分性溶剂,冰乙酸就是上述四种酸的区分性溶剂。

实验证明,这四种酸在冰乙酸中的强度顺序是

$$HClO_4 > H_2SO_4 > HCl > HNO_3$$

在非水滴定中,利用溶剂的拉平效应可测定各种酸或碱的总浓度;利用溶剂的区分效应,可以分别测定酸或碱的含量。

可见,在水溶液中不能直接滴定的弱酸或弱碱,通过选择适当的溶剂使其强度增强即可完成滴定。例如,滴定弱碱可选择酸性溶剂。

3. 溶剂的选择

在非水滴定中,溶剂的选择至关重要。在选择溶剂时,溶剂的酸碱性、介电常数和形

成氢键的能力等都要考虑到,但首先要考虑的是溶剂的酸碱性,因为它直接影响滴定反应的完全程度。

溶剂的选择原则一般是溶剂的 K_s 要小,即 pK_s 值要大;应能增强被测酸碱的酸碱度。滴定弱碱应选择酸性溶剂,最常用的是冰乙酸;测定弱酸应选择弱碱性溶剂,常用的有乙二胺、正丁胺等。另外选择的溶剂应对样品及滴定产物具有良好的溶解能力;纯度应较高,若有水,应除去;黏度应小,挥发性小。

6.5.2 碱的滴定

1. 溶剂的选择与处理

滴定弱碱时,通常选用酸性溶剂,冰乙酸是滴定弱碱最常用的溶剂。冰乙酸中含有少量的水分,而水的存在常影响滴定突跃,使指示剂变色不敏锐。常加入一定量的乙酸酐,使之与水反应转变为乙酸。

$$(CH_3CO)_2O + H_2O \rightleftharpoons 2CH_3COOH$$
$$1 \quad : \quad 1$$

若冰乙酸含水量为 0.20%,密度为 1.05 g/mL,除去 1000 mL 冰乙酸中的水,应加密度 1.08 g/mL,含量 97.0% 的乙酸酐的体积计算如下:

$$c_{乙酸酐} = \frac{1.08 \times 1000 \times 97.0\%}{102.1} \text{ mol/L} = 10.3 \text{ mol/L}$$

$$c_{水} = \frac{1.05 \times 1000 \times 0.20\%}{18.0} \text{ mol/L} = 0.12 \text{ mol/L}$$

$$c_{乙酸酐} \times V = c_{水} \times 1000 \text{ mL}$$

$$V = \frac{c_{水}}{c_{乙酸酐}} \times 1000 \text{ mL} = \frac{0.12}{10.3} \times 1000 \text{ mL} = 11.6 \text{ mL}$$

2. 滴定液的配制与标定

冰乙酸溶剂中,高氯酸的酸性最强,所以常用高氯酸的冰乙酸溶液作滴定液。高氯酸中含有水分,应加入乙酸酐除去:

$$H_2O + (CH_3CO)_2O \rightleftharpoons 2CH_3COOH$$

$HClO_4$-HAc 滴定液一般用邻苯二甲酸氢钾为基准物标定其浓度。滴定反应式为

3. 指示剂

用高氯酸滴定液滴定碱时,最常用的指示剂为结晶紫,其酸式色为黄色,碱式色为紫色,由碱区到酸区的颜色变化有紫、蓝、蓝绿、黄绿、黄。在滴定不同强度的碱时,终点颜色变化不同。滴定较强碱,应以蓝色或蓝绿色为终点;滴定较弱碱,应以蓝绿或绿色为终点。

表 6-11 列出了非水酸碱滴定中常用的指示剂。

表 6-11　非水溶剂滴定中所用的指示剂

溶　　剂	指　示　剂
酸性溶剂(冰乙酸)	甲基紫、结晶紫、中性红等
碱性溶剂(乙二胺、二甲基甲酰胺等)	百里酚蓝、偶氮紫、邻硝基苯胺等
惰性溶剂(氯仿、四氯化碳、苯、甲苯等)	甲基红等

6.5.3　酸的滴定

酸的滴定与碱的滴定相仿。滴定弱酸应选用强碱作标准溶液。常用的有甲醇钠或甲醇钾的苯-甲醇溶液。甲醇钠或甲醇钾是由金属钠或钾与甲醇反应制得：

$$2CH_3OH + 2Na \Longrightarrow 2CH_3ONa + H_2 \uparrow$$

除此之外，还可用氢氧化四丁基铵$((C_4H_9)_4N^+OH^-)$的甲醇-甲苯溶液为标准溶液，滴定产物易溶于此有机溶剂中。

标定碱的基准物常用苯甲酸，其滴定反应式为

$$C_6H_5COOH + CH_3ONa \Longrightarrow C_6H_5COONa + CH_3OH$$

可用百里酚蓝作指示剂。常用以测定羧酸、氨基酸及酚类等弱酸。

学 习 小 结

1. 根据酸碱质子理论，能给出质子(H^+)的物质是酸，能接受质子的物质是碱。酸碱反应的实质是质子的转移。酸给出质子变为相应的碱，碱接受质子变为相应的酸，化学组成上仅差一个质子的一对酸碱称为共轭酸碱对。酸碱反应的方向总是：强酸与强碱反应生成弱酸和弱碱。酸和碱可以是中性分子，也可以是阴离子或阳离子。酸碱质子理论不仅适用于水溶液，也适用于非水溶液。

2. 解离度(α)是已电离的电解质分子数除以溶液中原有电解质的分子总数；解离常数是电解质在溶剂中电离达到平衡时的平衡常数，用 K 表示。解离度 α 和解离常数是正相关的关系：

$$\alpha = \sqrt{\frac{K_a}{c}}$$

3. 离子在化学反应中起作用的有效浓度称为活度。浓度与活度的关系式为

$$a = \gamma c$$

离子强度　　　$I = \dfrac{1}{2}\sum_{i=1}^{n} c_i z_i^2 = \dfrac{1}{2}(c_1 z_1^2 + c_2 z_2^2 + \cdots + c_n z_n^2)$

浓度愈大，离子所带的电荷愈多，离子强度也就愈大，离子间相互牵制作用愈大，离子活度系数也就愈小，相应离子的活度就愈低。

4. 溶液 pH 值的计算。

(1) 强酸和强碱溶液:可以根据强酸和强碱浓度得知溶液的[H^+],然后由[H^+]求 pH 值。

(2) 一元弱酸溶液:[H^+]=$\sqrt{K_a c}$ ($K_a c \geqslant 20K_w$ 且 $c/K_a \geqslant 500$)

一元弱碱溶液:[OH^-]=$\sqrt{K_b c}$ ($K_b c \geqslant 20K_w$, $\dfrac{c}{K_b} \geqslant 500$)

(3) 多元弱酸溶液:[H^+]=$\sqrt{K_{a_1} c}$ ($K_{a_1} c \geqslant 20K_w$ 且 $\dfrac{c}{K_{a_1}} \geqslant 500$)

多元弱碱溶液:[OH^-]=$\sqrt{K_{b_1} c}$ ($K_{b_1} c \geqslant 20K_w$, $\dfrac{c}{K_{b_1}} \geqslant 500$)

(4) 两性物质溶液:[H^+]=$\sqrt{K_{a_1} K_{a_2}}$ ($K_{a_2} c \geqslant 20K_w$, $\dfrac{c}{K_{a_1}} > 20$)

(5) 缓冲溶液:pH=$pK_a - \lg \dfrac{c_{酸}}{c_{碱}}$

$$pH = 14.00 - pOH = 14.00 - pK_b + \lg \dfrac{c_{碱}}{c_{酸}}$$

5. 同离子效应:在弱电解质溶液中加入与弱电解质具有相同离子的强电解质时,使弱电解质的解离度降低的现象。

盐效应:在弱电解质的溶液中加入其他强电解质时,该弱电解质的解离度将会稍稍增大,这种影响称为盐效应。

6. 能够抵抗外加少量酸、碱或稀释,而本身 pH 值不甚改变的溶液称为缓冲溶液。缓冲溶液是由共轭酸碱对组成,其中共轭酸是抗碱成分,共轭碱是抗酸成分。缓冲溶液因有足够浓度的抗碱成分、抗酸成分,当外加少量强碱、强酸时,可以通过解离平衡的移动,来保持溶液 pH 值基本不变。

7. 酸碱滴定法是以质子转移反应为基础的滴定分析方法。滴定时用酸碱指示剂指示滴定终点的到达。指示剂的变色范围:pH=$pK_{HIn} \pm 1$。

影响指示剂变色的因素:温度、溶剂、指示剂用量、滴定程序。

8. 化学计量点前后±0.1%范围内 pH 值的突跃称为滴定突跃。滴定突跃所在的 pH 值范围称为滴定突跃范围。影响滴定突跃范围的因素:浓度、弱酸弱碱的强度。

选择指示剂的原则是指示剂的变色范围全部或部分处于滴定突跃范围之内。

准确滴定弱酸的条件:$cK_a \geqslant 10^{-8}$。

准确滴定弱碱的条件:$cK_b \geqslant 10^{-8}$。

9. 判断多元酸各级解离的 H^+ 能否被准确滴定的依据与一元弱酸相同,即若 $cK_a \geqslant 10^{-8}$,则这一级电离的[H^+]可被准确滴定,若 $cK_a < 10^{-8}$,则不能被直接准确滴定。判断相邻两级的 H^+ 能否被准确滴定的依据是相邻两级解离的 K_a 比值不小于 10^4。

强酸滴定多元碱:$cK_{b_1} \geqslant 10^{-8}$, $\dfrac{K_{b_1}}{K_{b_2}} \geqslant 10^4$。

10. 非水酸碱滴定弱碱时,常用冰乙酸作溶剂。高氯酸的冰乙酸溶液作滴定液,最常用的指示剂为结晶紫。

目标测试

一、填空题

1. 在氨溶液中加入 NH_4Cl,则氨的 α _____,溶液的 pH 值_____,这一作用称为_____。
2. 影响的水解因素是_____。
3. 酸碱质子理论认为:H_2O 既是酸又是碱,其共轭酸是_____,其共轭碱是_____。
4. 对某一共轭酸碱 HA-A^-,其 K_a 与 K_b 的关系是_____。
5. $H_2PO_4^-$ 是两性物质,计算其氢离子浓度的最简公式是_____。
6. NaCN 溶液被稀释 4 倍,它的水解度_____,溶液的 $c(OH^-)$_____,pH 值_____。
7. 某弱酸型碱指示剂 HIn 的 $K_{In} = 1.0 \times 10^{-6}$,HIn 呈现红色,$In^-$ 是黄色,加入三种不同溶液中,颜色分别是红、橙、黄,这三种溶液的 pH 范围分别是_____。
8. 已知 HCN 的 $pK_a = 9.37$,HAc 的 $pK_a = 4.75$,HNO_2 的 $pK_a = 3.37$,它们对应的相同浓度的钠盐水溶液的 pH 值的顺序是_____。
9. 按酸碱质子理论,$[Fe(H_2O)_5OH]^{2+}$ 的共轭酸是_____,共轭碱是_____。
10. pH = 3.1~4.4 是甲基橙的_____,pH 值在此区间内的溶液加甲基橙呈现的颜色从本质上说是指示剂的_____。
11. 弱电解质的 α 值随其在溶液中的浓度增大而_____,对 HA 型弱电解质,α 与 c 的关系是_____。
12. Na_2CO_3 水溶液的碱性比同浓度的 Na_2S 溶液的碱性_____,因为 H_2S 的_____比 H_2CO_3 的更小。
13. 要配制总浓度为 0.2 mol/L NH_4^+-NH_3 系缓冲溶液,应以在每升浓度为_____mol/L 的氨水中加入固体 NH_4Cl _____mol 的溶液的_____为最大。
14. 氨在水中的离解实际上是 NH_3 和 H_2O 的_____反应,反应式为_____。
15. 某溶液中加入酚酞和甲基橙各一滴,显黄色,说明此溶液的 pH 值范围是_____。
16. 盐的水解过程是_____。
17. 按质子理论,HAc 在水中的解离,实际是 HAc 和 H_2O 的_____反应,反应式为_____。
18. 1 L 水溶液中含有 0.20 mol 某一弱酸(它的 $K_a = 10^{-4.8}$)和 0.20 mol 该酸的钠盐,则该溶液的 pH 值为_____。
19. 在 $c = 0.20$ mol/L 的某弱酸($K_a = 10^{-5}$)溶液 50 mL 中加入 50 mL 0.20 mol/L 的 NaOH 溶液,则此溶液的 pH 值是_____。
20. 不同的酸碱指示剂有不同的变色范围,是因为它们的_____不同。只有当_____和_____的比约为_____至_____时,才能同时看到指示剂的酸式色同碱式色的混合色,指示剂的变色范围多在_____个 pH 单位左右。

21. 已知弱酸 HA 的 $K_a=1.0\times10^{-4}$,HA 与 NaOH(即 OH$^-$)反应的平衡常数是_____。

22. HCO_3^- 是两性物质,如果 HCO_3^- 的 K_a 是 10^{-8},则 CO_3^{2-} 的 K_b 是_____。

23. 在酸碱滴定中,指示剂的选择是以_____为依据的。

24. 酸碱指示剂大部分是_____弱酸或弱碱。

25. 在理论上,$c_{HIn}=c_{In^-}$ 时,溶液的 pH=pK_{HIn},此 pH 值称为指示剂的_____。

26. 混合指示剂有两种配制方法:一是用一种不随 H$^+$ 浓度变化而改变颜色的物质和一种指示剂混合而成;二是由两种不同的_____混合而成。

27. 在酸碱滴定分析过程中,为了直观、形象地描述滴定溶液中 H$^+$ 浓度的变化规律,通常以_____为纵坐标,以加入标准溶液的_____为横坐标,绘成曲线。此曲线称为_____。

28. 酸碱滴定法是用_____去滴定各种具有酸碱性的物质,当达到化学计量点时,通过标准溶液的体积和_____,按反应的_____关系,计算出被测物的含量。

29. 在酸碱滴定中,选择指示剂是根据_____和_____来确定的。

30. 二元弱酸被准确滴定的判断依据是_____,能够分步滴定的判据是_____。

31. 根据酸碱质子理论,_____是酸,_____是碱,共轭酸碱对的 K_a 和 K_b 关系是_____。

32. 组成上相差一个质子的每一对酸碱称为_____,其 K_a 和 K_b 的关系是_____。

33. 用吸收了 CO_2 的 NaOH 标准溶液滴定 HAc 溶液至酚酞变色,将导致结果_____(偏低、偏高、不变),用它滴定 HCl 溶液至甲基橙变色,将导致结果_____(偏低、偏高、不变)。

34. 某混合碱试样,用 HCl 标准溶液滴定至酚酞终点用量为 V_1(mL),继续用 HCl 标准溶液滴至甲基橙终点用量为 V_2(mL),若 $V_2<V_1$,则混合碱的组成为_____。

35. 有一碱液,可能是 NaOH、Na_2CO_3、$NaHCO_3$,也可能是它们的混合物。今用 HCl 标准溶液滴定,酚酞终点时消耗 HCl V_1(mL),若取同样量碱液用甲基橙为指示剂滴定,终点时用去 HCl V_2(mL),试由 V_1 与 V_2 关系判断碱液组成:

(1) $V_1=V_2$ 时,组成为_____;

(2) $V_2=2V_1$ 时,组成为_____;

(3) $V_1<V_2<2V_1$ 时,组成为_____;

(4) $V_2>2V_1$ 时,组成为_____;

(5) $V_1=0$、$V_2>0$ 时,组成为_____。

二、判断题

1. 强酸的共轭碱一定很弱。(　　)

2. 酸性缓冲液(HAc-NaAc)可以抵抗少量外来酸对 pH 值的影响,而不能抵抗少量外来碱的影响。(　　)

3. 弱酸的酸性越弱,其盐越容易水解。(　　)

4. 对酚酞不显颜色的溶液一定是酸性溶液。（ ）

5. 将氨水稀释 1 倍,溶液中的 OH^- 浓度就减少到原来的二分之一。（ ）

6. 弱酸浓度越稀,α 值越大,故 pH 值越低。（ ）

7. 在 H_2S 溶液中,H^+ 浓度是 S^{2-} 离子浓度的两倍。（ ）

8. 把 pH=3 和 pH=5 的两稀酸溶液等体积混合后,混合液的 pH 值应等于 4。（ ）

9. 等量的 HAc 和 HCl(浓度相等),分别用等量的 NaOH 中和,所得溶液的 pH 值相等。（ ）

10. 在纯水中加入酸后,水的离子积会大于 10^{-14}。（ ）

11. 如果 HCl 溶液的浓度为 HAc 溶液浓度的 2 倍,那么 HCl 溶液的 H^+ 浓度一定是 HAc 溶液里 H^+ 浓度的 2 倍。（ ）

12. 解离度和解离常数都可以用来比较弱电解质的相对强弱程度,因此,α 和 K_a(或 K_b)同样都不受浓度的影响。（ ）

13. 两性电解质可酸式解离,也可碱式解离,所以两个方向的 K_a 与 K_b 相同。（ ）

14. 强酸滴定强碱的滴定曲线,其突跃范围大小只与浓度有关。（ ）

15. 在酸碱滴定中,化学计量点时溶液的 pH 值与指示剂的理论变色点的 pH 值相等。（ ）

16. 酸式滴定管一般用于盛放酸性溶液和氧化性溶液,但不能盛放碱性溶液。（ ）

17. 各种类型的酸碱滴定,其化学计量点的位置均在突跃范围的中点。（ ）

18. 酸碱指示剂用量的多少只影响颜色变化的敏锐程度,不影响变色范围。（ ）

三、单项选择题

1. 等量的酸和碱中和,得到的溶液的 pH 值应是（ ）。
   A. 呈酸性   B. 呈碱性   C. 呈中性   D. 视酸碱相对强弱而定

2. NaAc 溶液被稀释后（ ）。
   A. 水解度增大   B. pH 值上升了   C. OH^- 浓度增高   D. 前三者都对

3. 通过凝固点下降实验测定强电解质稀溶液的 α,一般达不到 100%,原因是（ ）。
   A. 电解质本身未全部解离   B. 正、负离子之间相互吸引
   C. 电解质离解需要吸热   D. 前三个原因都对

4. 将 1 mol/L NH_3 和 0.1 mol/L NH_4Cl 两种溶液按下列体积比（$V_{NH_3}:V_{NH_4^+}$）混合,缓冲能力最强的是（ ）。
   A. 1:1   B. 10:1   C. 2:1   D. 1:10

5. 在氨溶液中加入氢氧化钠,使（ ）。
   A. 溶液 OH^- 浓度变小   B. NH_3 的 K_b 变小
   C. NH_3 的 α 降低   D. pH 值变小

6. 下列能作缓冲溶液的是（ ）。
   A. 60 mL 0.1 mol/L HAc 和 30 mL 0.1 mol/L NaOH 混合液
   B. 60 mL 0.1 mol/L HAc 和 30 mL 0.2 mol/L NaOH 混合液
   C. 0 mL 0.1 mol/L HAc 和 30 mL 0.1 mol/L HCl 混合液

D. 60 mL 0.1 mol/L NaCl 和 30 mL 0.1 mol/L NH_4Cl 混合液

7. 在乙酸溶液中加入少许固体 NaCl 后,发现乙酸的解离度(　　)。
   A. 没变化　　　B. 微有上升　　　C. 剧烈上升　　　D. 下降

8. 在氨水中加入 NH_4Cl 后,NH_3 的 α 和 pH 值变化是(　　)。
   A. α 和 pH 值都增大　　　　　B. α 减小,pH 值增大
   C. α 增大,pH 值变小　　　　　D. α、pH 值都减小

9. 需配制 pH=5 的缓冲液,选用(　　)。
   A. HAc-NaAc　($pK_a(HAc)=4.75$)
   B. $NH_3·H_2O$-NH_4Cl　($pK_b(NH_3)=4.75$)
   C. Na_2CO_3-$NaHCO_3$　($pK_{a_2}(H_2CO_3)=10.25$)
   D. NaH_2PO_4-Na_2HPO_4　($pK_{a_2}(H_3PO_4)=7.2$)

10. 水的共轭酸是(　　)。
    A. H^+　　　B. OH^-　　　C. H_3O^+　　　D. H_2O

11. 以下各组物质具有缓冲作用的是(　　)。
    A. HCOOH-HCOONa　　　　B. HCl-NaCl
    C. HAc-H_2SO_4　　　　D. NaOH-$NH_3·H_2O$

12. 某弱酸 HA 的 $K_a=2×10^{-5}$,则 A^- 的 K_b 为(　　)。
    A. $1/(2×10^{-5})$　　B. $5×10^{-3}$　　C. $5×10^{-10}$　　D. $2×10^{-5}$

13. 酸的强度取决于(　　)。
    A. 该酸分子中的 H 数目　　B. α　　C. K_a　　D. 溶解度

14. 弱酸的解离常数值由下列哪项决定?(　　)
    A. 溶液的浓度　　　　　　B. 酸的解离度
    C. 酸分子中含氢数　　　　D. 酸的本质和溶液温度

15. 将不足量的 HCl 加到 $NH_3·H_2O$ 中,或将不足量的 NaOH 加到 HAc 中去,这种溶液往往是(　　)。
    A. 酸碱完全中和的溶液　　　B. 缓冲溶液
    C. 酸和碱的混合液　　　　　D. 单一酸或单一碱的溶液

16. 下列溶液,酸性最强的是(　　)。
    A. 0.2 mol/L HAc 溶液
    B. 0.2 mol/L HAc 和等体积 0.2 mol/L NaAc 混合液
    C. 0.2 mol/L HAc 和等体积 0.2 mol/L NaOH 混合液

17. 向 HAc 溶液中加入少许固体物质,使 HAc 解离度减小的是(　　)。
    A. NaCl　　　B. NaAc　　　C. $FeCl_3$　　　D. KCN

18. 要配制 pH=3.5 的缓冲液,已知 HF 的 $pK_a=3.18$,H_2CO_3 的 $pK_{a_2}=10.25$,丙酸的 $pK_a=4.88$,抗坏血酸的 $pK_a=4.30$,缓冲剂应选(　　)。
    A. HF-NaF　　　　　　　　B. Na_2CO_3-$NaHCO_3$
    C. 丙酸-丙酸钠　　　　　　D. 抗坏血酸-抗坏血酸钠

19. 各种类型的酸碱滴定,其化学计量点的位置均在(　　)。

A. pH＝7　　　　B. pH＞7　　　　C. pH＜7　　　　D. 突跃范围中点

20. 由于弱酸弱碱的相互滴定不会出现突跃,也就不能用指示剂确定终点,因此在酸碱滴定法中,配制标准溶液必须用(　　)。

A. 强碱或强酸　　B. 弱碱或弱酸　　C. 强碱弱酸盐　　D. 强酸弱碱盐

21. 下列弱酸或弱碱能用酸碱滴定法直接准确滴定的是(　　)。

A. 0.1 mol/L 苯酚,$K_a=1.1\times10^{-10}$　　B. 0.1 mol/L H_3BO_3,$K_a=7.3\times10^{-10}$

C. 0.1 mol/L 羟胺,$K_b=1.07\times10^{-8}$　　D. 0.1 mol/L HF,$K_a=3.5\times10^{-4}$

22. 用硼砂标定 0.1 mol/L 的 HCl 溶液时,应选用的指示剂是(　　)。

A. 中性红　　B. 甲基红　　C. 酚酞　　D. 百里酚酞

23. 用 NaOH 测定食醋的总酸量,最合适的指示剂是(　　)。

A. 中性红　　B. 甲基红　　C. 酚酞　　D. 甲基橙

24. 实际上指示剂的变色范围是根据(　　)而得到的。

A. 人眼观察　　B. 理论变色点计算　　C. 滴定经验　　D. 比较滴定

25. Na_2CO_3 和 $NaHCO_3$ 混合物可用 HCl 标准溶液来测定,测定过程中两种指示剂的滴加顺序为(　　)。

A. 酚酞、甲基橙　　B. 甲基橙、酚酞　　C. 酚酞、百里酚蓝　　D. 百里酚蓝、酚酞

26. 在酸碱滴定中,一般把滴定至化学计量点(　　)的溶液 pH 值变化范围称为滴定突跃范围。

A. 前后±0.1% 相对误差　　　　B. 前后±0.2% 相对误差

C. 前后 0.0% 相对误差　　　　D. 前后±1% 相对误差

27. H_3PO_4 是三元酸,用 NaOH 溶液滴定时,pH 值突跃有(　　)个。

A. 1　　B. 2　　C. 3　　D. 无法确定

28. 用强碱滴定一元弱酸时,应符合 $cK_a\geq10^{-8}$ 的条件,这是因为(　　)。

A. $cK_a<10^{-8}$ 时滴定突跃范围窄　　B. $cK_a<10^{-8}$ 时无法确定化学计量关系

C. $cK_a<10^{-8}$ 时指示剂不发生颜色变化　　D. $cK_a<10^{-8}$ 时反应不能进行

29. 多元酸准确分步滴定的条件是(　　)。

A. $K_{a_i}>10^{-5}$　　　　B. $K_{a_i}/K_{a_{i+1}}\geq10^4$

C. $cK_{a_i}\geq10^{-8}$　　　　D. $cK_{a_i}\geq10^{-8}$、$K_{a_i}/K_{a_{i+1}}\geq10^4$

30. 为使 pH 滴定突跃范围增大,可以采取下列措施中的(　　)。

A. 改变滴定方式　　　　B. 加热被滴定溶液

C. 增加溶液酸度　　　　D. 增加滴定剂浓度

31. 下列酸碱滴定反应中,其化学计量点 pH 值等于 7.00 的是(　　)。

A. NaOH 溶液滴定 HAc　　　　B. HCl 溶液滴定 $NH_3\cdot H_2O$

C. HCl 溶液滴定 Na_2CO_3　　　　D. NaOH 溶液滴定 HCl

32. 用盐酸标准溶液滴定 Na_2CO_3 溶液,第一化学计量点时 pH 值计算需选用公式为(　　)。

A. $[H^+]=\sqrt{K_{a_1}c}$　　　　B. $[OH^-]=\sqrt{K_{b_1}c}$

C. $[H^+]=\sqrt{K_{a_1}K_{a_2}}$ D. $[OH^-]=\sqrt{K_{b_1}K_{b_2}}$

33. 称取纯一元弱酸 HA 1.250 g 溶于水中并稀释至 50 mL,用 0.100 mol/L NaOH 溶液滴定,消耗 NaOH 溶液 50 mL 到化学计量点,则弱酸的摩尔质量为( )。
   A. 200   B. 300   C. 150   D. 250

34. 用 0.10 mol/L HCl 溶液滴定 0.16 g 纯 Na_2CO_3(106 g/mol),至甲基橙终点约需 HCl 溶液( )mL。
   A. 10   B. 20   C. 30   D. 40

35. 用 0.1000 mol/L HCl 溶液滴定 0.1000 mol/L NaOH 溶液时的突跃为 9.7~4.3,用 0.01000 mol/L HCl 溶液滴定 0.01000 mol/L NaOH 溶液时的突跃范围是( )。
   A. 9.7~4.3   B. 8.7~4.3   C. 9.7~5.3   D. 8.7~5.3

36. 用 0.1000 mol/L NaOH 溶液滴定 0.1000 mol/L HAc(pK_a=4.7)溶液时 pH 值突跃范围为 7.7~9.7,由此可推断用 0.1000 mol/L NaOH 溶液滴定 pK_a=3.7 的 0.1000 mol/L 某一元酸溶液,其 pH 值突跃范围为( )。
   A. 6.8~8.7   B. 6.7~9.7   C. 6.7~10.7   D. 7.7~9.7

37. 用同一 NaOH 溶液分别滴定体积相同的 H_2SO_4 和 HAc 溶液,消耗 NaOH 溶液体积相等,说明 H_2SO_4 和 HAc 两种溶液中( )。
   A. 氢离子浓度(mol/L)相等   B. H_2SO_4 和 HAc 浓度相等
   C. H_2SO_4 浓度为 HAc 浓度的 $\frac{1}{2}$ D. 两个滴定的 pH 值突跃范围相等

38. 酸碱滴定法测定 $CaCO_3$ 含量时,应采用( )。
   A. 直接滴定法   B. 返滴定法   C. 置换滴定法   D. 间接滴定法

39. 用 0.1 mol/L HCl 溶液滴定 0.1 mol/L 的 $NH_3 \cdot H_2O$(pK_b=4.75)溶液,其最佳指示剂是( )。
   A. 甲基橙(pK_{HIn}=3.4)   B. 甲基红(pK_{HIn}=5.0)
   C. 中性红(pK_{HIn}=7.0)   D. 酚酞(pK_{HIn}=9.1)

40. 选择酸碱指示剂时,不需考虑下面的哪一因素?( )。
   A. 计量点 pH 值   B. 指示剂的变色范围   C. 滴定方向   D. 指示剂的摩尔质量

41. 标定 HCl 和 NaOH 溶液常用的基准物质是( )。
   A. 硼砂和 EDTA   B. 草酸和 $K_2Cr_2O_7$
   C. $CaCO_3$ 和草酸   D. 硼砂和邻苯二甲酸氢钾

42. 以 NaOH 溶液滴定 H_3PO_4($K_{a_1}=7.6\times10^{-3}$,$K_{a_2}=6.2\times10^{-8}$,$K_{a_3}=4.4\times10^{-13}$)至生成 NaH_2PO_4,溶液的 pH 值为( )。
   A. 2.3   B. 3.6   C. 4.7   D. 5.8   E. 9.8

四、简答题

1. 0.1 mol/L H_3A 溶液能否用 0.1 mol/L NaOH 溶液直接滴定?如能直接滴定,有几个突跃?并求出计量点的 pH 值,应选择什么指示剂?(已知 $K_{a_1}=1.0\times10^{-2}$,$K_{a_2}=$

1.0×10^{-6}，$K_{a_3}=1.0\times 10^{-12}$）

2. 今有一 NaOH 和 Na_2CO_3 混合样品，简述其测定原理和结果的计算方法。

五、计算题

1. 有一弱酸 HA，其解离常数 $K_a=6.4\times 10^{-7}$，求 $c=0.30$ mol/L 时溶液的 $c(H^+)$。

2. 有一弱酸 HA，在 $c=0.015$ mol/L 时有 0.1% 解离，要使有 1% 解离，该酸浓度是多少？

3. 求 0.10 mol/L NaCN 溶液的 pH 值。

4. 浓度为 0.01 mol/L HAc 溶液的 $\alpha=0.042$，求 HAc 的 K_a 及溶液的 $c(H^+)$。在 500 mL 上述溶液中加入 2.05 g NaAc，若不考虑体积的变化，求溶液的 $c(H^+)$ 和 pH 值。将二者比较，并作出相应的结论。

5. 欲配 pH=10.0 的缓冲溶液，应在 300 mL 0.5 mol/L $NH_3\cdot H_2O$ 溶液中加 NH_4Cl 多少克？（$K_b=1.79\times 10^{-5}$）

6. 计算浓度为 0.02 mol/L 的 H_2CO_3 溶液中 $[H_3O^+]$、$[HCO_3^-]$、$[CO_3^{2-}]$ 分别是多少？（$K_{a_1}=4.3\times 10^{-7}$，$K_{a_2}=5.61\times 10^{-11}$）

7. 称纯 $CaCO_3$ 0.5000 g，溶于 50.00 mL 过量的 HCl 溶液中，多余酸用 NaOH 溶液回滴，用去 6.20 mL。1.000 mL NaOH 溶液相当于 1.010 mL HCl 溶液，求这两种溶液的浓度。

8. 称取混合碱样 0.3400 g，制成溶液后，用盐酸（0.1000 mol/L）滴至酚酞终点，消耗盐酸 15.00 mL，继续用盐酸滴至甲基橙终点，又用去盐酸 36.00 mL，问：此溶液中含哪些碱性物质？质量分数各为多少？

9. 有一试样可能是 Na_3PO_4、NaH_2PO_4 和 Na_2HPO_4，也可能是 H_3PO_4、NaH_2PO_4 及 Na_2HPO_4 的混合物。称取 1.000 mg，用甲基红为指示剂，以 0.2000 mol/L NaOH 溶液滴定，用去 7.50 mL，同样重试样以酚酞为指示剂，用 NaOH 溶液滴定至终点需 25.40 mL，计算样品中各组分的质量分数。

10. 有浓 H_3PO_4 2.000 g，用水稀释定容为 250.0 mL，取 25.00 mL，以 0.1000 mol/L NaOH 标准溶液 20.04 mL 滴定至甲基红变为橙黄色，计算 $w(H_3PO_4)$。（$M(H_3PO_4)=98.00$ g/mol）

第 7 章

沉淀溶解平衡与沉淀滴定法

学习目标

1. 掌握溶度积的概念、溶度积规则及有关计算;
2. 了解沉淀-溶解平衡的移动;
3. 掌握沉淀滴定法的基本原理、终点的确定方法和滴定条件的选择;
4. 掌握沉淀滴定法中标准溶液的配制和标定方法;
5. 掌握沉淀滴定法的计算。

7.1 溶度积规则

7.1.1 沉淀-溶解平衡与溶度积常数

任何电解质在水中都有一定的溶解度,而且在水中被溶解后都会发生解离。例如,AgCl 是一种难溶的强电解质,当其溶于水时,一方面,在水分子作用下,束缚在晶体中的 Ag^+ 和 Cl^- 不断进入溶液形成水合离子,这个过程称为溶解;另一方面,已经溶解在水中的 Ag^+ 和 Cl^- 在运动中相互碰撞,又有可能回到晶体表面,从溶液中析出,这个过程称为沉淀。溶解和沉淀是可逆的两个过程。在一定条件下,当溶解速率和沉淀速率相等时,便建立了难溶电解质与溶液中离子的动态平衡,这种平衡称为沉淀-溶解平衡。此时已形成 AgCl 饱和溶液,溶液中离子浓度已不再改变,平衡关系可表示如下:

$$AgCl(s) \underset{沉淀}{\overset{溶解}{\rightleftharpoons}} Ag^+(aq) + Cl^-(aq)$$

未溶解固体　　　溶液中离子

平衡常数表达式为

$$K = \frac{[Ag^+][Cl^-]}{[AgCl]}$$

在一定温度下，K 为常数，AgCl 是固体，固体的浓度可看成常数，并入常数项，则
$$K_{sp} = [Ag^+][Cl^-]$$
K_{sp} 称为溶度积常数，简称溶度积。它表明在难溶电解质的饱和溶液中，当温度一定时，相应的离子浓度的乘积是一个常数。对于任一难溶强电解质 $A_m B_n$，在一定温度下达到沉淀-溶解平衡：
$$A_m B_n \rightleftharpoons m A^{n+} + n B^{m-}$$
则
$$K_{sp} = [A^{n+}]^m [B^{m-}]^n \tag{7-1}$$

K_{sp} 与其他平衡常数一样，和温度有关，与浓度无关。

7.1.2 溶度积与溶解度的相互换算

溶度积和溶解度都能反映难溶电解质的溶解能力，溶解度指一定温度下，一定量饱和溶液中溶质的含量。二者之间既有区别又有联系，可以互相换算。

【**例 7-1**】 298.15 K 时，AgCl 的溶解度为 1.33×10^{-5} mol/L，试求该温度下 AgCl 的溶度积。

解 已知 AgCl 的溶解度为 1.33×10^{-5} mol/L，则
$$[Ag^+] = [Cl^-] = 1.33 \times 10^{-5} \text{ mol/L}$$
因此
$$K_{sp} = [Ag^+][Cl^-] = (1.33 \times 10^{-5})^2 = 1.77 \times 10^{-10}$$

298.15 K 时，AgCl 的溶度积为 1.77×10^{-10}。

【**例 7-2**】 298.15 K 时，Ag_2CrO_4 的 K_{sp} 为 1.12×10^{-12}，计算 Ag_2CrO_4 的溶解度。

解
$$Ag_2CrO_4(s) \rightleftharpoons 2Ag^+(aq) + CrO_4^{2-}(aq)$$
设 S 为该温度下的溶解度(mol/L)，则
$$[CrO_4^{2-}] = S, \quad [Ag^+] = 2S$$
$$K_{sp} = [Ag^+]^2 [CrO_4^{2-}] = (2S)^2 S = 4S^3 = 1.12 \times 10^{-12}$$
$$S = 6.54 \times 10^{-5} \text{ mol/L}$$

因此，298.15 K 时，Ag_2CrO_4 的溶解度为 6.54×10^{-5} mol/L。

虽然 Ag_2CrO_4 的 K_{sp} 比 AgCl 的 K_{sp} 小，但溶解度比 AgCl 大。原因是 Ag_2CrO_4 属于 A_2B 型结构，而 AgCl 属于 AB 型结构。对于相同类型的难溶强电解质，如均为 AB 型，或均为 A_2B 或 AB_2 型等，可根据 K_{sp} 的大小直接比较其溶解度的大小，溶度积大者，溶解度也大。对不同类型的难溶电解质，不能直接根据溶度积的大小来判断其溶解度大小，必须经过实际计算才能得出结论。

必须指出，上述换算关系只适用于少数在溶液中不发生副反应(不水解、不形成配合物)，或发生副反应但程度不大的情况。此外，当有高浓度电解质存在时，盐效应的影响也很大。因此，严格说来，上述换算关系只有在总离子浓度不大，且只存在单一溶度积平衡的情况下才是适用的。

7.1.3 溶度积规则

难溶电解质在任意情况下，溶液中离子浓度幂的乘积称为离子积，用 Q 表示。对于

难溶电解质 A_mB_n,有

$$Q = c_{A^{n+}}^m c_{B^{m-}}^n \quad (7-2)$$

Q 和 K_{sp} 的表达式类似,但含义不同。K_{sp} 特指一定温度下难溶电解质饱和溶液中各离子浓度幂的乘积,仅是 Q 的一个特例;而 Q 是指任意情况下各离子浓度幂的乘积,Q 的数值不定,随着溶液中离子浓度的改变而变化。在任何给定的电解质溶液中,将离子积 Q 与溶度积 K_{sp} 进行比较,存在以下三种情况。

(1) 当 $Q=K_{sp}$ 时,溶液为饱和溶液。难溶电解质在溶液中处于沉淀-溶解平衡状态。

(2) 当 $Q<K_{sp}$ 时,溶液为不饱和溶液。溶液中无沉淀析出,若加入难溶强电解质,则会继续溶解直至 $Q=K_{sp}$。

(3) 当 $Q>K_{sp}$ 时,溶液为过饱和溶液。溶液将会析出沉淀,直至达到饱和($Q=K_{sp}$)为止。

上述规则称为溶度积规则。据此规则,可以判断化学反应过程中是否生成沉淀或继续溶解;可以控制溶液的离子浓度,使沉淀生成或溶解。

7.1.4 影响沉淀溶解度的因素

影响沉淀溶解度的因素有多种,主要是同离子效应、盐效应、酸效应及配位效应,另外,温度、溶剂、生成沉淀的颗粒大小和结构也影响沉淀的溶解度。

1. 同离子效应

向难溶电解质的饱和溶液中加入与难溶电解质含有相同离子的易溶强电解质,使难溶电解质的溶解度减小的效应称为沉淀-溶解平衡的同离子效应。

【例 7-3】 试求 298.15 K 时,Ag_2CrO_4 在 0.010 mol/L K_2CrO_4 溶液中的溶解度。

解 设 Ag_2CrO_4 在 0.010 mol/L 的 K_2CrO_4 溶液中的溶解度为 S mol/L。

$$Ag_2CrO_4(s) \rightleftharpoons 2Ag^+(aq) + CrO_4^{2-}(aq)$$

平衡浓度/(mol/L)　　　　　　　$2S$　　　　$0.010+S$

$$[Ag^+]^2[CrO_4^{2-}] = K_{sp}$$

$$4S^2(0.010+S) = 1.12 \times 10^{-12}$$

由于 Ag_2CrO_4 的 K_{sp} 甚小,S 远小于 0.010,因此

$$0.010 + S \approx 0.010$$

得

$$S = 5.3 \times 10^{-6} \text{ mol/L}$$

Ag_2CrO_4 在蒸馏水中的溶解度为 6.5×10^{-5} mol/L,由计算可知,在 0.010 mol/L K_2CrO_4 溶液中,溶解度减小为 5.3×10^{-6} mol/L。也就是说,由于 CrO_4^{2-} 的存在,即同离子效应的存在,降低了 Ag_2CrO_4 的溶解度,可以在一定程度上减少沉淀的溶解损失。

在实际应用中,常利用同离子效应使某种离子沉淀得更加完全,减少原料的损失。加入的沉淀剂一般是易溶的强电解质,加入的沉淀剂并不是越多越好,过多的沉淀剂在产生同离子效应的同时也会发生盐效应或配位效应,从而使沉淀的溶解度增大,因此,加入的沉淀剂应适量。对一般的沉淀分离或制备,沉淀剂一般过量 20%~50%;重量分析中,对不易挥发的沉淀剂,一般过量 20%~30%,易挥发的沉淀剂,一般过量 50%~100%。另

外,洗涤沉淀时,也可以根据情况及要求选择合适的洗涤剂以减少洗涤过程的溶解损失。

2. 盐效应

向难溶电解质的饱和溶液中加入与该难溶电解质不具有相同离子的易溶强电解质,使难溶电解质的溶解度增大的效应称为沉淀-溶解平衡的盐效应。

产生盐效应的主要原因是:向难溶电解质的溶液中加入其他可溶性盐类时,增加了离子强度,溶液中离子之间的相互牵制作用增强,降低了离子的活度,离子之间相互碰撞结合的机会减少,沉淀-溶解平衡破坏,平衡向溶解的方向进行,因而增大了沉淀的溶解度。例如,$BaSO_4$、$AgCl$ 在 $NaNO_3$ 溶液中的溶解度比在纯水中的溶解度大。一般来说,组成沉淀的离子电荷越高,加入的其他盐类的离子电荷越大,盐效应的影响越大。

3. 酸效应

溶液酸度对沉淀溶解度的影响称为酸效应。许多难溶电解质沉淀的溶解度与溶液的酸度有关,这是由于溶液中氢离子对沉淀-溶解平衡的影响造成的,组成沉淀的一些弱酸根阴离子(如 CO_3^{2-}、SO_4^{2-}、PO_4^{3-}、$C_2O_4^{2-}$、S^{2-} 及 OH^- 等)都会与 H^+ 结合生成弱电解质,降低了阴离子的浓度,电解质沉淀-溶解平衡向溶解方向移动,使难溶的弱酸盐或氢氧化物溶解,增大了沉淀的溶解度。

例如,在 CaC_2O_4 沉淀的溶液中存在如下平衡:

$$CaC_2O_4(s) \rightleftharpoons Ca^{2+}(aq) + C_2O_4^{2-}(aq)$$

$$C_2O_4^{2-}(aq) + H^+(aq) \rightleftharpoons HC_2O_4^-(aq)$$

$$HC_2O_4^-(aq) + H^+(aq) \rightleftharpoons H_2C_2O_4(aq)$$

当溶液中氢离子浓度增大时,平衡右移,生成解离度较小的弱酸,从而使 CaC_2O_4 沉淀溶解。而当酸度降低时,组成沉淀的金属阳离子会发生水解,生成弱电解质金属氢氧化物,降低了阳离子的浓度,因此也会增大沉淀的溶解度。

4. 配位效应

由于组成沉淀的金属离子和一些试剂发生配位反应而增大沉淀溶解度的现象称为配位效应。例如,向 $AgCl$ 沉淀溶液中加入适量氨水,$AgCl$ 沉淀将会溶解,这是因为

$$AgCl(s) + 2NH_3(aq) \rightleftharpoons [Ag(NH_3)_2]^+(aq) + Cl^-(aq)$$

$AgCl$ 能与 NH_3 形成配合物,破坏了 $AgCl$ 的沉淀-溶解平衡,增大了 $AgCl$ 的溶解度。

除上述影响因素外,温度、溶剂、沉淀颗粒的大小及沉淀的时间都会影响沉淀的溶解度。在实际分析工作中,应视具体情况,采取相应措施,提高分析的准确度。

7.2 难溶电解质沉淀的生成与溶解

7.2.1 沉淀的生成

在难溶电解质的溶液中,如果溶液的离子积 $Q > K_{sp}$,就会生成沉淀,为使沉淀更完

全,必须创造条件,促进平衡向生成沉淀的方向移动。

【例 7-4】 在 20.0 mL 0.0025 mol/L AgNO₃ 溶液中,加入 5.0 mL 0.01 mol/L K₂CrO₄ 溶液,是否有 Ag₂CrO₄ 沉淀析出?($K_{sp}(Ag_2CrO_4)=9.0\times10^{-12}$)

解 当沉淀剂加入后,溶液中各离子浓度分别为

$$[Ag^+]=0.0025\times\frac{20.0}{20.0+5.0}\ mol/L=0.002\ mol/L$$

$$[CrO_4^{2-}]=0.01\times\frac{20.0}{20.0+5.0}\ mol/L=0.002\ mol/L$$

$$Q_i=[Ag^+]^2[CrO_4^{2-}]=(2\times10^{-3})^2\times(2\times10^{-3})=8\times10^{-9}$$

$Q>K_{sp}(Ag_2CrO_4)$,有 Ag₂CrO₄ 沉淀产生。

7.2.2 沉淀的溶解

根据溶度积规则,要使溶液中难溶电解质的沉淀溶解,必须降低该难溶电解质饱和溶液中某一离子浓度,使 $Q<K_{sp}$,平衡向着溶解方向移动,沉淀溶解。下面介绍几种常用的方法。

1. 生成弱电解质

1) 生成弱酸

一些难溶电解质,如 CaCO₃、BaCO₃、FeS 和 CaC₂O₄ 等,加入强酸后,沉淀溶解。例如,CaCO₃ 不溶于水,加入 HCl 溶液,沉淀将溶解。

$$CaCO_3(s)\rightleftharpoons Ca^{2+}(aq)+CO_3^{2-}(aq)$$
$$+$$
$$H^+\longrightarrow H_2CO_3\rightleftharpoons H_2O+CO_2\uparrow$$

弱酸盐的酸根阴离子与强酸提供的 H⁺ 结合生成弱电解质弱酸,甚至生成有关气体。随着 H⁺ 加入,CO₃²⁻ 与 H⁺ 作用生成 HCO₃⁻,随着 HCO₃⁻ 离子浓度的增加,溶液中积累的 H₂CO₃ 达到饱和。由于 H₂CO₃ 的不稳定性,它放出 CO₂ 气体。而溶液中酸根离子浓度(CO₃²⁻)减小,使 $Q<K_{sp}$,于是平衡向沉淀溶解方向移动。

2) 生成弱碱

某些难溶的氢氧化物(如 Mg(OH)₂)沉淀可以溶解在 NH₄Cl 溶液中,因为 NH₄⁺ 可以与 OH⁻ 结合成弱碱 NH₃·H₂O。

$$Mg(OH)_2(s)\rightleftharpoons Mg^{2+}+2OH^-$$
$$+$$
$$2NH_4^+\longrightarrow 2NH_3\uparrow+2H_2O$$

3) 生成水

难溶的氢氧化物沉淀(如 Mg(OH)₂)还可以溶解在强酸溶液中,因为 H⁺ 可以与 OH⁻ 结合生成弱电解质 H₂O。

$$Mg(OH)_2(s)\rightleftharpoons Mg^{2+}+2OH^-$$
$$+$$
$$H^+\longrightarrow H_2O$$

2. 发生氧化还原反应

一些沉淀的溶度积很小,一般情况下很难溶解,此时若加入具有氧化性的物质,改变难溶电解质的离子价态,从而使沉淀溶解。例如,CuS 的 K_{sp} 很小,又不溶于盐酸,可以加入具有氧化性的硝酸溶液,发生下列反应:

$$CuS(s) \rightleftharpoons S^{2-}(aq) + Cu^{2+}(aq)$$
$$+$$
$$HNO_3 \longrightarrow S\downarrow + NO\uparrow + H_2O$$

由于发生氧化还原反应,改变了 S^{2-} 的价态,降低了组成难溶电解质溶液 S^{2-} 的浓度,从而使平衡向溶解方向移动,CuS 溶解。

3. 生成配合物

难溶电解质的饱和溶液中,加入配合剂与电解质形成配合物或配离子,可降低难溶电解质的离子浓度,从而使沉淀溶解。例如,AgCl 不溶于水,但是加入氨水,将发生下列反应:

$$AgCl(s) \rightleftharpoons Ag^+(aq) + Cl^-(aq)$$
$$+$$
$$2NH_3 \rightleftharpoons [Ag(NH_3)_2]^+$$

由于 Ag^+ 和 NH_3 配合反应生成 $[Ag(NH_3)_2]^+$,大大降低了溶液中 Ag^+ 的浓度,沉淀-溶解平衡移动,AgCl 沉淀溶解。

7.2.3 分步沉淀

溶度积和离子积可以用来判断含有多种难溶电解质离子溶液沉淀生成的先后顺序。加入同一种沉淀剂,溶液中不同离子先后沉淀的过程称为分步沉淀。

【例 7-5】 在含有 0.01 mol/L 的 I^- 和 0.01 mol/L 的 Cl^- 的溶液中,逐滴加入 $AgNO_3$ 溶液,判断 AgCl 和 AgI 沉淀出现的先后顺序和两种沉淀的分离效果。试以计算说明。($K_{sp}(AgCl) = 1.77 \times 10^{-10}$,$K_{sp}(AgI) = 8.52 \times 10^{-17}$)

解 根据溶度积规则,分别计算出生成 AgCl 和 AgI 沉淀时所需 Ag^+ 离子最低浓度(假如加入的 $AgNO_3$ 浓度较大,所引起的体积变化忽略不计)。

AgI 沉淀需:$[Ag^+] = \dfrac{K_{sp}}{[I^-]} = \dfrac{8.52 \times 10^{-17}}{0.01}$ mol/L $= 8.52 \times 10^{-15}$ mol/L

AgCl 沉淀需:$[Ag^+] = \dfrac{K_{sp}}{[Cl^-]} = \dfrac{1.77 \times 10^{-10}}{0.01}$ mol/L $= 1.77 \times 10^{-8}$ mol/L

从计算看出,沉淀 I^- 所需的 Ag^+ 浓度远远小于沉淀 Cl^- 所需的 Ag^+ 浓度,当溶液中同时存在 Cl^-、I^- 两种离子时,加入 $AgNO_3$ 首先达到 AgI 的 K_{sp} 而先析出沉淀,然后才会析出 K_{sp} 较大的 AgCl 沉淀。

当 AgCl 刚开始沉淀时,溶液中还残留的 I^- 浓度

$$[I^-] = \dfrac{K_{sp}}{[Ag^+]} = \dfrac{8.52 \times 10^{-15}}{1.77 \times 10^{-8}} \text{ mol/L} = 4.8 \times 10^{-7} \text{ mol/L}$$

溶液中剩余的 I^- 浓度很小,远小于 1×10^{-5} mol/L,说明在 AgCl 刚开始沉淀时,I^-

已沉淀得相当完全,二者是能够进行有效分离的。

7.2.4 沉淀的转化

在含有电解质沉淀的溶液中,加入适当的试剂,可以使沉淀转化为溶解度更小的另一种沉淀,这个过程称为沉淀的转化。

例如,在含有 $PbSO_4$(白色)沉淀的溶液中加入 Na_2S 溶液后,会发现白色沉淀转化为黑色沉淀(PbS)。

$$PbSO_4(s) \rightleftharpoons Pb^{2+}(aq) + SO_4^{2-}(aq)$$
$$+$$
$$S^{2-}(aq) \rightleftharpoons PbS(s)$$

由于 PbS 的溶解度比 $PbSO_4$ 小,所以加入 NaS 溶液后发生沉淀的转化。

7.3 沉淀滴定法

7.3.1 沉淀滴定法概述

沉淀滴定法是以沉淀反应为基础的一类滴定分析方法。虽然许多化学反应能生成沉淀,但并不是所有的沉淀反应都能用于滴定,只有具备下列条件的沉淀反应才可应用于滴定分析:

(1) 生成沉淀的溶解度必须很小;
(2) 沉淀的组成要固定,被测离子与沉淀剂之间要有准确的化学计量关系;
(3) 沉淀反应的速率要大;
(4) 沉淀吸附的杂质少,不影响滴定结果和终点的判断;
(5) 有适当的方法指示滴定终点的到达。

目前应用最广泛的是生成难溶性银盐的沉淀反应:

$$Ag^+(aq) + X^-(aq) \Longrightarrow AgX(s) \downarrow$$

这种利用生成难溶性银盐反应为基础的沉淀滴定法称为银量法。银量法适用于测定含 Cl^-、Br^-、I^-、SCN^- 和 Ag^+ 等离子的化合物。

银量法按确定终点所用的指示剂不同,分为铬酸钾指示剂法、铁铵矾指示剂法、吸附指示剂法。

7.3.2 银量法指示终点的方法

1. 铬酸钾指示剂法

铬酸钾指示剂法又称莫尔法,是以铬酸钾为指示剂,$AgNO_3$ 为标准溶液,在中性或弱碱性溶液中直接测定氯化物和溴化物的银量法。

以测定氯化物为例：

终点前　　　　　　$Ag^+(aq)+Cl^-(aq) \rightleftharpoons AgCl(s)$（白色）

终点时　　　　　　$2Ag^+ + CrO_4^{2-} \rightleftharpoons Ag_2CrO_4(s)$（砖红色）

根据分步沉淀的原理，由于 AgCl（$S=1.3×10^{-5}$ mol/L）的溶解度小于 Ag_2CrO_4（$S=7.9×10^{-5}$ mol/L）的溶解度，因此，用 $AgNO_3$ 滴定含 Cl^- 和 CrO_4^{2-} 的溶液时，AgCl 首先从溶液沉淀出来，当 Ag^+ 与 Cl^- 定量沉淀完全后，稍过量的 Ag^+ 即与 CrO_4^{2-} 反应生成砖红色的 Ag_2CrO_4 沉淀，指示终点到达。

应用铬酸钾指示剂法时，必须注意滴定条件。

(1) 指示剂的用量：根据溶度积原理，K_2CrO_4 指示剂用量太多时终点提前，用量太少则终点推迟。实验证明，K_2CrO_4 指示剂浓度一般在 $5×10^{-3}$ mol/L 左右为宜。

(2) 溶液的酸度：滴定反应在中性和弱碱性溶液（pH=6.5~10.5）中进行。因为在酸性溶液中 CrO_4^{2-} 转化为 $Cr_2O_7^{2-}$，使 CrO_4^{2-} 的浓度降低，导致在化学计量点时不能形成 Ag_2CrO_4 沉淀，终点推迟。

$$2H^+ + 2CrO_4^{2-} \rightleftharpoons 2HCrO_4^- \longrightarrow Cr_2O_7^{2-} + H_2O$$

若碱性太强，此时溶液中的 Ag^+ 又会生成 Ag_2O 沉淀：

$$Ag^+ + OH^- \rightleftharpoons AgOH \downarrow \longrightarrow Ag_2O + H_2O$$

若碱性太强，可用稀硝酸中和；若溶液酸性太强，可用 $NaHCO_3$、$CaCO_3$ 或硼砂中和。

(3) 干扰物质：铬酸钾指示剂法的选择性比较差，干扰离子多。凡能与 Ag^+ 生成沉淀的阴离子（如 PO_4^{3-}、AsO_4^{3-}、S^{2-}、CO_3^{2-}、$C_2O_4^{2-}$ 等），能与 CrO_4^{2-} 生成沉淀的阳离子（如 Ba^{2+}、Pb^{2+}、Hg^{2+} 等），能与 Ag^+ 形成配合物的物质（如 NH_3、EDTA、KCN、$S_2O_3^{2-}$ 等）都对测定有干扰，应预先分离。

铬酸钾指示剂法适用于直接滴定 Cl^-、Br^- 和 CN^-，不适用于滴定 I^- 和 SCN^-。因为 AgI 和 AgSCN 对 I^- 和 SCN^- 有强烈的吸附作用，即使剧烈振摇也不能完全释放 I^- 和 SCN^-，导致终点变色不明显，滴定终点推迟，测定结果偏低。也不适用于 NaCl 标准溶液直接滴定 Ag^+，因为在 Ag^+ 试液中加入指示剂后，就会立即有 Ag_2CrO_4 沉淀。滴定过程中 Ag_2CrO_4 沉淀转化为 AgCl 沉淀的速度极慢，使终点推迟。

2. 铁铵矾指示剂法

铁铵矾指示剂法又称佛尔哈德法，是以铁铵矾（$NH_4Fe(SO_4)_2 \cdot 12H_2O$）为指示剂的银量法。根据滴定方式的不同，铁铵矾指示剂法分为直接滴定法和返滴定法。

1) 直接滴定法

在酸性溶液中，以铁铵矾为指示剂，用 NH_4SCN（或 KSCN）标准溶液滴定溶液中的 Ag^+：

终点前　　　　　　$Ag^+ + SCN^- \rightleftharpoons AgSCN(s)$（白色）

终点时　　　　　　$Fe^{3+} + SCN^- \rightleftharpoons [FeSCN]^{2+}$（红色）

随着 NH_4SCN 标准溶液的加入，首先生成白色的 AgSCN 沉淀，沉淀完全后，稍过量的标准溶液与指示剂铁铵矾（$NH_4Fe(SO_4)_2 \cdot 12H_2O$）的 Fe^{3+} 生成红色的配离子，指示终点的到达。

AgSCN 沉淀易吸附溶液中的 Ag^+,使滴定终点提前,测定结果偏低,所以在滴定时,必须剧烈振荡使被吸附的 Ag^+ 释放出来。

实验证明,指示剂用量控制在终点附近溶液中 Fe^{3+} 浓度约 0.015 mol/L,这时引起的终点误差小于 0.1%。溶液酸度控制在 0.1~1.0 mol/L,酸度过低时 Fe^{3+} 水解产生颜色较深的 $Fe(OH)_3$,从而影响终点颜色观察。

2) 返滴定法

此法适用于测定卤化物。在被测试液中加入一定量过量的 $AgNO_3$ 标准溶液,待反应完全后,以铁铵矾为指示剂,再用 NH_4SCN 或 KSCN 标准溶液滴定剩余的 Ag^+。滴定反应式为

加入过量沉淀剂 $\qquad Ag^+(过量) + X^- \rightleftharpoons AgX(s)$

终点前 $\qquad\qquad\qquad Ag^+(剩余) + SCN^- \rightleftharpoons AgSCN(s)(白色)$

终点时 $\qquad\qquad\qquad Fe^{3+} + SCN^- \rightleftharpoons [Fe(SCN)]^{2+}(红色)$

值得注意的是返滴定测定 Cl^- 时,在滴定终点时溶液存在 AgCl 和 AgSCN 两种沉淀,因 AgSCN 的溶解度小于 AgCl 的溶解度,溶液中存在沉淀转化:

$$AgCl + SCN^- \rightleftharpoons AgSCN + Cl^-$$

该反应使本应产生的 $[FeSCN]^{2+}$ 的红色不能及时出现,导致终点拖后。为了减少这种误差,通常在返滴定前加入 2~3 mL 硝基苯(或其他有机溶剂)用力摇动,使有机溶剂包裹在 AgCl 沉淀表面,阻止沉淀转化的发生。也可在加入 $AgNO_3$ 溶液以后,先加热煮沸使 AgCl 沉淀凝聚并过滤,再在滤液中加入指示剂用 NH_4SCN 或 KSCN 标准溶液滴定。

铁铵矾指示剂法测定 Br^-、I^-、SCN^- 时,不会发生上述沉淀的转化。但是在测定 I^- 时一定要先加入过量的 $AgNO_3$ 标准溶液,然后再加指示剂,否则,将会发生如下氧化还原反应,影响测定结果:

$$2Fe^{3+} + 2I^- \rightleftharpoons 2Fe^{2+} + I_2$$

另外,强氧化剂和氮氧化物及铜盐、汞盐都会与 SCN^- 作用,干扰测定,必须预先除去。

3. 吸附指示剂法

吸附剂指示剂法又名法扬司法,是以硝酸银为标准溶液,用吸附指示剂确定滴定终点的银量法。吸附指示剂是一些有机染料,吸附在沉淀表面以后,其结构发生改变引起溶液颜色的变化,从而指示滴定终点的到达。

例如,用 $AgNO_3$ 标准溶液滴定时,以荧光黄(用 HFln 表示)作指示剂,它是弱酸,在水溶液中解离为黄绿色的阴离子:

$$HFln \rightleftharpoons H^+ + Fln^-(黄绿色)$$

化学计量点之前 AgCl 沉淀吸附溶液中过量的 Cl^-,使沉淀胶体表面带负电荷:

$$AgCl + Cl^- \rightleftharpoons AgCl \cdot Cl^-$$

由于静电排斥作用,Fln^- 不被沉淀吸附,此时溶液显黄绿色;在化学计量点后,稍微过量的 $AgNO_3$ 使溶液中出现过量的 Ag^+,则 AgCl 沉淀胶粒吸附 Ag^+,从而使 AgCl 沉淀带正电荷:

$$AgCl + Ag^+ \rightleftharpoons AgCl \cdot Ag^+$$

由于静电吸引作用,Fln⁻被沉淀吸附,此时溶液显粉红色,指示滴定终点的到达:

$$AgCl \cdot Ag^+ + Fln^- \rightleftharpoons AgCl \cdot Ag^+ \cdot Fln^- （粉红色）$$

这是荧光黄指示剂指示终点的原理,其他吸附指示剂变色原理基本相同。

吸附指示剂法的滴定条件如下。

(1) 由于吸附指示剂是被沉淀表面吸附而变色,因此沉淀应尽可能保持胶状,使其具有较大的表面积,可以加入糊精、淀粉等防止沉淀凝聚。

(2) 由于指示剂是弱有机酸,滴定时溶液必须在一定的酸度范围,以保证指示剂解离出足够多的阴离子。例如:荧光黄应在 pH=7~10 的范围内使用;二氯荧光黄使用范围应在 pH=4~10;曙红的酸性较强,即使在 pH 值为 2 时也能指示终点。

(3) 胶粒对指示剂的吸附能力要适当。沉淀胶粒对指示剂的吸附能力应略小于对被测离子的吸附能力。否则,吸附能力太强,终点颜色将提前出现;反之,终点将推迟出现或颜色变化不敏锐。

卤化银对卤素离子和几种常用吸附指示剂的吸附能力次序为

$$I^- > 二甲基二碘荧光黄 > Br^- > 曙红 > Cl^- > 荧光黄$$

例如,测定 Cl^- 时只能选择荧光黄,不能选择曙红,因为 AgCl 首先吸附曙红而不是 Cl^-,从而使得终点提前。

表 7-1 列出了几种常用的吸附指示剂。

表 7-1 几种常用的吸附指示剂

指 示 剂	被测离子	滴 定 剂	滴定条件
荧光黄	I^-、Br^-、Cl^-	$AgNO_3$	pH=7~10
二氯荧光黄	I^-、Br^-、Cl^-	$AgNO_3$	pH=4~10
曙红	I^-、Br^-、SCN^-	$AgNO_3$	pH=2~10
甲基紫	Ag^+	NaCl	酸性

7.3.3 标准溶液的配制和标定

银量法中常用的标准溶液是 $AgNO_3$ 和 NH_4SCN 标准溶液。

1. $AgNO_3$ 标准溶液

$AgNO_3$ 有符合分析要求的基准试剂,可以准确称量后直接配成标准溶液。但在实际工作中,一般采用间接配制法。通常用分析纯或化学纯 $AgNO_3$ 试剂配制成近似浓度,再用基准物 NaCl 标定。NaCl 易吸潮,使用前将它置于瓷坩埚中,加热至 500~600 ℃ 干燥,然后放入干燥器中冷却备用。标定的方法应采取与测定相同的方法,可消除方法系统误差。配制 $AgNO_3$ 溶液的蒸馏水中应不含 Cl^-。$AgNO_3$ 溶液见光易分解,应保存于棕色瓶中。

2. NH_4SCN 标准溶液

市售 NH_4SCN 不符合基准物质要求,不能直接称量配制。可先配制成近似浓度,用已标定好的 AgNO₃ 溶液按佛尔哈德法的直接滴定法进行标定。

 ### 7.3.4 银量法的应用

1. 银量法在药物分析中的应用

无机卤化物及许多有机碱的氢卤酸盐都可用银量法测定。例如,KCl 含量的测定。取 KCl 试样 0.1500 g,加蒸馏水 50 mL,溶解后加 5 mL 2%糊精溶液,加 5~8 滴荧光黄指示剂,用 0.1000 mol/L AgNO₃ 标准溶液滴定至混浊液由黄绿色转变为淡红色。记录消耗 AgNO₃ 标准溶液的体积。根据 AgNO₃ 标准溶液消耗量计算试样中 KCl 含量。

2. 银量法在农业分析中的应用

银量法在农业中被广泛地采用,比如饲料中盐分的测定、土壤中 Cl⁻ 的测定。

银量法测定土壤中 Cl⁻ 含量,称取通过 2 mm 筛孔风干土壤样品 50.00 g 于 500 mL 塑料瓶中,加入 250 mL 不含二氧化碳的水。振荡 3 min 后立即抽气过滤,弃去初始滤液 20 mL,获得清滤液。吸取滤液 25.00 mL 放入 150 mL 锥形瓶中,滴加铬酸钾指示剂,在不断摇动下,用 AgNO₃ 标准溶液滴定至出现砖红色沉淀且经摇动不再消失为止。记录 AgNO₃ 标准溶液的体积。取 25.00 mL 蒸馏水,同上法做空白实验,记录消耗 AgNO₃ 标准溶液的体积。根据消耗 AgNO₃ 标准溶液的体积计算土壤中 Cl⁻ 含量。

3. 银量法在食品分析中的应用

食品中盐分的测定,取试液使之含 50~100 mg NaCl,置于 100 mL 容量瓶中,加入 5 mL HNO₃ 溶液。边猛烈摇动边加入 20.00~40.00 mL 0.1 mol/L AgNO₃ 标准溶液,用水稀释至刻度,在避光处放置 5 min。用快速定量滤纸过滤,弃去最初滤液 10 mL。当加入 0.1 mol/L AgNO₃ 标准溶液后,如不出现 AgCl 凝聚沉淀,而呈现胶体溶液,应在定容、摇匀后移入 250 mL 锥形瓶中,置沸水浴中加热数分钟至出现 AgCl 凝聚沉淀。取出,在冷水中迅速冷却至室温,用快速定量滤纸过滤,弃去最初滤液 10 mL。取 50.00 mL 滤液于 250 mL 锥形瓶中。加入 2 mL 硫酸铁铵饱和溶液,边猛烈摇动边用 0.1 mol/L KSCN 标准溶液滴定至出现淡棕红色,保持 1 min 不褪色。记录消耗 0.1 mol/L KSCN 标准溶液的体积。同时用 50 mL 蒸馏水代替 50.00 mL 滤液做空白实验,记录空白实验消耗 0.1 mol/L KSCN 标准溶液的体积。根据消耗 KSCN 标准溶液体积计算食品中盐分的含量。

1. 难溶电解质在溶液中存在溶解和沉淀两个过程,在一定条件下,当溶解速率和沉淀速率相等时,便建立了难溶电解质与溶液中离子的动态平衡,这种平衡称为沉淀-溶解平衡。

难溶电解质的溶解平衡可表示为

$$A_mB_n \rightleftharpoons mA^{n+} + nB^{m-}$$

$$K_{sp}=[A^{n+}]^m[B^{m-}]^n$$

在一定温度下,难溶电解质的饱和溶液中,各离子浓度幂的乘积为常数,该常数为溶度积常数,用 K_{sp} 表示。K_{sp} 值的大小反映了难溶电解质的溶解能力,其值与温度有关,与浓度无关。

2. 溶度积常数与溶解度:

溶度积常数 K_{sp} 和溶解度 S 都可以用来表示物质的溶解能力,当溶解度的单位用 mol/L 表示时,二者之间可以相互换算。

3. 溶度积规则:

① 当 $Q=K_{sp}$ 时,表示饱和状态,溶液为饱和溶液;

② 当 $Q<K_{sp}$ 时,表示溶液未饱和状态,溶液为不饱和溶液;

③ 当 $Q>K_{sp}$ 时,表示溶液过饱和状态,溶液为过饱和溶液。

4. 影响沉淀溶解度的因素有同离子效应、盐效应、酸效应、配位效应。

5. 沉淀溶解采取的措施:①生成弱电解质;②发生氧化还原反应;③生成配合物。

6. 沉淀滴定法是利用沉淀反应为基础的一类滴定分析方法。应用广泛的是银量法。银量法按确定指示终点所用的指示剂不同,分为铬酸钾指示剂法、铁铵矾指示剂法、吸附指示剂法。

7. 铬酸钾指示剂法中指示剂的用量和溶液的 pH 值是两个主要问题:①终点时铬酸钾指示剂有合适的浓度;②滴定在中性或弱碱性溶液中进行。

8. 铁铵矾指示剂法测定卤化物可用返滴定法,但测定 Cl^- 含量时必须注意,当滴定到化学计量点时,溶液中存在 AgCl 和 AgSCN 两种难溶性银盐的溶解平衡,而且 K_{sp}(AgSCN)<K_{sp}(AgCl),AgCl 沉淀易转化为 AgSCN 沉淀。为了避免转化反应的发生,可以采取措施,防止终点推迟,结果偏低。

目标测试

一、填空题

1. 铬酸钾指示剂法测定 NaCl 中 Cl^- 含量时,如果 pH>7.5,会引起_____的形成,使测定结果偏_____。

2. 沉淀滴定法中铁铵矾指示剂法测定 Cl^- 时,一般加入_____防止 AgCl 沉淀转化。

3. 吸附指示剂法测定 Cl^- 时,在荧光黄指示剂中加入糊精,其目的是保持_____,减少_____。

二、单项选择题

1. 铬酸钾指示剂法测定 Cl^- 含量时,要求介质的 pH 值在 6.5~10.5 范围内,若碱性过强,则(　　)。

　　A. AgCl 沉淀不完全　　　　　　B. 生成 Ag_2O 沉淀

C. AgCl 沉淀吸附增强　　　　　　D. K_2CrO_4 沉淀难以形成

2. 铬酸钾指示剂法测定 Cl^-,控制 pH＝4,其滴定终点将(　　)。

A. 不受影响　　B. 提前到达　　C. 推迟到达　　D. 刚好等于化学计量点

3. 铬酸钾指示剂法不能测定碘化物中的碘,主要原因是(　　)。

A. AgI 溶解度太小　　　　　　B. AgI 吸附能力太强

C. AgI 的沉淀速率太小　　　　D. 没有合适的指示剂

4. 某溶液中含有 Pb^{2+} 和 Ba^{2+},它们的浓度都为 0.010 mol/L。逐滴加入 K_2CrO_4 溶液,如 $K_{sp}(PbCrO_4)=2.8\times10^{-13}$,$K_{sp}(BaCrO_4)=1.2\times10^{-10}$,则先沉淀物质为(　　)。

A. 不能沉淀　　B. H_2CrO_4　　C. Pb^{2+}　　D. Ba^{2+}

5. 25 ℃时 $CaCO_3$ 的溶解度为 9.3×10^{-5} mol/L,则 $CaCO_3$ 的溶度积为(　　)。

A. 8.6×10^{-9}　　B. 9.3×10^{-5}　　C. 1.9×10^{-6}　　D. 9.6×10^{-2}

三、简答题

1. 简述溶度积规则。

2. 什么叫沉淀滴定法? 沉淀滴定法所用的沉淀反应必须具备哪些条件?

3. 简述吸附指示剂法测定中加入糊精或淀粉的作用。

4. 铁铵钒指示剂法测定 I^- 时应采用什么滴定方式? 测定过程应注意什么?

5. 银量法测定下列试样,各应选用何种方法确定终点? 为什么?

(1)$BaCl_2$;(2)KCl;(3)NH_4Cl;(4)KSCN;(5)Na_2CO_3＋NaCl;(6)NaBr。

四、计算题

1. 根据下列给定条件求溶度积常数:

(1) $FeC_2O_4\cdot 2H_2O$ 在 1 L 水中能溶解 0.10 g;

(2) $Ni(OH)_2$ 在 pH＝9.00 的溶液中溶解度为 1.6×10^{-6} mol/L。

2. 标定 $AgNO_3$ 时,称取 NaCl 0.1169 g,加水溶解后,以 K_2CrO_4 为指示剂,用 $AgNO_3$ 标准溶液滴定,消耗 20.00 mL,求该 $AgNO_3$ 标准溶液的浓度。

3. 吸取 NaCl 试液 20.00 mL,加入 K_2CrO_4 指示剂,用 0.1023 mol/L $AgNO_3$ 标准溶液滴定,用去 13.50 mL,则每升溶液中含 NaCl 多少克?

4. 准确称取银合金试样 0.3000 g,溶解后加入铁铵矾指示剂,用 0.1000 mol/L NH_4SCN 标准溶液滴定,消耗 23.80 mL,计算银的质量分数。

第 8 章

配位平衡与配位滴定法

学习目标

1. 掌握配位化合物的定义、组成和命名；
2. 掌握配合物的稳定常数和不稳定常数的概念和意义，理解配位平衡及其影响因素；
3. 掌握副反应系数、稳定常数和不稳定常数等的有关计算；
4. 理解和掌握配位滴定法的基本原理（滴定曲线、最佳酸度的控制等）；
5. 运用所学知识解决在配位滴定中所遇到的一般问题。

8.1 配位化合物

配位化合物简称配合物，自 1798 年合成第一个配合物 $[Co(NH_3)_6]Cl_2$ 以来，已经合成了成千上万种配合物。配合物的存在和应用非常广泛，生物体内的金属元素多以配合物的形式存在。例如：叶绿素是镁的配合物，承担着植物的光合作用；动物血液中的血红蛋白是铁的配合物，起着输送氧气的作用；动物体内的各种酶，几乎都是以金属配合物的形式存在。配合物的研究已经成为一门独立的化学分支学科——配位化学，配位化学是与分析化学、有机化学、结构化学、药物化学、冶金学、合成化学、环境化学、生物科学密切联系的一门综合性边缘学科，学习和研究配位化学具有重要的实践意义。

8.1.1 配位化合物的定义

硫酸铜在溶液中是完全电离的，也就是说，在 $CuSO_4$ 溶液中加入 Ba^{2+}，会有白色的 $BaSO_4$ 沉淀生成，加入稀 NaOH 溶液，则有 $Cu(OH)_2$ 沉淀生成，即 $CuSO_4$ 溶液中存在着游离的 Cu^{2+} 离子和 SO_4^{2-} 离子。

如在硫酸铜溶液中加入过量氨水，可得一深蓝色溶液，在此溶液中，加入稀 NaOH 溶

液得不到 $Cu(OH)_2$ 沉淀,但加入 Ba^{2+} 则有白色 $BaSO_4$ 沉淀生成。这是因为 Cu^{2+} 离子与 4 个 NH_3 分子以配位键结合成难解离的复杂离子——配离子$[Cu(NH_3)_4]^{2+}$,而配离子 $[Cu(NH_3)_4]^{2+}$ 的性质与 Cu^{2+} 有所不同。从组成可见,配合物不仅不符合经典的化学键理论,而且在水溶液中的解离方式也不同于简单化合物。上述反应可表示为

$$CuSO_4 + 4NH_3 \rightleftharpoons [Cu(NH_3)_4]SO_4$$

$[Cu(NH_3)_4]SO_4$ 在溶液中可以解离出$[Cu(NH_3)_4]^{2+}$离子和 SO_4^{2-} 离子,即

$$[Cu(NH_3)_4]SO_4 \longrightarrow [Cu(NH_3)_4]^{2+} + SO_4^{2-}$$

但$[Cu(NH_3)_4]^{2+}$很难解离出 Cu^{2+} 和 NH_3 分子。

其他如 KI 可与 HgI 生成化学式为 $K_2[HgI_4]$ 的配合物,在水溶液中的解离式是

$$K_2[HgI_4] \longrightarrow 2K^+ + [HgI_4]^{2-}$$

溶液中有大量的$[HgI_4]^{2-}$配离子,而 Hg^{2+} 离子很少。

将这种由金属离子(或原子)与一定数目的中性分子或阴离子以配位键结合形成的复杂离子称为配离子。如$[Cu(NH_3)_4]^{2+}$、$[Ag(CN)_2]^-$等。若形成的是复杂分子,则称为配位分子。如$[Pt(NH_3)_2Cl_2]$、$[Ni(CO)_4]$等。含有配离子或配位分子的化合物称为配位化合物,简称配合物。

8.1.2 配位化合物的组成

1. 内界和外界

配合物是由内界和外界组成的,由中心离子和配体组成的化学质点(离子、分子)称为配合物的内界,书写化学式时用方括号括起来,内界是配合物的特征部分,是由中心离子和配体通过配位键结合而成的一个相当稳定的整体,用方括号标明。方括号外面的离子构成外界。内界和外界之间的化学键是离子键。

下面以 $K_4[Fe(CN)_6]$ 和 $[Ni(NH_3)_4]SO_4$ 为例说明配合物的组成:

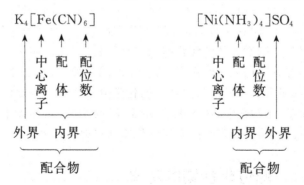

也有一些配位化合物只有内界,没有外界,如配位分子$[Pt(NH_3)_2Cl_2]$等。

2. 中心离子(中心原子)

中心离子是配合物的核心,能与配体形成配位键的金属阳离子统称为中心离子,它们是配合物的形成体。中心离子多为过渡元素的离子,如 Cu^{2+}、Ag^+、Zn^{2+}、Fe^{2+}、Co^{2+} 等,有些中性金属原子和高价非金属离子也有此功能,如 Ni、Fe 和$[SiF_6]$中的 Si 等。

3. 配体和配位原子

在配合物中,能与中心离子直接结合的阴离子或分子称为配体,如 I^-、OH^-、CN^-、NH_3、H_2O 等。配体中具有孤对电子并与中心离子形成配位键的原子称为配位原子,配位原子一般是非金属元素,如 I、O、C、N 等都可作为配位原子。

根据配体中配位原子的数目可把配体分成单齿配体和多齿配体两类。只含一个配位原子的配体称为单齿配体,如 Cl^-、CN^-、NH_3、H_2O 等;含有两个或两个以上配位原子的配体称为多齿配体,如

双齿配体：乙二胺 $\overset{..}{N}H_2CH_2CH_2\overset{..}{N}H_2$　　2个配位原子

四齿配体：氨基三乙酸 $\overset{..}{N}\begin{array}{l}-CH_2COOH\\-CH_2COOH\\-CH_2COOH\end{array}$　　4个配位原子

六齿配体：乙二胺四乙酸 EDTA　　6个配位原子

4. 配位数

在配合物中,直接与中心离子形成配位键的配位原子的总数称为配位数。对于单齿配体,其中心离子的配位数等于内界配体的总数。例如:$[Pt(NH_3)_4]Cl_2$,配体为 NH_3,配位数为 4;$[Pt(NH_3)_2Cl_2]$ 配体为 NH_3 和 Cl^-,配位数为 4。对于多齿配体,配位数为配体数乘以每个配体中所含的配位原子数。例如,$[Ni(en)_2]^{2+}$（en:乙二胺）中 Ni^{2+} 的配位数是 4,$[Ca(EDTA)]^{2-}$ 中的 Ca^{2+} 配位数是 6。

中心离子的配位数与中心离子和配体的性质有关,也与形成配合物的条件有关。在一定条件下,某些中心离子有特征配位数。例如,Ag^+、Cu^+ 等的配位数是 2,Cu^{2+}、Zn^{2+}、Ni^{2+}、Hg^{2+}、Cd^{2+}、Pt^{2+} 等的配位数是 4,Fe^{3+}、Al^{3+}、Cr^{3+}、Co^{3+}、Fe^{2+}、Pt^{4+} 等的配位数是 6。

5. 配离子的电荷

配离子所带电荷等于中心原子与所有配体的电荷的代数和。例如:

$[Fe(CN)_6]^{3-}$　　　$(+3)+6\times(-1)=-3$

$[Cu(NH_3)_4]^{2+}$　　$(+2)+4\times(0)=+2$

8.1.3　配位化合物的命名

配位化合物的命名方法基本遵循无机化合物的命名原则,先命名阴离子再命名阳离子。配离子是阴离子的配合物称为"某酸某"或"某某酸";配离子是阳离子的配合物,若外界是一简单离子的酸根(如 Cl^-)则称为"某化某",若外界酸根是一个复杂阴离子(如 SO_4^{2-}、OH^-)则称为"某酸某"、"氢氧化某"等。

配离子的命名一般依照以下顺序:

配位体数(用中文数字表示)→配体名称→"合"→中心离子名称(用罗马数字标明氧化数加括号表示)。

若有多种配位体时,不同配体用圆点"·"分开。一般先无机配体,后有机配体(复杂

配体写在括号内);先阴离子,后中性分子;同类配体时,按配位原子元素符号的英文字母顺序排列。

对于配离子为阴离子的配合物,若外界为 H^+,则在配阴离子名称之后用"酸"字结尾;若外界为金属阳离子,则在配阴离子名称之后用"酸某"结尾。例如:

$H[AuCl_4]$　　　　　　　　四氯合金(Ⅲ)酸
$K_2[HgI_4]$　　　　　　　　四碘合汞(Ⅱ)酸钾
$K_4[Fe(CN)_6]$　　　　　　六氰合铁(Ⅱ)酸钾
$K_3[Fe(CN)_6]$　　　　　　六氰合铁(Ⅲ)酸钾
$NH_4[Cr(SCN)_4(NH_3)_2]$　四硫氰·二氨合铬(Ⅲ)酸铵

下面是配离子为阳离子的配合物命名例子。

$[Zn(NH_3)_4]SO_4$　　　　　硫酸四氨合锌(Ⅱ)
$[PtCl(NO_2)(NH_3)_4]CO_3$　碳酸一氯·一硝基·四氨合铂(Ⅳ)
$[Cu(NH_3)_4]Br_2$　　　　　二溴化四氨合铜(Ⅱ)
$[CoCl_2(NH_3)_3(H_2O)]Cl$　一氯化二氯·三氨·一水合钴(Ⅲ)

下面是中性配合物命名例子。

$[Ni(CO)_4]$　　　　　　　　四羰基合镍
$[PtCl_4(NH_3)_2]$　　　　　四氯·二氨合铂(Ⅳ)
$[Co(NO_2)_3(NH_3)_3]$　　　三硝基·三氨合钴(Ⅲ)

命名时,应注意化学式相同的配体,若配位原子不同则命名不同,如—NO_2 硝基、—NO 亚硝基、—SCN 硫氰酸根、—NCS 异硫氰酸根。

除了正规的命名法之外,有些配合物至今还沿用习惯命名,如 $K_3[Fe(CN)_6]$ 铁氰化钾(赤血盐), $K_4[Fe(CN)_6]$ 亚铁氰化钾(黄血盐), $[Ag(NH_3)_2]^+$ 银氨配离子, $[Cu(NH_3)_4]^{2+}$ 铜氨配离子等。

8.1.4　配位化合物的类型

1. 简单配位化合物

简单配位化合物是由一定数目的单齿配体有规律地排列在一个中心离子周围所形成的配合物。若配合物中只含一种配体,称为均一型配合物,如 $[Cu(NH_3)_4]^{2+}$、$[Ag(CN)_2]^-$。若配体不止一种,则称非均一型或混合型配合物,如 $[Co(NH_3)Cl_3]$。

2. 螯合物

螯合物又称内配合物,是由多齿配体与中心离子配合形成的具有环状结构的配合物。形成螯合物的多齿配体称为螯合剂。螯合物可以是配离子,也可以是中性分子,例如:

在二乙二胺合镍(Ⅱ)离子中,每一个螯环上有五个原子,称为五元环;而二乙酰丙酮基合铜(Ⅱ)中,每一个螯环上则有六个原子,称为六元环。螯合物的每一环上有几个原子就称为几元环。

螯合物性质稳定,多具有特征颜色,多不溶于水或难溶于水而易溶于有机溶剂。常用于金属离子的鉴定,如丁二肟与 Ni^{2+} 形成二(丁二肟)合镍:

二乙二胺合镍(Ⅱ)离子　　　　　二乙酰丙酮基合铜(Ⅱ)

$$Ni^{2+} + 2 \begin{array}{c} H_3C-C=NOH \\ H_3C-C=NOH \end{array} = \left[\begin{array}{c} \text{二(丁二肟)合镍结构} \end{array} \right] + 2H^+$$

(鲜红)

二(丁二肟)合镍为鲜红色沉淀,所以该反应可用于 Ni^{2+} 的鉴别。

螯合剂大多数是有机化合物,但也有少数无机化合物,如三聚磷酸钠与 Ca^{2+}、Mg^{2+} 可形成螯合物:

形成的螯合物相当稳定,故常用三聚磷酸钠软化锅炉水,防止锅炉结垢。

螯合物与简单配合物的不同之处是配体不同,作为螯合剂必须具备以下条件:

(1) 螯合剂分子或离子中含有两个或两个以上配位原子,而且这些配位原子同时与一个中心离子配位;

(2) 螯合剂中每两个配位原子之间相隔二到三个其他原子,以便与中心离子形成稳定的五元环或六元环。

8.2　配位平衡

在配位化合物中,配离子和外界离子间以离子键结合,在溶液中能完全解离。而在配离子中,中心离子和配体间以配位键结合,比较稳定,较难解离。但其稳定性是相对的,当条件发生变化时,也可解离。

在溶液中可以生成较稳定的配离子,配离子也可以微弱地解离为组成它的中心离子和配体,即配离子在溶液中存在配位平衡,如 $[Cu(NH_3)_4]^{2+}$ 在溶液中存在下列平衡:

$$Cu^{2+} + 4NH_3 \underset{解离}{\overset{配合}{\rightleftharpoons}} [Cu(NH_3)_4]^{2+}$$

与多元弱酸(弱碱)的解离相类似,多配体的配离子在水溶液中的解离也是分步进行的,配离子的解离反应的逆反应是配离子的形成反应,其形成反应也是分步进行的。

8.2.1 配位化合物的稳定常数

配离子形成反应达到平衡时的平衡常数称为配离子的稳定常数。在溶液中配离子的形成是分步进行的,每一步都相应有一个稳定常数,称为逐级稳定常数(或分步稳定常数)。

例如,$[Cu(NH_3)_4]^{2+}$ 配离子的形成过程:

$$Cu^{2+} + NH_3 \rightleftharpoons [Cu(NH_3)]^{2+} \qquad K_{稳_1} = \frac{[Cu(NH_3)^{2+}]}{[Cu^{2+}][NH_3]} = 10^{4.31}$$

$$[Cu(NH_3)]^{2+} + NH_3 \rightleftharpoons [Cu(NH_3)_2]^{2+} \qquad K_{稳_2} = \frac{[Cu(NH_3)_2^{2+}]}{[Cu(NH_3)^{2+}][NH_3]} = 10^{3.67}$$

$$[Cu(NH_3)_2]^{2+} + NH_3 \rightleftharpoons Cu[(NH_3)_3]^{2+} \qquad K_{稳_3} = \frac{[Cu(NH_3)_3^{2+}]}{[Cu(NH_3)_2^{2+}][NH_3]} = 10^{3.04}$$

$$Cu[(NH_3)_3]^{2+} + NH_3 \rightleftharpoons [Cu(NH_3)_4]^{2+} \qquad K_{稳_4} = \frac{[Cu(NH_3)_4^{2+}]}{[Cu(NH_3)_3^{2+}][NH_3]} = 10^{2.30}$$

逐级稳定常数随着配位数的增加而减小。因为配位数增加时,配体之间的斥力增大,同时中心离子对每个配体的吸引力减小,故配离子的稳定性减弱。

逐级稳定常数的乘积等于该配离子的总稳定常数。例如:

$$Cu^{2+} + 4NH_3 \rightleftharpoons [Cu(NH_3)_4]^{2+}$$

$$K_{稳} = K_{稳_1} K_{稳_2} K_{稳_3} K_{稳_4} = \frac{[Cu(NH_3)_4^{2+}]}{[Cu^{2+}][NH_3]^4} = 10^{13.32}$$

$K_{稳}$ 值越大,表示该配离子在水中越稳定。因此,从 $K_{稳}$ 的大小可以判断配位反应完成的程度,计算配合物溶液中某种离子的浓度,能否用于滴定分析等。

常见配离子的稳定常数列于表 8-1。

表 8-1 常见配离子的稳定常数

配 离 子	$\lg K_{稳}$	$K_{稳}$	配 离 子	$\lg K_{稳}$	$K_{稳}$
$[Ag(NH_3)_2]^+$	7.05	1.1×10^7	$[Au(CN)_2]^-$	38.3	2.0×10^{38}
$[Cu(NH_3)_4]^{2+}$	13.32	2.1×10^{13}	$[Fe(CN)_6]^{4-}$	35	1.0×10^{35}
$[Zn(NH_3)_4]^{2+}$	9.46	2.9×10^9	$[Fe(CN)_6]^{3-}$	42	1.0×10^{42}
$[Ni(NH_3)_4]^{2+}$	8.74	5.5×10^8	$[Ni(CN)_4]^{2-}$	31.3	2.0×10^{31}
$[Co(NH_3)_6]^{2+}$	5.11	1.3×10^5	$[AlF_6]^{3-}$	19.84	6.9×10^{19}
$[Co(NH_3)_6]^{3+}$	35.2	1.6×10^{35}	$[Ag(S_2O_3)_2]^{3-}$	13.46	2.9×10^{13}
$[Ag(CN)_2]^-$	21.1	1.3×10^{21}	$[Cu(en)_2]^{2+}$	20.00	1.0×10^{20}

【例 8-1】 向含有 $[Ag(NH_3)_2]^+$ 的溶液中分别加入 KCN 和 $Na_2S_2O_3$,此时发生下列反应:

① $[Ag(NH_3)_2]^+ + 2CN^- \rightleftharpoons [Ag(CN)_2]^- + 2NH_3$

② $[Ag(NH_3)_2]^+ + 2S_2O_3^{2-} \rightleftharpoons [Ag(S_2O_3)_2]^{3-} + 2NH_3$

试问,在相同的情况下,哪个转化反应进行得较完全?

解 反应式①的平衡常数表示为

$$K_1 = \frac{[Ag(CN)_2^-][NH_3]^2}{[Ag(NH_3)_2^+][CN^-]^2} = \frac{[Ag(CN)_2^-][NH_3]^2[Ag^+]}{[Ag(NH_3)_2^+][CN^-]^2[Ag^+]} = \frac{K_{稳}(Ag(CN)_2^-)}{K_{稳}(Ag(NH_3)_2^+)}$$

$$= \frac{1.26 \times 10^{21}}{1.12 \times 10^7} = 1.13 \times 10^{14}$$

同理,可求出反应式②的平衡常数 $K_2 = 2.57 \times 10^6$。

由计算得知,反应式①的平衡常数 K_1 比反应式②的平衡常数 K_2 大,说明反应①比反应②进行得完全。

【例 8-2】 计算溶液中与 1.0×10^{-3} mol/L $[Cu(NH_3)_4]^{2+}$ 和 1.0 mol/L NH_3 处于平衡状态的游离 Cu^{2+} 的浓度。

解 设平衡时游离 Cu^{2+} 的浓度为 x mol/L。

$$Cu^{2+} + 4NH_3 \rightleftharpoons [Cu(NH_3)_4]^{2+}$$

平衡浓度/(mol/L)　　x　　　1.0　　　1.0×10^{-3}

已知 $[Cu(NH_3)_4]^{2+}$ 的 $K_{稳} = 10^{13.32} = 2.1 \times 10^{13}$,将上述各项平衡浓度代入稳定常数表达式:

$$\frac{[Cu(NH_3)_4^{2+}]}{[Cu^{2+}][NH_3]^4} = K_{稳}$$

得

$$\frac{1.0 \times 10^{-3}}{x \times 1.0^4} = 2.1 \times 10^{13}$$

$$x = \frac{1.0 \times 10^{-3}}{2.1 \times 10^{13}} \text{ mol/L} = 4.8 \times 10^{-17} \text{ mol/L}$$

游离 Cu^{2+} 的浓度为 4.8×10^{-17} mol/L。

若将逐级稳定常数依次相乘,就得到各级累积稳定常数(β_i):

$$\beta_1 = K_{稳_1} = \frac{[Cu(NH_3)^{2+}]}{[Cu^{2+}][NH_3]}$$

$$\beta_2 = K_{稳_1} K_{稳_2} = \frac{[Cu(NH_3)_2^{2+}]}{[Cu^{2+}][NH_3]^2}$$

$$\beta_3 = K_{稳_1} K_{稳_2} K_{稳_3} = \frac{[Cu(NH_3)_3^{2+}]}{[Cu^{2+}][NH_3]^3}$$

$$\beta_4 = K_{稳_1} K_{稳_2} K_{稳_3} K_{稳_4} = K_{稳} = \frac{[Cu(NH_3)_4^{2+}]}{[Cu^{2+}][NH_3]^4}$$

配离子在水溶液中会发生逐级解离,这些解离反应是配离子各级形成反应的逆反应,解离生成了一系列各级配位数不等的配离子,其各级解离的程度可用相应的逐级不稳定常数 $K_{不稳}$ 表示。例如,在水溶液中的解离:

$$[Cu(NH_3)_4]^{2+} \rightleftharpoons [Cu(NH_3)_3]^{2+} + NH_3 \qquad K_{不稳_1} = \frac{[Cu(NH_3)_3^{2+}][NH_3]}{[Cu(NH_3)_4^{2+}]} = 10^{-2.30}$$

$$[Cu(NH_3)_3]^{2+} \rightleftharpoons [Cu(NH_3)_2]^{2+} + NH_3 \quad K_{\text{不稳}_2} = \frac{[Cu(NH_3)_2^{2+}][NH_3]}{[Cu(NH_3)_3^{2+}]} = 10^{-3.04}$$

$$[Cu(NH_3)_2]^{2+} \rightleftharpoons [Cu(NH_3)]^{2+} + NH_3 \quad K_{\text{不稳}_3} = \frac{[Cu(NH_3)^{2+}][NH_3]}{[Cu(NH_3)_2^{2+}]} = 10^{-3.67}$$

$$[Cu(NH_3)]^{2+} \rightleftharpoons Cu^{2+} + NH_3 \quad K_{\text{不稳}_4} = \frac{[Cu^{2+}][NH_3]}{[Cu(NH_3)^{2+}]} = 10^{-4.31}$$

显然,逐级不稳定常数分别与相对应的逐级稳定常数互为倒数:

$$K_{\text{不稳}_1} = \frac{1}{K_{\text{稳}_4}}, \quad K_{\text{不稳}_2} = \frac{1}{K_{\text{稳}_3}}, \quad K_{\text{不稳}_3} = \frac{1}{K_{\text{稳}_2}}, \quad K_{\text{不稳}_4} = \frac{1}{K_{\text{稳}_1}}$$

同样

$$[Cu(NH_3)_4]^{2+} \rightleftharpoons Cu^{2+} + 4NH_3$$

$$K_{\text{不稳}} = K_{\text{不稳}_1} K_{\text{不稳}_2} K_{\text{不稳}_3} K_{\text{不稳}_4} = \frac{1}{K_{\text{稳}}} = 10^{-13.32}$$

值得注意的是,在$[Cu(NH_3)_4]^{2+}$的水溶液中,总存在$[Cu(NH_3)_3]^{2+}$、$[Cu(NH_3)_2]^{2+}$和$[Cu(NH_3)]^{2+}$等各级配位数的离子,因此不能认为溶液中$[Cu^{2+}]$与$[NH_3]$之比是1:4。

此外还必须指出,只有在相同类型的情况下,才能根据$K_{\text{稳}}$的大小直接比较配离子的稳定性。

一般配离子的逐级稳定常数彼此相差不大,因此在计算离子浓度时必须考虑各级配离子的存在。但在实际工作中,一般总是加入过量的配位剂,这时金属离子将绝大部分处在最高配位数的状态,其他较低级的配离子可忽略不计。此时若只求简单金属离子的浓度,只需按总的$K_{\text{不稳}}$(或$K_{\text{稳}}$)进行计算,这样可使计算简化。

8.2.2 配位平衡的移动

与化学平衡一样,配位平衡也是一个动态平衡。改变影响平衡的条件之一,平衡就会发生移动。酸碱反应、沉淀反应、氧化还原反应往往都能对配位平衡产生影响。配离子$ML_x^{(n-x)+}$、金属离子M^{n+}及配体L^-在水溶液中存在下列平衡:

$$M^{n+} + xL^- \rightleftharpoons ML_x^{(n-x)+}$$

如果向溶液中加入某种试剂(包括酸、碱、沉淀剂、氧化还原剂或其他配位剂),由于这些试剂与M^{n+}或L^-可能发生各种化学反应,必将导致上述配位平衡发生移动,直到建立起新的平衡。

1. 溶液酸度的影响

在配合物中,很多配体是弱酸阴离子或弱碱,改变溶液的酸度可使配位平衡发生移动。如$[Fe(CN)_6]^{3-}$、$[Cu(NH_3)_4]^{2+}$,增加H^+的浓度,CN^-和NH_3生成HCN和NH_4^+而使配离子$[Fe(CN)_6]^{3-}$、$[Cu(NH_3)_4]^{2+}$的解离程度增大,当H^+的浓度增加到一定程度,配离子将被彻底解离。

$$[Fe(CN)_6]^{3-} \rightleftharpoons Fe^{3+} + 6CN^-$$
$$+$$
$$6H^+ \rightleftharpoons 6HCN$$

总反应: $[Fe(CN)_6]^{3-}+6H^+ \rightleftharpoons Fe^{3+}+6HCN$

$$[Cu(NH_3)_4]^{2+} \rightleftharpoons Cu^{2+}+4NH_3$$
$$+$$
$$4H^+ \rightleftharpoons 4NH_4^+$$

总反应: $[Cu(NH_3)_4]^{2+}+4H^+ \rightleftharpoons Cu^{2+}+4NH_4^+$

相反,降低溶液的酸度,金属离子有可能发生水解,当 OH^- 浓度增加到一定程度时,会生成氢氧化物沉淀,使配离子发生解离,导致平衡移动。因此,为使配离子在溶液中稳定存在,必须将溶液的酸度控制在一定范围内。

2. 沉淀平衡的影响

在配离子的溶液中加入适当的沉淀剂,可使中心离子生成难溶物质,配位平衡遭到破坏。如在 $[Cu(NH_3)_4]^{2+}$ 配离子的溶液中加入 S^{2-} 离子,S^{2-} 离子与配离子解离出来的 Cu^{2+} 生成难溶物质 CuS,而使配位平衡发生移动。

$$[Cu(NH_3)_4]^{2+}+S^{2-} \rightleftharpoons CuS\downarrow +4NH_3$$

【例 8-3】 若在 1.0×10^{-3} mol/L $[Cu(NH_3)_4]^{2+}$ 和 1.0 mol/L NH_3 溶液中加入 0.0010 mol NaOH,有无 $Cu(OH)_2$ 沉淀生成?若加入 0.0010 mol Na_2S,有无 CuS 沉淀生成?

解 由例 8-2 可知,溶液中游离 Cu^{2+} 的浓度为 4.8×10^{-17} mol/L。

① 当加入 0.0010 mol NaOH 后,溶液中的 $[OH^-]=0.0010$ mol/L,则该溶液中相应离子浓度幂的乘积:

$$[Cu^{2+}][OH^-]^2=4.8\times10^{-17}\times(1.0\times10^{-3})^2=4.8\times10^{-23}$$
$$4.8\times10^{-23}<K_{sp}(Cu(OH)_2)=2.2\times10^{-20}$$

故加入 0.0010 mol NaOH 后,无 $Cu(OH)_2$ 沉淀生成。

② 当加入 0.0010 mol Na_2S 后,溶液中的 $[S^{2-}]=0.0010$ mol/L(未考虑 S^{2-} 的水解),则该溶液中相应离子浓度幂的乘积:

$$[Cu^{2+}][S^{2-}]=4.8\times10^{-17}\times1.0\times10^{-3}=4.8\times10^{-20}$$
$$4.8\times10^{-20}>K_{sp}=6.3\times10^{-36}$$

故加入 0.0010 mol Na_2S 后,有 CuS 沉淀产生。

3. 氧化还原平衡的影响

在配位平衡体系中加入能与中心离子发生反应的氧化剂或还原剂,也可使配位平衡移动。

氧化还原电对的电极电势会因配合物的生成而改变,相应物质的氧化还原性能也会发生改变。如在 $[Fe(CN)_6]^{4-}$ 溶液中加入 Cu^+ 离子,发生下列反应:

$$[Fe(CN)_6]^{4-}+Cu^+ \rightleftharpoons [Fe(CN)_6]^{3-}+Cu$$

由于游离 Fe^{2+} 的浓度降低,而使其还原性增强,铁的标准电极电势发生了变化。$\varphi^\ominus([Fe(CN)_6]^{3-}/[Fe(CN)_6]^{4-})=+0.36$ V,小于 $\varphi^\ominus(Cu^+/Cu)=+0.52$ V,因此反应变为正向进行。即 $[Fe(CN)_6]^{4-}$ 中的 Fe^{2+} 可以被 Cu^+ 氧化,致使 $[Fe(CN)_6]^{4-}$ 解离,Fe^{2+} 被氧化为 Fe^{3+},并生成新的配离子 $[Fe(CN)_6]^{3-}$。

4. 配位反应之间的转化

在配合物溶液中,加入一种能与中心离子生成新配离子的配体,可能出现两种情况:一是新生成的配离子的稳定性小于原配离子,新配离子不能存在,溶液中的配位平衡不受影响;二是新生成的配离子的稳定性大于原配离子,则溶液中的配位平衡将遭到破坏,平衡向新配离子生成的方向移动。

例如,在$[Cu(NH_3)_4]^{2+}$溶液中加入KCN,则有

$$[Cu(NH_3)_4]^{2+} \rightleftharpoons Cu^{2+} + 4NH_3$$
$$+$$
$$4CN^- \rightleftharpoons [Cu(CN)_4]^{2-}$$

总反应: $[Cu(NH_3)_4]^{2+} + 4CN^- \rightleftharpoons [Cu(CN)_4]^{2-} + 4NH_3$

同样,在配合物溶液中,加入一种能与配体生成更稳定配离子的金属离子,配位平衡也将遭到破坏,向生成新配离子的方向移动。例如,在$[Cu(CN)_4]^{2-}$溶液中加入Hg^{2+}离子,Hg^{2+}将把Cu^{2+}离子从$[Cu(CN)_4]^{2-}$中置换出来:

$$[Cu(CN)_4]^{2-} + Hg^{2+} \rightleftharpoons [Hg(CN)_4]^{2-} + Cu^{2+}$$

8.3 配位滴定法

8.3.1 配位滴定法概述

配位滴定法是以配位反应为基础的容量分析方法,主要是以EDTA(乙二胺四乙酸)为标准溶液与金属离子发生配位反应的滴定分析方法。配位剂与待测离子生成稳定的配位化合物,滴定终点时,稍微过量的配位剂使指示剂变色。EDTA是一种性能优异的配位剂,能和几乎所有的金属离子形成配合物。在周期表中,能直接滴定或返滴定的元素约有50种,能间接测定的约20种。

1. 配位滴定法的优点

配位滴定法具有如下优点。

(1) 快:一次滴定只要几分钟至十几分钟。

(2) 准:灵敏度高,分析误差小。

(3) 省:不需要贵重的分析仪器。

(4) 广:应用面广,测定含量范围宽。

2. 配位反应的要求

虽然配位反应很多,但并非都可进行配位滴定,配位滴定法的缺点是干扰元素多,选择性差,测定条件要求严格,尤其是溶液的酸度对配合物的稳定性和指示剂的变色都有很大影响,必须严格控制。只有满足下列条件的配位反应,才能用于配位滴定:

(1) 配位反应必须完全,即反应形成的配合物稳定性要足够高,配合物有足够大的稳定常数;

(2) 配位反应必须定量进行,即在一定反应条件下,只形成一种配位数的配合物;

(3) 配位反应速度要快;

(4) 有适当的方法确定反应的终点。

8.3.2 EDTA 配位滴定法的基本原理

1. EDTA 的性质及配合物

EDTA 的性质如下。

(1) 具有双偶极离子结构。

EDTA 从结构上看是一个四元酸,通常用 H_4Y 表示。由于分子中 N 原子的电负性较强,在水溶液中两个羧基上的 H^+ 离子转移到两个 N 原子上形成双偶极离子。其结构式为

$$\text{HOOCH}_2\text{C} \diagdown \overset{+}{\underset{H}{N}} - CH_2 - CH_2 - \overset{+}{\underset{H}{N}} \diagup \text{CH}_2\text{COO}^-$$
$$^-\text{OOCH}_2\text{C} \diagup \qquad\qquad\qquad\qquad \diagdown \text{CH}_2\text{COOH}$$

(2) 溶解度较小。

EDTA 是一种白色结晶粉末,难溶于酸和一般有机溶剂,易溶于碱性或氨性溶液。由于在水中溶解度很小(22 ℃时,100 mL 水能溶解 0.22 g),故通常用其含有两个结晶水的二钠盐,以 $Na_2H_2Y \cdot 2H_2O$ 表示,EDTA 二钠盐的溶解度较大,22 ℃时,每 100 mL 水可溶解 11.1 g,此饱和溶液的浓度约为 0.3 mol/L,pH 值约为 4.4,习惯上仍称为 EDTA。

(3) 相当于质子化的六元酸。

当 H_4Y 溶解于酸性很强的溶液时,它的两个羧基可再接受 H^+ 而形成 H_6Y^{2+},这样质子化的 EDTA 相当于六元酸,有六级解离平衡。在水溶液当中,已质子化了的 EDTA 总是以 H_6Y^{2+}、H_5Y^+、H_4Y、H_3Y^-、H_2Y^{2-}、HY^{3-}、Y^{4-} 等 7 种型体存在。各种存在形式的浓度取决于溶液的 pH 值,见表 8-2。

表 8-2 不同 PH 值时 EDTA 的主要存在形式

pH	<0.90	0.90~1.60	1.60~2.0	2.0~2.67	2.67~6.16	6.16~10.26	>10.26
主要型体	H_6Y^{2+}	H_5Y^+	H_4Y	H_3Y^-	H_2Y^{2-}	HY^{3-}	Y^{4-}

在 EDTA 与金属离子形成的配合物中,以 Y^{4-} 与金属离子形成的配合物最为稳定。因此,溶液的酸度便成为影响"金属-EDTA"配合物稳定性的一个重要因素。

(4) 几乎与所有的金属离子配位。

EDTA 具有广泛的配位性能,几乎能与所有的金属离子形成螯合物。这主要是因为 EDTA 分子中含有配位能力很强的氨氮和羧氧。

(5) 配位比一般为 1:1。

EDTA 与金属离子形成的配合物的配位比简单,一般为 1:1。EDTA 分子中含有两个氨基和四个羧基,也就是说它具有六个配位原子,大多数金属离子的配位数不超过 6,因此,无论金属离子的价数是多少,一般情况下按 1:1 配位。由于配位比(1:1)简单,给配位滴定测定结果的计算带来方便。

(6) 形成颜色加深的配合物。

EDTA 与无色金属离子配位时,则形成无色的螯合物,与有色金属离子配位时,一般形成颜色更深的螯合物。例如:

| NiY^{2-} | CuY^{2-} | CoY^{2-} | MnY^{2-} | CrY^- | FeY^- |
| 蓝色 | 深蓝 | 紫红 | 紫红 | 深紫 | 黄 |

2. 配位反应的副反应及副反应系数

在配位滴定中,涉及的化学平衡很复杂,除了有 EDTA 与被测金属离子进行的主反应外,还存在着由于酸度、其他配位剂和干扰离子等所引起的副反应,溶液中总平衡关系用下式表示:

```
      M              Y                MY
    OH \ L    +    H \ N      ⇌    H \ OH      主反应
   M(OH)  ML       HY   NY        MHY  M(OH)Y
    ⋮      ⋮        ⋮                           ┐
   M(OH)ₙ  MLₙ     H₄Y                           │ 副反应
   水解效应 配位效应 酸效应 干扰离子          混合配位效应
                         副反应
```

副反应的发生对主反应影响较大,如果反应物(M 或 Y)发生副反应,不利于主反应的正向进行,反应产物(MY)发生副反应,则有利于主反应的正向进行,当各种副反应同时发生时,对主反应的影响,只有对各种平衡进行定量处理才能解决。

1) EDTA 的酸效应及酸效应系数 $\alpha_{Y(H)}$

M 与 Y 进行配位反应时,如果有 H^+ 存在,H^+ 就会与 Y 结合,形成 HY,H_2Y,…,H_6Y。此时,Y 的平衡浓度降低,使主反应受到影响。这种由于 H^+ 存在使配位体参加主反应能力降低的现象称为酸效应。H^+ 引起副反应时的副反应系数称为酸效应系数,用 $\alpha_{Y(H)}$ 表示。酸效应系数表示在一定 pH 值时未参加主反应的 EDTA 各种型体总浓度 $[Y']$ 与配位体系中的 EDTA 的平衡浓度之比,即

$$\alpha_{Y(H)} = \frac{[Y^{4-}]+[HY^{3-}]+[H_2Y^{2-}]+[H_3Y^-]+[H_4Y]+[H_5Y^+]+[H_6Y^{2+}]}{[Y^{4-}]}$$

简式:
$$\alpha_{Y(H)} = \frac{[Y']}{[Y^{4-}]} \qquad (8-1)$$

$\alpha_{Y(H)}$ 越大,意味着 $[Y^{4-}]$ 越小,副反应越严重。如果 H^+ 没有引起副反应,则有 $[Y']=[Y^{4-}]$,此时 $\alpha_{Y(H)}=1$。

EDTA 在不同 pH 值下的 $lg\alpha_{Y(H)}$ 值见表 8-3。

2) 金属离子的配位效应及配位效应系数

其他配位剂的存在使金属离子参加主反应能力降低的现象称为配位效应。引起副反应时的副反应系数称为配位效应系数,用 $\alpha_{M(L)}$ 表示。$\alpha_{M(L)}$ 表示配位平衡时未与 Y 配位的金属离子总浓度 $[M']$ 与游离金属离子平衡浓度 $[M]$ 之比。即

$$\alpha_{M(L)} = \frac{[M']}{[M]} \qquad (8-2)$$

式中,$[M']=[M]+[ML]+[ML_2]+\cdots+[ML_n]$,$[M]$ 为游离的金属离子浓度。

表 8-3　EDTA 的 $\lg\alpha_{Y(H)}$ 值

pH	$\lg\alpha_{Y(H)}$	pH	$\lg\alpha_{Y(H)}$	pH	$\lg\alpha_{Y(H)}$
0.0	23.64	4.5	7.44	9.0	1.28
0.5	20.75	5.0	6.45	9.5	0.83
1.0	18.01	5.5	5.51	10.0	0.45
1.5	15.55	6.0	4.65	10.5	0.20
2.0	13.51	6.5	3.92	11.0	0.07
2.5	11.90	7.0	3.32	11.5	0.02
3.0	10.60	7.5	2.78	12.0	0.01
3.5	9.48	8.0	2.27	13.0	0.00
4.0	8.44	8.5	1.77		

$\alpha_{M(L)}$ 越大,表示金属离子与配位剂 L 的副反应越严重。若 M 没有副反应,$[M']=[M]$,则 $\alpha_{M(L)}=1$。当配位剂 L 的平衡浓度 $[L]$ 一定时,$\alpha_{M(L)}$ 为一定值。

3) 条件稳定常数

EDTA 与金属离子发生配位反应的稳定常数为

$$K_{MY} = \frac{[MY]}{[M][Y]} \tag{8-3}$$

稳定常数越大,表示 EDTA 配位反应进行的程度越大,生成的配合物越稳定。

当有副反应存在时,就不能用 K_{MY} 衡量 EDTA 配位反应进行的程度,必须用副反应系数进行校正后的实际稳定常数 K'_{MY}(条件稳定常数)衡量。其表达式为

$$K'_{MY} = \frac{[(MY)']}{[M'][Y']} \tag{8-4}$$

由于　　　　　$[M']=\alpha_{M(L)}[M]$,　$[Y']=\alpha_{Y(H)}[Y]$,　$[(MY)']=\alpha_{MY}[MY]$

代入式(8-4),得　　　$K'_{MY} = \frac{\alpha_{MY}[MY]}{\alpha_{M(L)}[M]\cdot\alpha_{Y(H)}[Y]} = K_{MY}\frac{\alpha_{MY}}{\alpha_{M(L)}\alpha_{Y(H)}}$

取对数,得　　　$\lg K'_{MY} = \lg K_{MY} - \lg\alpha_{M(L)} - \lg\alpha_{Y(H)} + \lg\alpha_{MY}$ 　　(8-5)

K'_{MY} 表示在有副反应的情况下,配位反应进行的程度。由于 MY 发生的副反应对主反应有利,一般不作讨论,即 α_{MY} 常可忽略。

如果不考虑其他副反应,只考虑 EDTA 的酸效应,式(8-5)可简化为

$$\lg K'_{MY} = \lg K_{MY} - \lg\alpha_{Y(H)}$$

由式(8-5)及表 8-3,可以得知,随着酸度的升高,$\alpha_{Y(H)}$ 值增大,EDTA 配合物的稳定性降低,当 pH>12 时,溶液酸度的影响极小,此时 EDTA 的配位能力最强,生成的配合物最稳定,所以酸度对配合物的稳定性影响很大。

【例 8-4】　计算 EDTA 与 Zn^{2+} 生成的配合物在 pH=10.00 和 pH=2.00 时的 $\lg K'_{MY}$。

解　查附录可知 $\lg K_{MY}=16.50$,由表 8-3 可知:pH=10.00 时,$\lg\alpha_{Y(H)}=0.45$;pH=

2.00 时，$\lg\alpha_{Y(H)}=13.51$。代入 $\lg K'_{MY}=\lg K_{MY}-\lg\alpha_{Y(H)}$，则

pH=10.00 时　　　　$\lg K'_{MY}=16.50-0.45=16.05$

pH=2.00 时　　　　$\lg K'_{MY}=16.50-13.51=2.99$

条件稳定常数是判断配合物的稳定性及配位反应进行程度的一个重要依据。

3. 配位滴定曲线

1) 滴定曲线

在配位滴定中，随着配位剂的加入，金属离子 M 的浓度逐渐减小，在化学计量点附近，溶液的 pM 发生突变，若有副反应存在，即 pM′ 发生突变，形成滴定突跃，可根据滴定突跃选择指示剂确定滴定终点。

若以 pM′ 为纵坐标，加入配位剂的量为横坐标作图，可以得到与酸碱滴定类似的滴定曲线。

现以 pH=12.00 时，0.01000 mol/L EDTA 标准溶液滴定 20.00 mL 0.01000 mol/L Ca^{2+} 溶液为例，计算 pCa 的变化情况。

首先求出条件稳定常数 K'_{MY}，查附录可知，$\lg K_{CaY}=10.69$。查表 8-3，得 pH=12.00 时，$\lg\alpha_{Y(H)}=0.01$。故

$$\lg K'_{CaY}=\lg K_{MY}-\lg\alpha_{Y(H)}=10.69-0.01=10.68$$

$$K'_{CaY}=4.8\times10^{10}$$

现计算滴定过程中溶液 pCa 的变化值（不考虑其他副反应的影响）。

(1) 滴定前：$[Ca^{2+}]=0.01000$ mol/L

$$pCa=-\lg[Ca^{2+}]=-\lg 0.01000=2.00$$

(2) 滴定开始至化学计量点前：溶液中未被滴定的 Ca^{2+} 与反应产物 CaY 同时存在。严格地讲，溶液中的 Ca^{2+} 来自剩余的 Ca^{2+} 及 CaY 的解离。但是，由于 K'_{MY} 数值较大，CaY 较稳定，所以由 CaY 解离的 Ca^{2+} 可忽略不计，近似地用剩余的 Ca^{2+} 来计算溶液中 Ca^{2+} 的浓度。

当加入 19.98 mL EDTA 溶液时：

$$[Ca^{2+}]=0.01000\times\frac{20.00-19.98}{20.00+19.98}\text{ mol/L}=5.3\times10^{-6}\text{ mol/L}$$

$$pCa=5.28$$

(3) 化学计量点时：化学计量点时 Ca^{2+} 与加入的 EDTA 几乎全部配位成反应产物 CaY，且配位比为 1:1，而溶液体积增大一倍，由于 K'_{MY} 数值较大，CaY 较稳定，即其逆反应可忽略，则

$$K'_{MY}=\frac{[(MY)']}{[M'][Y']}\approx\frac{[(MY)]}{[M'][Y']}$$

$$[CaY]=0.01000\times\frac{20.00}{20.00+20.00}\text{ mol/L}=5.0\times10^{-3}\text{ mol/L}$$

$$K'_{CaY}=4.8\times10^{10}=\frac{5.0\times10^{-3}}{[Ca^{2+}][Y^{2-}]}$$

$$[Ca^{2+}][Y^{2-}]=\frac{5.0\times10^{-3}}{4.8\times10^{10}}=1.04\times10^{-13}$$

计量点时，$[Ca^{2+}]=[Y^{2-}]$，故
$$[Ca^{2+}]=3.17\times10^{-6}\ mol/L$$
$$pCa=5.49$$

(4) 化学计量点后：此时由于溶液中有过量的 Y，抑制了 CaY 的解离。因此，可以近似地假设 $[CaY]=5.0\times10^{-3}\ mol/L$，过量的 EDTA 的浓度

$$[Y']=0.01000\times\frac{20.02-20.00}{20.02+20.00}\ mol/L=5.0\times10^{-6}\ mol/L$$

$$K'_{MY}=\frac{[(MY)']}{[M'][Y']}\approx\frac{[(MY)]}{[M'][Y']}$$

$$K'_{CaY}=4.8\times10^{10}=\frac{5.0\times10^{-3}}{[Ca^{2+}]\times5.0\times10^{-6}}$$

$$[Ca^{2+}]=2.08\times10^{-6}\ mol/L$$

$$pCa=5.68$$

以 pCa 为纵坐标，EDTA 的加入量为横坐标作图，得到滴定曲线，如图 8-1 所示。滴定突跃的 pCa 值为 5.28～5.68。

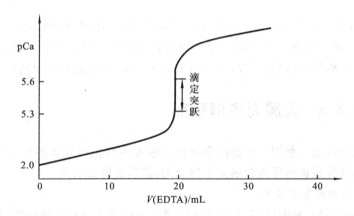

图 8-1 0.01000 mol/L EDTA 滴定 0.01000 mol/L Ca^{2+} 的滴定曲线

2) 影响滴定突跃的因素

配合物的条件稳定常数和被滴定的金属离子的浓度是影响滴定突跃的主要因素。

(1) 条件稳定常数对滴定突跃的影响。若金属离子浓度一定，条件稳定常数越大，滴定突跃越大；反之亦然。一般情况下，影响配合物条件稳定常数的主要因素是溶液酸度。酸度越高，$\alpha_{Y(H)}$ 越大，K'_{MY} 就越小，滴定突跃也越小。

(2) 金属离子浓度对滴定突跃的影响。若条件稳定常数 $\lg K'_{MY}$ 一定，金属离子浓度越低，滴定曲线的起点就越高，滴定突跃就越小。

4. 酸度的选择

不同的金属离子与 EDTA 形成的配合物的稳定性不同，同一配合物的稳定性高低又与溶液的酸度有关。当酸度较低时，$\alpha_{Y(H)}$ 较小，K'_{MY} 较大，有利于滴定；但酸度过低时，金属离子易水解生成氢氧化物沉淀，使 K'_{MY} 减小，不利于滴定。酸度较高时，K'_{MY} 较小，同样对滴定不利。对稳定性高的配合物，准确滴定时可允许溶液的酸度稍高一些，但对稳定性

稍差的配合物,酸度高就不能准确滴定,因此,滴定必须控制在一定的酸度范围内。

配位滴定中,为使滴定误差≤0.1%,要求 $\lg K'_{MY} \geq 8$,也就是说,满足 $\lg K'_{MY} \geq 8$ 才可得到准确的分析结果。若只考虑 EDTA 的酸效应的影响而将其他副反应忽略不计,则

$$\lg K'_{MY} = \lg K_{MY} - \lg \alpha_{Y(H)} \geq 8$$

即
$$\lg \alpha_{Y(H)} \leq \lg K_{MY} - 8 \tag{8-6}$$

计算出 $\lg \alpha_{Y(H)}$ 值,查表 8-3,得出相应的 pH 值,就是滴定某金属离子时所允许的最低 pH 值,即"最高酸度"。

配位滴定中若 pH 值太高,酸效应小了,水解效应会增大,即金属离子会水解生成氢氧化物沉淀影响滴定的进行。因此,还存在滴定的"最低酸度"。

滴定的"最低酸度"可由金属离子生成氢氧化物沉淀的溶度积求得,如果 $M(OH)_n$ 的溶度积为 K_{sp},为防止 $M(OH)_n$ 的生成,必须使

$$[OH^-] \leq \sqrt[n]{\frac{K_{sp}}{c_M}} \tag{8-7}$$

计算出 $[OH^-]$ 后,再由 $pH + pOH = 14$ 求出相应的 pH 值,即得滴定所要求的"最低酸度"。

配位滴定应控制在最高酸度和最低酸度之间进行,此酸度范围称为配位滴定的适宜酸度范围。每一种金属离子用 EDTA 滴定时都有相应的酸度范围,可用控制酸度的办法,使一种离子形成稳定的配合物而其他离子不易生成,从而提高配位滴定的选择性。

8.3.3 金属离子指示剂

在配位滴定中,通常利用一种能随金属离子浓度的变化而发生颜色变化的显色剂来指示滴定终点,这种显色剂称为金属离子指示剂,简称金属指示剂。

1. 金属指示剂的变色原理

金属指示剂也是一种配位剂,在一定 pH 值溶液中其本身有一种颜色,与金属离子配位后形成的配合物又是另一种颜色,通过颜色的变化来指示终点。

用 EDTA 滴定金属离子(M)之前,加入少量指示剂(In)于试液中,发生如下反应:

$$M + In(甲色) \Longleftrightarrow MIn(乙色)$$

化学计量点前,加入的 EDTA 与溶液中游离的 M 形成配合物。此时,溶液呈现 MIn 的颜色(乙色);由于 MIn 稳定性远不及 MY,化学计量点附近,与 In 配位的 M 被 EDTA 夺取出来,同时,将 In 游离出来,故终点时:

$$MIn + Y \Longleftrightarrow MY + In$$

呈现 In 的颜色(甲色),溶液的颜色由乙色变为甲色,指示滴定终点的到达。

2. 金属指示剂应具备的条件

金属指示剂应具备以下条件。

(1) 在滴定的 pH 值范围内,MIn 的颜色必须与指示剂 In 的颜色有明显的区别,以便于观察判断。

(2) 在滴定的 pH 值范围内,金属指示剂配合物必须有一定的稳定性。一般要求

$K'_{\text{MIn}} > 10^4$,如果稳定性太小,则终点提前。同时又要比 MY 稳定性低,一般要求 $K'_{\text{MY}}/K'_{\text{MIn}} > 10^2$,否则滴定终点时,EDTA 不易把指示剂从 MIn 中置换出来,终点拖后。

(3) 显色反应要有一定的选择性,在一定条件下,只对某一种金属离子发生作用。

(4) 显色反应要灵敏迅速。

(5) 指示剂应稳定,便于储存,易溶于水。

3. 金属指示剂的封闭现象与僵化现象

如果滴定体系中存在的干扰离子与金属指示剂形成稳定的配合物,虽然加入过量的 EDTA,也不能夺取金属指示剂配合物中的金属离子,从而看不到终点颜色的变化,这种现象称为指示剂的封闭现象。它可通过加入适当的掩蔽剂来消除。例如以铬黑 T 作指示剂,用 EDTA 滴定 Ca^{2+} 和 Mg^{2+} 时,若有 Fe^{3+}、Al^{3+} 存在,就会发生封闭现象,可用三乙醇胺或硫化物掩蔽 Fe^{3+}、Al^{3+}。

如果指示剂与金属离子形成的配合物溶解度很小,或 MIn 的稳定性和 MY 稳定性相差不多,会使化学计量点时 EDTA 与指示剂的置换缓慢,从而终点拖后,这种现象称为指示剂的僵化现象。可加入适当的有机溶剂或加热来使指示剂颜色变化敏锐。例如,用 PAN 作指示剂时,加入乙醇或丙酮或加热,可使指示剂颜色变化明显。

4. 常见的金属指示剂

配位滴定中常用的金属指示剂有铬黑 T(EBT)、钙指示剂(NN)、二甲酚橙(XO)和 PAN(1-(2-吡啶偶氮)-2-萘酚),其应用范围、封闭离子和掩蔽剂的情况见表 8-4。

表 8-4 常用的金属指示剂

指示剂	pH 使用范围	颜色变化		直接滴定离子	封闭离子	掩 蔽 剂
		In	MIn			
铬黑 T (EBT)	7~10	蓝	红	Mg^{2+}、Zn^{2+}、Cd^{2+}、Pb^{2+}、Mn^{2+}、稀土元素离子	Al^{3+}、Fe^{3+}、Cu^{2+}、Co^{2+}、Ni^{2+}、Fe^{3+}	三乙醇胺 NH_4F
二甲酚橙 (XO)	<6	亮黄	红紫	pH<1　ZrO^{2+} pH 1~3　Bi^{3+}、Th^{4+} pH 5~6　Zn^{2+}、Pb^{2+}、Cd^{2+}、Hg^{2+} 稀土元素离子	Fe^{3+} Al^{3+} Cu^{2+}、Co^{2+}、Ni^{2+}	NH_4F 返滴法 邻二氮菲
PAN	2~12	黄	红	pH 2~3　Bi^{3+}、Th^{4+} pH 4~5　Cu^{2+}、Ni^{2+}		
钙指示剂	10~13	纯蓝	酒红	Ca^{2+}		与铬黑 T 相似

8.3.4　标准溶液的配制与标定

1. EDTA 标准溶液的配制

由于乙二胺四乙酸在水中溶解度小,所以常用其含两分子结晶水的二钠盐来配制。对于纯度高的 $Na_2H_2Y \cdot 2H_2O$ 可用直接法配制标准溶液,配制时,必须将 EDTA 在

80 ℃下干燥过夜或在120℃下烘至恒重才能准确称量。

由于$Na_2H_2Y \cdot 2H_2O$易吸潮及含有少量杂质,纯品不易得到,故多采用间接法配制。例如,配制0.01 mol/L EDTA标准溶液1000 mL:称取分析纯的EDTA二钠盐(摩尔质量为372.26 g/mol)3.72 g,溶于200 mL温水中,必要时过滤,冷却后用蒸馏水稀释至1000 mL,摇匀,保存在试剂瓶内备用。

常用EDTA标准溶液的浓度为0.01~0.05 mol/L。

2. 标准溶液的标定

标定EDTA的基准物质很多,如金属锌、铜、ZnO、$CaCO_3$及$MgSO_4 \cdot 7H_2O$等,金属锌的纯度高且稳定,Zn^{2+}离子及ZnY均无色,既能在pH=5~6时以二甲酚橙为指示剂来标定,又可在pH=10的氨性溶液中以铬黑T为指示剂来标定,终点均很敏锐。所以实验室中多采用金属锌为基准物。

8.3.5 配位滴定法应用示例

1. 水的总硬度测定

测定水的总硬度,就是测定水中Ca^{2+}、Mg^{2+}的总量,然后换算成$CaCO_3$的含量,以每升水中所含$CaCO_3$的毫克数表示。操作时,取适量水样加NH_3-NH_4Cl缓冲液,调节溶液的pH=10,以铬黑T为指示剂,用EDTA标准溶液滴定至溶液由酒红色变为纯蓝色即为终点。记下消耗EDTA标准溶液的毫升数,计算水的总硬度。

水中Fe^{3+}、Al^{3+}、Cu^{2+}、Pb^{2+}、Mn^{2+}等离子量较大时,对测定有干扰。应加掩蔽剂,Fe^{3+}、Al^{3+}用三乙醇胺,Cu^{2+}、Pb^{2+}等可用KCN或Na_2S等掩蔽。

2. 铝盐的测定

由于Al^{3+}与EDTA的配位速度较慢,对二甲酚橙指示剂有封闭作用,还会与OH^-形成多羟基配合物,因此,不能用EDTA直接滴定。常采用返滴定法测定铝的含量。现以氢氧化铝凝胶含量的测定为例。

称取一定质量试样,加1:1 HCl,加热煮沸使其溶解,冷至室温,过滤,滤液定容至250 mL,量取25.00 mL,加氨水至恰好析出白色沉淀,再加稀HCl至沉淀刚好溶解。加HAc-NaAc缓冲液调至pH=5,加已知准确浓度的过量的EDTA标准溶液V(EDTA),煮沸,冷至室温,加二甲酚橙指示剂,以锌标准溶液滴定至溶液由黄色变为淡紫红色即为终点。

学习小结

1. 配位化合物简称配合物,是含有配离子或配位分子的化合物。金属离子(或原子)与一定数目的中性分子或阴离子以配位键结合形成的复杂离子称为配离子;若形成的是复杂分子,则称为配位分子。配合物的形成常数(稳定常数$K_{稳}$)越大,配位反应进行的程度越大,生成的配合物越稳定。有副反应存在时,必须用副反应系数校正稳定常数,校正

后的实际稳定常数 K'_{MY}（条件稳定常数）是判断配合物的稳定性及配位反应进行程度的一个重要依据。

2. 配位平衡是动态平衡，改变影响平衡的条件之一，平衡就会发生移动。酸碱反应、沉淀反应、氧化还原反应往往都能对配位平衡产生影响。

3. 配位滴定法是以配位反应为基础的容量分析方法，主要是以 EDTA（乙二胺四乙酸）为标准溶液与金属离子发生配位反应的滴定分析方法。EDTA 是一种性能优异的配位剂，能和几乎所有的金属离子形成配合物，且配位比一般为 1∶1，给配位滴定测定结果的计算带来方便。在配位滴定法中，除了有 EDTA 与被测金属离子进行的主反应外，还存在着由于酸度、其他配位剂和干扰离子等所引起的副反应（酸效应、配位效应等）。

4. 配位滴定过程中金属离子浓度变化的曲线称为配位滴定曲线。其中配合物的条件稳定常数和被滴定的金属离子的浓度是影响滴定突跃的主要因素。为使滴定误差 ≤ 0.1%，要求 $\lg K'_{MY} \geqslant 8$，也就是说，满足 $\lg K'_{MY} \geqslant 8$ 才可得到准确的分析结果，同时应控制在最高酸度和最低酸度之间进行，此酸度范围称为配位滴定的适宜酸度范围。

5. 在配位滴定中，通常利用一种能随金属离子浓度的变化而发生颜色变化的显色剂来指示滴定终点，这种显色剂称为金属离子指示剂，简称金属指示剂。常用的金属指示剂有铬黑 T（EBT）、钙指示剂（NN）、二甲酚橙（XO）和 PAN。使用金属指示剂要注意封闭现象与僵化现象。

目 标 测 试

一、简答题

1. 如何命名下列配合物？

(1) $[Co(NH_3)_6]Cl_3$；(2) $K_2[Co(NCS)_4]$；(3) $[Co(NH_3)_5Cl]Cl_2$；
(4) $K_2[Zn(OH)_4]$；(5) $[Pt(NH_3)_2Cl_2]$；(6) $[Co(N_2)(NH_3)_3]SO_4$

2. 如何命名下列配合物？它们的配位数各是多少？

(1) $[Co(ONO)(NH_3)_3(H_2O)_2]Cl_2$；(2) $[Cr(OH)(C_2O_4)(en)(H_2O)]$

二、单项选择题

1. 向硫酸铜溶液中滴加氨水，当氨水过量时，加入乙醇，立即有深蓝色晶体析出，该晶体为（　　）。

　　A. $CuSO_4$　　　　　　　　　　B. CuS
　　C. $[Cu(NH_3)_4]SO_4$　　　　　　D. $[Cu(NH_3)_4]^{2+}$

2. 下列分子中，配盐为（　　）。

　　A. $[Ag(NH_3)_2]NO_3$　　　　　　B. $H[AuCl_4]$
　　C. $CuSO_4$　　　　　　　　　　D. $[Cu(NH_3)_4]^{2+}$

3. 某金属离子形成配离子时，离子的电子分布可以有 1 个未成对电子，也可以有 5 个未成对电子，此中心离子是（　　）。

A. Cr^{3+} B. Fe^{2+} C. Fe^{3+} D. Mn^{2+}

4. 配离子$[Co(en)_3]^{3+}$的中心离子配位数是(　　)。
A. 3   B. 4   C. 2   D. 6

5. 乙二胺$NH_2CH_2CH_2NH_2$能与金属离子形成下列哪种物质？(　　)
A. 简单配合物   B. 沉淀物   C. 螯合物   D. 聚合物

6. 根据价键理论，下列说法中，不妥的是(　　)。
A. 中心离子用于形成配位键的原子轨道是杂化的
B. 并不是所有的中心离子都能形成内轨型配合物
C. 并不是所有的中心离子都能形成外轨型配合物
D. 中心离子形成配位键的原子轨道是不变的。

7. 配位化合物$NH_4[CrNH_3H_2O(SCN)_2Cl_2]$中心离子的配位数为(　　)。
A. 2   B. 4   C. 6   D. 8

8. 关于配合物的说法中，错误的是(　　)。
A. 配位体是一种含有电子对给予体的原子或原子团
B. 配位数是指直接与中心离子(原子)相连接的配位体的总数
C. 广义地说，所有的金属都有可能形成配合物
D. 配离子既可以处于溶液中，又可以处于晶体中

9. 配离子的电荷数是由(　　)决定的。
A. 中心离子电荷数   B. 配位体电荷数
C. 配位原子电荷数   D. 中心离子和配位体电荷数的代数和

10. 下列说法中错误的是(　　)。
A. 配合解离平衡是指溶液中配合物解离为外界和内界的平衡
B. 配合解离平衡是指溶液中配合物或多或少解离为形成体和配体的平衡
C. 配离子在溶液中的解离有些类似于弱电解质的解离
D. 对配合解离平衡来说，$K_{稳}K_{不稳}=1$

11. 不溶于浓氨水的是(　　)。
A. AgI   B. AgBr   C. AgCl   D. AgF

12. 比较$[Ag(NH_3)_2]^+$与$[Ag(CN)_2]^-$的稳定性，前者(　　)后者。
A. 小于   B. 大于   C. 等于   D. 无法比较

三、判断题

1. 复盐和配合物就像离子键和共价键一样，没有严格的界限。(　　)
2. 配位化合物的中心离子的配位数不一定等于配位体的数目。(　　)
3. 配离子$[AlF_6]^{3-}$的稳定性大于$[AlCl_6]^{3-}$。(　　)
4. Fe^{3+}和X^-配合物的稳定性随X^-离子半径的增加而降低。(　　)
5. 中心离子(原子)与配位原子构成了配合物的内界。(　　)

四、计算题

1. 用配位滴定法测定氧化液中乙酸锰的含量。准确吸取0.50 mL氧化液于盛有80

mL 水的 250 mL 锥形瓶中,用稀的 NaOH 溶液中和,再加氨缓冲溶液和 5 滴铬黑 T 指示剂,用 c(EDTA)=0.0100 mol/L 的标准溶液滴定,由酒红色变纯蓝色为终点。消耗 6.25 mL EDTA 标准溶液,求氧化液中乙酸锰的含量,用 g/L 表示。$M(Mn(Ac)_2)=173.04$。

2. 准确称取镍盐样品 0.5200 g,加水溶解后定容至 100 mL。移取 10.00 mL 于锥形瓶中,加入 c(EDTA)=0.0200 mol/L 的标准溶液 30.00 mL,用氨水调节溶液 pH≈5,加入 HAc-NH$_4$Ac 缓冲溶液 20 mL,加热至沸腾后,再加几滴 PAN 指示剂,立即用 c(CuSO$_4$)=0.0200 mol/L 的标准溶液滴定,消耗 10.35 mL,计算镍盐中 Ni 的质量分数。Ni 的相对原子质量为 58.70。

3. 称取工业硫酸铝 0.4850 g,用少量盐酸(1∶1)溶解后定容至 100 mL。移取 10.00 mL 于锥形瓶中,用氨水(1∶1)中和至 pH=4,加入 c(EDTA)=0.0200 mol/L 的标准溶液 20.00 mL,煮沸后加六次甲胺缓冲溶液,以二甲酚橙为指示剂,用 c(ZnSO$_4$)=0.0200 mol/L 的 ZnSO$_4$ 标准溶液滴定至紫红色,不计体积。再加 NH$_4$F 1~2 g,煮沸并冷却后,继续用 ZnSO$_4$ 标准溶液滴至紫红色,消耗 12.50 mL,计算工业硫酸铝中铝的质量分数。$M(Al)=26.98$。

第 9 章

氧化还原平衡与氧化还原滴定法

学习目标

1. 掌握氧化还原的本质及氧化还原反应方程式的配平；
2. 熟悉电极电势的概念、影响因素及应用；
3. 能利用能斯特方程式计算非标准状态下的电极电势；
4. 掌握高锰酸钾法、重铬酸钾法及碘量法的原理及滴定条件。

9.1 氧化还原反应

氧化还原反应是自然界普遍存在的一类化学反应，它不仅在工农业生产和日常生活中具有重要意义，而且对生命过程具有重要的作用。生物体内的许多反应都直接或间接地与氧化还原反应相关。在药品生产、药品分析及检测等方面经常进行的工作，如维生素 C 含量的测定，利用过氧化氢消毒杀菌，饮用水残留氯的监测等都离不开氧化还原反应。

9.1.1 氧化数

1. 氧化数

许多氧化还原反应只是发生了电子偏移，利用是否发生了电子转移来判断氧化还原反应的发生遇到了问题。为了更准确地描述和研究氧化还原反应，国际纯粹与应用化学联合会(IUPAC)于 1970 年提出了氧化数的概念，以表示各元素在化合物中所处的化合状态。氧化数是在正、负化合价的基础上发展起来的，IUPAC 于 1990 年修订了氧化数的定义。根据此定义，确定氧化数的规则如下：

(1) 单质中元素的氧化数为零。如 H_2、O_2、Fe 等物质中元素的氧化数都为零。

(2) 氢在一般化合物中的氧化数为 +1。如 H_2O、HCl 等物质中氢的氧化数为 +1。

但在金属氢化物(如 $LiAlH_4$)和硼氢化物(如 B_2H_6)中为 -1。

(3) 氧的氧化数一般为 -2，但在过氧化物(如 H_2O_2)中为 -1，在超氧化物中(如 NaO_2)中为 $-\frac{1}{2}$，在臭氧化物(如 KO_3)中为 $-\frac{1}{3}$，在氟氧化物(如 OF_2)中为 $+2$。

(4) 氟的氧化数皆为 -1，碱金属的氧化数皆为 $+1$，碱土金属的氧化数皆为 $+2$。

(5) 简单离子的氧化数等于离子的电荷。如 Mg^{2+} 和 Cl^- 中镁和氯的氧化数分别为 $+2$、-1。

(6) 在共价化合物中，将属于两原子的共用电子对指定给电负性较大的元素后，在两原子上形成的形式电荷数就是它们的氧化数。即在共价化合物中元素的氧化数是原子在化合态时的"形式电荷"。

(7) 分子或离子的总电荷数等于各元素氧化数的代数和。分子的总电荷数等于零。

【例 9-1】 计算 HNO_3 和 $NaNO_2$ 中氮的氧化数。

解 (1) 设 HNO_3 中 N 的氧化数为 x_1。根据规则(7)，有

$$(+1) + x_1 + (-2) \times 3 = 0$$
$$x_1 = +5$$

(2) 设 $NaNO_2$ 中 N 的氧化数为 x_2。则

$$(+1) + x_2 + (-2) \times 2 = 0$$
$$x_2 = +3$$

2. 与化合价的区别

氧化数与化合价的概念不同。化合价反映的是原子间形成化学键的能力，只能是整数；而氧化数是对元素外层电子偏离原子状态的人为规定值，它是一种形式电荷数，既可以是整数，也可以是分数或小数。

9.1.2 氧化还原反应的基本概念

1. 氧化和还原

在反应过程中，氧化数发生变化的化学反应称为氧化还原反应。元素氧化数升高的变化称为氧化，氧化数降低的变化称为还原。而在氧化还原反应中氧化与还原是同时发生的，且元素氧化数升高的总数必定等于氧化数降低的总数。

2. 氧化剂和还原剂

在氧化还原反应中，如果组成某物质的原子或离子氧化数升高，称此物质为还原剂。还原剂使另一物质还原，其本身在反应中被氧化，它的反应产物称为氧化产物；反之，称为氧化剂。氧化剂使另一物质氧化，其本身在反应中被还原，它的反应产物称为还原产物。例如：

$$2\overset{+7}{K}MnO_4 + 5\overset{-1}{H_2}O_2 + 3H_2SO_4 \longrightarrow 2\overset{+2}{Mn}SO_4 + 5\overset{0}{O_2}\uparrow + K_2SO_4 + 8H_2O$$

分子式上面的数字代表各相应原子的氧化数。上述反应中，$KMnO_4$ 是氧化剂，Mn 的氧化数从 $+7$ 降到 $+2$，它本身被还原，使得 H_2O_2 被氧化。H_2O_2 是还原剂，O 的氧化数从 -1 升到 0，它本身被氧化，使 $KMnO_4$ 被还原。虽然 H_2SO_4 也参加了反应，但没有氧化

数的变化,通常把这类物质称为介质。

氧化剂和还原剂是同一物质的氧化还原反应,称为自身氧化还原反应。例如:
$$2KClO_3 = 2KCl + 3O_2\uparrow$$

某物质中同一元素同一氧化态的原子部分被氧化、部分被还原的反应称为歧化反应。歧化反应是自身氧化还原反应的一种特殊类型。例如:

$$Cl_2 + H_2O = HClO + HCl \quad (歧化反应)$$
$$4HNO_3 = 4NO_2\uparrow + O_2\uparrow + 2H_2O \quad (非歧化反应)$$

3. 氧化还原电对与半反应

在氧化还原反应中,表示氧化、还原过程的方程式,分别称为氧化反应和还原反应,统称为半反应。例如:

$$氧化反应 \quad Zn - 2e^- \rightleftharpoons Zn^{2+}$$
$$还原反应 \quad Cu^{2+} + 2e^- \rightleftharpoons Cu$$

半反应中氧化数较高的物质称为氧化态(如 Zn^{2+}、Cu^{2+});氧化数较低的物质称为还原态(如 Zn、Cu)。半反应中的氧化态和还原态是彼此依存、相互转化的,这种共轭的氧化还原体系称为氧化还原电对,电对用"氧化态/还原态"表示,如 Cu^{2+}/Cu。一个电对就代表一个半反应,半反应可用下列通式表示:

$$氧化态 + ne^- \rightleftharpoons 还原态$$

而每个氧化还原反应是由两个半反应组成的。

9.1.3 氧化还原反应方程式的配平

配平氧化还原反应式要遵循两项守恒原则,即反应前后原子数目守恒、电荷数守恒。配平氧化还原反应方程式常用的方法有氧化数法和离子电子法两种。

1. 氧化数法

依据反应中氧化剂元素氧化数降低的总数与还原剂中元素氧化数升高的总数相等的原则来配平反应方程式。

【例 9-2】 配平 Cu_2S 与 HNO_3 反应的化学方程式。

解 (1)写出未配平的反应式,并将有变化的氧化数注明在相应的元素符号的上方:

$$\overset{+1\ -2}{Cu_2S} + \overset{+5}{H}NO_3 \longrightarrow \overset{+2}{Cu}(NO_3)_2 + H_2\overset{+6}{S}O_4 + \overset{+2}{N}O\uparrow$$

(2)按最小公倍数的原则,即氧化剂氧化数降低总和等于还原剂氧化数升高的总和,在氧化剂和还原剂分子式乘以适当的系数,使二者绝对值相等。

氧化数升高值: $\left.\begin{array}{l} Cu \quad 2\times[(+2)-(+1)] = +2 \\ S \quad (+6)-(-2) = +8 \end{array}\right\} \times 3 = +30$

氧化数降低值: $N \quad (+2)-(+5) = -3 \quad \times 10 = -30$

(3)将系数分别写入还原剂和氧化剂的化学式中,并配平氧化数有变化的元素原子个数：
$$3Cu_2S + 10HNO_3 \longrightarrow 6Cu(NO_3)_2 + 3H_2SO_4 + 10NO\uparrow$$

（4）配平其他元素的原子数，必要时可加上适当数目的酸、碱及水分子。上式右边有 12 个未被还原的 NO_3^-，所以左边要增加 12 个 HNO_3，即
$$3Cu_2S + 22HNO_3 \longrightarrow 6Cu(NO_3)_2 + 3H_2SO_4 + 10NO\uparrow$$

再检查氢和氧原子数，显然在反应式右边应配上 $8H_2O$，两边各元素的原子数目相等后，把箭头改为等号。即
$$3Cu_2S + 22HNO_3 = 6Cu(NO_3)_2 + 3H_2SO_4 + 10NO\uparrow + 8H_2O$$

2. 离子电子法

此法是根据在氧化还原反应中，氧化剂和还原剂得失电子总数相等的原则来配平的。下面以 $KMnO_4$ 在 H_2SO_4 溶液中与 Na_2SO_3 反应为例，说明该配平法的一般步骤。

（1）根据实验事实，写出反应物和生成物的离子符号或分子式：
$$MnO_4^- + SO_3^{2-} + H^+ \longrightarrow Mn^{2+} + SO_4^{2-} + H_2O$$

（2）根据氧化还原反应共轭关系将该反应拆分为两个半反应，即氧化反应和还原反应：
$$MnO_4^- + e^- \longrightarrow Mn^{2+}$$
$$SO_3^{2-} - e^- \longrightarrow SO_4^{2-}$$

（3）配平两个半反应式，使反应前后原子数目相等、电子与离子的电荷守恒。即
$$MnO_4^- + 8H^+ + 5e^- \longrightarrow Mn^{2+} + 4H_2O \qquad ①$$
$$SO_3^{2-} + H_2O - 2e^- \longrightarrow SO_4^{2-} + 2H^+ \qquad ②$$

（4）根据氧化还原反应中得失电子数相等的原则，将两个半反应分别乘以某数值，使其转移的电子数等于它们的最小公倍数，然后将两个半反应相加，得到配平的离子反应方程式。即

$$\begin{array}{r} ①\times 2 \quad 2MnO_4^- + 16H^+ + 10e^- \longrightarrow 2Mn^{2+} + 8H_2O \\ +\quad ②\times 5 \quad 5SO_3^{2-} + 5H_2O - 10e^- \longrightarrow 5SO_4^{2-} + 10H^+ \\ \hline 2MnO_4^- + 5SO_3^{2-} + 6H^+ = 2Mn^{2+} + 5SO_4^{2-} + 3H_2O \end{array}$$

（5）在离子方程式中加入未参加反应的正、负离子，将离子方程式改写为化学方程式。
$$2KMnO_4 + 5Na_2SO_3 + 3H_2SO_4 = 2MnSO_4 + 5Na_2SO_4 + K_2SO_4 + 3H_2O$$

用离子电子法配平氧化还原反应方程式时注意以下两点。

（1）离子电子法只适用于在水溶液中进行的氧化还原反应，不能应用于非水溶液或高温等条件下进行的反应；

（2）许多氧化还原反应是在一定酸碱度溶液中进行的，H^+ 或 OH^- 常参与反应。需要配平氧原子或氢原子时，酸性条件下，可以在反应式左、右边加上 H^+ 或 H_2O；碱性条件下，则在反应式左、右边加上 OH^- 或 H_2O。

9.2 电极电势

9.2.1 原电池

1. 原电池原理

将 Zn 片插入 CuSO₄ 溶液中,即发生如下的氧化还原反应:

$$\text{Zn} + \text{Cu}^{2+} \xrightarrow{2e^-} \text{Zn}^{2+} + \text{Cu}$$

经过一段时间,可以观察到溶液的蓝色逐渐变浅,锌片变小,并有红棕色的铜沉积在锌片上,而且溶液的温度升高。上述反应虽然发生了电子从 Zn 转移到 Cu^{2+} 的过程,但反应的化学能没有转变为电能,而变成了热能释放出来,导致溶液的温度升高。

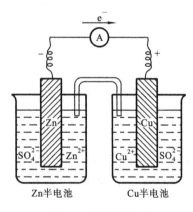

图 9-1 铜锌原电池

若在一个烧杯中放入 ZnSO₄ 溶液并插入 Zn 片,在另一个烧杯中放入 CuSO₄ 溶液并插入 Cu 片。将两个烧杯中溶液用一个倒置的 U 形管连接起来。U 形管中装满用 KCl 饱和溶液和琼脂制成的冻胶(称为盐桥)。再用导线连接 Zn 片和 Cu 片,并在导线中间接上一个检流计,检流计的正极和 Cu 片相连,负极和 Zn 片相连,可见检流计的指针发生偏转。说明导线中有电流通过,反应中有电子的转移。这种借助氧化还原反应产生电流的装置,也就是将化学能转变成电能的装置称为原电池。图 9-1 所示的装置称为铜锌原电池。原电池由两个半电池组成,每个半电池称为一个电极,原电池中根据电子流动的方向来确定正、负极。Zn 极向外电路输出电子,为负极,负极发生氧化反应;Cu 极从外电路接受电子,为正极,正极发生还原反应。将两电极反应合并,即得电池反应。例如,在铜锌原电池中发生了如下反应:

负极(氧化反应)　　　$\text{Zn} - 2e^- \rightleftharpoons \text{Zn}^{2+}$

正极(还原反应)　　　$\text{Cu}^{2+} + 2e^- \rightleftharpoons \text{Cu}$

电池反应(氧化还原反应)　　　$\text{Zn} + \text{Cu}^{2+} \rightleftharpoons \text{Zn}^{2+} + \text{Cu}$

2. 原电池的表示及书写规定

(1) 原电池的表示。为了应用方便,通常用电池符号来表示一个原电池的组成,如铜锌原电池可表示如下:

$$(-)\text{Zn}(s) | \text{ZnSO}_4(1 \text{ mol/L}) \| \text{CuSO}_4(1 \text{ mol/L}) | \text{Cu}(s)(+)$$

(2) 电池符号书写有如下规定。

① 一般把负极写在左边,正极写在右边。

② 用"|"表示界面,不存在界面时用",''表示;用"‖"表示盐桥。

③ 要注明物质的状态,气体要注明其分压,溶液要注明其浓度。如不注明,一般指 1 mol/L 或 101.33 kPa。

④ 某些电极反应没有导电材料,需插入惰性电极,如 Fe^{3+}/Fe^{2+}、O_2/H_2O 等,通常用铂作惰性电极。惰性电极在电池符号中也要表示出来。

【例 9-3】 写出下列电池反应对应的电池符号:

(1) $2Fe^{3+} + 2I^- =\!=\!= 2Fe^{2+} + I_2$;

(2) $Zn + 2H^+ =\!=\!= Zn^{2+} + H_2\uparrow$。

解 (1) $(-)Pt|I_2(s)|I^-(c_1)\|Fe^{2+}(c_2),Fe^{3+}(c_3)|Pt(+)$

(2) $(-)Zn(s)|Zn^{2+}(c_1)\|H^+(c_2)|H_2(p(H_2))|Pt(+)$

9.2.2 电极电势

1. 电极电势的产生

铜锌原电池的两个电极用导线连接就会有电流产生,如同水的流动是由于存在着水位差一样,这一事实说明在两电极之间存在着一定的电势差。不同电极的电极电势为何不同?下面以金属及其盐溶液组成的电极为例进行讨论。

金属晶体是由金属原子、金属离子和自由电子组成。当把金属放入其盐溶液中时,在金属与其盐溶液的接触面上就会发生两个相反的过程:①金属表面的离子由于自身的热运动及溶剂的吸引,会脱离金属表面,以水合离子的形式进入溶液,电子留在金属表面上;②溶液中的金属水合离子受金属表面自由电子的吸引,重新得到电子,沉积在金属表面上,即金属与其盐之间存在动态平衡,即

$$M(s) \underset{沉积}{\overset{溶解}{\rightleftharpoons}} M^{n+}(aq) + ne^-$$

如果金属溶解的趋势大于离子沉积的趋势,则达到平衡时,金属和其盐溶液的界面上形成了金属带负电荷,溶液带正电荷的双电层结构。相反,如果离子沉积的趋势大于金属溶解的趋势,达到平衡时,金属和溶液的界面上形成了金属带正电荷,溶液带负电荷的双电层结构,如图 9-2 所示。双电层的存在,使金属与溶液之间产生了电势差。这个电势差称为电极电势,用符号 φ 表示,单位为伏特。电极电势的大小主要取决于电极材料的本性,同时还与溶液浓度、温度、介质等因素有关。

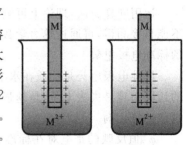

图 9-2 金属电极电势

2. 标准氢电极和标准电极电势

1) 标准氢电极

单个电极的电极电势无法测量,但是电池的电动势可以准确测定。可选定某一电极作为比较标准,将它与其他电极组成原电池,测出两个电极的电极电势差值。

按照国际纯粹与应用化学联合会(IUPAC)的建议,采用标准氢电极(standard hydrogen electrode,缩写为 SHE)作为标准电极。

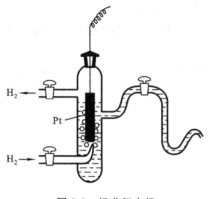

图 9-3 标准氢电极

标准氢电极如图 9-3 所示。将镀有铂黑的铂片插入[H^+]为 1 mol/L 的 H_2SO_4 溶液中,并在 298.15 K 时不断通入压力为 101.33 kPa 的纯 H_2 流,使铂黑吸附 H_2 达到饱和。这时溶液中的 H^+ 与铂黑所吸附的 H_2 建立了如下的动态平衡:

$$2H^+ + 2e^- \rightleftharpoons H_2(g)$$

标准压力的 H_2 饱和了的铂片和 H^+ 浓度为 1 mol/L 溶液间的电势差就是标准氢电极的电极电势,规定标准氢电极的电极电势为零,即 $\varphi^{\ominus}(H^+/H_2)=0.000\ V$。

在原电池中,当无电流通过时两电极之间的电势差称为电池的电动势,用 E 表示;当两电极均处于标准状态时称为标准电动势,用 $E^{\ominus}$ 表示。即

$$E = \varphi_{(+)} - \varphi_{(-)}, \quad E^{\ominus} = \varphi^{\ominus}_{(+)} - \varphi^{\ominus}_{(-)}$$

2) 标准电极电势

电极处于标准状态时的电极电势称为标准电极电势,用符号 $\varphi^{\ominus}$ 表示。电极的标准状态是指组成电极的离子浓度(严格说为活度)为 1 mol/L,气体分压为 101.33 kPa,温度通常为 298.15 K,液体或固体为纯净状态。可见标准电极电势仅取决于电极的本性。测定某电极的标准电极电势时,可在标准状态下将待测电极与标准氢电极组成原电池,通过测量原电池的电动势来求得。

例如,将标准锌电极与标准氢电极组成原电池,测其电动势 $E^{\ominus}=0.760\ V$。由电流的方向可知,锌为负极,标准氢电极为正极,由 $E=\varphi^{\ominus}_{(+)}-\varphi^{\ominus}_{(-)}$ 得

$$\varphi^{\ominus}(Zn^{2+}/Zn) = 0.00\ V - 0.760\ V = -0.760\ V$$

运用同样方法,理论上可测得各种电极的标准电极电势,但有些电极与水剧烈反应,不能直接测得,可通过热力学数据间接求得。附录中列出了一些常用电极在 298.15 K 时的标准电极电势。

标准电极电势是物质在水溶液中作氧化剂或还原剂强弱的标度。$\varphi^{\ominus}$ 值越小,电对中的还原态越易失去电子,是越强的还原剂。$\varphi^{\ominus}$ 值越大,电对中的氧化态越易获得电子,是越强的氧化剂。

$\varphi^{\ominus}$ 值反映的是电对在标准状态下得失电子的倾向,它决定于电极反应中物质的本性,而与反应式中的化学计量数无关。因为 $\varphi^{\ominus}$ 是电极的强度性质,不随反应体系内物质的多少而改变,只与电对的种类有关。例如,$Cu^{2+}+2e^- \rightleftharpoons Cu$ 和 $2Cu^{2+}+4e^- \rightleftharpoons 2Cu$ 的标准电极电势均为 0.3419 V。

9.2.3 能斯特方程式及电极电势的影响因素

1. 能斯特方程式

标准电极电势是在标准状态下测定的,而对于绝大多数的氧化还原反应,并非在标准

状态下进行,即溶液的浓度不一定是 1 mol/L,气体的分压也不一定是 101.33 kPa。此时电极电势就会发生明显的变化。德国化学家能斯特(Nernst)将影响电极电势大小的诸因素,如电极物质的本性、溶液中相关物质的浓度或分压、介质和温度等概括为定量公式,称为能斯特方程式。

对电极反应:a 氧化型 $+ne^- \rightleftharpoons b$ 还原型,能斯特方程式为

$$\varphi = \varphi^\ominus + \frac{RT}{nF}\ln\frac{[氧化型]^a}{[还原型]^b} \tag{9-1}$$

式中,φ 为非标准状态时的电极电势(V);R 为气体常数(8.314 J/(mol·K));T 为热力学温度(K);n 为电极反应中转移的电子数;F 为法拉第(Farday)常数(96487 C/mol);$[氧化型]^a$ 为电极反应中氧化型一方各物质浓度幂的乘积,$[还原型]^b$ 为电极反应中还原型一方各物质浓度幂的乘积,其中各物质浓度的指数等于电极反应式中相应各物质的化学计量数。

当 $T=298.15$ K 时,将 R、F 的数值代入能斯特方程式,可得

$$\varphi = \varphi^\ominus + \frac{0.0592}{n}\lg\frac{[氧化型]^a}{[还原型]^b} \tag{9-2}$$

应用能斯特方程式时应注意以下两点。

(1) 如果电对中某一物质是固体、纯液体或水溶液中的 H_2O,它们的浓度为常数,不写入能斯特方程式中。例如:

$$Cu^{2+} + 2e^- \rightleftharpoons Cu$$

$$\varphi(Cu^{2+}/Cu) = \varphi^\ominus(Cu^{2+}/Cu) + \frac{0.0592}{2}\lg c(Cu^{2+})$$

$$MnO_4^- + 8H^+ + 5e^- \rightleftharpoons Mn^{2+} + 4H_2O$$

$$\varphi(MnO_4^-/Mn^{2+}) = \varphi^\ominus(MnO_4^-/Mn^{2+}) + \frac{0.0592}{5}\lg\frac{c(MnO_4^-)c^8(H^+)}{c(Mn^{2+})}$$

(2) 如果反应中有气体参加,应将气体的分压与标准压力(101.33 kPa)的比值代入能斯特方程式中。例如:

$$O_2 + 4H^+ + 4e^- \rightleftharpoons 2H_2O$$

$$\varphi(O_2/H_2O) = \varphi^\ominus(O_2/H_2O) + \frac{0.0592}{4}\lg\frac{p(O_2)[H^+]^4}{p^\ominus}$$

2. 酸度、浓度对电极电势的影响

1) 酸度对电极电势的影响

H^+ 或 OH^- 参加反应,由能斯特方程式可知,改变介质的酸度,电极电势必随之改变,从而改变电对物质的氧化还原能力。

【例 9-4】 已知 $MnO_4^- + 8H^+ + 5e^- \rightleftharpoons Mn^{2+} + 4H_2O$,$\varphi^\ominus(MnO_4^-/Mn^{2+}) = 1.507$ V,当 $c(H^+) = 1.0 \times 10^{-2}$ mol/L 和 $c(H^+) = 10$ mol/L 时,求各自的 φ 值。(设其他物质均处于标准状态)

解 与电极反应对应的能斯特方程式为

$$\varphi(MnO_4^-/Mn^{2+}) = \varphi^\ominus(MnO_4^-/Mn^{2+}) + \frac{0.0592}{5}\lg\frac{c(MnO_4^-)c^8(H^+)}{c(Mn^{2+})}$$

当 $c(H^+) = 1.0 \times 10^{-2}$ mol/L，其他物质均处于标准状态时：

$$\varphi(MnO_4^-/Mn^{2+}) = \left[1.507 + \frac{0.0592}{5} \lg(1.0 \times 10^{-2})^8\right] V = 1.32 \text{ V}$$

当 $c(H^+) = 10$ mol/L，其他物质均处于标准状态时：

$$\varphi(MnO_4^-/Mn^{2+}) = \left(1.507 + \frac{0.0592}{5} \lg 10^8\right) V = 1.60 \text{ V}$$

2）浓度对电极电势的影响

由能斯特方程式可知，物质的浓度会影响电极电势的大小。对指定的电极来说，氧化型物质的浓度越大，则电极电势值越大。相反，还原型物质的浓度越大，则电极电势值越小。

【例 9-5】 $Fe^{3+} + e^- \rightleftharpoons Fe^{2+}$，$\varphi^{\ominus}(Fe^{3+}/Fe^{2+}) = 0.771$ V，求 $c(Fe^{3+}) = 1$ mol/L，$c(Fe^{2+}) = 0.001$ mol/L 时，$\varphi(Fe^{3+}/Fe^{2+})$ 的值。

解
$$\varphi(Fe^{3+}/Fe^{2+}) = \varphi^{\ominus}(Fe^{3+}/Fe^{2+}) + \frac{0.0592}{1} \lg \frac{c(Fe^{3+})}{c(Fe^{2+})}$$
$$= \left(0.771 + \frac{0.0592}{1} \lg \frac{1}{0.001}\right) V$$
$$= 0.949 \text{ V}$$

9.2.4 电极电势的应用

1. 判断氧化剂和还原剂的相对强弱

标准电极电势的大小代表电对物质得失电子能力的大小。因此，可用于判断标准状态下氧化剂、还原剂的氧化还原能力相对强弱。标准电极电势大，电对中氧化态物质的氧化能力强，是强氧化剂，而对应的还原态物质的还原能力弱，是弱还原剂；标准电极电势小，电对中还原态物质的还原能力强，是强还原剂，而对应氧化态物质的氧化能力弱，是弱氧化剂。

比较标准状态下，电对 Cl_2/Cl^-、Br_2/Br^-、I_2/I^- 的氧化态物质的氧化能力和还原态物质的还原能力大小。已知 $\varphi^{\ominus}(Cl_2/Cl^-) = 1.36$ V，$\varphi^{\ominus}(Br_2/Br^-) = 1.07$ V，$\varphi^{\ominus}(I_2/I^-) = 0.53$ V。

由 $\varphi^{\ominus}$ 大小可知：氧化态物质的氧化能力相对大小为 $Cl_2 > Br_2 > I_2$；还原态物质的还原能力相对大小为 $I^- > Br^- > Cl^-$。

2. 判断氧化还原反应进行的方向

大量事实表明，氧化还原反应自发进行的方向总是：

$$强氧化剂 + 强还原剂 \longrightarrow 弱还原剂 + 弱氧化剂$$

即标准电极电势大的氧化态物质能氧化标准电极电势小的还原态物质。因此，要判断一个氧化还原反应的方向，可将此反应组成原电池，使反应物中的氧化剂对应的电对为正极，还原剂对应的电对为负极，然后根据以下规则来判断反应进行的方向：

（1）当 $E > 0$，即 $\varphi_{(+)} > \varphi_{(-)}$ 时，则反应正向自发进行；

（2）当 $E = 0$，即 $\varphi_{(+)} = \varphi_{(-)}$ 时，则反应处于平衡状态；

(3) 当 $E<0$，即 $\varphi_{(+)}<\varphi_{(-)}$ 时，则反应逆向自发进行。

3. 判断氧化还原反应进行的限度

把一个氧化还原反应设计成原电池，可根据电池的标准电动势计算出该氧化还原反应的平衡常数，298.15 K 时：

$$\lg K = \frac{nE^{\ominus}}{0.0592} \tag{9-3}$$

9.3 氧化还原滴定法

氧化还原滴定法是以氧化还原反应为基础的滴定分析方法。利用氧化还原滴定法可以直接或间接地测定许多具有氧化性或还原性的物质，某些非变价元素（如 Ca^{2+}、Sr^{2+}、Ba^{2+} 等）也可以用氧化还原滴定法间接测定。

氧化还原反应是电子转移的反应，比较复杂，电子转移往往分步进行，反应速率比较小，也可能因不同的反应条件而产生副反应或生成不同的产物。因此，在氧化还原滴定中，必须创造和控制适当的反应条件，加大反应速率，防止副反应发生，以利于分析反应的定量进行。

9.3.1 氧化还原滴定法概述

1. 氧化还原滴定法基本原理

酸碱滴定中酸碱滴定曲线是以溶液的 pH 值变化为特征的曲线，在化学计量点附近溶液的 pH 值发生突跃。而在氧化还原滴定中，随着滴定液的加入，溶液的电极电势也在不断地发生变化，在化学计量点附近溶液的电极电势也会产生突跃。氧化还原滴定曲线就是以电极电势为纵坐标，加入滴定液的量为横坐标绘出的曲线，如图 9-4 所示。电极电势的大小可以通过实验方法测得，也可用能斯特方程式进行计算。从曲线可以看出，化学计量点前后有一个相当大的突跃范围，这对选择氧化还原指示剂很有用处。滴定突跃范

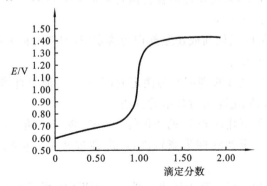

图 9-4 0.1000 mol/L Ce^{4+} 滴定 0.1000 mol/L Fe^{2+} 的滴定曲线（1 mol/L H_2SO_4）

围的大小与两电对的标准电极电势有关,两电对的标准电极电势差值 $\Delta\varphi^{\ominus}$ 越大,滴定突跃范围越大。一般当 $\Delta\varphi^{\ominus} \geqslant 0.40$ V 时,才有明显的突跃,可选择指示剂指示终点,否则不能准确地进行氧化还原滴定分析。

2. 用于氧化还原滴定的化学反应必须具备的条件

用于氧化还原滴定的化学反应必须具备以下条件。

(1) 反应能够定量进行。一般认为滴定液和被滴定物质电对的电极电势差大于 0.40 V,反应就能定量进行。

(2) 有适当的方法确定化学计量点。

(3) 有足够快的反应速率,不能有副反应发生。

若氧化还原反应不够快,常采用以下几种方法加大反应速率。

① 升高溶液的温度:实验证明,对于大多数反应,升高温度可加大化学反应的速率。一般温度每升高 10 ℃,反应速率可增加 2~4 倍,如用 MnO_4^- 氧化 $C_2O_4^{2-}$ 时,在室温下反应很慢,若将溶液加热,反应可大为加快。

② 增大反应物的浓度:根据质量作用定律,反应速率与反应物浓度的乘积成正比。增大反应物浓度可加快反应速率。例如:

$$Cr_2O_7^{2-} + 6I^- + 14H^+ = 2Cr^{3+} + 3I_2 + 7H_2O$$

在此反应中,可通过增大 I^- 或 H^+ 的浓度来加快反应速率。

③ 加入催化剂:加入催化剂可大大加快反应速率,缩短反应到达平衡的时间。如上述用 MnO_4^- 滴定 $C_2O_4^{2-}$ 的反应,可加入少量 Mn^{2+} 作催化剂来加快反应速率。但在实际操作中一般不需另加 Mn^{2+},可利用反应中生成的 Mn^{2+} 作催化剂。这种催化现象是由反应过程中产生的催化剂所引起的,称为自动催化现象。

在实际应用中,选用哪种或哪几种方法加大反应速率,要根据具体情况决定。

另外,在氧化还原反应中,常伴有副反应发生,使反应不能按反应方程式的计量关系定量进行。此时还应考虑抑制副反应的方法。例如,用 MnO_4^- 滴定 Fe^{2+} 时:

$$MnO_4^- + 5Fe^{2+} + 8H^+ = Mn^{2+} + 5Fe^{3+} + 4H_2O$$

如果加入盐酸作为酸性介质,因为 Cl^- 比 Fe^{2+} 更容易被氧化,则发生如下副反应:

$$2MnO_4^- + 10Cl^- + 16H^+ = 2Mn^{2+} + 5Cl_2\uparrow + 8H_2O$$

为了防止这一副反应发生,可使用硫酸作为酸性介质。

3. 氧化还原滴定法的分类

氧化还原滴定法是以氧化剂或还原剂作为滴定液,习惯上根据所用滴定液不同,将氧化还原滴定法分为以下几类。

(1) 高锰酸钾法:以高锰酸钾溶液为滴定液,在酸性溶液中直接测定还原性物质或间接测定氧化性物质或无氧化性物质含量的方法。

(2) 碘量法:以 I_2 的氧化性和 I^- 的还原性为基础,测定物质含量的方法。

(3) 重铬酸钾法:以重铬酸钾为滴定液,在酸性溶液中直接测定还原性物质含量的方法。

(4) 其他氧化还原滴定法:除上述方法外,由于使用的滴定液不同,还有亚硝酸钠法、溴酸钾法、铈量法、高碘酸钾法、钒酸盐法等。

9.3.2 指示剂

氧化还原滴定法中常用的指示剂有以下几种类型。

1. 自身指示剂

有些滴定液本身有很深的颜色,而滴定产物无色或颜色很浅,则滴定时就无须另加指示剂。例如,MnO_4^- 就具有很深的紫红色,用它来滴定 Fe^{2+} 或 $C_2O_4^{2-}$ 时,反应的产物 Mn^{2+}、Fe^{3+}、CO_2 颜色都很浅甚至无色,滴定到计量点后,MnO_4^- 稍过量($c=2\times 10^{-6}$ mol/L)时就能使溶液呈现淡红色。这种以滴定液本身的颜色变化就能指示滴定终点的物质称为自身指示剂。

2. 特殊指示剂

有些物质本身并不具有氧化还原性,但它能与滴定液或被测物或反应产物产生很深的特殊颜色,因而可指示滴定终点。例如,淀粉与碘生成深蓝色的配合物,此反应极为灵敏。因此,碘量法中常用淀粉作指示剂,可根据蓝色的出现或消失来判断滴定终点的到达。

3. 氧化还原指示剂

这类指示剂本身是氧化剂或还原剂,其氧化态与还原态具有不同的颜色。在滴定过程中,因被氧化或被还原而发生颜色变化从而指示终点。若以 InOx 和 InRed 分别表示指示剂的氧化态和还原态,滴定中指示剂的电极反应可表示为

$$InOx + ne^- \rightleftharpoons InRed$$

由能斯特方程式可得

$$\varphi_{In} = \varphi_{In}^{\ominus} + \frac{0.0592}{n} \lg \frac{c(InOx)}{c(InRed)} \tag{9-4}$$

与酸碱指示剂相似,氧化还原指示剂颜色的改变也存在着一定的变色范围。

当 $c(InOx)/c(InRed)=1$ 时,溶液呈中间色,$\varphi_{In}=\varphi_{In}^{\ominus}$,此时溶液的电极电势等于指示剂的标准电极电势,称为指示剂的变色点;

当 $c(InOx)/c(InRed)\geqslant 10$ 时,溶液呈现指示剂氧化态的颜色;

当 $c(InOx)/c(InRed)\leqslant \frac{1}{10}$ 时,溶液呈现指示剂还原态的颜色。

因此,氧化还原指示剂的变色范围为

$$\varphi_{In}^{\ominus} - \frac{0.0592}{n} < \varphi_{In} < \varphi_{In}^{\ominus} + \frac{0.0592}{n} \tag{9-5}$$

氧化还原指示剂的选择原则与酸碱指示剂的选择原则类似,即使指示剂变色的电极电势范围全部或部分落在滴定曲线突跃范围内。

9.3.3 高锰酸钾法

1. 高锰酸钾法概述

高锰酸钾法是以高锰酸钾为滴定液的氧化还原滴定法。高锰酸钾是一种强氧化剂,它的氧化能力和溶液的酸度有关。

在强酸性溶液中，MnO_4^- 被还原成 Mn^{2+}：

$$MnO_4^- + 8H^+ + 5e^- \Longleftrightarrow Mn^{2+} + 4H_2O \qquad \varphi^\ominus = 1.507 \text{ V}$$

在弱酸性、中性、弱碱性溶液中，MnO_4^- 被还原成 MnO_2：

$$MnO_4^- + 2H_2O + 3e^- \Longleftrightarrow MnO_2 \downarrow + 4OH^- \qquad \varphi^\ominus = 0.59 \text{ V}$$

在强碱性溶液中，MnO_4^- 被还原成 MnO_4^{2-}：

$$MnO_4^- + e^- \Longleftrightarrow MnO_4^{2-} \qquad \varphi^\ominus = 0.56 \text{ V}$$

由于 $KMnO_4$ 在强酸性溶液中的氧化能力强，且生成的 Mn^{2+} 接近无色，便于终点的观察，所以高锰酸钾滴定多在强酸性溶液中进行，所用的强酸是 H_2SO_4。

高锰酸钾法的优点是：氧化能力强，不需另加指示剂，应用范围广。高锰酸钾法可直接测定许多还原性物质，如 Fe^{2+}、$C_2O_4^{2-}$、H_2O_2、NO_2^-、$Sn(Ⅱ)$ 等；也可以用间接法测定非变价离子，如 Ca^{2+}、Sr^{2+}、Ba^{2+} 等；用返滴定法测定 PbO_2、MnO_2 等。但高锰酸钾法的选择性较差，不能用直接法配制高锰酸钾滴定液，且滴定液不够稳定。

2. 滴定液的配制和标定

市售 $KMnO_4$ 试剂纯度一般为 99.0%～99.5%，其中含少量 MnO_2 及其他杂质，同时，蒸馏水中含有少量的有机物质，$KMnO_4$ 与有机物会缓慢发生反应，生成的 MnO_2 又会促进 $KMnO_4$ 的进一步分解：

$$4KMnO_4 + 2H_2O \Longleftrightarrow 4MnO_2 + 4KOH + 3O_2 \uparrow$$

在中性溶液中，分解很慢，但 Mn^{2+} 和 MnO_2 的存在能加速其分解，见光时分解更快。故 $KMnO_4$ 滴定液不能用直接法配制，通常先配成近似浓度的溶液，配好后加热微沸 1 h 左右，然后需放置 2～3 d，使溶液中可能存在的还原性物质完全氧化，过滤除去 MnO_2 沉淀，并保存于棕色瓶中，存放在阴暗处以待标定。

用于标定 $KMnO_4$ 溶液浓度的基准物质有 $H_2C_2O_4 \cdot 2H_2O$、$Na_2C_2O_4$、$FeSO_4 \cdot 7H_2O$、$(NH_4)_2C_2O_4$、As_2O_3 和纯铁丝等，其中 $Na_2C_2O_4$ 较为常用。在 H_2SO_4 溶液中，MnO_4^- 与 $C_2O_4^{2-}$ 的反应如下：

$$2MnO_4^- + 5C_2O_4^{2-} + 16H^+ \Longleftrightarrow 2Mn^{2+} + 10CO_2 \uparrow + 8H_2O$$

这一反应为自动催化反应。为了使该反应能定量地进行，应注意以下几个条件。

(1) 温度。室温下反应速率较小，常将溶液加热到 75～85 ℃ 时趁热滴定，滴定完毕时，溶液的温度也不应低于 60 ℃。但温度也不宜过高，若高于 90 ℃ 会使部分 $H_2C_2O_4$ 发生分解，使 $KMnO_4$ 用量减少，标定结果偏高。

$$H_2C_2O_4 \Longleftrightarrow CO_2 \uparrow + CO \uparrow + H_2O$$

(2) 酸度。在开始滴定时，溶液的酸度一般为 0.5～1 mol/L，滴定终了时，酸度一般为 0.2～0.5 mol/L。酸度不足时，容易生成 MnO_2 沉淀；酸度过高时，又会促使 $KMnO_4$ 分解。

(3) 滴定速度。开始滴定时，因反应速率小，滴定不宜太快，滴入的第一滴 $KMnO_4$ 溶液褪色后，由于生成了催化剂 Mn^{2+}，反应逐渐加快，随后的滴定速度可以快些，但仍需逐滴加入，否则滴入的 $KMnO_4$ 来不及与 $Na_2C_2O_4$ 发生反应就发生分解了，从而使结果偏低。

(4) 滴定终点。用 $KMnO_4$ 溶液滴定至终点后，溶液出现的浅红色不能持久，因为空气中的还原性气体和灰尘都能与 $KMnO_4$ 缓慢作用,使 $KMnO_4$ 还原而褪色。所以滴定时溶液中出现的浅红色在 30 s 内不褪色,便可认定已达滴定终点。

3. 高锰酸钾法应用示例

1) 直接滴定法测定 H_2O_2 的含量

$KMnO_4$ 在酸性溶液中能定量地氧化 H_2O_2,其反应式为

$$2MnO_4^- + 5H_2O_2 + 6H^+ = 2Mn^{2+} + 5O_2\uparrow + 8H_2O$$

滴定开始时反应比较慢,待有少量 Mn^{2+} 生成后,由于 Mn^{2+} 的催化作用,反应速率加大。H_2O_2 的含量可按下式计算:

$$\rho(H_2O_2) = \frac{\frac{5}{2}c(KMnO_4)V(KMnO_4)M(H_2O_2)}{V_s} \tag{9-6}$$

2) 间接滴定法测定 Ca^{2+}

应用氧化还原间接滴定试样中钙含量的测定步骤为:先将试样中的 Ca^{2+} 沉淀为 CaC_2O_4,然后将沉淀过滤、洗净,并用稀硫酸溶解,最后用 $KMnO_4$ 滴定液滴定。其有关反应式如下:

$$Ca^{2+} + C_2O_4^{2-} = CaC_2O_4\downarrow$$
$$CaC_2O_4 + 2H^+ = H_2C_2O_4 + Ca^{2+}$$
$$2MnO_4^- + 5H_2C_2O_4 + 6H^+ = 2Mn^{2+} + 10CO_2\uparrow + 8H_2O$$

钙的质量分数

$$w(Ca^{2+}) = \frac{\frac{5}{2}c(KMnO_4)V(KMnO_4)M(Ca)}{m_s} \tag{9-7}$$

9.3.4 碘量法

1. 碘量法概述

碘量法是以 I_2 的氧化性和 I^- 的还原性为基础的滴定分析方法。其电极反应方程式为

$$I_2 + 2e^- = 2I^- \qquad \varphi^{\ominus}(I_2/I^-) = 0.5353 \text{ V}$$

由标准电极电势数据可知,I_2 是较弱的氧化剂,它只能与较强的还原剂作用,而 I^- 是一种中等强度的还原剂,能与许多氧化剂作用。碘量法可分为直接碘量法和间接碘量法两种。

1) 直接碘量法与间接碘量法

直接碘量法又称碘滴定法,是用 I_2 作滴定液,在酸性、中性或弱碱性溶液中直接滴定电极电势低的较强还原性物质含量的分析方法。可用于测定 $S_2O_3^{2-}$、SO_3^{2-}、Sn^{2+}、维生素 C 等还原性较强的物质的含量。

如果溶液的 pH>9,就会发生下列副反应:

$$3I_2 + 6OH^- = IO_3^- + 5I^- + 3H_2O$$

即使是在酸性条件下,也只有少数还原能力强且不受 H^+ 浓度影响的物质才能与 I_2

发生定量反应。因此,直接碘量法的应用有一定的局限性。

间接碘量法又称滴定碘法,是利用I^-作还原剂,在一定的条件下,与氧化性物质作用,定量地析出I_2,然后用$Na_2S_2O_3$标准溶液滴定I_2,从而间接地测定氧化性物质含量的方法。如可测定MnO_4^-、$Cr_2O_7^{2-}$、Cu^{2+}、IO_3^-、BrO_3^-、H_2O_2等氧化性物质的含量。间接碘量法比直接碘量法应用更为广泛。其基本反应式为

$$I_2 + 2S_2O_3^{2-} \Longleftrightarrow 2I^- + S_4O_6^{2-}$$

该反应需在中性或弱酸性溶液中进行。因在强酸性溶液中$Na_2S_2O_3$会分解,I^-也容易被空气中的氧所氧化。其反应为

$$S_2O_3^{2-} + 2H^+ \Longleftrightarrow SO_2\uparrow + S\downarrow + H_2O$$
$$4I^- + 4H^+ + O_2 \Longleftrightarrow 2I_2 + 2H_2O$$

在碱性溶液中,$Na_2S_2O_3$与I_2会发生如下副反应:

$$S_2O_3^{2-} + 4I_2 + 10OH^- \Longleftrightarrow 2SO_4^{2-} + 8I^- + 5H_2O$$

2) 指示剂

碘量法常用淀粉作指示剂,淀粉与I_2结合形成蓝色物质,灵敏度很高,即使在10^{-5} mol/L的I_2溶液中也能看出。实践证明,直链淀粉遇I_2变蓝必须有I^-存在,并且I^-浓度越高,则显色越灵敏。pH>9时,I_2易发生歧化反应,生成IO_3^-,遇淀粉不显蓝色;pH<2时,淀粉易水解成糊精,糊精遇I_2显红色。淀粉溶液必须临时配制,否则会腐败分解,显色不敏锐。另外,在间接碘量法中,淀粉指示剂应在滴定临近终点时加入,否则大量的I_2与淀粉结合,不易与$Na_2S_2O_3$反应,会给滴定带来误差。

3) 碘量法的误差来源

碘量法的误差主要有两个来源:一是I_2易挥发;二是I^-容易被空气中的O_2氧化。为防止I_2的挥发,一是加入过量的KI,使I_2形成I_3^-配离子,增大I_2在水中的溶解度;二是反应温度不宜过高,一般在室温下进行;三是最好在碘量瓶中进行滴定。

为了防止I^-被空气中的O_2氧化,溶液酸度不宜过高;光及Cu^{2+}、NO_2^-等能催化I^-离子被空气中的O_2氧化,因此溶液应避免阳光直接照射并预先除去干扰离子;I^-与氧化性物质反应的时间不宜过长;用$Na_2S_2O_3$滴定I_2的速度可适当加快。

2. 滴定液的配制和标定

1) $Na_2S_2O_3$溶液的配制和标定

结晶的$Na_2S_2O_3 \cdot 5H_2O$一般含有少量S、Na_2SO_3、Na_2CO_3、NaCl等杂质,因此不能用直接法配制滴定液。而且$Na_2S_2O_3$溶液不稳定,容易与水中的CO_2、空气中的氧气作用,以及被微生物分解而使浓度发生变化。因此,配制$Na_2S_2O_3$标准溶液时应先煮沸蒸馏水,除去水中的CO_2并杀灭微生物,加入少量Na_2CO_3使溶液呈微碱性,以防止$Na_2S_2O_3$分解。日光能促使$Na_2S_2O_3$分解,所以$Na_2S_2O_3$溶液应储存于棕色瓶中,置于暗处,经一两周后再标定。长期保存的溶液,在使用时应重新标定。

标定$Na_2S_2O_3$溶液常用$K_2Cr_2O_7$、$KBrO_3$、KIO_3等基准物质,$K_2Cr_2O_7$因其稳定性好且易提纯,最为常用。标定反应式和计算公式如下:

$$Cr_2O_7^{2-} + 6I^- + 14H^+ \Longrightarrow 2Cr^{3+} + 3I_2 + 7H_2O$$
$$I_2 + 2S_2O_3^{2-} \Longrightarrow 2I^- + S_4O_6^{2-}$$

$$c(\mathrm{Na_2S_2O_3}) = \frac{6m(\mathrm{K_2Cr_2O_7})}{M(\mathrm{K_2Cr_2O_7})V(\mathrm{Na_2S_2O_3})} \tag{9-8}$$

标定方法为：准确称取一定量的基准 $\mathrm{K_2Cr_2O_7}$，置于碘量瓶中，加蒸馏水溶解，在酸性溶液中与过量的 KI 作用，待反应进行完全后，加蒸馏水稀释；析出的 $\mathrm{I_2}$ 用待标定的 $\mathrm{Na_2S_2O_3}$ 溶液滴定至近终点时，加淀粉指示剂，继续滴定溶液由深蓝色转变为浅绿色（$\mathrm{Cr^{3+}}$ 颜色）时为终点。

标定时应注意以下问题。

（1）控制溶液的酸度。$\mathrm{K_2Cr_2O_7}$ 与 KI 反应时溶液的酸度越大，反应进行得越快。但酸度过高，$\mathrm{I^-}$ 容易被空气中的 $\mathrm{O_2}$ 氧化；酸度过低，$\mathrm{K_2Cr_2O_7}$ 与 KI 反应太慢。一般酸度应以 0.8～1 mol/L 为宜。

（2）加入过量的 KI 和控制反应时间。加入过量的 KI 可增大 $\mathrm{K_2Cr_2O_7}$ 与 KI 的反应速率，同时用水密封碘量瓶，放置暗处 10 min，待反应完成后，再用待标定的 $\mathrm{Na_2S_2O_3}$ 溶液滴定。

（3）滴定前稀释溶液。用 $\mathrm{Na_2S_2O_3}$ 溶液滴定前，先将溶液稀释可降低溶液的酸度，减少空气中 $\mathrm{O_2}$ 对 $\mathrm{I^-}$ 的氧化，还可使 $\mathrm{Na_2S_2O_3}$ 的分解作用减弱，同时减少 $\mathrm{Cr^{3+}}$ 的绿色对滴定终点的影响。

（4）近终点时加入指示剂。为防止大量碘被淀粉吸附太牢，使终点延后，标定结果偏低，指示剂应在近终点时加入。

（5）正确判断回蓝现象。滴定至终点的溶液放置后有变回蓝色的现象，如果是迅速回蓝，说明 $\mathrm{K_2Cr_2O_7}$ 与 KI 的反应不完全，可能是放置时间不够或溶液酸度过低所引起的。遇此情况应重新标定。如果滴定至终点过 5 min 后回蓝，则可认为是空气氧化 $\mathrm{I^-}$ 所致，不影响标定结果。

2）$\mathrm{I_2}$ 滴定液的配制和标定

市售的 $\mathrm{I_2}$ 含有杂质，而且 $\mathrm{I_2}$ 具有挥发性，对分析天平有一定的腐蚀作用，所以通常用间接法配制 $\mathrm{I_2}$ 滴定液。$\mathrm{I_2}$ 在水中的溶解度很小，而且易挥发，常将它溶解在较浓的 KI 溶液中，以提高其溶解度。碘见光、遇热时浓度会发生变化，故应装在棕色瓶中，并置于暗处保存。储存和使用 $\mathrm{I_2}$ 溶液时，应避免与橡皮等有机物质接触。

标定碘滴定液常用的基准物质是精制的 $\mathrm{As_2O_3}$。$\mathrm{As_2O_3}$ 难溶于水，易溶于碱液中，生成亚砷酸盐。故先将准确称取的 $\mathrm{As_2O_3}$ 溶于 NaOH 溶液中，再加入 $\mathrm{NaHCO_3}$，保持溶液 pH≈8 左右。其反应式如下：

$$\mathrm{As_2O_3 + 6NaOH = 2Na_3AsO_3 + 3H_2O}$$
$$\mathrm{Na_3AsO_3 + I_2 + H_2O = Na_3AsO_4 + 2HI}$$

根据 $\mathrm{As_2O_3}$ 的质量及消耗碘溶液的体积，即可计算出碘滴定液的准确浓度。计算公式为

$$c(\mathrm{I_2}) = \frac{2m(\mathrm{As_2O_3})}{M(\mathrm{As_2O_3})V(\mathrm{I_2})} \tag{9-9}$$

$\mathrm{I_2}$ 滴定液也可用已经标定好的 $\mathrm{Na_2S_2O_3}$ 滴定液来标定。

3. 碘量法应用示例

1) 维生素 C 含量的测定

维生素 C 又叫抗坏血酸,其分子($C_6H_8O_6$)中的烯二醇基(—C=C—，OH OH)具有还原性,能被定量地氧化为二酮基(—C—C—，O O):

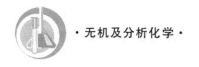

$C_6H_8O_6$ 的还原能力很强,在空气中极易被氧化,尤其是在碱性条件下。滴定时,应加入一定量的乙酸使溶液呈弱酸性。维生素 C 含量的计算公式为

$$w(V_C) = \frac{c(I_2)V(I_2)M(C_6H_8O_6)}{m_s} \times 100\% \qquad (9\text{-}10)$$

2) 胆矾中铜含量的测定

胆矾($CuSO_4 \cdot 5H_2O$)是农药波尔多液的主要原料,测定时加入过量的 KI,使 Cu^{2+} 与 KI 作用生成 CuI,并析出等物质的量的 I_2,再用 $Na_2S_2O_3$ 标准溶液滴定析出的 I_2:

$$2Cu^{2+} + 4I^- = 2CuI \downarrow + I_2$$
$$I_2 + 2S_2O_3^{2-} = 2I^- + S_4O_6^{2-}$$

因 CuI 溶解度相对较大,且对 I_2 的吸附较强,终点不明显。因此,在计量点前加入 KSCN,使 CuI 转化为更难溶的 CuSCN 沉淀,CuSCN 很难吸附碘,使反应终点变色比较明显。其反应式为

$$CuI(s) + SCN^- = CuSCN \downarrow + I^-$$

为了防止 Cu^{2+} 的水解,反应必须在酸性溶液中(pH=3.5~4.0)进行,由于 Cu^{2+} 容易与 Cl^- 形成配离子,因此酸化时常用 H_2SO_4 或 HAc,而不用 HCl。铜含量的计算公式为

$$w(Cu) = \frac{c(Na_2S_2O_3)V(Na_2S_2O_3)M(Cu)}{m_s} \times 100\% \qquad (9\text{-}11)$$

 ## 9.3.5 重铬酸钾法

1. 重铬酸钾法概述

重铬酸钾法是以 $K_2Cr_2O_7$ 为滴定液进行滴定的氧化还原滴定法。在酸性溶液中,$K_2Cr_2O_7$ 与还原剂作用被还原为 Cr^{3+},半反应为

$$Cr_2O_7^{2-} + 14H^+ + 6e^- = 2Cr^{3+} + 7H_2O \qquad \varphi^{\ominus}(Cr_2O_7^{2-}/Cr^{3+}) = 1.33 \text{ V}$$

因 Cr^{3+} 易水解,滴定必须在酸性溶液中进行。$K_2Cr_2O_7$ 的氧化能力没有 $KMnO_4$ 强,应用范围也没有高锰酸钾法广泛,但与高锰酸钾法相比,重铬酸钾法具有以下优点:

(1) $K_2Cr_2O_7$ 易提纯,可直接配制滴定液;

(2) $K_2Cr_2O_7$ 滴定液非常稳定,可长期保存;

(3) 室温下 $K_2Cr_2O_7$ 不与 Cl^- 作用,可在 HCl 溶液中进行滴定。

重铬酸钾法中,虽然橙色的 $Cr_2O_7^{2-}$ 被还原后转化为绿色的 Cr^{3+},但由于 $Cr_2O_7^{2-}$ 的颜色不是很深,故不能根据自身的颜色变化来确定终点,需另加氧化还原指示剂,一般采用二苯胺磺酸钠作指示剂。

2. 重铬酸钾法应用示例

亚铁盐中亚铁含量的测定可用重铬酸钾法。在酸性溶液中反应方程式为

$$Cr_2O_7^{2-} + 6Fe^{2+} + 14H^+ \Longleftrightarrow 2Cr^{3+} + 6Fe^{3+} + 7H_2O$$

准确称取试样在酸性条件下溶解后,加入适量的 H_3PO_4,并加入二苯胺磺酸钠指示剂,滴定至终点。

9.3.6 其他氧化还原滴定法简介

1. 硫酸铈法

$Ce(SO_4)_2$ 是强氧化剂,在酸性溶液中,Ce^{4+} 与还原剂作用时,Ce^{4+} 还原为 Ce^{3+},半反应式如下:

$$Ce^{4+} + e^- \Longleftrightarrow Ce^{3+} \qquad \varphi^{\ominus} = 1.61 \text{ V}$$

Ce^{4+}/Ce^{3+} 电对的条件电位与酸的种类和浓度有关。在 $0.5\sim 4$ mol/L H_2SO_4 溶液中,$\varphi^{\ominus'} = 1.44\sim 1.42$ V;在 1 mol/L HCl 溶液中,$\varphi^{\ominus'} = 1.28$ V。

用 Ce^{4+} 作滴定液时,常采用 $Ce(SO_4)_2$ 溶液,它在 H_2SO_4 介质中进行滴定。能用高锰酸钾法滴定的物质,一般也能用 $Ce(SO_4)_2$ 滴定。$Ce(SO_4)_2$ 溶液具有下列优点。

(1) 稳定,放置较长时间或加热煮沸也不易分解。

(2) 可由容易提纯的 $Ce(SO_4)_2 \cdot 2(NH_4)_2SO_4 \cdot 2H_2O$ 直接配制标准溶液,不必进行标定。

(3) 可在 HCl 溶液中直接用 Ce^{4+} 滴定 Fe^{2+}(与 MnO_4^- 不同)。

(4) Ce^{4+} 还原为 Ce^{3+} 时,只有一个电子的转移,不生成中间价态的产物,反应简单,副反应少。有机物(如乙醇、甘油、糖等)存在时,用 Ce^{4+} 滴定 Fe^{2+} 仍可得到良好的结果。

用 Ce^{4+} 作滴定液时,因 Ce^{4+} 具有黄色,而 Ce^{3+} 为无色,故 Ce^{4+} 本身可作为指示终点的指示剂,但灵敏度不高,故一般采用邻二氮菲-Fe(Ⅱ)作指示剂。

Ce^{4+} 易水解,生成碱式盐沉淀,所以 Ce^{4+} 不适用于在碱性或中性溶液中滴定。

2. 溴酸钾法

$KBrO_3$ 是强氧化剂,在酸性溶液中,$KBrO_3$ 与还原性物质作用时,$KBrO_3$ 被还原为 Br^-,半反应为

$$BrO_3^- + 6H^+ + 6e^- \Longleftrightarrow Br^- + 3H_2O \qquad \varphi^{\ominus} = 1.44 \text{ V}$$

$KBrO_3$ 容易提纯,在 180 ℃烘干后,可以直接配制滴定液。$KBrO_3$ 溶液的浓度也可以用碘量法进行标定。在酸性溶液中,一定量 $KBrO_3$ 与过量 KI 作用,析出 I_2,其反应式为

$$BrO_3^- + 6I^- + 6H^+ =\!=\!= Br^- + 3I_2 + 3H_2O$$

析出的 I_2，可以用 $Na_2S_2O_3$ 滴定液滴定。

溴酸钾法主要用于测定苯酚的含量。

3. 亚砷酸钠-亚硝酸钠法

用 Na_3AsO_3-$NaNO_2$ 混合溶液进行滴定分析的方法称为亚砷酸钠-亚硝酸钠法。这种方法主要应用于普通钢和低合金钢中锰的测定。

试样用酸分解，锰化转为 Mn^{2+}。在酸性溶液中，以 $AgNO_3$ 作催化剂，用 $(NH_4)_2S_2O_8$ 将 Mn^{2+} 氧化为 MnO_4^-，然后用 Na_3AsO_3-$NaNO_2$ 混合溶液滴定。其反应式为

$$2MnO_4^- + 5AsO_3^{3-} + 6H^+ =\!=\!= 2Mn^{2+} + 5AsO_4^{3-} + 3H_2O$$
$$2MnO_4^- + 5NO_2^- + 6H^+ =\!=\!= 2Mn^{2+} + 5NO_3^- + 3H_2O$$

学习小结

1. 在反应过程中，氧化数发生变化的化学反应称为氧化还原反应。表示氧化、还原过程的方程式分别称为氧化反应和还原反应，统称为半反应。

2. 在氧化还原反应中，如果组成某物质的原子或离子氧化数升高，称此物质为还原剂。还原剂使另一物质还原，其本身在反应中被氧化，它的反应产物称为氧化产物；反之，称为氧化剂。氧化剂使另一物质氧化，其本身在反应中被还原，它的反应产物称为还原产物。

3. 配平氧化还原反应式的常用方法如下。

氧化数法：依据反应中氧化剂元素氧化数降低的总数与还原剂中元素氧化数升高的总数相等的原则来配平反应式。

离子电子法：根据在氧化还原反应中，氧化剂和还原剂得失电子总数相等的原则来配平反应式。

4. 规定标准氢电极的电极电势为零，即 $\varphi^{\ominus}(H^+/H_2) = 0.000\ V$。

电极处于标准状态时的电极电势称为标准电极电势，用符号 $\varphi^{\ominus}$ 表示。

电极的标准状态是指组成电极的离子浓度（严格地说为活度）为 $1\ mol/L$，气体分压为 $101.33\ kPa$，温度通常为 $298.15\ K$，液体或固体为纯净状态。

利用电极电势可判断氧化剂和还原剂的相对强弱、判断氧化还原反应进行的方向、判断氧化还原反应进行的限度。

5. 能斯特方程式是浓度、酸度对电极电势的影响式。

改变介质的酸度，电极电势必随之改变，从而改变电对物质的氧化还原能力。

对指定的电极来说，氧化型物质的浓度越大，则电极电势值越大。相反，还原型物质的浓度越大，则电极电势值越小。

6. 氧化还原滴定法是以氧化还原反应作为滴定反应测定物质含量的滴定分析方法。分为高锰酸钾法、碘量法、重铬酸钾法、亚硝酸钠法、溴酸钾法、铈量法、高碘酸钾法、钒酸盐法等。

7. 以高锰酸钾为滴定液的氧化还原滴定法称为高锰酸钾法。高锰酸钾滴定多在强酸性溶液中进行,所用的强酸是 H_2SO_4。

8. 以 I_2 的氧化性和 I^- 的还原性为基础的滴定分析方法称为碘量法。分为直接碘量法和间接碘量法。碘量法常用淀粉作指示剂。

直接碘量法又称碘滴定法,是用 I_2 作滴定液,在酸性、中性或弱碱性溶液中直接滴定电极电势低的较强还原性物质含量的分析方法。

间接碘量法又称滴定碘法,是利用 I^- 作还原剂,在一定的条件下,与氧化性物质作用,定量地析出 I_2,然后用 $Na_2S_2O_3$ 标准溶液滴定 I_2,从而间接地测定氧化性物质含量的方法。

目标测试

一、单项选择题

1. 在 $S_4O_6^{2-}$ 中 S 的氧化数是(　　)。
   A. +2　　　　B. +4　　　　C. +6　　　　D. +2.5

2. 原电池(-)Zn|ZnSO$_4$(1 mol/L)‖NiSO$_4$(1 mol/L)|Ni(+),在负极溶液中加入 NaOH,其电动势(　　)。
   A. 增加　　　B. 减少　　　C. 不变　　　D. 无法判断

3. 由电极 MnO_4^-/Mn^{2+} 和 Fe^{3+}/Fe^{2+} 组成原电池。若加大溶液的酸度,原电池的电动势将(　　)。
   A. 增大　　　B. 减小　　　C. 不变　　　D. 无法判断

4. 已知 $\varphi^{\ominus}(Fe^{3+}/Fe^{2+})=0.77$ V,$\varphi^{\ominus}(Cu^{2+}/Cu)=0.34$ V,则反应 $2Fe^{3+}$(1 mol/L)$+Cu \Longrightarrow 2Fe^{2+}$(1 mol/L)$+Cu^{2+}$(1 mol/L)(　　)。
   A. 呈平衡状态　　　　　　　　B. 正向自发进行
   C. 逆向自发进行　　　　　　　D. 无法判断

5. 对于反应式 $K_2Cr_2O_7+HCl \longrightarrow KCl+CrCl_3+Cl_2 \uparrow +H_2O$,在完全配平的方程式中 Cl_2 的系数是(　　)。
   A. 1　　　　B. 2　　　　C. 3　　　　D. 4

6. $Pb^{2+}+2e^- \Longrightarrow Pb$;$\varphi^{\ominus}=-0.1264$ V,则(　　)。
   A. Pb^{2+} 浓度增大时,φ 增大　　　B. Pb^{2+} 浓度增大时,φ 减小
   C. 金属铅的量增大时,φ 增大　　　D. 金属铅的量增大时,φ 减小

7. 已知 $Fe^{3+}+e^- \Longrightarrow Fe^{2+}$;$\varphi^{\ominus}=0.77$ V,当 Fe^{3+}/Fe^{2+} 电极 $\varphi=-0.750$ V 时,则溶液中(　　)。
   A. $c(Fe^{3+})<1$　　　　　　B. $c(Fe^{2+})<1$
   C. $c(Fe^{2+})/c(Fe^{3+})<1$　　D. $c(Fe^{3+})/c(Fe^{2+})<1$

8. 已知 $\varphi^{\ominus}(Zn^{2+}/Zn)=-0.76$ V,$\varphi^{\ominus}(Cu^{2+}/Cu)=0.34$ V,由电极反应 $Cu^{2+}+Zn \Longrightarrow Cu+Zn^{2+}$ 组成的电池,测得其电动势为 1.00 V,则此两电极溶液中(　　)。

A. $c(Cu^{2+})=c(Zn^{2+})$ B. $c(Cu^{2+})>c(Zn^{2+})$

C. $c(Cu^{2+})<c(Zn^{2+})$ D. Cu^{2+}、Zn^{2+} 的关系不得而知

9. Cl_2/Cl^- 和 Cu^{2+}/Cu 的标准电极电势分别为 1.36 V 和 0.34 V，反应 $Cu^{2+}(aq)+2Cl^-(aq) \Longrightarrow Cu(s)+Cl_2(g)$ 的标准电极电势是（　　）。

A. -2.38 V B. -1.70 V C. -1.02 V D. $+1.70$ V

10. 由氧化还原反应 $Cu+2Ag^+ \Longrightarrow Cu^{2+}+2Ag$ 组成的电池，若用 φ_1、φ_2 分别表示 Cu^{2+}/Cu 和 Ag^+/Ag 电对的电极电势，则电池电动势 E 为（　　）。

A. $\varphi_1-\varphi_2$ B. $\varphi_1-2\varphi_2$ C. $\varphi_2-\varphi_1$ D. $2\varphi_2-\varphi_1$

11. 在滴定碘法中，为了增大单质 I_2 的溶解度，通常采取的措施是（　　）。

A. 增强酸性 B. 加入有机溶剂 C. 加热 D. 加入过量 KI

12. 在酸性介质中，用 $KMnO_4$ 溶液滴定草酸钠时，滴定速度（　　）。

A. 像酸碱滴定那样快速 B. 始终缓慢

C. 开始快然后慢 D. 开始慢中间逐渐加快最后慢

13. 间接碘量法一般是在中性或弱酸性溶液中进行，这是因为（　　）。

A. $Na_2S_2O_3$ 在酸性溶液中容易分解 B. I_2 在酸性条件下易挥发

C. I_2 在酸性条件下溶解度小 D. 淀粉指示剂在酸性条件下不灵敏

14. 以碘量法测定铜合金中的铜，称取试样 0.1727 g，处理成溶液后，用 0.1032 mol/L $Na_2S_2O_3$ 溶液 24.56 mL 滴至终点，则铜合金中 Cu 的质量分数（%）为（　　）。

A. 46.80 B. 89.27 C. 63.42 D. 93.61

15. 用草酸钠标定高锰酸钾溶液，可选用的指示剂是（　　）。

A. 铬黑 T B. 淀粉 C. 自身 D. 二苯胺

16. 用间接碘量法测定物质含量时，淀粉指示剂应在（　　）加入。

A. 滴定前 B. 滴定开始时 C. 接近计量点时 D. 达到计量点时

17. $Cr_2O_7^{2-}+3Sn^{2+}+14H^+ \Longrightarrow 2Cr^{3+}+3Sn^{4+}+7H_2O$ 反应在 298.15 K 的平衡常数为（　　）。

A. $\lg K=\dfrac{3E^\ominus}{0.0592}$ B. $\lg K=\dfrac{2E^\ominus}{0.0592}$ C. $\lg K=\dfrac{6E^\ominus}{0.0592}$ D. $\lg K=\dfrac{12E^\ominus}{0.0592}$

18. 电极反应 $MnO_4^-+8H^++5e^- \Longrightarrow Mn^{2+}+4H_2O$ 的能斯特方程为（　　）。

A. $\varphi(MnO_4^-/Mn^{2+})=\varphi^\ominus(MnO_4^-/Mn^{2+})-\dfrac{0.0592}{5}\lg\dfrac{c(MnO_4^-)c^8(H^+)}{c(Mn^{2+})c^4(H_2O)}$

B. $\varphi(MnO_4^-/Mn^{2+})=\varphi^\ominus(MnO_4^-/Mn^{2+})-\dfrac{0.0592}{5}\lg\dfrac{c(MnO_4^-)c^8(H^+)}{c(Mn^{2+})}$

C. $\varphi(MnO_4^-/Mn^{2+})=\varphi^\ominus(MnO_4^-/Mn^{2+})-\dfrac{0.0592}{5}\lg\dfrac{c(Mn^{2+})}{c(MnO_4^-)c^8(H^+)}$

D. $\varphi(MnO_4^-/Mn^{2+})=\varphi^\ominus(MnO_4^-/Mn^{2+})-\dfrac{0.0592}{5}\lg\dfrac{c(Mn^{2+})}{c(MnO_4^-)}$

19. 在酸性溶液中比在纯水中铁更易腐蚀，是因为（　　）。

A. Fe^{2+}/Fe 的标准电极电势下降 B. Fe^{3+}/Fe^{2+} 的标准电极电势上升

C. $\varphi(H^+/H_2)$ 的值因 H^+ 浓度增大而上升 D. $\varphi^\ominus(H^+/H_2)$ 的值上升

20. 利用 $KMnO_4$ 的强氧化性,在强酸性溶液中可测定许多种还原性物质,但调节强酸性溶液必须用(　　)。

　　A. HCl　　　　B. H_2SO_4　　　C. HNO_3　　　D. H_3PO_4

21. 滴定碘法是应用较广泛的方法之一,但此方法要求溶液的酸度必须是(　　)。

　　A. 强酸性　　　B. 强碱性　　　C. 中性或弱酸性　　D. 弱碱性

二、判断题

1. 标准氢电极的电势为零,是实际测定的结果。(　　)

2. 电极反应 $Cl_2 + 2e^- \rightleftharpoons 2Cl^-$, $\varphi^\ominus = 1.36$ V,因此 $\frac{1}{2}Cl_2 + e^- \rightleftharpoons Cl^-$, $\varphi^\ominus = \frac{1}{2} \times 1.36$ V。(　　)

3. 原电池工作一段时间后,其两极电动势将发生变化。(　　)

4. CuS 不溶解于水和盐酸,但能溶解于硝酸,因为硝酸的酸性比盐酸强。(　　)

5. $SeO_4^{2-} + 4H^+ + 2e^- \rightleftharpoons H_2SeO_3 + H_2O$, $E^\ominus = 1.15$ V,因为 H^+ 在此处不是氧化剂,也不是还原剂,所以 H^+ 浓度的变化不影响电极电势。(　　)

6. 已知电池反应 $2Fe^{2+} + I_2 \rightleftharpoons 2Fe^{3+} + 2I^-$,$Fe^{3+}/Fe^{2+}$ 为负极,I_2/I^- 为正极。(　　)

7. 电极的标准电极电势越大,表明其氧化态越容易得到电子,是越强的氧化剂。(　　)

8. 查得 $\varphi^\ominus(A^+/A) > \varphi^\ominus(B^+/B)$,则可以判定在标准状态下 $B^+ + A \rightleftharpoons B + A^+$ 是自发的。(　　)

9. 同一元素在不同化合物中,氧化数越高,其得电子能力越强;氧化数越低,其失电子能力越强。(　　)

10. 在 $(-)Zn|ZnSO_4(1\ mol/L)\|CuSO_4(1\ mol/L)|Cu(+)$ 原电池中,向 $ZnSO_4$ 溶液中通入 NH_3 后,原电池的电动势将升高。(　　)

三、简答题

1. 是否平衡常数大的氧化还原反应就能应用于氧化还原滴定?为什么?

2. 影响氧化还原反应速率的主要因素有哪些?

3. 常用氧化还原滴定法有哪几类?这些方法的基本反应是什么?

4. 应用于氧化还原滴定法的反应具备什么条件?

5. 氧化还原滴定中的指示剂分为几类?各自如何指示滴定终点?

6. 氧化还原指示剂的变色原理和选择与酸碱指示剂有何异同?

四、计算题

1. 准确称取软锰矿试样 0.5261 g,在酸性介质中加入 0.7049 g 纯 $Na_2C_2O_4$。待反应完全后,过量的 $Na_2C_2O_4$ 用 0.02160 mol/L $KMnO_4$ 标准溶液滴定,用去 30.47 mL。计算软锰矿中 MnO_2 的质量分数。

2. 如果电池 $(-)Zn|Zn^{2+}(c=?)\|Cu^{2+}(0.02\ mol/L)|Cu(+)$ 的电动势是 1.06 V,则 Zn^{2+} 浓度是多少?已知 $\varphi^\ominus(Zn^{2+}/Zn) = -0.760$ V,$\varphi^\ominus(Cu^{2+}/Cu) = 0.3417$ V。

3. 用 $K_2Cr_2O_7$ 标准溶液测定 1.000 g 试样中的铁。试问：1.000 L $K_2Cr_2O_7$ 标准溶液中应含有多少克 $K_2Cr_2O_7$ 时，才能使滴定管读到的体积（单位为 mL）恰好等于试样铁的质量分数（%）？

4. 标准状态时，在 Mg^{2+}/Mg 电极溶液中加入 OH^-，并使 OH^- 在体系达到平衡时的浓度为 1.0 mol/L。计算该电极电势。

5. 将 0.1963 g 分析纯 $K_2Cr_2O_7$ 试剂溶于水，酸化后加入过量 KI，析出的 I_2 需用 33.61 mL $Na_2S_2O_3$ 溶液滴定。计算 $Na_2S_2O_3$ 溶液的浓度。

6. 已知 $Fe^{3+} + e^- \rightleftharpoons Fe^{2+}$，$\varphi^{\ominus}(Fe^{3+}/Fe^{2+}) = 0.771$ V；$I_2 + 2e^- \rightleftharpoons 2I^-$，$\varphi^{\ominus}(I_2/I^-) = 0.535$ V。在 $[Fe^{3+}] = 1.0 \times 10^{-3}$ mol/L，$[Fe^{2+}] = 1.0$ mol/L，$[I^-] = 1.0 \times 10^{-3}$ mol/L 时，反应 $2Fe^{3+} + 2I^- \rightleftharpoons 2Fe^{2+} + I_2$ 向哪个方向进行？并与标准状态下的反应自发进行方向比较。

7. 称取含有 Na_2HAsO_3 和 As_2O_5 及惰性物质的试样 0.2500 g，溶解后在 $NaHCO_3$ 存在下用 0.05150 mol/L I_2 标准溶液滴定，用去 15.80 mL。再酸化并加入过量 KI，析出的 I_2 用 0.1300 mol/L $Na_2S_2O_3$ 标准溶液滴定，用去 20.70 mL。计算试样中 Na_2HAsO_3 的质量分数。

8. 标准状态下，计算 $6Fe^{2+} + Cr_2O_7^{2-} + 14H^+ \rightleftharpoons 6Fe^{3+} + 2Cr^{3+} + 7H_2O$ 反应的平衡常数（298.15 K）。

第10章 电势法及永停滴定法

学习目标

1. 掌握指示电极与参比电极的概念及作用,了解指示电极的分类;
2. 理解玻璃电极电势的形成及响应 pH 的原理;
3. 理解 pH 玻璃电极的性能、测定原理及测定方法;
4. 理解电势滴定法和永停滴定法的原理和确定终点的方法,了解电势滴定法和永停滴定法的应用。

电势法和永停滴定法属于电化学分析方法。电化学分析法是根据物质在溶液中的电化学性质及其变化来进行分析的方法,是以测量溶液的电导、电位、电流和电量等参数来分析待测组分含量的方法。电化学分析法种类很多,其中电势法和永停滴定法是目前最常用的电化学分析法。

10.1 电势法的基本原理

10.1.1 基本原理

电势法(potentiometry analysis method)是通过测量电极电势来确定待测物质含量的分析方法。电势法包括直接电势法和电势滴定法。直接电势法是通过测量原电池的电动势直接得到相应离子活(浓)度的方法,而电势滴定法是根据滴定过程中电极电势的变化来确定滴定终点的方法。电势法的基础是在化学电池中所发生的电化学反应。化学电池是化学能与电能互相转换的装置,分为原电池和电解池。原电池是化学反应自发地进行,将化学能转化为电能的化学电池;电解池是促使非自发的化学反应进行,将电能转变成化学能的化学电池。在电势法中使用的测量电池均为原电池。

10.1.2 指示电极和参比电极

电势法中,需向被测溶液中插入两种电极,按其作用不同分为指示电极和参比电极。指示电极是指电极电势随待测液离子的活(浓)度变化而变化的一类电极;参比电极是指电极电势不随待测液离子的活(浓)度变化而变化的一类电极,具有较恒定的数值。

1. 指示电极

能指示待测离子的活(浓)度的电极称为指示电极。在电势法中,指示电极必须满足下列要求:电极电势与待测离子的活(浓)度之间必须符合能斯特方程式;对待测离子的活(浓)度的变化响应要快,而且能够重现;寿命长,不易破损,使用方便。

指示电极种类很多,下面介绍常用的几种。

1) 金属基电极

金属基电极是以金属为基体,基于电子转移反应的一类电极,按其组成和作用不同分为三类。

(1) 金属-金属离子电极:由能够发生可逆氧化还原反应的金属插入含有该金属离子的溶液中组成,可用通式 $M|M^{n+}$ 表示。因该类电极只含有一个相界面,故称为第一类电极。该类电极能反映金属离子活(浓)度的变化,其电极电势取决于金属离子的活(浓)度,符合能斯特方程式。例如,银与银离子组成的电极,表示为 $Ag|Ag^+$,其电极反应和电极电势(298.15 K)为

$$Ag^+ + e^- \rightleftharpoons Ag \qquad \varphi = \varphi^\ominus + 0.0592\lg a(Ag^+)$$

(2) 金属-金属难溶盐电极:由表面涂有同一种金属难溶盐的金属插入该难溶盐的阴离子溶液中构成,可用通式 $M|M_mX_n|X^{m-}$ 表示,因该类电极含有两个相界面,故称为第二类电极。该类电极能间接反映与该金属离子生成微溶盐的阴离子活(浓)度。例如,将表面涂有 AgCl 的 Ag 丝,插入含有 Cl^- 的溶液中,组成 Ag-AgCl 电极,可表示为 $Ag|AgCl|Cl^-$,电极反应和电极电势(298.15 K)为

$$AgCl + e^- \rightleftharpoons Ag + Cl^- \qquad \varphi = \varphi^\ominus - 0.0592\lg a(Cl^-)$$

(3) 惰性金属电极:由惰性金属(铂、金)插入含有氧化型和还原型电对的溶液组成,可用通式 $Pt|M^{m+},M^{n+}$ 表示,也称为氧化还原电极或零类电极。惰性金属在溶液中是物质氧化态和还原态交换电子的场所,其本身并不参加反应,仅作为导体。电极电势取决于溶液中氧化型和还原型电对的活(浓)度比值,通过惰性电极显示出溶液中氧化还原体系的平衡电势。例如,将铂丝插入含有 Fe^{3+} 和 Fe^{2+} 的溶液中,表示为 $Pt|Fe^{3+},Fe^{2+}$,电极反应和电极电势(298.15 K)分别为

$$Fe^{3+} + e^- \rightleftharpoons Fe^{2+} \qquad \varphi = \varphi^\ominus + 0.0592\lg\frac{a(Fe^{3+})}{a(Fe^{2+})}$$

金属指示电极可以做成金属线圈,也可做成金属平板或粗的固柱体。一般要求有较大的表面积和溶液接触,以保证快速达到平衡。重要的是在使用之前要彻底清洗金属表面,许多金属电极的清洗方法是:先在浓硝酸中浸泡一下,随后用蒸馏水淋洗几次。

2）离子选择性电极

离子选择性电极一般由对待测离子敏感的膜制成,也称膜电极。此类电极是以固态膜或液态膜为传感器,能指示溶液中某种离子的活(浓)度。膜电势与离子活(浓)度符合能斯特方程式。但是,膜电极与上述三类电极不同,电极上没有电子的转移,电极电势的产生是离子交换和扩散的结果。膜电极是电势法中应用最多的一种指示电极,各种离子选择性电极,包括测量 pH 值使用的玻璃电极均属于膜电极。

2. 参比电极

在一定条件下,电极电势基本保持不变的电极称为参比电极。作为参比电极,不仅要求电势恒定,而且要求重现性好,装置简单、方便耐用。标准氢电极是测量其他电极电势的基准,国际上规定其电势在任何温度下都为零,是一级标准。但标准氢电极制作麻烦,操作条件难以控制,使用不便,故日常工作中很少使用,实际工作中常用甘汞电极或银-氯化银电极作为二级参比电极。

1）饱和甘汞电极（SCE）

饱和甘汞电极是由汞、甘汞（Hg_2Cl_2）和 KCl 溶液组成的电极,其结构如图 10-1 所示。

电极表示式：$Hg|Hg_2Cl_2(s)|KCl(c)$

电极反应：$Hg_2Cl_2+2e^- \rightleftharpoons 2Hg+2Cl^-$

电极电势（298.15 K）：$\varphi=\varphi^\ominus-0.0592\lg a(Cl^-)$

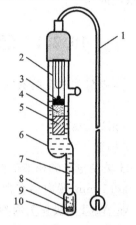

图 10-1 饱和甘汞电极示意图
1—电极引线；2—玻璃内管；3—汞；4—汞-甘汞糊；5—石棉或纸浆；6—玻璃外管套；7—饱和 KCl 溶液；8—KCl 晶体；9—素烧瓷片；10—小橡皮

由上式可知甘汞电极的电极电势与 Cl^- 的活（浓）度和温度有关,当 Cl^- 的活（浓）度和温度一定时,其甘汞电极的电极电势就为一定值。例如在 298.15 K 时,不同浓度的 KCl 溶液的甘汞电极的电极电势列于表 10-1。

表 10-1 298.15 K 时甘汞电极 KCl 溶液浓度与电极电势

KCl 溶液浓度/(mol/L)	0.1	1	饱和
电极电势 φ/V	0.3337	0.2801	0.2412

由于饱和甘汞电极结构简单、电势稳定、使用方便,故最为常用。

2）Ag-AgCl 电极（SEE）

Ag-AgCl 电极是由涂镀一层 AgCl 的 Ag 丝浸入一定浓度的 KCl 溶液中组成。若将 Cl^- 浓度固定,则可作参比电极。在 298.15 K 时,不同浓度的 KCl 溶液的 Ag-AgCl 电极的电极电势列于表 10-2。

表 10-2 298.15 K 时 Ag-AgCl 电极 KCl 溶液浓度与电极电势

KCl 溶液浓度/(mol/L)	0.1	1	饱和
电极电势 φ/V	0.2880	0.2223	0.2000

Ag-AgCl 电极结构简单,体积小,通常用做各种离子选择性电极的内参比电极。

10.2 直接电势法

直接电势法(direct potentiometry)是选择合适的指示电极与参比电极插入待测溶液中组成原电池,测量该原电池的电动势,利用电池电动势与被测组分活(浓)度之间的定量关系,直接求出待测组分活(浓)度的方法。直接电势法可用于溶液的 pH 值测定和其他离子浓度的测定。

10.2.1 溶液 pH 值的测定

直接电势法测定溶液的 pH 值时,常用 pH 玻璃电极作指示电极,饱和甘汞电极作参比电极。

1. pH 玻璃电极

1) 构造

pH 玻璃电极的构造如图 10-2 所示。电极下端是由特殊玻璃材料制成的球状薄膜,厚度约 0.1 mm,膜内盛有含 KCl 的缓冲溶液(pH 值为 7 或 4)作为内参比溶液,在溶液中插入 Ag-AgCl 电极作为内参比电极。由于玻璃电极的电阻很高(50～500 MΩ),电流极微弱,因此电极上端的导线和电极引出线都需要高度绝缘,并且线外套有金属隔离罩以防止漏电和静电干扰。

2) 响应原理

玻璃电极是膜电极。膜电极电势的产生是由于溶液中某种离子与电极膜中离子发生交换的结果,这种离子交换过程发生在电极膜内、外两个相界面处,离子交换过程改变了内、外两相界面处电荷分布的均匀性,使内、外两个相间电势不相等,形成双电层而产生电势差,这个电势差就是膜电势。

玻璃电极对 H^+ 选择响应主要与电极膜的特殊组成有关。pH 玻璃电极膜的组成为 $Na_2O(22\%)$、CaO (6%)、$SiO_2(72\%)$。这种玻璃结构是由固定的带负电荷的硅酸晶格组成的,在晶格中有体积小、活动能力强的 Na^+。当电极的玻璃膜内、外表面浸泡在水溶液中后,能吸收水分形成厚度为 $10^{-4} \sim 10^{-3}$ mm 的水化硅胶凝胶层,该层中的 Na^+ 可与溶液中 H^+ 进行交换,使凝胶层内、外表面上的 Na^+ 点位几乎全被 H^+ 所占据。越深入凝胶层内部,Na^+ 被 H^+ 所交换数量越少,

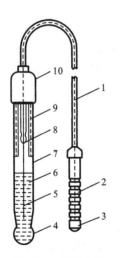

图 10-2 玻璃电极
1—绝缘屏蔽电缆;2—高绝缘电极插头;
3—金属接头;4—玻璃薄膜;
5—内参比电极;6—内参比溶液;
7—外管;8—支管圈;9—屏蔽层;
10—塑料电极帽

即点位上的 Na^+ 越多,而 H^+ 越少。在玻璃膜中间部分(厚度约占 10^{-1} mm),其点位上的 Na^+ 几乎没有与 H^+ 发生交换,而全被 Na^+ 所占据,故称干玻璃层。一支浸泡好的玻璃电极,当其浸入待测溶液时,由于溶液中的 H^+ 浓度不同,H^+ 将由浓度高的一方向浓度低的一方扩散。例如,H^+ 由溶液向凝胶层方向扩散,而阴离子却被凝胶层中带负电荷的硅胶骨架排斥,使溶液中余下过剩的阴离子,改变了两相界面的电荷分布,因而在两相界面上形成双电层,即产生电势差。此电势差的形成抑制 H^+ 继续扩散,当达到动态平衡时,电势差达到一个稳定值,成为外相界电势 $\varphi_{外}$。同理,在膜内表面与内参比溶液间产生的电势差成为内相界电势 $\varphi_{内}$。如图 10-3 所示,当玻璃电极的内参比溶液的 pH 值与试液的 pH 值不同时,在膜内、外的界面上的电荷分布是不同的,这样就使膜的两侧产生一定的电势差,即为玻璃电极的膜电势 $\varphi_{膜}$。

$$\varphi_{膜} = \varphi_{外} - \varphi_{内} \tag{10-1}$$

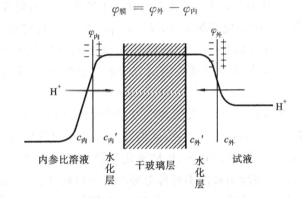

图 10-3　玻璃电极膜电势产生示意图

相界电势 $\varphi_{外}$ 和 $\varphi_{内}$ 符合能斯特方程式,即

$$\varphi_{外} = K_1 + 0.0592 \lg \frac{a_{外}}{a'_{外}} \tag{10-2}$$

$$\varphi_{内} = K_2 + 0.0592 \lg \frac{a_{内}}{a'_{内}} \tag{10-3}$$

式中,K_1、K_2 是与玻璃结构和表面性质有关的参数,只要玻璃膜内、外两表面的结构和物理性能相同,膜内、外表面原来 Na^+ 的点位就相同,且表面上的 Na^+ 几乎全被 H^+ 所交换,则 $K_1 = K_2$,$[H^+]'_{内} = [H^+]'_{外}$,因此,膜电势为

$$\varphi_{膜} = \varphi_{外} - \varphi_{内} = 0.0592 \lg \frac{a_{外}}{a_{内}} \tag{10-4}$$

玻璃电极的组成除玻璃膜外,还有作为内参比电极的 Ag-AgCl 电极和 KCl 的缓冲溶液。因此,玻璃电极的电极电势为

$$\varphi_{玻} = \varphi_{内参} + \varphi_{膜} = \varphi_{内参} + 0.0592 \lg \frac{a_{外}}{a_{内}} \tag{10-5}$$

在 Cl^- 浓度一定时,$\varphi_{内参}$ 为常数,玻璃膜内的 $a_{内}$ 也是恒定的。因此式(10-5)可写为

$$\varphi_{玻} = K_{玻} + 0.0592 \lg a_{外} = K_{玻} - 0.0592 \text{pH} \tag{10-6}$$

由此可见,玻璃电极的电极电势与待测溶液的 H^+ 的活(浓)度和 pH 值的关系符合能斯特方程式,其电极电势主要由膜外待测溶液的 H^+ 的活(浓)度决定。因此,式(10-6)

是 pH 玻璃电极测定待测溶液 pH 值的理论依据。

3) pH 玻璃电极的性能

(1) 电极斜率:当溶液中的 pH 值改变一个单位时,引起玻璃电极电势的变化值称为电极斜率,此斜率为玻璃电极的实际斜率,用 s 表示。即

$$s = -\frac{\Delta \varphi_{玻}}{\Delta \mathrm{pH}}$$

s 的理论值为 $2.303RT/F$,称为能斯特斜率,298.15 K 时为 59 mV/pH。由于玻璃电极长期使用会老化,因此玻璃电极的实际斜率都略小于其理论值。在 298.15 K 时,玻璃电极的实际斜率若低于 52 mV/pH 时就不宜使用。

(2) 碱差和酸差:pH 玻璃电极的 φ-pH 关系曲线只有在一定的 pH 值范围内呈线性关系。在较强酸、碱溶液中,会偏离线性关系。在 pH 值大于 9 的碱性溶液中测定时,普通玻璃电极对 Na^+ 等金属离子也有响应,结果反应 pH 值低于真实值,产生负误差,这种现象称为碱差或钠差;在 pH 值小于 1 的酸性溶液中测定时,pH 值大于真实值,则产生正误差,称为酸差。若使用含氧化锂的锂玻璃制成的玻璃电极,在 pH 值为 13.5 的溶液中测定,也不会产生碱差。

(3) 不对称电势:从理论上讲,当玻璃膜内、外两侧溶液的 H^+ 浓度相等时,膜电势应为零。但实际上总有 1~30 mV 的电势差,此电势差称为不对称电势。它主要是由于玻璃膜内、外两表面的表面张力、表面玷污、机械或化学侵蚀等使两个表面结构和性能不完全一致所造成的。而每支玻璃电极的不对称电势不完全相同,但同一支玻璃电极,在一定条件下的不对称电势是一个常数。因此,在使用前将玻璃电极放入水或酸性溶液中充分浸泡(一般浸泡 24 h 左右),可使不对称电势降至最低且最稳定,同时也使玻璃膜表面充分活化,有利于对 H^+ 产生响应。

(4) 温度:一般玻璃电极只能在 5~60 ℃范围内使用,因为温度过高,电极的寿命下降;温度过低,内阻增大。并且在测定标准溶液和待测溶液的 pH 值时,温度必须相同。

(5) 电极的内阻:玻璃电极的内阻很大,为 50~500 MΩ,测定由它组成的电池电动势时,只允许有微小的电流通过,否则会造成很大的误差。因此,测定溶液的 pH 值必须在专业的电子电势计(即 pH 计)上进行(测量中仅有 10^{-12} A 电流通过),电极引线外也套有金属隔离罩,以防止漏电和产生静电干扰。

玻璃电极对 H^+ 响应敏感,达到平衡快,可连续测定,也可制成很小的体积。由于响应过程中无电子交换,所以其测定不受氧化剂、还原剂干扰,不玷污被测溶液,可用于混浊、有色溶液的 pH 值测定。但玻璃电极不能用硫酸或乙醇洗涤,待测溶液中不能含有氟化物,否则会腐蚀玻璃。

2. pH 复合电极

pH 复合电极是在玻璃电极和甘汞电极的原理上研制开发出来的新一代电极,即将玻璃电极和饱和甘汞电极组合在一起,构成单一电极体,如图 10-4 所示。pH 复合电极具有体积小,使用方便,坚固耐用,被测试样用量少,可用于狭小容器中测试等优点。将 pH 复合电极插入试样溶液中,即组成一个完整的原电池体系。pH 复合电极发展很快,目前

广泛应用于溶液 pH 值的测定。

3. 测定原理和方法

直接电势法测定溶液的 pH 值常以玻璃电极作为指示电极,饱和甘汞电极作为参比电极,浸入待测溶液中组成原电池:

(−)玻璃电极|被测溶液|饱和甘汞电极(SCE)(+)

298.15 K 时,上述原电池的电动势

$$E = \varphi_{SCE} - \varphi_{玻}$$
$$= \varphi_{SCE} - (K_{玻} - 0.0592\text{pH}) \quad (10-7)$$

在一定条件下,φ_{SCE} 是常数,因此

$$E = K' + 0.0592\text{pH} \quad (10-8)$$

式(10-8)表明,在一定条件下,原电池的电动势 E 与溶液的 pH 值呈线性关系。只要测得原电池的电动势,就可求出待测溶液的 pH 值。实际上 K' 值受电极、溶液组成、电极使用时间等诸多因素的影响,既不能准确测定,又不易由理论计算求得,实际中常采用"两次测量"法将 K' 互相抵消。即先用已知 pH 值的标准缓冲溶液与玻璃电极和饱和甘汞电极组成原电池,测定其原电池的电动势:

$$E_s = K' + 0.0592\text{pH}_s$$

再将同一对电极浸入待测液中,测得其电动势:

$$E_x = K' + 0.0592\text{pH}_x$$

将两式相减并整理得

$$\text{pH}_x = \text{pH}_s + \frac{E_x - E_s}{0.0592} \quad (10-9)$$

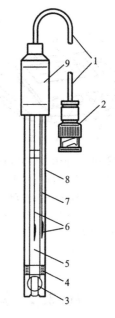

图 10-4　201 型塑壳 pH 复合电极
1—导线;2—Q9 型插口;3—玻璃球膜;
4—液体通道;5—凝胶化电解质;
6—Ag-AgCl 电极;7—饱和 KCl 液;
8—聚酯外壳;9—电极帽

4. pH 计

pH 计又称酸度计,是用来测量溶液 pH 值的仪器,也可测量原电池的电动势(mV)。pH 计因测量用途和精度不同而有多种不同的类型,但其结构均由测量电池和主机两部分组成,玻璃电极、饱和甘汞电极(或直接使用 pH 复合电极)与待测溶液组成测量电池,将待测溶液的 pH 值转换为电动势,然后由主机内部的电子线路将其电动势转换成 pH 值,在 pH 计的显示屏上直接显示出来。

目前常用的国产 pH 计主要有雷磁 25 型、pHS-2 型、pHS-3 型等,其测量原理相同,结构略有差别。下面主要介绍 pHS-3C 型 pH 计。

pHS-3C 型 pH 计是一种数字显示的 pH 计,如图 10-5 所示,用于测定溶液的 pH 值和电势值(mV)。还可配上离子选择性电极,测出该电极的电极电势,仪器最小显示单位为 0.01 pH 和 1 mV。

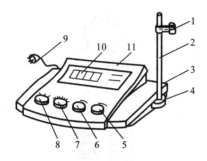

图 10-5 pHS-3C 型 pH 计

1—电极夹；2—电极杆；3—电极插口(背面)；
4—电极杆插座；5—定位调节旋钮；
6—斜率补偿旋钮；7—温度补偿旋钮；
8—选择开关(pH, mV)；9—电源插头；
10—显示屏；11—面板

5. 直接电势法的应用

直接电势法应用广泛，在药学方面可用于注射液、眼药水等制剂中 pH 值的测定和原料药酸碱度的检查。例如，盐酸普鲁卡因注射液是一种局部麻醉药，常加稀盐酸调节其 pH 值为 3.5～5.0，可抑制分解，保持稳定。若 pH 值过低，其麻醉能力降低，稳定性差；pH 值过高则易分解。检查 pH 值时，可用邻苯二甲酸氢钾标准缓冲溶液定位。

荧光素钠滴眼液是用于眼角膜损失和角膜溃疡的诊断药。荧光素钠在碱性溶液中具有染色活性，在酸性溶液中即失去荧光，常加入碳酸氢钠作稳定剂，调节 pH 值为 8.0～8.5。测定其 pH 值时常用磷酸盐标准缓冲溶液定位。

 10.2.2　其他离子浓度的测定

直接电势法测定其他离子浓度时，多采用离子选择性电极作指示电极。离子选择性电极属于膜电极，是对溶液中待测离子具有选择性响应的电极。IUPAC 建议的定义是：离子选择性电极是一类化学敏感体，其电势与溶液中特定离子的活度存在对数关系。

1. 构造与电极电势

离子选择性电极的结构随电极膜的特性不同而异，但一般包括电极膜、电极管、内充溶液和内参比电极四个部分，组成如图 10-6 所示。

电极膜是离子选择性电极最重要的组成部分，膜材料和内参比溶液中均含有与待测离子相同的离子。当电极浸入溶液后，由于电极膜和溶液界面的离子交换或扩散作用，在界面形成双电层，达到平衡后形成稳定的膜电势。由于电极内参比溶液浓度是固定的，所以离子选择性电极的电势只与待测离子的活(浓)度有关，并且电极电势符合能斯特方程式。因此，通过测定原电池的电动势，便可求得待测离子的活(浓)度。

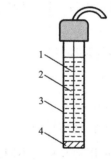

图 10-6　离子选择性电极基本结构
1—内参比电极；2—内充溶液；
3—电极管；4—电极膜

对阳离子有响应的电极，其电极电势为

$$\varphi = K + \frac{0.0592}{n}\lg a_i$$

对阴离子有响应的电极，其电极电势为

$$\varphi = K - \frac{0.0592}{n}\lg a_i$$

式中，K 是电极活度式的常数。

应当指出，离子选择性电极的膜电势不仅仅是通过简单的离子交换或扩散作用建立的,膜电势的建立还与离子的缔合、配位作用有关;另外,有些离子选择性电极的作用机制目前还不十分清楚,有待进一步研究。

2. 电极的分类

按照电极膜的组成、结构、响应机制不同,1975 年 IUPAC 推荐离子选择性电极分类如下:

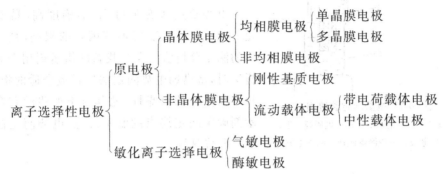

1) 原电极

原电极又称基本电极,是一类直接用于测定有关离子活(浓)度的离子选择性电极,分为晶体膜电极和非晶体膜电极。晶体膜电极的电极膜由难溶盐单晶、多晶或混晶制成;非晶体膜电极的电极膜是由活性化合物(非晶体)均匀分布在惰性支持物中制成的。

2) 敏化电极

敏化电极是通过界面反应,将有关离子活(浓)度转化为可供基本电极响应,而间接测定有关离子活(浓)度的离子选择性电极,分为气敏电极和酶敏电极。气敏电极是一种气体传感器,用于测定溶液或其他介质中气体的含量;酶敏电极是以基本电极和生物膜或酶底物膜制成的复膜电极。例如,尿素酶敏电极是将含尿素的凝胶涂布在 NH_3 玻璃膜上的复合电极。

10.3 电势滴定法

10.3.1 基本原理

电势滴定法是根据滴定过程中电池电动势的变化确定滴定终点的一种电化学滴定分析法。实际测定时,是在待测溶液中插入一只指示电极和一只参比电极组成原电池,随着滴定液的加入,滴定液与待测溶液发生化学反应,使待测离子的浓度不断地降低,而指示电极的电势也随待测离子浓度降低而发生变化。在化学计量点附近,溶液中待测离子浓度发生急剧变化,使指示电极的电势发生突变,引起电动势的突变,以此确定滴定终点。

电势滴定法与普通滴定法的区别仅在于终点指示的方法不同,前者是通过电池电动势的突变来指示,后者是通过指示剂的颜色转变来指示。

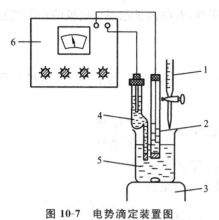

图 10-7 电势滴定装置图
1—滴定管；2—指示电极；3—电磁搅拌器；
4—参比电极；5—待测溶液；6—电子电势计

电势滴定法与直接电势法不同，它是以测量电势的变化情况为基础，不是以某一确定的电势值为计量依据。因此，在直接电势法中影响测定的一些因素，在电势滴定法中可以得到消除。电势滴定法的装置如图10-7所示。

电势滴定法客观可靠，准确度高，易于自动化，不受溶液颜色、混浊等因素的限制，是一种重要的滴定分析法。在寻找新的指示剂用于滴定分析法时，常借助电势滴定法选择最合适的指示剂，检查新方法的可靠性，尤其对于那些没有合适指示剂确定滴定终点的滴定反应，电势滴定法更显示出其优越性。

 ## 10.3.2 滴定终点的确定方法

在电势滴定中，并不需要知道电极电势的绝对值，仅需知道其变化即可。因为指示电极的电极电势变化直接反映了待测溶液中离子浓度的变化。进行电势滴定时，边滴定边记录加入滴定液的体积和电动势读数(E)。在化学计量点附近，因为电动势变化增大，应减小滴定液的加入量。最好每加入 0.1 mL，记录一次数据，并保持每次加入滴定液的数量相等，这样可使数据处理较为方便、准确。典型的电势滴定数据的处理方法见表 10-3。

表 10-3 典型的电势滴定数据表

滴定液加入量 V/mL	电势计读数 E/mV	ΔE/mV	ΔV/mL	$\Delta E/\Delta V$ /(mV/mL)	$\overline{V}$/mL	$\Delta(\Delta E/\Delta V)$	$\Delta^2 E/\Delta V^2$
23.00	138	36	1.00	36	23.50	54	98.2
24.00	174	9	0.10	90	24.05	20	200
24.10	183	11	0.10	110	24.15	280	2800
24.20	194	39	0.10	390	24.25	440	4400
24.30	233	83	0.10	830	24.35	−590	−5900
24.40	316	24	0.10	240	24.45	−130	−1300
24.50	340	11	0.10	110	24.35	−50	−200
24.60	351	24	0.40	60	24.38		
25.00	375						

电势滴定法确定终点的方法,主要有图解法和二阶微商内插法。

1. 图解法

用图解法确定滴定终点的方法主要有三种。

(1) E-V 曲线法。以加入滴定液的体积 V(mL)为横坐标、对应的电动势 E 为纵坐标,绘制 E-V 曲线,曲线上的拐点所对应的体积为滴定终点体积,如图 10-8(a)所示。曲线的拐点可用以下方法确定:作与横轴成 45°夹角并与曲线相切的两条平行线,两平行线的等分线与滴定曲线的交点就是拐点。此法应用方便,适用于滴定突跃内电动势变化明显的滴定曲线。

(2) $\Delta E/\Delta V$-$\overline{V}$ 曲线法(一级微商法)。以 $\Delta E/\Delta V$($\Delta E/\Delta V$ 表示滴定液单位变化引起电动势的变化值)为纵坐标,以相邻两次加入滴定液体积的算术平均值 $\overline{V}$ 为横坐标,作 $\Delta E/\Delta V$-$\overline{V}$ 曲线。从曲线上可以看到,在滴定终点处,电池电动势随滴定液体积的变化速度最快,即滴定液体积很小的变化,就会引起电池电动势很大的变化,因此终点时 $\Delta E/\Delta V$ 为极大值,如图 10-8(b)所示,曲线最高点所对应的体积即为滴定终点体积。此点的横坐标应与 E-V 曲线的拐点横坐标重合。

(3) $\Delta^2 E/\Delta V^2$-V 曲线法(二级微商法)。以 $\Delta^2 E/\Delta V^2$($\Delta^2 E/\Delta V^2$ 表示滴定液单位体积改变引起的 $\Delta E/\Delta V$ 的变化值)为纵坐标,以 V 为横坐标作图,得到一条具有两个极值的曲线,如图 10-8(c)所示。按函数微分性质,E-V 曲线拐点的二阶导数为零,所以 $\Delta^2 E/\Delta V^2$ =0时,所对应的体积 V_{sp} 为滴定终点体积。

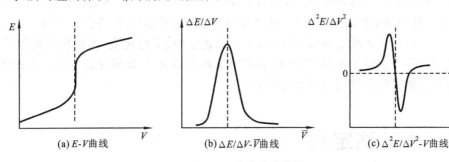

图 10-8 电势滴定曲线

2. 二阶微商内插法

用图解法确定滴定终点较烦琐,实际工作中用内插法来计算滴定终点比图解法简单。从 $\Delta^2 E/\Delta V^2$-V 曲线可知,当 $\Delta^2 E/\Delta V^2$=0 时所对应的体积为滴定终点体积,那么这一点必在发生符号变化的两个 $\Delta^2 E/\Delta V^2$ 值所对应的滴定液体积之间。因此,可以利用符号发生变化的两个 $\Delta^2 E/\Delta V^2$ 值所对应的滴定液体积,计算滴定终点体积。例如:表 10-3 中,加入 24.30 mL 滴定液时,$\Delta^2 E/\Delta V^2$=4400,加入 24.40 mL 时,$\Delta^2 E/\Delta V^2$=−5900,设滴定终点($\Delta^2 E/\Delta V^2$=0)时,加入滴定液的体积为 V_{sp},进行内插法计算:

加入滴定液的体积/mL	24.30	V_{sp}	24.40
$\Delta^2 E/\Delta V^2$	4400	0	−5900

$$\frac{24.40-24.30}{-5900-4400}=\frac{V_{sp}-24.30}{0-4400}$$

得 $V_{sp} = 24.34$ mL

10.3.3 电势滴定法的应用

电势滴定法在滴定分析中应用较为广泛,可应用于酸碱滴定、氧化还原滴定、沉淀滴定、配位滴定等各类滴定分析中。

(1) 酸碱滴定。在酸碱滴定中,通常选用玻璃电极作指示电极,饱和甘汞电极作参比电极。此法确定滴定终点比用酸碱指示剂灵敏,常用于有色或混浊溶液的测定,尤其是对弱酸、弱碱、混合酸(碱)的测定。

(2) 氧化还原滴定。在氧化还原滴定中,一般用铂电极作为指示电极,饱和甘汞电极作为参比电极。在计量点附近,氧化态和还原态的浓度发生突变,引起电极电势突跃,以此确定滴定终点。氧化反应实质是电子的得失,所以都可应用电势滴定法确定终点。

(3) 沉淀滴定。在沉淀滴定中,根据不同的沉淀反应,选不同的指示电极。例如,用硝酸银滴定卤离子时,可采用银电极作指示电极;若采用汞盐为滴定液,可选用汞电极作为指示电极,玻璃电极或硝酸钾盐桥-饱和甘汞电极作为参比电极。

(4) 配位滴定。在配位滴定中,根据配位滴定反应的不同,选用不同的指示电极。在以 EDTA 为代表的配位滴定中,由于许多金属电极不能满足电势滴定法对可逆电极的要求,故不宜作指示电极。通常选离子选择性电极作指示电极测定相应的金属离子。

随着离子选择性电极的迅速发展,可供选择的电极越来越多,电势滴定法的应用也越来越广泛。例如,银量法测定异戊巴比妥、异戊巴比妥钠、苯巴比妥、苯巴比妥钠等的含量,非水滴定法测定盐酸赖氨酸、丝氨酸、硝酸咪康唑等的含量,用氧化还原滴定法测定青霉素钾、青霉素钠等的含量均采用电势滴定法。

10.4 永停滴定法

永停滴定法(dead-stop titration)又称双电流滴定法,是根据滴定过程中双铂电极电流的变化来确定滴定终点的电流滴定法。测定时是把两个相同的铂电极插入待滴定的溶液中,在两个电极间加一个小电压,然后进行滴定,通过观察滴定过程中电流计指针的变化确定滴定终点。永停滴定法具有装置简单、准确和简便的优点。

10.4.1 永停滴定法的基本原理

如果溶液中同时存在某电对的氧化型和其对应的还原型物质,例如,在存在 I_2/I^- 电对的溶液中插入一个铂电极,按照能斯特方程,I_2/I^- 电对的电极电势

$$\varphi(I_2/I^-) = \varphi^{\ominus}(I_2/I^-) + \frac{0.0592}{2}\lg\frac{a(I_2)}{a(I^-)} \quad (298.15 \text{ K})$$

若同时插入两只相同的铂电极,因两个电极的电极电势相等,电极之间不发生反应,

则没有电流通过。若在两个电极间外加一小电压,则

阳极　　　$2I^- - 2e^- \longrightarrow I_2$　　（氧化反应）

阴极　　　$I_2 + 2e^- \longrightarrow 2I^-$　　（还原反应）

由于在外电压作用下,溶液将产生电解过程,即阳极发生失电子反应,阴极发生得电子反应,因此,在两个电极之间有电流通过。阳极上失去多少个电子,阴极上就得到多少个电子,即两个电极得失的电子数总是相等的。通过电解池电流的大小是由溶液中氧化型或还原型的浓度来决定。当溶液中氧化型或还原型浓度不相等时,电流的大小取决于浓度低的氧化型或还原型的浓度,当氧化型和还原型浓度相等时,电流达到最大。

像 I_2/I^- 这样的电对,在溶液中与双铂电极组成电池时,外加一个很小的电压都能在两个电极上产生电解过程,并有电流通过。这样的电对称为可逆电对。

如果溶液中的电对是 $S_4O_6^{2-}/S_2O_3^{2-}$,同样插入两个相同的铂电极,外加一个很小的电压,则在阳极上 $S_2O_3^{2-}$ 发生氧化反应,即

$$2S_2O_3^{2-} - 2e^- \Longleftrightarrow S_4O_6^{2-}$$

在阴极上 $S_4O_6^{2-}$ 不能发生还原反应。即阳极上接受了 $S_2O_3^{2-}$ 放出的电子,传到阴极上却无法送出,使电流中断,不能发生电解反应。像 $S_4O_6^{2-}/S_2O_3^{2-}$ 这样的电对称为不可逆电对。

根据在电极上发生的电极反应的不同,永停滴定法确定滴定终点的方法有三种。

(1) 可逆电对滴定不可逆电对。例如,用 I_2 溶液滴定 $Na_2S_2O_3$ 溶液即属于这种类型。化学计量点前,溶液中只有 $S_4O_6^{2-}/S_2O_3^{2-}$ 电对,因为是不可逆电对,虽有外加电压,也不能发生电解反应,所以没有电流通过。到达化学计量点,并有稍过量 I_2 溶液滴入后,溶液中就会产生 I_2/I^- 可逆电对,电解反应得以进行,两电极间才有电流通过,此时电流计指针突然从零发生偏转,指示滴定终点的到达。随着过量 I_2 溶液的加入,电流计指针偏转角度增大。其滴定过程中的电流变化曲线如图 10-9 所示。曲线上的转折点即为滴定终点。

(2) 不可逆电对滴定可逆电对。例如,用 $Na_2S_2O_3$ 溶液滴定含 I_2 溶液。在溶液中插入两个相同的铂电极,外加 $10 \sim 15$ mV 的电压,用电流计测量通过两电极间的电流,化学计量点前,溶液中存在 I_2/I^- 可逆电对,电流计中有电流通过。随着滴定的进行,I_2 的浓度不断减小,电流也随之下降,滴定达到化学计量点时降至最低。终点以后,溶液中 I_2 的浓度极低,只有 I^- 和不可逆的 $S_4O_6^{2-}/S_2O_3^{2-}$ 电对,故电解反应基本停止,此时电流计的指针将停留在零电流附近并保持不动。滴定过程中的电流变化曲线如图 10-10 所示。曲线上的转折点即为滴定终点。

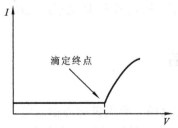

图 10-9　I_2 溶液滴定 $Na_2S_2O_3$ 溶液的滴定曲线

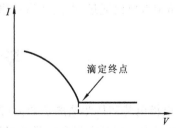

图 10-10　$Na_2S_2O_3$ 溶液滴定 I_2 溶液的滴定曲线

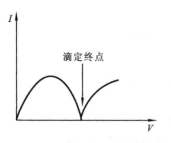

图 10-11 Ce^{4+} 滴定 Fe^{2+} 的滴定曲线

(3) 可逆电对滴定可逆电对。例如,用 Ce^{4+} 滴定 Fe^{2+}。化学计量点前,溶液中有 Fe^{3+}/Fe^{2+} 可逆电对和 Ce^{4+},电流计中有电流通过。化学计量点时,溶液中只有 Ce^{3+} 和 Fe^{3+},无可逆电对存在,无电流通过。化学计量点后,溶液中有 Ce^{4+}/Ce^{3+} 可逆电对和 Fe^{3+},又有电流通过。即电流计指针在滴定过程中偏转后回到零处又开始偏转时为滴定终点。滴定过程中的电流变化曲线如图 10-11 所示。

10.4.2 永停滴定法应用示例

永停滴定法所用仪器简单、灵敏、准确,易于实现自动化,故应用日益广泛。例如,《中国药典》(2005 年版)规定永停滴定法是重氮化滴定法和卡尔-费休测水法确定终点的法定方法。

1. 磺胺嘧啶的含量测定

磺胺嘧啶结构中具有芳伯氨基,故可用亚硝酸钠滴定,用永停滴定法确定终点。

化学计量点前溶液中不存在可逆电对,电流计指针停在零位(或接近零位)。化学计量点后,溶液中稍有过量的亚硝酸钠,便有 HNO_2 及其分解产物 NO,并组成可逆电对,在两个电极上发生的电解反应:

$$阳极 \quad NO + H_2O - e^- \longrightarrow HNO_2 + H^+$$
$$阴极 \quad HNO_2 + H^+ + e^- \longrightarrow NO + H_2O$$

电路中有电流通过,电流计指针发生偏转,并不再回到零位,随着 $NaNO_2$ 的不断加入,电流计发生偏转的角度越来越大。根据滴定过程中电流的变化曲线,就可以确定滴定终点。

2. 青霉素钠中微量水分的测定

用卡尔-费休测水法测定青霉素钠中微量水分,也可采用永停滴定法指示终点。

化学计量点前,溶液中不存在可逆电对,故电流计指针停止在零位不动,到达化学计量点,并有稍过量 I_2 溶液滴入后,溶液中便有可逆电对 I_2/I^- 存在,两个电极上发生电解反应:

$$阳极 \quad 2I^- - 2e^- \longrightarrow I_2$$
$$阴极 \quad I_2 + 2e^- \longrightarrow 2I^-$$

电路中有电流通过,电流计指针将发生偏转,并不再回到零位,即指示终点的到达。

1. 电极电势随待测液离子的活(浓)度变化而变化的一类电极称为指示电极。常用的指示电极有金属基电极和离子选择性电极。电极电势不受待测液离子的活(浓)度变化而变化的电极称为参比电极。甘汞电极和 Ag-AgCl 电极是常用的参比电极。

2. 电势法包括直接电势法和电势滴定法,是将合适的指示电极和参比电极插入待测溶液中组成原电池进行测定。直接电势法常用来测定溶液的 pH 值,测量时用玻璃电极作指示电极,饱和甘汞电极作参比电极。

3. 电势滴定法是根据滴定过程中电池电动势的变化确定滴定终点的滴定分析法。电势滴定法确定终点的方法,有 $E\text{-}V$、$\Delta E/\Delta V\text{-}\bar{V}$、$\Delta^2 E/\Delta V^2\text{-}V$ 三种曲线法及内插法。

4. 永停滴定法是根据电池中双铂电极的电流随滴定液的加入而发生变化来确定滴定终点的电流滴定法,又称双电流滴定法。永停滴定法确定滴定终点的方法有可逆电对滴定不可逆电对、不可逆电对滴定可逆电对、可逆电对滴定可逆电对三种。

目标测试

一、单项选择题

1. 用电势法测定溶液的 pH 值时,电极系统由玻璃电极与饱和甘汞电极组成,其中玻璃电极是作为测量溶液中氢离子活(浓)度的( )。
   A. 金属-金属难溶盐电极 B. 惰性金属电极
   C. 指示电极 D. 参比电极

2. pH 玻璃电极的电势与 H^+ 的浓度( )。
   A. 成正比 B. 对数成正比 C. 无定量关系 D. 符合能斯特方程

3. 下列哪种电极不是常用的参比电极?( )
   A. Ag-AgCl 电极 B. 氨气敏电极 C. 饱和甘汞电极 D. 标准氢电极

4. 玻璃电极不能测量其 pH 值的是( )。
   A. 中药煎剂 B. $K_2Cr_2O_7$ 溶液 C. 碳酸氢钠注射液 D. 氢氟酸溶液

5. 用玻璃电极测量溶液 pH 值时,采用的定量方法为( )。
   A. 标准曲线法 B. 两次测量法 C. 一次直接测量法 D. 标准加入法

6. 下列有关玻璃电极不对称电势的说法中,正确的是( )。
   A. 随电极类型不同而不同
   B. 同一支电极随使用时间不同而不同
   C. 恒为 30 mV
   D. 玻璃膜在水中充分浸泡后其不对称电势会降低且稳定

7. 在电势滴定中 $\Delta^2\varphi/\Delta V^2\text{-}V$ 作图绘制滴定曲线,滴定终点为( )。
   A. $\Delta^2\varphi/\Delta V^2$ 为零的点 B. 曲线的最大斜率点
   C. 曲线的最小斜率点 D. 曲线的斜率为零时的点

8. 电势滴定法是根据滴定过程中( )的变化确定滴定终点的。
   A. 原电池的电动势 B. 原电池的电流
   C. 电解池的外加电压 D. 电解池的电流

9. 永停滴定法是根据滴定过程中( )的变化确定滴定终点的。
   A. 电动势 B. 电流 C. 电压 D. 电阻

二、名词解释

电势滴定法　永停滴定法　指示电极　参比电极

三、简答题

1. 电势滴定法确定终点的方法有哪几种？
2. 根据滴定液和被测物质的性质，永停滴定法在滴定过程中的电流变化有几种类型？
3. 电势滴定法和永停滴定法有何区别？

第 11 章

紫外-可见分光光度法

学习目标

1. 掌握紫外-可见分光光度法的基本原理、朗伯-比耳定律的应用及其适用范围，并会进行相关的计算；
2. 掌握紫外-可见分光光度法定性、定量分析的原理和方法；
3. 熟悉吸收光谱的定义及常用术语，会绘制吸收曲线；
4. 能采用吸收光谱对未知试样进行定性分析。

光学分析法（optical analysis）是根据物质发射的电磁辐射或物质与辐射的相互作用建立起来的一类分析化学方法。这些电磁辐射包括从 γ 射线到无线电波的所有电磁波谱范围（不只局限于光学光谱区）。电磁辐射与物质相互作用的方式有发射、吸收、反射、折射、散射、干涉、衍射、偏振等。光学分析法由于有灵敏度高、选择性好、用途广泛等优点，在分析领域发挥着重要的作用。光学分析法包括光谱法和非光谱法两大类，本章主要介绍光谱法。

当物质与辐射能作用时，物质内部发生能级跃迁，记录由能级跃迁所产生的辐射能强度随波长（或相应单位）的变化，所得的图谱称为光谱，利用物质的光谱特征进行定性、定量和结构分析的方法称为光谱分析法，简称光谱法。光谱法种类很多，吸收光谱法、发射光谱法和散射光谱法是其常见的三种类型，常用的有紫外-可见分光光度法、红外分光光度法、荧光分析法、原子吸收分光光度法、核磁共振波谱法等。

11.1 基本原理

利用被测物质对光的吸收特征和吸收强度对物质进行分析的方法称为分光光度法（spectrophotometry）。根据测定时所用的光源不同，分光光度法分为可见、紫外及红外分光光度法，紫外-可见分光光度法主要应用于物质的定性和定量分析，而红外分光光度法主要应用于物质的结构分析。

研究物质在紫外光(200～400 nm)、可见光(400～760 nm)区分子吸收光谱的分析方法称为紫外-可见分光光度法(ultraviolet-visible spectrophotometry,简写为 UV-Vis)。

紫外-可见分光光度法具有以下特点。

(1) 灵敏度高。紫外-可见分光光度法适用于测定微量物质,一般可以测到每毫升溶液中含有 10^{-7} g 的物质。

(2) 精密度和准确度较高。相对误差通常为 1%～5%。

(3) 仪器设备简单。费用少,分析速度快,易于掌握和推广。

(4) 选择性较好。一般可在多种组分共存的溶液中,对某一物质进行测定。

(5) 应用范围广。在医药、化工、冶金、环境保护、地质等诸多领域,紫外-可见分光光度法不但可以进行定量分析,还可以对被测物质进行定性分析和结构分析,进行官能团鉴定、相对分子质量测定、配合物的组分及稳定常数的测定等。

11.1.1 光的特性

电磁辐射是一种以电磁波的形式在空间不需任何物质作为传播媒介的高速传播的粒子流。它既具有波动性,又具有粒子性,即波粒二象性。光是电磁辐射的一部分,其波动性表现为光按波动形式传播,并能够产生反射、折射、偏振、干涉、衍射、散射等现象。其粒子性表现为光是具有一定质量、能量和动量的粒子流,可产生光的吸收、发射及光电效应等。

1. 波动性

光波用波长 λ、频率 ν 或波数 σ 等来描述。

(1) 波长(λ)。单位为 m、cm、mm、μm、nm、Å。1 μm $= 10^{-6}$ m,1 nm $= 10^{-9}$ m,1 Å $= 10^{-10}$ m。

在紫外-可见光区常用纳米(nm)作单位,在红外光区常用微米(μm)表示。

(2) 频率(ν)。光波的频率 ν 是指每秒钟光波的振动次数,单位为赫兹(Hz)。频率取决于辐射源,不随传播介质而改变。光波的频率很高,为了方便,常用波长的倒数,即波数 σ 代替,波数是指每厘米长度中光波的数目,单位为 cm^{-1}。在真空中,波长、频率的相互关系为

$$\nu = \frac{c}{\lambda} \tag{11-1}$$

2. 微粒性

电磁辐射是由一颗颗不连续的粒子构成的粒子流,该粒子称为光子,光子是光的最小单位。光子都有一定的能量,光的能量与频率成正比。

$$E = h\nu = h\frac{c}{\lambda} \tag{11-2}$$

式中,h 为普朗克常数(6.626×10^{-34} J·s),c 为光的传播速率(2.997925×10^8～3.0×10^8 m/s),E 为光子的能量(电子伏特,eV)。

上述关系式将光的波粒二象性有机地联系起来,从中可以得知光的波长与其能量或频率成反比关系。光的波长越短,频率或能量越高;反之亦然。

所有的电磁辐射在本质上是完全相同的,它们之间的区别仅在于波长或频率不同,习惯上用波长来表示各种不同的电磁辐射。电磁波的波长范围非常广阔,长至 1000 m,短至 10^{-12} m,按照电磁波波长大小顺序把电磁波划分成几个区域,称为光谱区域,由各光谱区域按顺序排成的系列称为电磁波谱。电磁波谱各区域的名称、波长范围及分析方法见表 11-1。

表 11-1 电磁波谱

电磁波谱区域名称	波 长 范 围	分 析 方 法
γ射线	$5×10^{-3}$~0.14 nm	中子活化分析、莫斯鲍尔谱法
X射线	10^{-3}~10 nm	X射线光谱法
远紫外区	10~200 nm	真空紫外光谱法
近紫外区	200~400 nm	紫外光谱法
可见区	400~760 nm	比色法、可见吸光光度法(光度法)
近红外区	0.76~2.5 μm	红外光谱法
中红外区	2.5~50 μm	红外光谱法
远红外区	50~1000 μm	红外光谱法
微波区	0.1~100 cm	微波光谱法
射频区	1~1000 mm	核磁共振光谱法

11.1.2 物质对光的选择性吸收

如果把不同颜色的物体放置在黑暗处,则什么颜色也看不到。可见物质呈现的颜色与光有着密切的关系,一种物质呈现何种颜色,是与光的组成和物质本身的结构有关的。从光本身来说,有些波长的光线作用于眼睛引起了颜色的感觉,人的眼睛能觉察到的那一小部分波段称为可见光,波长范围在 400~760 nm。人们日常所看到的日光、白炽灯光等是由各种不同颜色的光按一定的强度比例混合而成的。如果让一束白光通过棱镜,可分解为红、橙、黄、绿、青、蓝、紫七种颜色的光,这种现象称为光的色散。每种颜色的光具有一定的波长范围(见表 11-2)。把白光这种由不同波长的光混合而成的光称为复合光,单一波长的光称为单色光。

表 11-2 各种色光的近似波长范围

光的颜色	波 长/nm	光的颜色	波 长/nm
红色	650~760	青色	480~500
橙色	610~650	蓝色	450~480
黄色	560~610	紫色	400~450
绿色	500~560		

图 11-1 光的互补色示意图

实验证明,不仅七种单色光可以混合成白光,而且把适当颜色的两种单色光按一定的强度比例混合,也可以成为白光。这两种单色光就称为互补色光。如图 11-1 所示,直线相连的两种色光互为互补色光,如红光和青光互补,绿光和紫光互补等。

不同物质对各种波长光的吸收程度是不相同的,物质对于不同波长的光线吸收、透过、反射、折射的程度不同而使物质呈现出不同的颜色。如果物质选择性地吸收了某些波长的光,这种物质的颜色就由它所反射或透过光的颜色来决定。

当白光通过溶液时,某些波长的光被溶液吸收,而另一些波长的光则透过,溶液的颜色由透射光的波长决定。透射光与吸收光为互补色光。即溶液呈现的颜色是与其吸收光成互补色的颜色。一些材料的有效透明区见表 11-3。

表 11-3　一些材料的有效透明区

材料	熔融石英	晶体石英	玻璃	NaCl	KCl
波长	170 nm～3.6 μm	200 nm～600 nm	360 nm～2.5 μm	200 nm～15 μm	200 nm～18 μm

例如:白光通过 NaCl 溶液时,全部透过,所以 NaCl 溶液是无色透明的;$CuSO_4$ 溶液则吸收了白光中的黄色光而呈蓝色;$KMnO_4$ 溶液因吸收了白光中的绿色光而呈现紫色。

11.1.3　吸收光谱曲线

紫外-可见吸收光谱是一种分子吸收光谱,是由于分子中价电子的跃迁而产生的。在不同波长下测定物质对光吸收的程度(吸光度),以波长为横坐标,吸光度为纵坐标所绘制的曲线,称为吸收光谱曲线,又称吸收光谱(absorption spectrum)、吸收曲线。测定的波长范围在紫外-可见光区的,称紫外-可见吸收光谱,简称紫外光谱,如图 11-2 所示。

在吸收曲线上,吸收最大且比左右相邻都高之处称为吸收峰,吸收峰对应的波长称为最大吸收波长,常用 λ_{max} 表示;峰与峰之间

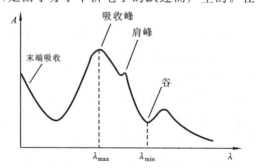

图 11-2　物质的紫外-可见吸收光谱示意图

的部位称为吸收谷,吸收谷对应的波长称为最小吸收波长,常用 λ_{min} 表示;在吸收峰旁形状像肩的小曲折称为肩峰,对应的波长用 λ_{sh} 表示;吸收曲线上波长最短的一端,呈现较强吸收但不成峰形的部分称为末端吸收。

不同的物质有不同的吸收峰。同一物质的吸收光谱有相同的 λ_{max}、λ_{min}、λ_{sh},而且同一物质相同浓度的吸收光谱应相互重合。因此,吸收光谱上的 λ_{max}、λ_{min}、λ_{sh} 及整个吸收光谱的形状取决于物质的分子结构,通常情况下,选用几种不同浓度的同一溶液所测得的吸收

光谱的图形是完全相似的,λ_{max} 值也是固定不变的。图 11-3 中的四条曲线是四种不同浓度的 $KMnO_4$ 溶液的吸收光谱。从图中看出,四条曲线的图形相似,λ_{max} 值相同,这说明物质吸收不同波长光的特性,只与溶液中物质的结构有关,而与浓度无关。同一物质不同浓度的溶液,其吸光度不同。分子结构不同的物质,则吸收光谱也不相同。因此,在吸收光谱法中,可以将吸收光谱曲线作为定性、定量的依据。

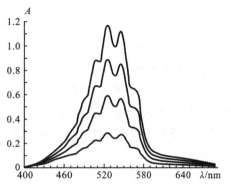

图 11-3　$KMnO_4$ 的吸收光谱曲线

如图 11-3 所示,$KMnO_4$ 溶液的 λ_{max} 为 525 nm,说明 $KMnO_4$ 溶液对波长 525 nm 附近的绿色光有最大吸收,而对紫色光则吸收很少,故 $KMnO_4$ 溶液呈现绿色光的互补色——紫色。准确地说,在可见光区内,溶液显示的颜色就是其 λ_{max} 光的互补色。

11.1.4　光的吸收定律

光的吸收定律是分光光度法的基本定律,是描述物质对单色光吸收的强弱与液层厚度和浓度间关系的定律。

1. 百分透光率(T)和吸光度(A)

当一束平行的单色光通过任何一种均匀、无散射现象的体系,如真溶液时,光的一部分被溶液吸收,一部分被器皿表面反射,其余部分透过溶液,即

$$I_0 = I_a + I_t + I_r \tag{11-3}$$

式中,I_0 为入射光的强度,I_a 为溶液吸收光的强度,I_t 为透过光的强度,I_r 为反射光的强度。

分光光度法测定中,要求被测溶液与标准溶液在完全相同的条件下进行对照分析,所以对被测溶液和标准溶液来说,吸收池反射光的影响也基本相同,可以相互抵消,因此,式(11-3)可简化为

$$I_0 = I_a + I_t \tag{11-4}$$

当入射光的强度一定时,透过光的强度 I_t 越大,则溶液吸收光的强度 I_a 就越小;反之亦然。用 $\dfrac{I_t}{I_0}$ 表示光线透过溶液的强度,其数值常用百分数表示,称为百分透光率或透光率(transmittance),用 T 表示,即

$$T = \frac{I_t}{I_0} \times 100\% \tag{11-5}$$

溶液的透光率越大,表示它对光的吸收越小;反之,透光率越小,表示对光的吸收程度越大。透光率的倒数反映了物质对光的吸收程度,即吸光度或吸收度(absorbance),应用时取它的对数 $\lg \dfrac{1}{T}$ 作为吸光度,用 A 表示,即

$$A = \lg \frac{1}{T} = -\lg T = \lg \frac{I_0}{I_t} \tag{11-6}$$

2. 朗伯-比耳定律

1) 朗伯定律

朗伯在1760年研究了有色溶液的液层厚度(L)与吸光度的关系,其结论是:当一束平行的单色光通过浓度一定的某一含有吸光物质的溶液时,在入射光的波长、强度、溶液的温度等条件不变的情况下,溶液对光的吸光度与溶液的液层厚度(L)成正比。其数学表达式为

$$A = K_1 L \tag{11-7}$$

2) 比耳定律

比耳在1852年研究了有色溶液的浓度与吸光度的关系,结论是:当一束平行的单色光通过液层厚度一定的某一含有吸光物质的溶液时,在入射光的波长、强度及溶液的温度等条件不变的情况下,溶液对光的吸光度与溶液的浓度(c)成正比。其数学表达式为

$$A = K_2 c \tag{11-8}$$

与朗伯定律不同的是,比耳定律不是对所有的吸光溶液均适用,很多因素都可导致吸光度不能严格地与溶液的浓度成正比,因为在浓度较高时,吸光物质会发生解离或聚合,影响光的吸收而产生误差。因此,比耳定律只能在一定的浓度范围和适宜的条件下才能使用。

3) 朗伯-比耳定律

如果同时考虑吸光物质的浓度(c)和液层厚度(L)对光吸收的影响,则可将朗伯定律、比耳定律合并为朗伯-比耳定律,即光的吸收定律。其数学表达式为

$$A = KcL \tag{11-9}$$

朗伯-比耳定律表明:当一束平行的单色光通过均匀、无散射现象的某一含有吸光物质的溶液时,在入射光的波长、强度、溶液温度等条件不变的情况下,溶液的吸光度与吸光物质的浓度和液层厚度的乘积成正比。

实验证明,朗伯-比耳定律不仅适用于可见光区的单色光,也适用于紫外和红外光区的单色光;不仅适用于有色溶液,也适用于无色溶液及气体和固体的非散射均匀体系。但应注意:朗伯-比耳定律仅适用于单色光、吸光物质的形式不变和一定范围的低浓度溶液。

在多组分体系中,如果各种吸光物质之间不互相影响,则朗伯-比耳定律仍然适用,此时体系总的吸光度是各组分吸光度之和,即各组分在同一波长下的吸光度具有加和性。例如,溶液中同时存在吸光物质a,b,c,…,则体系总的吸光度为

$$\begin{aligned} A_总 &= A_a + A_b + A_c + \cdots \\ &= K_a c_a L_a + K_b c_b L_b + K_c c_c L_c + \cdots \end{aligned} \tag{11-10}$$

利用此性质可进行多组分的测定。

3. 吸光系数

朗伯-比耳定律中的常数K称为吸收系数,也称吸光系数,其物理意义是吸光物质在单位浓度及单位厚度时的吸光度。它表示了物质对光的吸收能力,与物质的性质、入射光

的波长及温度等因素有关。在一定条件(单色光波长、溶剂、温度等)下,吸光系数是物质的特征性常数之一,可作为定性鉴别、定量分析的重要依据。吸光系数越大,表示吸光物质对此波长光的吸收程度越大,测定的灵敏度越高。

吸光系数随溶液浓度所用单位不同,有两种表示方法。

当溶液浓度 c 的单位用 mol/L 表示,液层厚度 L 的单位用 cm 表示时,K 称为摩尔吸光系数,用 ε 表示,单位为 L/(mol·cm)。

当溶液浓度用 g/100 mL,液层厚度用 cm 表示时,K 称为百分吸光系数(比吸光系数),用 $E_{1\,cm}^{1\%}$ 表示,单位为 mL/(g·cm)。$E_{1\,cm}^{1\%}$ 与 ε 间的关系为

$$\varepsilon = \frac{M}{10} E_{1\,cm}^{1\%} \tag{11-11}$$

式中,M 为吸光物质的摩尔质量。

ε 比 $E_{1\,cm}^{1\%}$ 更常用。ε 越大,表示方法的灵敏度越高。ε 与波长有关,因此,ε 常以 ε_λ 表示。摩尔吸光系数 ε 或百分吸光系数 $E_{1\,cm}^{1\%}$ 不能直接测得,需用已知准确浓度的稀溶液测得吸光度换算而得到。

【例 11-1】 维生素 D_2 在 264 nm 处有最大吸收,其摩尔质量为 396.66 g/mol。设用纯品配制 100 mL 含维生素 D_2 1.05 mg 的溶液,用 1 cm 的吸收池,在 264 nm 处测得吸光度为 0.48,试求其 ε 和 $E_{1\,cm}^{1\%}$。

解

$$E_{1\,cm}^{1\%} = \frac{A}{cL} = \frac{0.48}{1.05 \times 10^{-3} \times 1} \text{ mL/(g·cm)} = 457.14 \text{ mL/(g·cm)}$$

$$\varepsilon = E_{1\,cm}^{1\%} \times \frac{M}{10} = 457.14 \times \frac{396.66}{10} \text{ L/(mol·cm)} = 18133 \text{ L/(mol·cm)}$$

【例 11-2】 有一浓度为 10 μg/mL 的 Fe^{2+} 溶液,以邻二氮菲显色后,在波长 510 nm 处,用厚度为 2 cm 的吸收池,测得吸光度 A 为 0.380,计算:

(1) 透光率 T;
(2) 百分吸光系数 $E_{1\,cm}^{1\%}$;
(3) 摩尔吸光系数 ε。

解
$$T = 10^{-A} = 10^{-0.380} = 0.417$$

$$E_{1\,cm}^{1\%} = \frac{A}{cL} = \frac{0.380}{1.0 \times 10^{-3} \times 2.0} \text{ mL/(g·cm)} = 190 \text{ mL/(g·cm)}$$

$$\varepsilon = E_{1\,cm}^{1\%} \times \frac{M}{10} = 190 \times \frac{56}{10} \text{ L/(mol·cm)} = 1064 \text{ L/(mol·cm)}$$

11.1.5 偏离光吸收定律的因素

紫外-可见分光光度法进行定量分析时常会出现偏离朗伯-比耳定律的现象,偏离朗伯-比耳定律的现象是由多方面原因引起的,下面是主要的原因。

1. 光学因素

(1) 非单色光的影响。严格地讲,朗伯-比耳定律只适用于单色光,但在实际工作中纯粹的单色光是难以得到的,目前用各种方法得到的入射光并非纯的单色光,而是波长范

围较窄的复合光,由于吸光物质对不同波长光的吸收能力不同,导致对朗伯-比耳定律的偏离。在所使用的波长范围内,吸光物质的吸收能力变化越大,这种偏离就越显著。这也是最主要的偏离原因。为克服非单色光引起的偏离,首先应选择比较好的单色器,此外还应将入射波长选定在待测物质的最大吸收波长且吸收曲线较平坦处。

(2) 杂散光。杂散光一般来源于仪器制造过程中不可避免的瑕疵。此外,仪器因保养不善,光学元件受到尘染、腐蚀,也会使杂散光增多。

(3) 非平行入射光。非平行入射光通过吸收池的实际光程将比垂直照射的平行光的光程长,使厚度 L 增大而影响测量值。

(4) 介质不均匀、散射、反射引起偏离。当入射光通过不均匀的胶体溶液、乳浊液或悬浮液时,散射(均匀溶液没有散射)使透光率减少,所测吸光度增大,导致对朗伯-比耳定律的偏离。

2. 化学因素

(1) 溶液浓度过高引起的偏离。朗伯-比耳定律只适用于稀溶液,当溶液浓度较高时,吸光物质的分子或离子间的平均距离减小,从而改变物质对光的吸收能力,即改变物质的摩尔吸光系数。浓度增加,分子之间相互作用增强,导致在高浓度范围内摩尔吸光系数不恒定而使吸光度与浓度之间的线性关系被破坏。

(2) 化学变化所引起的偏离。吸光物质常因浓度或其他因素发生变化,平衡被破坏,导致吸光物质产生解离、缔合、溶剂化、配合物组成改变及形成新的化合物或在光照射下发生互变异构等,使吸光物质的存在形式发生改变,从而影响物质对光的吸收能力,导致对比耳定律的偏离。

11.2 紫外-可见分光光度计

紫外-可见分光光度计(UV-Vis spectrophotometer)是在紫外-可见光区选择任意波长的光测定溶液吸光度或透光率的仪器。紫外-可见分光光度计型号很多,价格、质量相差悬殊,但其基本原理相似,一般由光源、单色器、吸收池、检测器、显示系统等部分组成。

11.2.1 主要组成部件

1. 光源

光源(light source)是提供入射光的装置,其作用是发射一定强度的光。分光光度计对光源的要求是能发射足够强度而且稳定的连续光谱,发光面积小,稳定性好,使用寿命长。紫外-可见光区常用的光源有以下两类。

(1) 钨灯或卤钨灯。钨灯是固体炽热发光,又称白炽灯,是最常用的可见光源,其可用波长范围为 320~2500 nm,通常使用 360~800 nm 的光。在可见光区,该灯的能量输出约随工作电压的 4 次方而变化,电压影响较大。为了使光源稳定,必须严格控制光源电压。碘钨灯比普通钨丝灯的发光效率高,灯泡内含碘的低压蒸气,使用寿命长。目前,分光光度计多采用碘钨灯作为可见光区光源。

(2) 氘灯或氢灯。氘灯和氢灯是气体放电发光,为最常用的紫外光源,可发射150～400 nm的紫外连续光谱。氘灯的发光强度和使用寿命是氢灯的3～5倍,故现在紫外分光光度计多用氘灯作为紫外光区的光源。气体放电发光需先激发,所以为了控制光源强度稳定不变,需配用稳流电源。

2. 单色器

单色器(monochromator)是将光源发出的连续光谱分解为单色光的装置,它是分光光度计的核心部件。单色器的色散能力越强,分辨率越高,所获得的单色光就越纯。紫外-可见分光光度计的单色器通常置于吸收池之前,它的作用是将光源发射的复合光变成所需的单色光。单色器由狭缝、准直镜及色散元件等组成,其原理如图11-4所示。来自光源并聚焦于进光狭缝的光,经准直镜变成平行光,投射于色散元件上。色散元件的作用是使各种不同波长的混合光分解成单色光,色散元件使各种不同波长的平行光有不同的投射方向(或偏转角度)形成按波长顺序排列的光谱。再经过准直镜将色散后的平行光经聚焦元件聚焦于出光狭缝上。转动色散元件的方位,可使所需波长的光从出光狭缝分出。

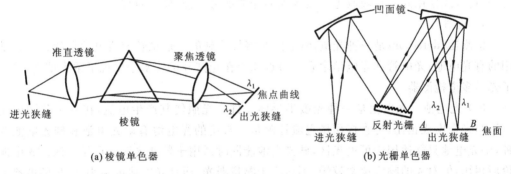

图11-4 单色器光路示意图

(1) 色散元件。在单色器的作用中,最重要的部件就是色散元件,其性能直接影响仪器的工作波长范围和单色光纯度。常用的色散元件有棱镜和光栅,早期的仪器大多用棱镜,近年来大多用光栅。

光栅是分光系统的核心元件,它是利用复合光通过条痕狭缝反射后,产生衍射和干涉作用,使不同波长的光有不同的投射方向而起到色散作用。光栅的分辨率较高,应用的波长范围广,色散和波长读数都是线性的。其制作是以特殊的工具(如钻石),在硬质、磨光的光学平面上刻出大量紧密而平行的刻槽。以此为母板,可用液态树脂在其上复制出光栅。光栅有平面透射光栅、平面反射光栅(闪耀光栅)及凹面反射光栅。由于全息技术的应用,闪耀光栅的使用很普遍。闪耀型全息衍射光栅没有鬼线,杂散光少,分辨率高,衍射效率高,适用光谱范围宽。对于凹面光栅来说,其迅速的发展也得益于全息技术的应用。目前,凹面光栅已发展出四种类型。其中的Ⅳ型可用于扫描光栅型中,因为兼具色散和聚焦两项功能,使用凹面光栅可以帮助简化扫描光栅型分光光度计的结构。Ⅲ型常称为平场型,它能使凹面光栅的像面从通常的罗兰圆变成平面,还可以同时实现消像散的设计。

这不仅对于固定光栅的光路是必需的,也使固定光栅型分光光度计的分光系统简约到了极致。

(2) 准直镜。准直镜是以狭缝为焦点的聚光镜。其作用是将进入单色器的发散光转变成平行光,投向色散元件,然后将色散后的单色平行光聚集于出光狭缝。

(3) 狭缝。狭缝为光的进出口,包括进光狭缝和出光狭缝。进光狭缝起着限制杂散光进入的作用,出光狭缝的作用是将选定波长的光射出单色器。狭缝是影响仪器分辨率的重要元件,狭缝的宽度直接影响分光质量。狭缝过宽,单色光不纯,将使吸光度值发生变化;狭缝太窄,通过光的强度偏小,将降低灵敏度。所以测定时狭缝宽度要适当,一般以减小狭缝宽度时,溶液的吸光度不再改变为适宜的狭缝宽度。

3. 吸收池

吸收池(absorption cell)是盛放样品溶液和参比溶液的容器,又称比色皿或比色杯。吸收池的材料有玻璃和石英两种,玻璃吸收池只适用于可见光区,而石英吸收池适用于紫外光区和可见光区。吸收池的光径为 $0.1 \sim 10$ cm,其中以 1 cm 光径吸收池最为常用。盛参比溶液和样品溶液的吸收池应匹配,即有相同的厚度和透光性。在盛同一溶液时 ΔT 应小于 0.5%。在测定吸光系数或利用吸光系数进行定量时,要求吸收池有准确的厚度(光程),或使用同一只吸收池。吸收池的光滑面易损蚀,应注意保护。

4. 检测器

检测器(detector)是一种光电换能器,是将接收到的光信息转变成电信息的元件。常用的有光电池、光电管和光电倍增管。最近几年在光谱分析技术中出现了重大革新,采用了光学多道检测器。

(1) 光电池。光电池是一种光敏半导体元件。光照使其产生电流,在一定范围内光电流与光强度成正比,可直接用微电流计测量。常用的光电池有硒光电池和硅光电池两种,硒光电池只能适用于可见光区,硅光电池能同时适用于紫外光区和可见光区。光电池价廉耐用,但对光的响应速率较慢,不适用于测量弱光,而且光电池内阻小,产生的电流不易放大,只能用于谱带宽度较大的低档仪器。此外,光电池易疲劳,即照射光强度不变,但产生的光电流会逐渐下降,所以不能用强光长时间照射或连续使用过久。

(2) 光电管。光电管是由一个半圆筒形的光敏阴极和一个金属丝阳极组成的真空(或充少量惰性气体)二极管。如图 11-5 所示,阴极内侧镀有一层光敏材料,当被有足够能量的光照射时这种光敏物质能够发射电子,光越强,发射的电子越多。如在两极间外加电压,阴极发射的电子就向阳极流动而产生电流。光电管产生的电流很小,需经放大才能

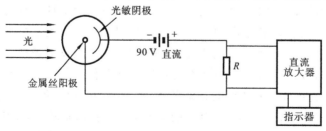

图 11-5 光电管示意图

检测。目前国产光电管有两种,即紫敏光电管,为铯阴极,适用波长为 200～625 nm;红敏光电管为氧化铯阴极,适用波长为 625～1000 nm。

(3) 光电倍增管。光电倍增管是检测弱光最常用的光电元件,其响应速度快,放大倍数高,大大提高了仪器的灵敏度。如图 11-6 所示,光电倍增管的原理和光电管相似,但比普通光电管更灵敏。它们结构上的差别是在光敏金属的阴极和阳极之间还有几个倍增极(一般是 9 个),各倍增极的电压依次增高 90 V。阴极被光照射发射电子,电子被第一倍增极的高电压(90 V)加速吸引并撞击其表面,此时每个电子使倍增极发出几个二次电子。这些电子又加速撞击第二倍增极而发射更多的电子。这个过程一直重复到第 9 个倍增极,发射的电子数大大增加,其放大倍数可达到 $10^5 \sim 10^8$ 倍。然后被阳极收集,产生较强的电流。此电流还可进一步放大,由显示器显示或用记录器记录下来。

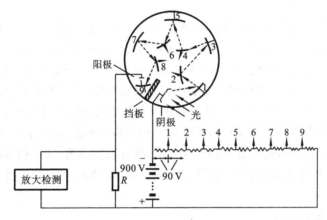

图 11-6　光电倍增管示意图

(4) 光二极管阵列检测器。光二极管阵列检测器是光学多道检测器中的一种。光二极管阵列是在晶体硅上紧密排列一系列光二极管检测管,当光透过晶体硅时,二极管输出的电信号强度与光强度成正比。每一个二极管相当于一个单色器的出口狭缝。两个二极管中心距离的波长单位称为采样间隔,因此二极管阵列分光光度计中,二极管数目愈多,分辨率愈高。由于全部波长同时被检测,而且光二极管的响应很快,一般可在 0.1 s 的极短时间内获得 190～820 nm 范围的全光光谱,所以二极管阵列仪器技术上最大的特点是能快速采集光谱。

5. 显示系统

显示系统主要有信号处理与显示器,其作用是将检测器检测到的电信号经过放大以某种方式将测量结果显示出来。显示方式常用的有电表指示、数字显示、荧光屏显示、曲线扫描及结果打印等。显示内容主要有透光率与吸光度,有的还能转换成浓度、吸光系数等显示。高性能仪器还带有数据站,可进行多功能操作。

11.2.2　分光光度计的类型

紫外-可见分光光度计的型号很多,按其光学系统大致可分为单波长单光束、单波长双光束、双波长、光多道二极管阵列检测分光光度计及光导纤维探头式分光光度计等几种。

1. 单波长单光束分光光度计

单波长单光束分光光度计是以氘灯或氢灯为紫外光源,钨灯为可见光源,从光源到检测器只有一束单色光。其特点是结构简单,价格较便宜,即固定在某一波长,分别测量、比较样品溶液、参比溶液的透光率或吸光度,操作比较费时,要求光源和检测器的供电电压有高稳定性,测定结果受光源强度波动的影响较大,往往给定量分析带来较大的误差,用于绘制吸收光谱图时很不方便,但其光路简单,能量损失小,适用于物质的定量分析。常用的单光束可见分光光度计有国产的 722 型、721B 型等,常用的单光束紫外-可见分光光度计有国产的 752 型、755 型、756MC 型,日本岛津的 QR-50 型等。

2. 单波长双光束分光光度计

单波长双光束分光光度计是目前发展最快、应用最为普遍的一种。从单色器发射出单色光,用斩光器将它分成两束光,分别通过参比溶液和样品溶液后,再用一同步的扇面镜将两束光交替地投射于光电倍增管,使光电倍增管产生一个交变脉冲信号,经比较放大后,由显示器显示出透光率、吸光度、浓度或进行波长扫描,记录吸收光谱。

单波长双光束紫外-可见分光光度计的两束光几乎是同时通过参比溶液和样品溶液,因此可以消除光源强度的变化及检测系统波动的影响,测量准确度高。双光束型仪器一般采用自动记录仪直接扫描出组分的吸收光谱,既可直接读数,又可扫描图谱。常用的双光束紫外-可见分光光度计有国产的 710 型、730 型、760MC 型、760CRT 型,日本岛津的 UV-210 型等。

3. 双波长分光光度计

双波长分光光度计具有两个并列单色器,光源发出的光分成两束,分别进入各自的单色器,产生波长不同的两束光交替照射到同一个吸收池,到达同一个检测器,测得在两个波长处的吸光度差值 ΔA,利用 ΔA 与浓度的正比关系测定被测组分的含量。双波长分光光度计的优点是在有背景干扰或共存组分的吸收干扰的情况下,可以对某组分进行定量测定。

此类仪器不需要参比溶液,只用一个样品溶液,可以消除参比溶液和样品溶液组成不一致和吸收池不匹配带来的误差,提高了测定的准确度。常用的双波长紫外-可见分光光度计有国产的 WFZ800S 型,日本岛津的 UV-300 型、UV-365 型等。

4. 光多道二极管阵列检测分光光度计

光多道二极管阵列检测分光光度计是一种具有全新光路系统的仪器。如图 11-7 所示,具有光谱响应宽、数字化扫描准确、性能比较稳定等优点。由于全部波长同时被检测,而且光二极管的响应很快,一般可在 0.1 s 的极短时间内获得 190~820 nm 范围的全光光谱,可成为追踪化学反应和反应动力学研究的重要工具。

5. 光导纤维探头式分光光度计

光导纤维探头式分光光度计的探头是由两根相互隔离的光导纤维组成的,钨灯发射的光由其中一根光纤传导至试样溶液,再经镀铝反射镜反射后,由另一根光纤传导,通过干涉滤光片后,由光敏器件接收为电信号。此类仪器不需吸收池,直接将探头插入试样溶

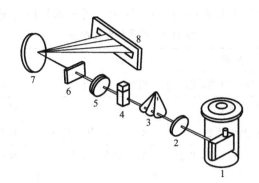

图 11-7　光多道二极管阵列检测分光光度计
1. 光源(钨灯或氘灯)；2、5. 消色差聚光镜；3. 光闸；
4. 吸收池；6. 入口狭缝；7. 全息光栅；8. 二极管阵列检测器

液中,在原位进行测定,对环境和过程监测非常重要。

 11.2.3　测量条件的选择

1. 入射波长的选择

为了使测定结果有较高的灵敏度和准确度,应选择被测成分吸收最大,干扰成分吸收最小的波长作为测定波长,若无干扰,一般应根据吸收光谱曲线选择被测成分最大吸收波长(λ_{max})作为入射光,这称为"最大吸收原则"。选用 λ_{max} 的光进行分析,可以得到最大的测量灵敏度。

但是,当有干扰物质存在或最强吸收峰的峰形比较尖锐时,不能选择被测物质的最大吸收波长 λ_{max} 作为入射光,可选用吸收较低、峰形稍平坦的次强峰或肩峰进行测定,应根据"吸收最大、干扰最小"的原则来选择。例如,测定 $KMnO_4$ 时如有 $K_2Cr_2O_7$ 存在,通常不是选择 $\lambda_{max}=525$ nm 作为入射光,而是选择 $\lambda=545$ nm 作为测定的波长,因为在此波长下进行测定,$K_2Cr_2O_7$ 不再有干扰。

2. 吸光度范围的选择

在不同的吸光度范围内读数,可引入不同程度的误差,这种误差通常以百分透光率引起的浓度相对误差来表示,称为光度误差。为减小光度误差,应控制适当的吸光度读数范围,一般应控制被测溶液和标准溶液的吸光度值为 0.20~0.80,透光率为 15%~65%,在此范围内,仪器的测量误差较小,测定结果的准确度较高。

3. 参比溶液的选择

参比溶液校正方法:在相同的吸收池中装入参比溶液(又称空白溶液)和待测溶液,调节仪器使透过参比溶液的吸光度为零(称为工作零点),再测定待测溶液的吸光度。这样就扣除了由于吸收池、试剂、显色剂和溶液中其他组分对入射光吸收和反射带来的误差,测得的吸光度才真正反映待测溶液的吸光强度。

参比溶液的组成可根据试样溶液的性质而定,合理地选择参比溶液对提高分析结果的准确度起着重要的作用。

常用的参比溶液有以下几种,如表 11-4 所示。可根据具体情况进行选择。

表 11-4 不同的参比溶液

参比溶液	适应情况	做法	可消除影响
蒸馏水	试液、溶剂、显色剂均无色	用蒸馏水调零	吸收池+杂散光
溶剂空白	溶剂有色,其他无色	用溶剂调零	吸收池+杂散光+溶剂
试剂空白	显色剂有色,其他无色	不加试样,其他均加	吸收池+杂散光+显色剂
试液空白	试液含干扰离子有色,其他无色	不加显色剂,其他均加	吸收池+杂散光+干扰离子
试样空白	试液含干扰离子有色,显色剂有色	掩蔽试液中的被测物,其他均加	吸收池+杂散光+显色剂+干扰离子

11.3 紫外-可见分光光度法及应用

紫外-可见分光光度法在药学领域中主要用于有机化合物的分析。有些有机化合物由于分子中含有在紫外-可见光区能产生吸收的基团,因而能显示吸收光谱。不同的有机物有不同的吸收光谱。利用吸收光谱的特征可以进行药品和制剂的定量分析、纯物质的鉴定及杂质的检测,有时还可与红外吸收光谱、质谱、核磁共振谱一起用于解析一些有机化合物的分子结构。利用光的吸收定律可以对物质进行定量分析。

溶剂种类及溶液的酸碱度等条件及单色光的纯度都对吸收光谱的形状与特征数据有影响,所以在定性、定量分析中,应控制溶液的测定条件并选定有足够纯度的单色光的仪器进行测试。

11.3.1 定性分析

1. 定性鉴别

利用紫外-可见吸收光谱对物质进行定性分析时,主要是根据光谱上的一些特征吸收,包括最大吸收波长、吸收光谱形状、吸收峰数目、各吸收峰的波长位置、肩峰、吸光系数及吸光度比值等,这些数据称为物质的特征性常数,特别是最大吸收波长和吸光系数是鉴定物质最常用的参数。鉴定时将样品的特征性常数与标准品的特征性常数进行严格的对照比较,根据二者的一致性可进行初步定性分析。结构完全相同的物质吸收光谱应完全相同,但吸收光谱完全相同的物质不一定是同一物质。因为有机分子的主要官能团相同的两种物质可产生相类似的吸收光谱,所以必须再进一步比较吸光系数才能得出较为肯定的结论。通常可用以下几种方法进行定性分析。

1) 吸收光谱的一致性

如前所述,若两种化合物相同,其吸收光谱应完全一致。利用这一特性,将样品与标准品用同一溶剂配制成相同浓度的溶液,在同一条件下,分别测定它们的吸收光谱,核对其一致性。但为了进一步确证,有时再换一种溶剂分别测定后再作比较,所得光谱若仍一致,便可确证为同一物质。如果没有标样,也可利用文献所载的标准图谱进行核对,只有在吸收光谱完全一致的情况下,才可初步认为是同一种物质。若吸收光谱有差异,则样品与标准品并非同一物质。

例如,三种甾体激素醋酸泼尼松、醋酸氢化可的松、醋酸可的松三者有几乎完全相同的 λ_{max}(240 nm)、$E_{1\,cm}^{1\%}$(390)、ε(1.57×10^4),但从图 11-8 中可看出它们的吸收曲线有某些差别,据此可以鉴别。

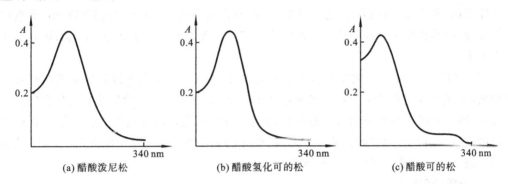

图 11-8　三种甾体激素的紫外吸收光谱(10 μg/mL)

2) 比较最大吸收波长、吸光系数的一致性

λ_{max} 和峰值吸光系数 $E_{1\,cm}^{1\%}$ 或 ε_{max} 是最常用于定性鉴别的吸收光谱的特征性常数。由于紫外吸收光谱只含有 2~3 个较宽的吸收带,而吸收光谱主要是由分子中的发色基团在紫外区产生的吸收,与分子其他部分关系不大。具有相同发色团的不同分子结构,在较大分子中不影响发色团的紫外吸收光谱,不同的分子结构可能有相同的紫外吸收光谱,但是它们的 $E_{1\,cm}^{1\%}$ 和 ε_{max} 常有明显差异。因此在比较 λ_{max} 的同时,再比较 $E_{1\,cm}^{1\%}$ 和 ε_{max} 则可加以区分。

例如,甲基麻黄碱与去甲基麻黄碱的紫外吸收光谱相同,即 λ_{max} 均为 251 nm、257 nm、264 nm,但二者的分子结构肯定有差异,由于紫外吸收光谱只能表现化合物的发色基团和显色的分子,上述两种化合物的紫外光谱均来源于母核苯,因此表现相同的吸收光谱,但二者的摩尔吸光系数不同,可加以区别。

3) 比较吸光度(或吸光系数)比值的一致性

如果物质的吸收峰较多,可取在几个吸收峰处的吸光度或吸光系数的比值作为鉴别的依据,由于是同一浓度的溶液和同一厚度的吸收池,其吸光度比值也就是吸光系数的比值可消除浓度和厚度的影响。如果被鉴定物的吸收峰和对照品相同,且吸收峰处的吸光度或吸光系数的比值又在规定的范围内,则可认为样品与对照品分子结构基本相同。例如,维生素 B_{12} 的吸收光谱有三个吸收峰,分别为 278 nm、361 nm、550 nm。中国药典(2005 版)规定,361 nm 波长处的吸光度与 278 nm 波长处的吸光度比值应为 1.70~1.88,361 nm 波长处的吸光度与 550 nm 波长处的吸光度比值应为 3.15~3.45。若样品的比值也在上述范围之内,则可认为样品即为维生素 B_{12}。

2. 纯度检查

药物杂质检查又称为纯度检查,药物纯度反映了药物质量的优劣。纯度检查包括杂质检测和杂质限量检测。

1) 杂质检测

在药物分析中,经常利用紫外-可见吸收光谱进行杂质检测,一般有以下两种情况。

(1) 峰位不重叠:如果化合物在一定的波长范围内没有明显的吸收,而所含杂质有较强的吸收,那么含有少量杂质就可用光谱检查出来。例如,乙醇和环己烷中若含少量杂质苯,苯在 256 nm 处有吸收峰,而乙醇和环己烷在此波长处无吸收,只需测定相应范围内的紫外光谱,若在 256 nm 附近光谱平坦,表明不存在杂质苯;反之,若在 256 nm 附近出现吸收峰,说明样品中存在杂质苯。乙醇中含苯量低至 0.001% 或 10 ppm 也能从光谱中检查出来。

(2) 峰位重叠:若化合物本身有较强的吸收峰,而所含杂质在此波长处无吸收峰或吸收很弱,杂质的存在将使化合物的吸光系数值降低;若杂质在此吸收峰处有比化合物更强的吸收,则将使吸光系数值增大。有吸收的杂质也将使化合物的吸收光谱变形。这些都可用做检查杂质是否存在的方法。但是,被检查的化合物必须经鉴别确证之后,方能认为光谱数据或形状的改变是由杂质存在所致。

2) 杂质的限量检测

杂质限量就是指药物中所含杂质的最大允许量。药物中杂质的检查多采用限量检测,通常可利用紫外-可见分光光度法对杂质的限量进行控制。一般用两种方式表示杂质限量。

(1) 以某波长的吸光度值表示。例如,肾上腺素在合成过程中有一中间体肾上腺酮杂质,它影响肾上腺素疗效,所以肾上腺酮的量必须规定在某一限量之下。在 0.05 mol/L HCl 溶液中肾上腺素与肾上腺酮的紫外吸收光谱明显不同,如图 11-9 所示,在 310 nm 处,肾上腺酮有吸收峰,而肾上腺素没有吸收。可利用 $\lambda_{max}=310$ nm 检测肾上腺酮的混入量。该法是将肾上腺素样品用 0.05 mol/L HCl 溶液制成每 1 mL 含 2 mg 的溶液,在 1 cm 吸收池中,于 310 nm 处其吸光度 A 值。规定 A 值不得超过 0.05,则以肾上腺酮的 $E_{1\,cm}^{1\%}$ 值(435)计算,相当于肾上腺酮不超过 0.06%。

(2) 用峰谷吸光度的比值控制杂质的限量。例如,有机磷中毒的解毒剂碘磷定中有

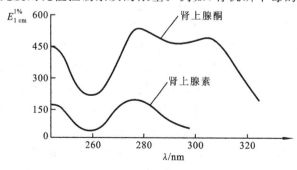

图 11-9 肾上腺素与肾上腺酮的紫外吸收光谱

很多杂质,如顺式异构体、中间体等。碘磷定的 λ_{max} 为 294 nm,λ_{min} 为 262 nm。在吸收峰 294 nm 处这些杂质几乎没有吸收,但在碘磷定的吸收谷 262 nm 处有一些吸收,因此就可利用碘磷定的峰谷吸光度比值作为杂质的限量检查指标。已知纯品碘磷定的 $A_{294\,nm}/A_{262\,nm}=3.39$,如果含有杂质,则在 262 nm 处吸光度增加,使峰谷吸光度之比小于 3.39。为了限制杂质的含量,可规定一个峰谷吸光度的最小允许值。一般规定比值不小于 3.0。(另一种规定比值应在 3.31~3.39 范围内)

用紫外吸收光谱或数据进行定性鉴别具有一定的局限性。因此仅仅利用紫外吸收光谱和其特征数据来鉴定未知物,可靠性较差。然而紫外吸收光谱与红外光谱、质谱和核磁共振波谱等一样,是进行有机物结构研究的一种重要工具。

11.3.2 定量分析

1. 单组分的定量分析

紫外-可见分光光度法定量分析的理论依据是朗伯-比耳定律。根据比耳定律,物质在一定波长处的吸光度与浓度之间呈线性关系。因此,只要选择适合的波长测定溶液的吸光度,即可求出浓度。通常是以被测物质吸收光谱吸收峰处的吸收波长为测定波长。如被测物有几个吸收峰,可选无其他共存物干扰的、较高、较宽的吸收峰的波长,以提高测定的灵敏度、选择性和准确度并减小测量误差,一般不选光谱中靠短波长末端的吸收峰。例如维生素 B_2 的测定,其吸收光谱有 267 nm、375 nm 和 444 nm 三个吸收峰,其中 267 nm 处峰值最大,其次是 444 nm,但 267 nm 处峰较窄,而 444 nm 处峰较宽,易测准,所以选 444 nm 为测定波长,灵敏度略低但能确保测量的准确度。

选用的溶剂应不干扰被测组分的测定。许多溶剂本身在紫外光区有吸收峰,所以只能在其他吸收较弱的波段使用。选择溶剂时,组分的测定波长必须大于溶剂的极限波长。

单组分的定量方法是对溶液中某一组分定量测定的方法,包括标准曲线法、标准对照法和吸光系数法,其中标准曲线法是实际工作中用得最多的方法。

1) 标准曲线法

标准曲线法又称工作曲线法、校正曲线法,是紫外-可见分光光度法中最经典的方法。此法尤其适用于单色光不纯的仪器,因为在这种情况下,虽然测得的吸光度值可以随所用的仪器不同而有相当的变化,但如果认定一台仪器,固定其工作状态和测定条件,则浓度与吸光度之间的关系仍服从比耳定律。标准曲线法在测定时,先取与被测物质含有相同组分的标准品,配制成一系列不同浓度的标准溶液,以不含被测组分的空白溶液作参比,在被测组分的最大吸收波长处,测定标准系列的吸光度,然后以浓度为横坐标,相应的吸光度为纵坐标绘制 A-c 曲线,随后在完全相同的条件下测定样品溶液的吸光度,从标准曲线上查出与此吸光度相对应的样品溶液的浓度。

从理论上说,当溶液对光的吸收服从朗伯-比耳定律时,所绘制的 A-c 曲线是一条通过原点的直线。但在实际测定中,常常出现标准曲线在高浓度端发生弯曲的现象,即溶液偏离了朗伯-比耳定律,其主要原因是单色光不纯、溶液的浓度过高和吸光物质性质不稳定。

标准曲线法对仪器的要求不高,是一种简单易行的方法。此法在大量样品分析时显得尤其方便,在测定条件固定的情况下,标准曲线可以反复使用。但仪器搬动或经维修后应重新校正波长,更换新仪器、试剂重新配制、测定时温度改变较大等条件发生变化时,必须重新绘制标准曲线。

绘制标准曲线应注意以下几点:

(1) 按选定浓度,配制一系列不同浓度的标准溶液时,浓度范围应包括未知试样浓度的可能变化范围,一般至少应作 4 个点;

(2) 测定时每一浓度至少应同时做两管(平行管),同一浓度平行管测定得到的吸光度值相差不大时,取其平均值;

(3) 用坐标纸绘制标准曲线,也可用最小二乘法处理,由一系列的吸光度-浓度数据求出回归方程;

(4) 绘制完标准曲线后应注明测定波长、吸收池厚度、时间等。

2) 标准对照法

标准对照法简称对照法,又叫比较法,是在相同条件下在线性范围内配制样品溶液和标准品溶液,在选定波长处分别测样品溶液和标准溶液的吸光度,测得为 $A_{样}$ 和 $A_{标}$,根据朗伯-比耳定律,有

$$A_{样} = \varepsilon_{样} c_{样} L_{样}$$
$$A_{标} = \varepsilon_{标} c_{标} L_{标}$$

因为是同种物质,在同一波长下,用同一厚度的吸收池在同一台仪器上进行测定,所以吸光系数相同,即 $\varepsilon_{样} = \varepsilon_{标}$;液层厚度相同,即 $L_{样} = L_{标}$。因此

$$\frac{A_{样}}{A_{标}} = \frac{c_{样}}{c_{标}}$$

$$c_{样} = \frac{A_{样}}{A_{标}} c_{标} \tag{11-12}$$

然后根据样品的称量和稀释倍数计算样品的含量。

【例 11-3】 精密吸取 B_{12} 注射液 2.50 mL,加水稀释至 10.00 mL;另配制对照液,精密称定对照品 25.00 mg,加水稀释至 1000 mL。在 361 nm 处,用 1 cm 吸收池,分别测定吸光度为 0.508 和 0.518,求 B_{12} 注射液的浓度及标示量的百分含量(该 B_{12} 注射液的标示量为 100 μg/mL)。

解
$$\frac{A_{样}}{A_{标}} = \frac{c_{样}}{c_{标}}$$

$$c_{样} = \frac{A_{样}}{A_{标}} c_{标}$$

$$c_i \times \frac{2.5}{10} = \frac{25.00 \times 1000}{1000} \times \frac{0.508}{0.518}$$

$$c_i = 98.1 \ \mu g/mL$$

B_{12} 标示量的百分含量 $= \dfrac{c_i}{标示量} \times 100\% = 98.1\%$

标准对照法比较简单,但误差较大,只有在测定的浓度区间内溶液完全遵守朗伯-比

耳定律,并且标准品溶液浓度和样品溶液浓度很接近时,才能得到较为准确的结果。

3) 吸光系数法

吸光系数是物质的特征性常数。只要溶液浓度、单色光纯度等测量条件不会引起比耳定律的偏离,即可测量样品溶液的吸光度,在已知吸收池厚度和吸光系数的情况下根据朗伯-比耳定律求出样品的浓度 c,也可计算样品的含量。定量时吸光系数常用 $E_{1\,cm}^{1\%}$ 表示,其数值可从相关手册或文献中查到。计算公式为

$$c = \frac{A}{E_{1\,cm}^{1\%} L} \tag{11-13}$$

【例 11-4】 查得维生素 B_{12} 的水溶液 $E_{1\,cm}^{1\%}$ 在 $\lambda_{max} = 361$ nm 处为 207,现将其盛于 2 cm 的吸收池中,测得溶液的吸光度是 0.621,求溶液的浓度。

解 $c = \dfrac{A}{E_{1\,cm}^{1\%} L} = \dfrac{0.621}{207 \times 2}$ g/100 mL $= 0.0015$ g/100 mL

在实际工作中,常将被测溶液的吸光度换算成样品的吸光系数,用样品溶液的吸光系数与标准品的吸光系数之比计算被测组分的含量。

2. 多组分的定量分析

当溶液中有两种或多种组分共存时,可根据各组分吸收光谱相互重叠的程度分别考虑测定方法。最简单的情况是各组分的吸收峰所在波长处,其他组分没有吸收,如图 11-10(a)所示,a、b 两组分互不干扰,则可按单组分的测定方法分别在 λ_1 处测定 a 组分,在 λ_2 处测定 b 组分的浓度。如果 a、b 两组分的吸收光谱有部分重叠,如图 11-10(b)所示,在 a 组分的吸收峰处 b 组分没有吸收,而在 b 的吸收峰处 a 组分有吸收,则可先在 λ_1 处按单组分测定混合物溶液中 a 组分的浓度 c_a,再在 λ_2 处测得混合物溶液总的吸光度 $A_{总}$,即可根据吸光度的加和性计算出 b 组分的浓度 c_b。假设液层厚度为 1 cm,则

$$A_{总} = A_a + A_b = K_a c_a + K_b c_b$$

$$c_b = \frac{1}{K_b}(A_{总} - K_a c_a) \tag{11-14}$$

式中,a、b 两组分在 λ_2 处的吸光系数 K_a 和 K_b 须事先求得。

在混合物测定中,遇到更多的情况是各组分的吸收光谱相互重叠,互相干扰,如图 11-10(c)所示。这种复杂情况需根据测定要求和光谱状态,用以下几种方法加以解决。

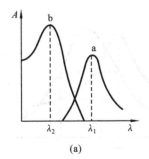
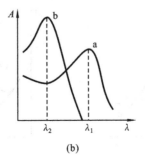
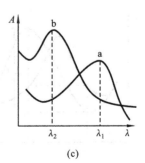

(a)　　　　　　　　　(b)　　　　　　　　　(c)

图 11-10　混合组分吸收光谱相互重叠的三种情况

1) 线性方程组法

此法是测定混合组分含量的经典方法。如图 11-10(c)所示,若事先已测得 a、b 两组分在 λ_1 和 λ_2 处的吸光系数 k_{a_1}、k_{b_1}、k_{a_2}、k_{b_2},则在 λ_1 和 λ_2 处分别测量混合物的吸光度值,设为 A_1 和 A_2,由于吸光度的加和性,就可通过解线性方程组而得到 a、b 两组分的浓度 c_a 和 c_b,假设液层厚度为 1 cm,则

$$\left. \begin{array}{l} A_1 = A_{a_1} + A_{b_1} = k_{a_1} c_a + k_{b_1} c_b \\ A_2 = A_{a_2} + A_{b_2} = k_{a_2} c_a + k_{b_2} c_b \end{array} \right\} \tag{11-15}$$

解方程组得

$$\left. \begin{array}{l} c_a = \dfrac{A_1 k_{b_2} - A_2 k_{b_1}}{k_{a_1} k_{b_2} - k_{a_2} k_{b_1}} \\ c_b = \dfrac{A_2 k_{a_1} - A_1 k_{a_2}}{k_{a_1} k_{b_2} - k_{a_2} k_{b_1}} \end{array} \right\} \tag{11-16}$$

理论上讲,此方法只要选用的波长点数等于或大于溶液所含的组分数,就可用于任意多混合组分的测定。即有 n 个组分,便可建立 n 个方程式,然后求出 n 个组分的浓度。但实际上随着溶液所含组分增多,很难选到较多合适的波长点,而且影响因素也增多,故实验结果的误差也将增大,很难得到准确的结果。

2) 双波长法

在吸收光谱互相重叠的 a、b 两组分的混合物中,若要消除组分 a 的干扰而测定组分 b 的浓度,可从组分 a 的吸收光谱上选取两个吸光度相等的波长 λ_1 和 λ_2,如图 11-11(a)所示,即 $A_{a_1} = A_{a_2}$。而欲测组分 b 在两波长处的吸光度则有尽可能大的差别。用这样两个波长测得混合组分的吸光度之差,只与组分 b 的浓度成正比,而与组分 a 的浓度无关,以此可计算组分 b 的浓度。选择波长时需满足两个基本条件:

(1) 选定的两个波长下干扰组分的吸光度相等;
(2) 选定的两个波长下待测组分的吸光度差值应足够大。

用数学式表达为

$$\begin{aligned} \Delta A &= A_1 - A_2 = (A_{a_1} + A_{b_1}) - (A_{a_2} + A_{b_2}) \\ &= (A_{a_1} - A_{a_2}) + (A_{b_1} - A_{b_2}) \\ &= A_{b_1} - A_{b_2} \quad (\text{因为 } A_{a_1} = A_{a_2}) \\ &= (k_{b_1} L - k_{b_2} L) c_b = k c_b \end{aligned} \tag{11-17}$$

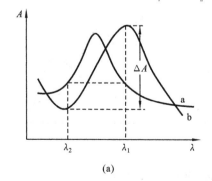
(a)

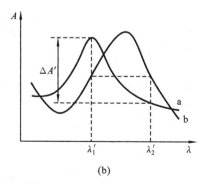
(b)

图 11-11 双波长法示意图

被测组分 b 在两波长处的 ΔA 值越大,越有利于测定。用同样的方法,可以测定另一组分 a 的浓度,可另选两个适宜的波长,消去 b 组分的干扰而测定 a 组分的浓度,如图 11-11(b)所示。

线性方程组法和双波长法是最常用的微量多组分的定量分析方法,除此之外还有导数分光光度法、示差分光光度法、系数倍率法等。

11.3.3 紫外-可见分光光度法的应用

1. 有机化合物分子结构研究

1) 从吸收光谱中初步推断官能团

一化合物在 220~800 nm 范围内无吸收,它可能是脂肪族饱和碳氢化合物、胺、腈、醇、羧酸、氯代烃和氟代烃或环状共轭体系,没有醛、酮等基团。如果在 210~250 nm 有吸收,可能含有两个共轭单位;如果在 260~300 nm 有强吸收,可能含有 3~5 个共轭单位;在 250~300 nm 有弱吸收带,表示存在羰基;在 250~300 nm 有中等强度吸收,而且含振动结构,表示有苯环存在;如果化合物有颜色,分子中含有的共轭双生色团应在 5 个以上。

2) 异构体的推定

(1) 结构异构体:许多结构异构体之间可根据其双键的位置不同,利用紫外吸收光谱可以推定异构体的结构。例如,乙酰乙酸乙酯存在下述两个异构体:酮式和烯醇式。

$$H_3C-\overset{O}{\underset{}{C}}-CH_2-\overset{O}{\underset{}{C}}-OEt \qquad H_3C-\overset{OH}{\underset{}{C}}=CH-\overset{O}{\underset{}{C}}-OEt$$

酮式　　　　　　　　　烯醇式

酮式没有共轭双键,它在 $\lambda_{max}=204$ nm 处有弱吸收;但烯醇式由于有共轭双键,因此在 $\lambda_{max}=245$ nm 处有强的 K 带吸收,利用这一特征可判断异构体的主要存在形式。

(2) 顺反异构体:顺式异构体一般比反式的波长短,且 ε 小。例如:

顺式:$\lambda_{max}=280$ nm,$\varepsilon_{max}=10500$　　　反式:$\lambda_{max}=295.5$ nm,$\varepsilon_{max}=29000$

(3) 某些化合物的构象及旋光异构体等。

2. 相对分子质量的测定

在紫外-可见吸收光谱法中,只要化合物具有相同生色骨架,其吸收峰的 λ_{max} 和 ε_{max} 几乎相同。因此,只要求出与待测物有相同生色骨架的已知化合物的 ε 值,就能求出欲测化合物的相对分子质量。

此外,紫外-可见分光光度法还可对平衡常数、氢键强度进行测定。

学 习 小 结

1. 基本概念。

(1) 单色光和复合光:具有单一波长的光称为单色光,由不同波长的光组成的光称为复合光。白光属于复合光。

(2) 互补色光:两种适当颜色的单色光按一定强度比例混合可成为白光,这两种单色光称为互补色光。

(3) 透光率:溶液透过光的强度 I_t 与入射光 I_0 的强度之比称为透光率,用符号 T 表示。

(4) 吸光度:透光率的倒数反映了物质对光的吸收程度,应用时取它的对数 $\lg \dfrac{1}{T}$ 作为吸光度,用 A 表示。

(5) 吸光系数:吸光物质在单位浓度溶液、单位液层厚度时的吸光度。在一定条件下,吸光系数是物质的特性常数之一,可作为定性鉴别的重要依据。

(6) 吸收光谱:又称光吸收曲线,它是将不同波长的单色光依次通过一定浓度的待测溶液,测出该溶液对各种单色光的吸光度,然后以 λ 波长为横坐标,以吸光度 A 为纵坐标,所绘制的曲线。由曲线可以看出:①物质的最大吸收波长;②同种物质不同浓度的吸收曲线形状相似,最大吸收波长不变,不同种物质的吸收曲线形状和最大吸收波长不同。

2. 透光率和吸光度。

$$A = \lg \dfrac{1}{T} = -\lg T = \lg \dfrac{I_0}{I_t}$$

3. 光的吸收定律——朗伯-比耳定律。

这是吸光度法的基本定律,比耳定律说明吸光度与浓度的关系,朗伯定律说明吸光度与液层厚度的关系,将二者综合即为朗伯-比耳定律,表达式为

$$A = KcL$$

朗伯-比耳定律:当一束平行的单色光通过均匀、无散射现象的溶液时,在单色光强度、溶液的温度等条件不变的情况下,溶液吸光度与吸光物质的浓度及液层厚度的乘积成正比。

朗伯-比耳定律不仅适用于有色溶液,也适用于无色溶液及气体和固体的非散射均匀体系;不仅适用于可见光区的单色光,也适用于紫外和红外光区的单色光。

4. 吸光系数和摩尔吸光系数。

朗伯-比耳定律中的 K 为吸光系数,其物理意义是吸光物质在单位浓度、单位液层厚度时的吸光度。K 值随 c、L 不同而不同。当吸光物质的浓度 c 的单位用 mol/L 表示,液层厚度 L 的单位用 cm 表示时,K 称为摩尔吸光系数,用 ε 表示,单位为 L/(mol·cm)。吸光物质的浓度用 g/100 mL,液层厚度用 cm 表示时,K 称为百分吸光系数(比吸光系数),用 $E_{1\,cm}^{1\%}$ 表示,单位为 mL/(g·cm)。

$E_{1\,cm}^{1\%}$ 与 ε 间的关系为

$$\varepsilon = \frac{M}{10} E_{1\,\text{cm}}^{1\%}$$

式中，M 为吸光物质的摩尔质量。

5. 单组分的定量分析。

① 标准曲线法。

测定时，先取与被测物质含有相同组分的标准品，配成一系列浓度不同的标准溶液，置于相同厚度的吸收池中，分别测其吸光度。然后以吸光物质的浓度 c 为横坐标，以相应的吸光度 A 为纵坐标，绘制 A-c 曲线图，即为标准曲线。在相同条件下测出样品溶液的吸光度，从标准曲线上便可查出与此吸光度对应的样品溶液的浓度。

② 标准对照法。

标准对照法又称比较法。在相同条件下在线性范围内配制样品溶液和标准溶液，在选定波长处，分别测量吸光度。

因为是同种物质，在同一波长下，用同一厚度的吸收池在同一台仪器上进行测定，所以吸光系数相同，即 $\varepsilon_{样} = \varepsilon_{标}$；液层厚度相同，即 $L_{样} = L_{标}$。因此

$$\frac{A_{样}}{A_{标}} = \frac{c_{样}}{c_{标}}$$

$$c_{样} = \frac{A_{样}}{A_{标}} c_{标}$$

③ 吸光系数法。

吸光系数是物质的特性常数。只要测定条件不致引起对比耳定律的偏离，即可根据测得的吸光度 A，按比耳定律求出浓度或含量。K 值可从手册或文献中查到。

一、单项选择题

1. 光学分析法中，使用到电磁波谱，其中可见光的波长范围为（　　）。
   A. 10～400 nm　　B. 400～750 nm　　C. 0.75～2.5 mm　　D. 0.1～100 cm

2. 某药物的吸光系数很大，则表示（　　）。
   A. 该物质对某波长的光吸收能力很强　　B. 该物质溶液的浓度很大
   C. 光通过该物质溶液的光程长　　D. 该物质对某波长的光透光率很高

3. 在紫外-可见分光光度法中，宜选用的吸光度读数范围为（　　）。
   A. 0～0.2　　B. 0.1～0.3　　C. 0.3～1.0　　D. 0.2～0.7

4. 百分吸光系数表示为（　　）。
   A. ε　　B. $E_{1\,\text{cm}}^{1\%}$　　C. K　　D. $A = KcL$

5. 朗伯-比耳定律 $A = -\lg T = KLc$ 中，A、T、K、L 分别代表（　　）。
   A. 吸光度、光源、吸光系数、液层厚度（cm）
   B. 吸光系数、透光率、吸光度、液层厚度（cm）

C. 吸光度、温度、吸光系数、液层厚度(cm)

D. 吸光度、透光率、吸光系数、液层厚度(cm)

6. 透光率与吸光度的关系是( )。

A. $\dfrac{1}{T}=A$ B. $\lg\dfrac{1}{T}=A$ C. $\lg T=A$ D. $T=\lg\dfrac{1}{A}$

7. 朗伯-比耳定律说明,一定条件下( )。

A. 透光率与溶液浓度、光路长度成正比

B. 透光率的对数与溶液浓度、液层厚度成正比

C. 吸光度与吸光物质的浓度、液层厚度成正比

D. 吸光度与溶液浓度成正比,透光率的负对数与浓度成反比

8. 某有色溶液用 1 cm 吸收池测得其透光率为 T,若改用 2 cm 吸收池,则透光率应为( )。

A. $2T$ B. $2\lg T$ C. $T^{1/2}$ D. T^2

9. 摩尔吸光系数的单位是( )。

A. mol/(L·cm) B. L/(mol·cm) C. L/(g·cm) D. g/(L·cm)

10. 紫外分光光度计常用的光源是( )。

A. 氘灯 B. 钨灯 C. 卤钨灯 D. 硅碳棒

11. 朗伯-比耳定律说明,当一束单色光通过均匀有色溶液中,有色溶液的吸光度正比于( )。

A. 溶液的温度 B. 溶液的酸度

C. 液层的厚度 D. 吸光物质的浓度和液层厚度的乘积

12. 下列因素中不会引起偏离朗伯-比耳定律的因素是( )。

A. 单色光不纯 B. 溶液浓度太高 C. 吸收池的厚度 D. 介质不均匀

13. 符合比耳定律的溶液稀释时,其最大吸收峰波长位置( )。

A. 向长波方向移动 B. 向短波方向移动

C. 不移动,但峰值降低 D. 不移动,但峰值增大

14. 紫外分光光度法中,用标准对照法测定药物含量时( )。

A. 须已知药物的吸光系数

B. 供试品溶液和对照品溶液的浓度应接近

C. 供试品溶液和对照品溶液应在相同的条件下测定

D. 可以在任何波长处测定

15. 紫外法用于药物的杂质检查是( )。

A. 利用药物与杂质的等吸收点进行检测

B. 采用杂质的最大吸光度值求得杂质限量

C. 利用药物与杂质的吸收光谱的差异,选择合适波长进行检测

D. 测定某一波长处杂质的百分吸光系数

二、填空题

1. 光谱法常用的有_____、_____、_____、_____、_____等。

2. 吸收曲线又称吸收光谱,是以_____为横坐标,以_____为纵坐标所描绘的曲线。

3. 朗伯-比耳定律:$A=KcL$。其中,符号 K 代表_____,c 代表_____,L 称为_____。

4. 按照比耳定律,浓度 c 与吸光度 A 之间的关系应是一条通过原点的直线,事实上容易发生线性偏离,导致偏离的原因有_____和_____两大因素。

5. 分光光度计的种类型号繁多,但都是由下列基本部件组成:_____、_____、_____、_____、_____。

三、简答题

1. 紫外-可见分光光度法的特点是什么?
2. 什么是互补色光?决定溶液颜色的主要因素是什么?
3. 什么是透光率、吸光度?二者的关系换算式是什么?
4. 什么是吸收光谱曲线?什么叫标准曲线?有何实际意义?
5. 简述朗伯-比耳定律及其应用条件。
6. 偏离朗伯-比耳定律的主要因素是什么?
7. 简述紫外-可见分光光度计的主要部件及各部件的作用。
8. 在紫外-可见分光光度法定量分析中,选择入射光波长的原则是什么?如何控制待测溶液吸光度值的范围?如何选择参比溶液?
9. 为什么紫外-可见分光光度法可以检查某些药物的纯度?
10. 紫外-可见分光光度法定量的方法有哪些?如何区别吸光系数法和标准对照法?

四、判断题

1. B_{12} 溶液呈现红色是由于它吸收了白光中的红色光波。(   )
2. 符合朗伯-比耳定律的某有色溶液的浓度越低,其透光率越小。(   )
3. 朗伯-比耳定律的物理意义是:当一束平行单色光通过均匀的有色溶液时,溶液的吸光度与吸光物质的浓度和液层厚度的乘积成正比。(   )
4. 符合比耳定律的有色溶液稀释时,其最大吸收峰的波长位置不移动,但吸收峰降低。(   )
5. 吸光系数与物质的性质、入射光波长及温度等因素有关。(   )
6. 在吸光光度测定时,根据在测定条件下吸光度与浓度成正比的比耳定律的结论,被测溶液浓度越大,吸光度也越大,测定结果也就越准确。(   )
7. 进行吸光光度法测定时,必须选择最大吸收波长的光作入射光。(   )
8. 在实际测定中,应根据光吸收定律,通过改变吸收池厚度或待测溶液浓度,使吸光度的读数处于 $0.2\sim0.7$,以减小测定的相对误差。(   )
9. 在分光光度分析中,如果单色光不纯常出现工作曲线偏离的情况。(   )
10. 有色溶液的透光率随着溶液浓度的增大而减小,所以透光率与溶液的浓度成反比。(   )

五、计算题

1. 某试液用 2.0 cm 的吸收池测定时,其透光率为 60%,若用 1.0 cm 和 3.0 cm 的吸收池测定,则其透光率和吸光度分别为多少?

2. 将 0.1 mg 的 Fe^{3+} 在酸性溶液中用 KSCN 显色稀释至 500 mL,盛于 1 cm 的吸收池中,在波长 480 nm 处测得吸光为 0.240,计算摩尔吸光系数和百分吸光系数。

3. 维生素 B_{12} 水溶液在 361 nm 处的 $E_{1\,cm}^{1\%}$ 值是 207,使用 1 cm 吸收池,测得 A 为 0.414,求溶液的浓度。

4. 准确称取 $KMnO_4$ 样品和 $KMnO_4$ 纯品各 0.1500 g,分别溶于蒸馏水中并稀释至 1000 mL。再各取 10 mL,用蒸馏水稀释至 50 mL,摇匀,用 1 cm 的吸收池,在 525 nm 处测得样品溶液和标准溶液的吸光度分别为 0.310 和 0.325。求样品中 $KMnO_4$ 的含量。

5. 准确称取 B_{12} 样品 25.0 mg,加水配成 100 mL 溶液。吸取 10.00 mL,又置于 100 mL 容量瓶中,加水至刻度。取此溶液在 1 cm 的吸收池中,于 361 nm($E_{1\,cm}^{1\%}=207$)处测定吸光度为 0.507,求 B_{12} 的纯度。

第 12 章

色谱分析法

学习目标

1. 了解色谱法的分类及其分离机理,塔板理论、速率理论的要点及其实际指导意义;
2. 熟悉基本色谱方法的流动相、固定相及色谱实验条件的选择,实验操作技术及方法应用,色谱仪器的流路、各组成部件的结构、工作原理及应用特点;
3. 掌握色谱法基本概念、基本术语,定性定量的依据及方法。

12.1 色谱法概述

色谱法(chromatography)也叫层析法,是一种利用混合物中各物质在两相中具有不同的分配系数,当两相相对移动时,各物质在两相中进行多次分配而实现分离的物理或物理化学分离分析方法。

1906 年,俄国著名植物学家茨维特(Tswett)在研究植物叶子的色素成分时,将植物叶子的萃取物倒入装有碳酸钙的直立玻璃管内,然后加入石油醚使其自由流下,结果萃取物中各种色素成分在玻璃管内分离形成不同颜色的谱带。他将这种色带称为色谱,将这种分离方法称为色谱法。此后,经过一个世纪的发展和完善,色谱法已形成了完整的理论体系,实验技术也日渐成熟,并显现出高分离效能、高度灵敏度、高度自动化、选择性良好和分析速度快等优点。

上述实验中,装有碳酸钙的玻璃柱称为色谱柱,玻璃柱内固定不动的填充物碳酸钙称为固定相,冲洗剂石油醚称为流动相。固定相是固定在一定支持物上的相,可以是固体,也可以是附着在某种载体上的液体。流动相是色谱分离中的流动部分,是与固定相互不相溶的液体或气体。当流动相携带样品流经固定相时,由于样品中各组分的理化性质不同而达到分离、分析的目的。

12.1.1 色谱法的分类

色谱法的分离原理是当混合物随流动相(相当于上例中的石油醚)流经色谱柱(玻璃管)时,就会与固定相(碳酸钙)发生作用,由于各组分在性质或结构上的差异,与固定相发生作用的大小、强弱不同,因此在同一推动力的作用下,不同组分在色谱柱中的滞留时间不同,从而使混合物中各组分按一定先后顺序流出色谱柱。

色谱法分类如下。

1. 按流动相和固定相的状态分类

在色谱法中,流动相可以采用气体、液体或超临界流体,相应的色谱方法分别称为气相色谱法(GC)、液相色谱法(LC)和超临界流体色谱法(SFC)。在气相色谱法中,固定相为固体的称为气-固色谱法(GSC),固定相为液体的称为气-液色谱法(GLC);同样,液相色谱法也可分为液-固色谱法(LSC)和液-液色谱法(LLC)。

2. 按操作形式分类

将固定相装在柱管内的色谱法称为柱色谱(CC),包括填充柱色谱和毛细管柱色谱。色谱过程中固定相呈平板状的色谱法称为平板色谱法或平面色谱法,包括薄层色谱法(TLC)和纸色谱法(PC)。前者以涂敷在玻璃板或塑料板上的吸附剂作固定相,后者以吸附水分的滤纸作固定相。

3. 按分离原理分类

(1) 吸附色谱法:根据不同组分在固体吸附剂(固定相)上吸附能力差异而进行分离的色谱方法。如气-固色谱法、液-固色谱法。

(2) 分配色谱法:根据不同组分在固定相(液体)和流动相之间分配能力(溶解度)的差异而进行分离的色谱方法。如气-液色谱法、液-液色谱法。

(3) 离子交换色谱法:根据不同组分离子与离子交换剂(固定相)的亲和力不同而进行分离的色谱方法。

(4) 分子排阻色谱法:又称凝胶色谱法,根据不同大小的组分分子在多孔性凝胶(固定相)中的选择性渗透而进行分离的色谱方法。

12.1.2 色谱法的基本原理

1. 色谱分离过程

色谱法是一种分离技术,现以吸附柱色谱为例来讨论分离过程。如图12-1所示。

把试样(含A、B两种组分)加到装有吸附剂颗粒的色谱柱顶端,试样中A、B组分便被固定相吸附,再向色谱柱中不断加入流动相冲洗,当流动相通过固定相颗粒空隙时,已被吸附的A、B组分会溶于流动相中而被解吸,并随着流动相前行,再次遇到固定相颗粒时,又会再次被吸附。如此,在色谱柱中发生反复多次的吸附-解吸过程。由于A、B组分的化学结构和性质不同,固定相对它们的吸附力大小就不同,与固定相作用力较弱的组分A在色谱柱中迁移速率较大,先流出色谱柱;与吸附剂作用力较强的组分B在色谱柱中迁移速率较小,后流出色谱柱。于是,试样中的 A、B 组分经过色谱柱后便被分离。

由色谱分离过程可知,色谱法是利用混合物中各组分与固定相和流动相的作用力差异而进行分离的一类方法。常用分配系数来表示这种作用力的大小。

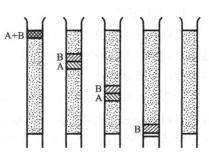

图 12-1　色谱分离过程示意图

2. 分配系数

在一定温度和压力下,组分在固定相和流动相之间分配达到平衡时的浓度之比称为分配系数,用"K"表示,即

$$K = \frac{c_s}{c_m} \tag{12-1}$$

式中,c_s、c_m 分别为组分在固定相、流动相中的浓度。K 值与被分离组分、固定相、流动相的性质及温度有关。K 值小的组分,在柱中迁移较快,较早流出色谱柱;K 值大的组分,在柱中迁移较慢,较晚流出色谱柱。由此可见,分配系数不同是混合物中各组分分离的基础,K 值相差越大,各组分越容易分离。

3. 分配比

分配比又称为容量因子,即在一定的温度和压力下,组分在两相间达到分配平衡时,组分在固定相和流动相中的质量比,用 k 表示,即

$$k = \frac{m_s}{m_m} \tag{12-2}$$

式中,m_s、m_m 分别为组分在固定相、流动相中的质量。k 不仅与组分性质和流动相、固定相的性质有关,并随温度、压力及流动相、固定相的量而变化。k 值越大,组分在柱中的保留时间越长。

12.2　经典液相色谱法

经典液相色谱法是以液体为流动相的色谱方法,包括柱色谱法、薄层色谱法、纸色谱法等,具有样品容量大、所需设备简单、操作方便、成本低等特点。

12.2.1　柱色谱法

柱色谱法是各种色谱法中建立最早的一种方法,按其作用原理的不同可分为吸附柱色谱法、分配柱色谱法、离子交换柱色谱法及凝胶柱色谱法。

1. 液-固吸附柱色谱法

液-固吸附柱色谱法是以固体吸附剂为固定相,利用吸附剂对不同组分吸附能力的差异而实现分离的方法。

1) 基本原理

吸附剂通常是具有较大比表面积的多孔性固体颗粒物质,在它的表面存在着许多活性质点,吸附剂之所以具有吸附作用,就是利用了这些活性质点。例如,硅胶吸附剂表面的活性质点是硅醇基。

吸附过程就是样品组分分子与流动相分子竞争性占据吸附剂表面活性质点的过程,即混合物中各组分在两相间不断地进行吸附与解吸。直到组分分子被吸附和解吸的速度相等时,即达到吸附平衡。吸附平衡常数用 K 表示:

$$K = \frac{\text{组分在固定相中的浓度}(c_s)}{\text{组分在流动相中的浓度}(c_m)} \tag{12-3}$$

K 与温度、吸附剂的活性、组分的性质及流动相的性质有关。组分的 K 值越大,越容易被吸附,保留时间越长,组分流出色谱柱就越慢。不同组分,因为其 K 值不同,所以在色谱过程中彼此分离。

2) 吸附剂及其选择

吸附剂的性能对分离至关重要。一般要求其粒度均匀、大小适当、具有较大的比表面积,活性质点的吸附能力大小均匀,不与流动相和被测组分发生化学反应,也不溶于流动相,有一定机械强度等。

常用的吸附剂有极性和非极性两大类。极性吸附剂包括各种无机氧化物,如硅胶、氧化铝、聚酰胺及分子筛等;非极性吸附剂中最常见的是活性炭。下面简单介绍硅胶和氧化铝。

(1) 硅胶:硅胶适用于分离酸性和中性物质,如有机酸、氨基酸、萜类、甾体等样品的分析,是柱色谱法和薄层色谱法最常用的吸附剂。硅胶表面的硅醇基可与组分分子形成氢键而发生吸附作用。硅胶是最常见的吸附剂。

(2) 氧化铝:其吸附能力强于硅胶。氧化铝有酸性、中性和碱性三种,其中以中性氧化铝使用最多。酸性氧化铝(pH=4~5)适用于酸性色素、羧酸、氨基酸等酸性化合物和对酸稳定的中性化合物的分离。碱性氧化铝(pH=9~10)适用于生物碱、胺类等碱性化合物和一些中性化合物的分离。中性氧化铝(pH=7.5)适用于烃、生物碱、挥发油、萜类、甾族、苷类、酯、内酯、醛、酮、醌等化合物的分离。

吸附剂的吸附能力常用活性表示。吸附剂的活性与含水量有关,见表12-1。吸附活性的强弱用活性级别(Ⅰ~Ⅴ)表示。含水量越低,活性级数越小,活性越高,吸附能力越强。

表 12-1 氧化铝、硅胶的含水量与活性的关系

硅胶含水量/%	活 性 级 别	氧化铝含水量/%
0	Ⅰ	0
5	Ⅱ	3
15	Ⅲ	6
25	Ⅳ	10
38	Ⅴ	15

在适当的温度下加热,可除去水分使吸附剂的吸附能力增强,这一过程称为活化;反之,加入一定量的水分可使活性降低,称为脱活。

选择吸附剂的基本原则是:分离非极性或弱极性物质,一般选用活性较强的吸附剂;分离强极性物质,应选用活性较弱的吸附剂。

3) 流动相的选择

(1) 对流动相的基本要求:能溶解试样,但不与试样及吸附剂发生化学反应;黏度小,能保持一定的洗脱速率;纯度高,性质稳定;有一定的挥发性,对分离组分的回收没有干扰。

(2) 流动相的选择:流动相的选择通常需要考虑以下三方面因素。

① 被分离组分的结构和性质:被分离组分的结构不同,其极性也就有差异。常见基团的极性由小到大的顺序是

烷烃＜烯烃＜醚类＜硝基化合物＜酯类＜酮类＜醛类＜硫醇＜胺类＜醇类＜酚类＜羧酸类。

② 吸附剂的性能:一般来说,分离极性小的物质,选择吸附性强的吸附剂,以免组分流出太快,难以分离;分离极性大的物质,选择吸附性弱的吸附剂,以免组分吸附过牢,不易洗脱。

③ 流动相的极性:一般按照"相似相溶"原则来选择流动相。即极性物质选择极性流动相,非极性物质选择非极性流动相。

常用的流动相极性递增的顺序是

石油醚＜环己烷＜四氯化碳＜苯＜甲苯＜乙醚＜氯仿＜乙酸乙酯＜正丁醇＜丙酮＜乙醇＜甲醇＜水＜乙酸

通常为了得到适当极性的流动相,可用两种以上的溶剂按一定的比例组成混合流动相,通过改变流动相的性质和组成来实现较好的分离。总之,若被分离组分极性较大,应选用吸附性较弱的吸附剂和极性较大的流动相;若被分离组分极性较小,应选用吸附性较强的吸附剂和极性较小的流动相。

2. 液-液分配柱色谱法

液-液分配柱色谱法的固定相和流动相均为液体,根据固定相和流动相极性的不同,可分为正相液-液色谱法和反相液-液色谱法。当固定相的极性强于流动相的极性时,称为正相液-液色谱法;反之,称为反相液-液色谱法。

1) 分离机理

液-液分配柱色谱法的分离原理是根据被分离的各个组分在互不相溶的固定相和流动相中溶解度不同而实现分离的。组分在两相中建立一次分配平衡,就相当于完成了一次萃取过程,在色谱柱内经过连续多次的萃取从而使各组分得到分离。

2) 载体和固定相

液-液分配色谱的固定相就是涂覆在担体(或称载体)表面上的固定液,担体起承载固定液的作用。要求担体是化学惰性、多孔、有较大比表面积的固体颗粒。固定液对待测组分应是一种良好的溶剂,不溶于流动相。在分配色谱法中,常用的担体有吸水硅胶、硅藻土、纤维素等。常用的固定液有甲醇、甲酰胺、聚乙二醇、辛烷、硅油和角鲨烷等。

3) 流动相

在液-液分配柱色谱法中,由于流动相也参与分配作用,流动相极性的微小变化都会使组分的保留行为出现较大的改变。因此,要求流动相纯度高、黏度小、与固定液之间极性差别越大越好。选择流动相的一般方法为:首先选用对各组分溶解度稍大的单一溶剂作流动相,然后再根据分离情况改变流动相的组成,即以混合溶剂作流动相,直至达到最佳分离效果。

常用的流动相有石油醚、醇类、酮类、酯类、卤代烃、苯或它们的混合物。

3. 离子交换柱色谱法

离子交换柱色谱法适用于离子型化合物或在一定条件下能产生离子的化合物的分离。

1) 分离机理

在离子交换柱色谱法中,常用离子交换树脂作固定相。离子交换树脂为具有网状结构的高分子聚合物,并带有活性基团。其活性基团由两部分组成:一部分为带负电荷的阴离子基团或带正电荷的阳离子基团,如磺酸基($-SO_3H$)或季铵基($-N(CH_3)_3^+$)等,是不可交换的离子基团;另一部分为这些离子基团上结合的与其电性相反的离子,如 H^+ 或 OH^- 等,是可交换离子。根据可交换离子的电荷极性不同,离子交换树脂分为阳离子交换树脂和阴离子交换树脂,相应的色谱方法分别称为阳离子交换柱色谱法和阴离子交换柱色谱法。在分离过程中,被分离物质在流动相中电离产生的组分离子,与固定相上的可交换离子进行可逆交换。由于试样中各种被测离子与离子交换树脂的亲和力不同,与离子交换树脂亲和力强的被测离子在固定相中保留时间较长,相反,亲和力弱的被测离子在固定相中保留时间较短。这样,试样的各组分在反复进行的离子交换过程中得到分离。

2) 固定相

阳离子交换树脂的活性基团是酸性基团,如磺酸基($-SO_3H$)、羧基($-COOH$)、酚羟基($-OH$)等,这些酸性基团上的 H^+ 可以与溶液中的阳离子发生交换作用。阴离子交换树脂的活性基团是碱性基团,如季铵基($-N(CH_3)_3^+$)、伯胺基($-NH_2$)、仲胺基($-NHCH_3$)等,这些碱性基团上的 OH^- 可以与溶液中的阴离子发生交换作用。

3) 流动相

离子交换柱色谱法的流动相通常为缓冲溶液。可通过调节流动相的 pH 值或离子强度来调整试样组分的保留值。通常离子交换柱色谱法的流动相应满足以下几个条件:

(1) 应能够充分溶解各种盐并提供离子交换必需的缓冲液;

(2) 具有合适的离子强度以便控制样品的保留值;

(3) 对被分离的对象有选择性。

12.2.2 平面色谱法

薄层色谱法和纸色谱法都属于平面色谱法,它们的分离操作机理是将被分离的试样溶液点在薄层板或滤纸的一端,再用溶剂把试样展开而使试样组分分离。这种方法具有快速、灵敏、仪器简单、操作方便等特点。下面以吸附色谱为例讨论薄层色谱法。

1. 基本原理

将吸附剂均匀地涂铺在表面光洁的玻璃或塑料平板上,制成薄层板。然后把待分析试样的溶液滴加在薄层板一端(称为点样,样点称为原点),再把薄层板放入密闭容器(如层析缸)中用适当的展开剂展开。在展开过程中,展开剂在薄层板的毛细管作用下,缓缓地在薄层上向前移动,当展开剂经过原点时,就携带着试样组分一起向前移动,由于吸附剂对不同组分的吸附能力不同,所以不同的组分向前移动的速率不同,展开一定时间后,不同组分互相分离,在薄层板上形成不同距离的斑点。如图 12-2 所示。各组分在薄层上的位置用比移值(R_f)表示:

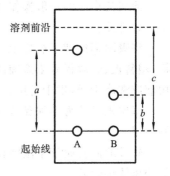

图 12-2　R_f 值测量示意图

$$R_f = \frac{原点到斑点中心的距离}{原点到溶剂前沿的距离} \quad (12\text{-}4)$$

A、B 两组分的比移值分别为

$$R_f(A) = \frac{a}{c}, \quad R_f(B) = \frac{b}{c}$$

式中,a、b 分别为 A、B 两物质展开前后从原点中心至斑点中心的距离,c 为原点中心至溶剂前沿的距离。

R_f 值是薄层色谱法进行定性分析的主要依据。当色谱条件一定时,比移值为常数,其值在 0~1。若该组分的 $R_f=0$,表明它没有随展开剂展开,仍停留在原点上。样品中各组分的 R_f 值相差越大,表示分离得越开。实验证明,在薄层色谱法中,组分的 R_f 值的最佳范围为 0.3~0.5,可用范围为 0.2~0.8。各组分的 R_f 值之差应大于 0.05,以防止斑点重叠。

R_f 与分配系数 K 有关,K 愈小,R_f 愈大;反之亦然。组分之间的分配系数相差越大,R_f 相差也越大,分离越容易。

因为影响 R_f 的因素很多,即使使用相同的色谱条件,也很难得到重现的 R_f 值,所以定性分析时常采用相对比移值 R_s 代替 R_f。相对比移值是指样品中某组分移动的距离与参考物质移动距离之比,其计算公式为

$$R_s = \frac{原点到样品斑点中心的距离}{原点到参考物质斑点中心的距离} \quad (12\text{-}5)$$

由于相对比移值 R_s 表示的是组分与参考物质的移行距离之比,R_s 值的大小不仅与组分及色谱条件有关,而且与所选的参考物质也有关。与 R_f 值不同的是,R_s 值可以大于 1,也可以小于 1,当 $R_s=1$ 时,表示样品与参考物质一致。

2. 吸附剂和展开剂的选择

薄层色谱法所用吸附剂与吸附柱色谱法基本相同,其区别在于薄层色谱法所用的吸附剂颗粒更细些。常用的吸附剂有硅胶、氧化铝、聚酰胺、硅藻土、纤维素等。

展开剂可以选用单一或多元混合溶剂,具体选用规则与吸附柱色谱法中选择流动相的一般规则相同。

3. 操作技术

薄层色谱法的一般操作程序有制板、点样、展开、显色四个步骤。

1）制板

将吸附剂涂铺于载板上使其形成厚度均匀一致的薄层过程称为制板。可采用玻璃板、塑料板、金属板等来涂铺固定相，常用玻璃板制板。载板的大小根据操作需要而定，使用前应洗涤干净，烘干备用。要求表面光滑、平整清洁。

薄层板可分为不加黏合剂的软板和加黏合剂的硬板两种类型。软板和硬板均可以自制使用。

软板的制备属于干法铺板。干法铺板具有简单、快速、随铺随用，展开速度快等特点，但分离效果较差。

硬板采用湿法铺板。其制备方法是在含黏合剂的吸附剂内加入一定比例的水，调成糊状后铺层。常用的黏合剂有煅石膏（G）、羧甲基纤维素钠（CMC-Na）。羧甲基纤维素钠作黏合剂制成的硬板，机械性能强，可用铅笔在薄板上标记，但不宜在强腐蚀性试剂存在下加热。煅石膏作黏合剂制成的硬板，机械性能较差、易脱落，但耐腐蚀，可用浓硫酸试液显色。

常用的吸附剂有硅胶和氧化铝等，硅胶有硅胶 G（含煅石膏作黏合剂）、硅胶 H（不含黏合剂）、硅胶 HF_{254}、硅胶 GF_{254} 等品种（F 代表吸附剂中含荧光剂，在 254 nm 紫外光下可观察到荧光，所制备的薄层板适用于本身不发荧光且不易显色的试样）。氧化铝也分为氧化铝 G、氧化铝 GF_{254} 及氧化铝 HF_{254} 等品种。

湿法铺板方法有倾注法、平铺法和机械涂铺法。

倾注法是取适量调制好的吸附剂糊状物，倒在准备好的载板上，用洁净玻璃棒摊平，轻轻振动载板，使薄层均匀、平坦、光滑，放在水平台上晾干，再置于烘箱内加热活化 1 h，然后置干燥器中备用。

平铺法制板是将载板置于水平台面上，另用两条稍厚的玻璃做框边，框边高出中间载板的厚度就是薄层的厚度。将已调制均匀的糊状吸附剂倾倒在载板一端，用玻璃棒将吸附剂从一端刮向另一端，去掉两边的玻璃条，轻轻振动载板，放在水平台上晾干，再活化备用。

机械涂铺法是用铺板器制板，是目前应用较广的方法。操作简单，制得的薄板厚度一致，适用于定量分析。

铺好的薄层板在室温下自然晾干，然后放入烘箱加热使吸附剂干燥活化（通常硅胶板在 105～110 ℃活化 30 min），活化后的薄层板放入干燥器备用。

2）点样

点样前，通常用低沸点的溶剂或与展开剂极性相似的溶剂将试样配成约 1%的试样溶液。用毛细管或微量注射器点样。一般将试样点在离薄层板底端约 2 cm 处的起始线上，样点越小越好，直径一般不超过 3 mm，点间距离 0.8～1.5 cm。

3）展开

将点好样的薄板与流动相接触，使两相相对运动并带动样品组分迁移的过程称为展开。将点好样的薄层板下端浸入展开剂（先将展开剂盛放在直立的层析缸中），但不得将样点浸入展开剂中。当展开剂展开到薄板的 $\frac{3}{4}$ 左右时,取出薄板,在溶剂前沿做上标记,待溶剂挥发干后作显色处理。

薄层色谱法的展开方式有上行展开、下行展开、近水平展开、径向展开、双向展开、多次展开等。可根据需要和所用薄板的大小、形状、性质选用不同的色谱缸和展开方式。

所有的展开都必须在密闭容器内进行。展开时要注意防止因色谱缸中展开剂蒸气未达到饱和而产生的边缘效应。边缘效应是指同一组分在同一块薄层板上,出现中间部分的 R_f 比边缘部分 R_f 小的现象。

4) 显色

展开后的斑点如果有颜色,可直接观察和确定斑点在薄层板上的位置及颜色深浅,如果没有颜色,需用显色方法来确定斑点。确定斑点的方法如下。

(1) 物理方法:在紫外光照射下,观察薄层板,如果试样能产生荧光,可观察到荧光斑点;如果试样不产生荧光而吸附剂中含荧光物质(如硅胶 GF_{254}),则薄层板呈现荧光,斑点为暗色。

(2) 化学方法:利用化学试剂(显色剂)与被测物质反应,使斑点产生颜色。如被测物质是不饱和有机化合物,可将其置入经碘或溴蒸气饱和的密闭容器中,碘或溴可与化合物可逆地结合,使斑点显淡棕色或黄褐色。碘可作为许多有机化合物的显色剂。另外,还可以用喷雾器将适当的显色剂溶液均匀地喷洒在薄层板上,使斑点显现出来。

4. 定性分析和定量分析

1) 定性分析

薄层色谱法的定性依据是组分的 R_f 值。实际工作中,将试样与纯品在同一薄层板上、以完全相同的操作条件进行分离和测定,若样品与对照品斑点的比移值一致,认为二者可能为同一物质。如需进一步确定,可用几种不同的展开系统展开,若得出样品与对照品的比移值仍相同,则可确定样品与对照品为同一物质。

因影响比移值的因素较多,所以最好采用相对比移值进行定性鉴别。

2) 定量分析

薄层色谱的定量方法如下。

(1) 目视比较法:用对照品配成一标准系列溶液(已知浓度),将样品在同样条件下配成样品溶液,将标准溶液和样品溶液点在同一块薄层板上,展开、显色后,以目视法直接比较样品斑点的颜色深度或面积大小,并与对照品标准溶液相比较,从而近似判断样品中待测组分的含量。

(2) 洗脱法:将斑点位置的吸附剂全部刮下,用适当的溶剂将吸附剂中的试样组分洗脱下来,然后再用其他方法进行定量测定。

(3) 薄层扫描法:用薄层扫描仪直接测定斑点含量。用一定波长、一定强度的光束照射到薄板被分离组分的色斑上,用仪器扫描后,求出色斑中组分的含量。薄层扫描法现已成为薄层色谱法定量分析的主要方法。

12.3 气相色谱法

气相色谱法(GC)是以气体为流动相的色谱分析方法。由于具有高分离效能、高灵敏度、高选择性、分析速度快等特点,已经迅速发展成为分析化学中重要的分离分析方法之一。

气相色谱法按固定相状态不同,分为气-固色谱法和气-液色谱法;按分离原理不同,分为吸附色谱法和分配色谱法;若按色谱柱内径不同,又可分为填充柱色谱法和毛细管柱色谱法。无论是哪种色谱形式,其色谱流程都是相同的。

用于气相色谱的仪器为气相色谱仪。其基本结构一般由五大系统组成。

(1) 载气系统(Ⅰ):包括气源、气体净化、气体流量控制和测量装置。
(2) 进样系统(Ⅱ):包括进样器、汽化室和控温装置。
(3) 分离系统(Ⅲ):包括色谱柱、柱箱和控温装置。
(4) 检测系统(Ⅳ):包括检测器和控温装置。
(5) 数据采集和处理系统(Ⅴ):包括放大器、色谱工作站或数据处理机。

其中色谱柱和检测器是关键部件。气相色谱法的一般分析流程如图 12-3 所示。

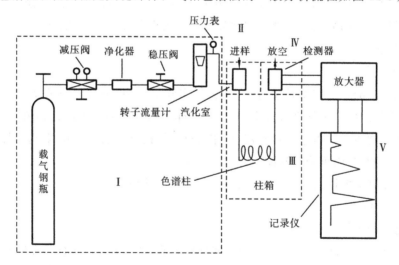

图 12-3　气相色谱法的一般分析流程

载气(流动相)由载气钢瓶供给,经减压、净化、调节和控制流量后,进入色谱柱。待流量、温度和基线稳定后,进样分析。试样通过进样器注入汽化室,在汽化室汽化后,随载气流入色谱柱,在柱内逐渐被分离。分离后的组分依次流出色谱柱,进入检测器,检测器将各组分的浓度或质量的变化转变成电信号,经放大器放大后,由色谱工作站或微处理机记录下来,得到响应信号随时间变化的色谱流出曲线图,即色谱图。根据色谱图,可以对样品中待测组分进行定性和定量分析。

12.3.1 气相色谱法基本理论

无论是什么样的色谱形式,色谱理论研究的基本点都是探索混合物的分离问题。在一定的色谱条件下,若两物质的色谱流出峰相距足够远,并且每个峰的宽度足够窄,就能保证两物质完全分开。图 12-4 是色谱流出峰的两种情况。

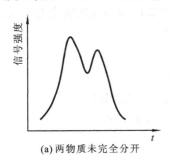
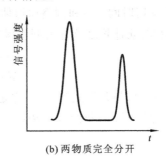

(a) 两物质未完全分开　　　　(b) 两物质完全分开

图 12-4　色谱流出峰的两种情况

为了能更准确地表示出物质的分离情况,可用分离度来衡量。

分离度表示两个相邻色谱峰的分离程度,以这两个组分保留值之差与其平均峰底宽度之比表示。其表达式为

$$R = \frac{2(t_{R_2} - t_{R_1})}{W_2 + W_1} \tag{12-6}$$

分离度 R 越大,说明相邻两组分分离越好。当 $R=1$,两峰的分离程度可以达到 95.4%;当 $R=1.5$ 时,分离程度为 99.7%,所以通常以 $R=1.5$ 作为相邻两色谱峰完全分离的标志。分离度通常作为色谱柱的总分离效能指标。

1. 色谱术语

经色谱柱分离后的样品,流经检测器时形成的浓度信号随洗脱时间而绘制的曲线称为色谱流出曲线,又称色谱图。如图 12-5 所示。

(1) 基线:在正常操作条件下,没有组分流出时的流出曲线。基线反映检测系统的噪声信号随时间变化的情况。稳定的基线应是一条平行于时间横坐标的直线。

(2) 保留值:表示试样中各组分在色谱柱内停留时间的数值。通常用组分流出色谱柱的时间来表示。在一定的色谱条件下,由于各组分的性质不同,在同一根色谱柱上的保留值也不相同。因此保留值是色谱法中重要的定性参数。

① 死时间(t_0)和死体积(V_0):不被固定相吸附或溶解的组分(如空气、甲烷)从开始进样到柱后出现最大值时所需要的时间称为死时间。死时间所需载气的体积称为死体积。其计算公式为

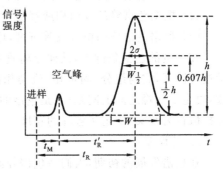

图 12-5　色谱流出曲线

$$V_0 = t_0 F_c \tag{12-7}$$

式中，F_c 为载气流速。死体积大，色谱峰扩张（展宽），柱效降低。

② 保留时间（t_R）和保留体积（V_R）：待测组分从进样到柱后出现浓度最大值时所需要的时间间隔，即被测组分从进样开始到出现某个组分的色谱峰顶点所用的时间间隔称为保留时间。保留时间通过色谱柱的流动相的体积称为该组分的保留体积。其计算公式为

$$V_R = t_R F_c \tag{12-8}$$

③ 调整保留时间（t'_R）和调整保留体积（V'_R）：保留时间与死时间之差称为调整保留时间。保留体积与死体积之差称为调整保留体积，即

$$t'_R = t_R - t_0 \tag{12-9}$$

$$V'_R = V_R - V_0 \tag{12-10}$$

调整保留体积与载气流速无关，它是常用的色谱定性参数之一。

④ 相对保留值 r_{21}：指组分 2 和组分 1 的调整保留值之比，即

$$r_{21} = \frac{t'_{R_2}}{t'_{R_1}} \tag{12-11}$$

相对保留值的特点是只与温度和固定相的性质有关，与色谱柱及其他色谱操作条件无关。它反映色谱柱对组分 2 和组分 1 的选择性，r_{21} 值越大，相邻两组分分离得越好，$r_{21}=1$，说明两组分不能分离。r_{21} 也是气相色谱法中最常使用的定性参数。

（3）峰高（h）：色谱峰顶点至基线的垂直距离。

（4）峰面积（A）：色谱峰与基线所包围的面积。

（5）区域宽度：区域宽度是色谱流出曲线中的重要参数之一。从分离角度看，色谱峰越窄越好。色谱峰的区域宽度通常可用以下三种方法来表示。

① 标准偏差 σ：0.607 倍峰高处色谱峰宽度的一半。

② 半峰宽 $W_{\frac{1}{2}}$：峰高一半处色谱峰的宽度。

$$W_{\frac{1}{2}} = 2.355\sigma \tag{12-12}$$

③ 峰底宽度 W：通过色谱峰两侧的拐点作切线，切线与基线交点间的距离为峰底宽度。

$$W = 4\sigma \quad \text{或} \quad W = 1.699 W_{\frac{1}{2}} \tag{12-13}$$

利用色谱流出曲线可以解决以下问题：

（1）根据色谱峰的位置（即保留值），可以进行定性分析；

（2）根据色谱峰的峰面积或峰高，可以进行定量分析；

（3）根据色谱峰的位置及其宽度，可以对色谱柱的柱效能进行评价。

在一定的色谱条件下，试样分离效果的好坏是由两方面因素决定的：一是色谱的热力学过程因素，它与组分、固定相、流动相的性质有关，直接影响各组分在两相间的分配系数，决定了各峰之间的间距；二是色谱的动力学过程因素，它与各组分在色谱柱内的传质和扩散行为有关，决定了各峰的宽度。

2. 塔板理论

在色谱发展的初期，人们将色谱分离过程比做蒸馏过程，因而直接引用蒸馏过程的概念、理论和方法来描述和处理色谱过程。把色谱柱看成一个蒸馏塔，人为分成许多小段，

每一小段是一个塔板,被测试样中的各组分随流动相进入色谱柱后,即在每个塔板的两相之间分配,达到分配平衡。由于流动相在不停地移动,组分就在这些塔板间不断地重新分配,达到新的平衡。由于各组分在两相的分配系数不同,经过连续多次的分配之后就逐步得到分离。

1) 塔板理论假设

塔板理论基于以下假设:

(1) 组分在色谱柱的每一小段塔板上分配迅速达到平衡,这一小段柱称为一个理论塔板,其长度称为理论塔板高度,简称板高,以 H 表示;

(2) 流动相不是连续流过色谱柱,而是脉冲式的,每次通过一个塔板体积;

(3) 分离开始时组分都加到第 0 块塔板上,而组分沿轴纵向扩散可以忽略不计;

(4) 某组分的分配系数在所有塔板上均为常数。

根据上述假设,如试样为多组分混合物,由于各组分的分配系数不同,经过色谱柱的 n 块塔板进行了 n 次分配后,各组分在柱中的保留时间不相同,分配系数小的组分先流出色谱柱,分配系数大的组分后流出,从而彼此分离。

2) 色谱柱的柱效

理论塔板数越多,说明组分在柱内的分配次数就越多,各组分间分离的可能性就大。因此,理论塔板数的多少直接影响分离效果。由塔板理论可以导出理论塔板数 n 的计算公式:

$$n = 5.54 \left(\frac{t_R}{W_{\frac{1}{2}}}\right)^2 = 16 \left(\frac{t_R}{W}\right)^2 \tag{12-14}$$

注意:式中 t_R、$W_{\frac{1}{2}}$ 或 W 应该单位一致。

若色谱柱长为 L,理论塔板高度为 H,则理论塔板数

$$n = \frac{L}{H} \tag{12-15}$$

由式(12-14)和式(12-15)可见,对于一定长度的色谱柱,塔板高度越小,则理论塔板数 n 越大,组分在柱内被分配的次数越多,色谱峰越窄,即 $W_{\frac{1}{2}}$ 或 W 越小,柱效越高。因此 n 和 H 可作为描述柱效的指标。

由于保留时间 t_R 中包含了死时间 t_0,而 t_0 并不参加柱内的分配过程,因此理论塔板数和理论塔板高度并不能反映色谱柱真实的分离效能。为了更符合实际情况,常用有效塔板数 n_{eff} 和有效高度 H_{eff} 作为评价柱效的指标,即

$$n_{eff} = 5.54 \left(\frac{t'_R}{W_{\frac{1}{2}}}\right)^2 = 16 \left(\frac{t'_R}{W}\right)^2 \tag{12-16}$$

$$n_{eff} = \frac{L}{H_{eff}} \tag{12-17}$$

值得注意的是,同一色谱柱对不同物质的柱效不同,在用这些指标描述柱效时,必须说明是对什么物质而言。

塔板理论在解释色谱流出曲线的形状,计算塔板数和塔板高度,评价柱效等方面是成功的。但是塔板理论的某些基本假设不完全符合色谱过程的实际情况。在塔板理论中,理论塔板数主要由保留值和峰宽决定。其中保留值是由组分、流动相、固定相的性质和柱温等热力学因素决定,而峰宽受流动相流速、传质和扩散等动力学因素影响。由于塔板理

论并没有考虑到动力学因素对色谱分离过程的影响,因此,塔板理论只能定性地给出塔板高度的概念,不能解释影响板高的各种因素,也不能解释在不同的流动相流速下组分在同一色谱柱中柱效不一样的事实。

3. 速率理论

1956年荷兰学者范第姆特(Van Deemter)等人在塔板理论的基础上,提出了关于色谱过程的动力学理论,即速率理论。该理论仍然采用塔板高度的概念,将色谱过程与载气流速、分子扩散和传质过程等动力学因素联系起来,从理论上讨论影响塔板高度的各种因素,导出了塔板高度(H)与载气速率(u)的关系,即范第姆特方程式(速率理论方程式):

$$H = A + \frac{B}{u} + Cu \tag{12-18}$$

式中,A、B、C为常数,u为载气的线速度(cm/s)。

1) 涡流扩散项(A)

涡流扩散是气体遇到填充物颗粒时,由于填充物颗粒大小不同及填充的不均匀性,气体流动方向被不断改变,使同组分分子通过色谱柱所经过的路径长短不一,造成色谱峰的峰形扩展。如图12-6所示。涡流扩散项A与填充物的平均直径d_p和固定相的填充不均匀因子λ有关:

$$A = 2\lambda d_p \tag{12-19}$$

式(12-19)表明,采用的填充物粒度较细,颗粒均匀,且填充均匀可以降低A值,降低塔板高度H,提高柱效。

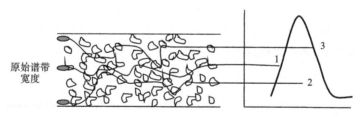

图12-6 涡流扩散示意图

2) 分子扩散项($\frac{B}{u}$)

分子扩散项又称纵向扩散项,是指当试样分子进入色谱柱后,随载气在柱中前进时,由于存在浓度梯度,组分分子将产生沿色谱柱的纵向扩散,使色谱峰扩展,塔板高度增大。分子扩散项是影响柱效的主要因素。

分子扩散项与载气的线速度成反比,组分在柱内停留时间越长,分子扩散越严重。系数B与组分在载气中的分子扩散系数(D_g,单位为cm^2/s)和组分分子扩散路径的弯曲因子γ成正比:

$$B = 2\gamma D_g \tag{12-20}$$

若采用相对分子质量较大的载气(如N_2)、控制较低的柱温、采用较高的载气流速,可以减小分子扩散项,有利于分离。

3) 传质阻力项(Cu)

试样的组分分子在两相中进行溶解、扩散、分配时的质量交换过程称为传质过程,影

响传质速度的阻力称为传质阻力,可用传质系数描述传质阻力的大小。它包括气相传质阻力和液相传质阻力,即

$$C = C_g + C_l \tag{12-21}$$

式中,C_g是指试样组分在从气相移动到固定相表面进行质量交换过程中的传质阻力系数,C_l为组分在气液界面及固定液内部进行质量交换时的传质阻力系数。

降低填充物颗粒粒度、使用相对分子质量较小的载气(如采用H_2作载气)、减小载气流速可以减小气相传质阻力,提高柱效。

由以上的讨论可以看出,色谱柱填充的均匀程度、填充颗粒的粒度、载气的流速和种类、固定液的液膜厚度和柱温等因素都对柱效产生直接影响。分析过程中应全面考虑这些因素,选择适宜的色谱操作条件,才能达到预期的分离效果。

12.3.2　色谱柱

色谱柱是色谱分析的核心,由柱管和固定相组成。常用的色谱柱型有填充柱和毛细管柱。填充柱一般用不锈钢或玻璃制成,内径为 3～4 mm,柱长为 0.5～3 m。毛细管色谱柱常用玻璃或熔融石英拉制而成,内径为 0.1～0.5 mm,柱长一般为几米到几十米。色谱柱通常做成 U 形或螺旋形。以下以填充柱为例来介绍相关知识。

1. 气-液色谱填充柱

在气-液色谱填充柱中,固定相由惰性的担体和涂在担体表面上的固定液组成。

1) 担体

担体(或载体)是一种化学惰性的多孔性固体微粒,是用来承载固定液的。担体具有比表面积大、颗粒大小和表面孔径分布均匀、化学惰性、热稳定性好、不易破碎的特点。担体可分为硅藻土型和非硅藻土型两大类。

(1) 硅藻土型担体:硅藻土型担体是由天然硅藻土煅烧而成的,有红色担体和白色担体两种类型。

① 红色担体:红色担体煅烧时,由于硅藻土中所含的铁生成氧化铁,因而呈淡红色。其表面孔径密集、孔径较小、机械强度较好。红色担体一般与非极性固定液匹配使用,用于分析非极性或弱极性物质。

② 白色担体:白色担体是硅藻土煅烧前在原料中加入少量碳酸钠作助熔剂,煅烧后呈白色。其颗粒疏松、表面孔径较大、机械强度较差。白色担体一般与极性固定液匹配使用,用于分析极性物质。

普通硅藻土型担体表面并非完全惰性,它具有一定的吸附活性和催化活性,因此,在涂渍固定液前应对担体进行预处理。常用的预处理方法有酸洗法(除去碱性活性基团)、碱洗法(除去酸性活性的基团)、硅烷化(消除氢键结合力)、釉化处理(使表面玻璃化、封堵微孔)等。

(2) 非硅藻土型担体:非硅藻土型担体有氟担体,适用于强极性和腐蚀性气体的分析;玻璃微球,适用于高沸点物质的分析;高分子多孔微球(GDX),既可以用做气-固色谱的吸附剂,又可以用做气-液色谱的担体。

2) 固定液

(1) 固定液的要求：化学稳定性和热稳定性好、蒸气压低；溶解性、选择性高；能在载体表面形成均匀液膜。

(2) 固定液的选择：一般是根据试样的性质（极性和官能团），按照"相似相溶"的原则选择适当的固定液。具体可从以下几方面考虑。

① 分离非极性、中等极性组分：选用极性相似的固定液，试样中各组分一般按沸点由低到高的顺序出峰。

② 分离极性组分：通常选用极性固定液，待测试样中各组分通常按极性由小到大的顺序出峰。若样品中有极性组分和非极性组分，则相同沸点的非极性组分先流出色谱柱。

③ 对于能形成氢键的组分：一般选用强极性或氢键型的固定液，如醇、酚和胺等的分离。各待测组分按与固定液形成氢键的能力由小到大流出色谱柱。

④ 复杂难分离的组分：可采用两种或两种以上的固定液，配成混合固定相使用，以达到预期的分离效果。

2. 气-固色谱填充柱

在气-固色谱法中，常用固体吸附剂作固定相，主要用于分析常温下的气体及气态烃类，如惰性气体、H_2、O_2、N_2、CO、CO_2、CH_4 等。

常用的固体吸附剂有非极性的活性炭、弱极性的氧化铝和强极性的硅胶等。它们对不同气体吸附能力的强弱不同，可根据分析对象选用。近年来发展的高分子多孔微球、分子筛、石墨化炭黑等新型吸附剂，特别是高分子多孔微球具有比表面积大、分离性能好、热稳定性好、适用范围广等特点，能克服其他吸附剂分析结果重现性差、色谱峰不对称、拖尾等缺点。

12.3.3 检测器

检测器是将色谱柱分离后的各组分的浓度（或质量）变化转换为电信号（电压或电流）的装置，分浓度型检测器和质量型检测器两类。浓度型检测器是测量载气中某组分浓度的瞬间变化，即检测器的响应值与组分浓度成正比，如热导检测器和电子捕获检测器等。质量型检测器是测量载气中某组分质量流速的变化，即检测器的响应值与单位时间内进入检测器的组分质量成正比，如氢火焰离子化检测器和火焰光度检测器等。

1. 热导检测器（TCD）

热导检测器是利用被测组分与载气的热导率不同，检测组分的浓度变化。热导检测器结构简单，性能稳定，对所有物质都有响应，线性范围宽且不破坏试样，是应用最广、最成熟的一种通用型气相色谱检测器。但其灵敏度较低，噪音较大。

2. 电子捕获检测器（ECD）

电子捕获检测器是一种高灵敏度（检出限为 10^{-14} g/mL）、高选择性的气相色谱检测器，也是目前分析痕量电负性有机物（含有卤素、氧、硫、氮等的化合物）最有效的检测器。电子捕获检测器已广泛用于有机农药残留量、大气及水质污染分析。

3. 氢火焰离子化检测器(FID)

氢火焰离子化检测器是利用氢气燃烧所产生的火焰使样品(有机物)燃烧生成离子,并在电场作用下形成离子流,通过测定离子流的强度便可测定出组分的浓度。由于其结构简单、灵敏度高、响应快、线性范围宽、稳定性好,适用于痕量有机物分析,是目前应用最为广泛的一种选择性检测器。但经 FID 检测后的组分已被破坏,不能进行组分收集。

4. 火焰光度检测器(FPD)

火焰光度检测器是对含硫或含磷化合物具有高灵敏度和高选择性的检测器,特别适合环境及毒物的痕量物质分析。这种检测器主要由氢火焰和光度检测两部分组成,可以同时测定硫、磷和含碳有机物。

12.3.4 分离条件的选择

气相色谱分离条件的好坏直接影响待测混合物中各组分的分离效果,所以理想的分离操作条件是实现分离的前提和保障。

1. 色谱柱及柱温的选择

1) 柱长及柱内径的选择

增加柱长对分离有利,但柱长增加,组分的保留时间也随之增加,会延长分析时间。因此,在保证分离的前提下选用较短的色谱柱。分析用填充柱长一般为 0.5~3 m。

柱内径小,会增加柱效,但内径过小,会使填充物料发生困难。分析用填充柱内径一般为 2~4 mm。

2) 固定相的选择

担体的选择:担体要进行钝化处理,粒度要适宜(一般为 60~100 目,且筛分范围要窄),填充要均匀。

固定液的选择:固定液的选择应考虑样品各组分的极性差别和沸点差别。样品中各组分以极性差别为主,选择极性固定液;以沸点差别为主,选择非极性固定液。

固定液的配比选择:固定液的配比又称为液担比,即固定液与担体的质量比。一般来说,担体的表面积越大,固定液的用量可以越高,允许的进样量就越大,柱容量就大。目前填充柱多采用低固定液配比,液担比一般为 5%~25%。

3) 柱温的选择

柱温是气相谱分析中的重要操作参数,直接影响分离效能和分析速度。选用的柱温不能高于固定液的最高使用温度,否则会引起固定液流失,降低色谱柱的使用寿命。在实际分析中,在使难分离物质得到良好的分离的前提下,应采取较低的柱温。

对于沸点范围较宽的多组分混合物可采用程序升温。即柱温按设定的程序,随时间呈线性或非线性增加。一般用线性升温,即升温速度是恒定的,如每分钟升高 2℃、4℃、8℃等。采用程序升温可以使混合物中低沸点和高沸点的组分都能获得良好的分离。

2. 载气及流速的选择

从检测器的适应性出发,热导检测器常用氢气、氮气和氦气作载气,氢火焰离子化检测器、电子捕获检测器和火焰光度检测器常用氮气作载气。

根据范第姆特方程,当载气流速较小时,纵向扩散是色谱峰扩张的主要因素,此时应采用相对分子质量较大的载气,如氮气;当载气流速较大时,传质阻力为主要因素,宜采用相对分子质量较小的载气,如氢气或氦气。在实际操作过程中,一般通过实验选用载气最佳分析流速。

3. 进样条件的选择

(1) 进样时间:进样时间越短越好,一般应在 1 s 以内。若进样时间太长,会导致色谱峰扩展甚至峰变形。

(2) 进样量:对于液体试样,进样量一般控制在 0.1~2 μL,气体试样控制在 0.1~10 mL。进样量太少,试样中的微量组分因检测器的灵敏度不够而不能被检出;进样量太多,会超过色谱柱的容量和检测器的线性范围,造成色谱峰变形。

(3) 汽化温度:汽化温度的选择主要取决于待测试样的挥发性、沸点、稳定性等因素。汽化温度一般选在组分的沸点或稍高于其沸点,以保证试样完全和迅速被汽化,汽化温度一般比柱温高 30~50 ℃。

12.3.5 定性与定量方法

色谱定性分析就是确定色谱图上每个色谱峰所代表的是何种组分,定量分析则是为了确定每个色谱峰的峰面积(或峰高,在峰形较窄情况下使用)所相当的该组分的量。

1. 定性分析

1) 利用色谱保留值进行定性

在一定的色谱条件下,各种组分在给定的色谱柱上都有确定的保留值,因此利用保留值定性是色谱定性分析最常用的一种方法。具体方法是将已知纯物质和未知组分在相同色谱条件下测得它们的保留值,若待测组分的保留值与已知纯物质的保留值相同,则可以初步认为它们是同一种物质。最常用的保留值为调整保留时间、保留时间和相对保留值。

2) 利用峰高增加进行定性

当试样组成比较复杂,相邻两组分的保留值比较相近,而且操作条件又不易控制时,可以将适量的已知对照物质加入试样中,对比加入对照物前、后的色谱图,若加入后某色谱峰相对增高,则该色谱组分与对照物质可能为同一物质。由于所用的色谱柱不一定适合于对照物质与待定性组分的分离,即使为两种物质,也可能产生色谱峰叠加现象。为此,需选与上述色谱柱极性差别较大的色谱柱,再进行实验。若都产生叠加现象,一般可认定二者是同一物质。

2. 定量分析

在一定操作条件下,待测组分的质量 m_i 与检测器产生的信号成正比。若响应信号为峰面积 A_i,则

$$m_i = f'_i A_i \tag{12-22}$$

式中,f'_i 为绝对校正因子。

可见,只要确定了峰面积及校正因子,就能计算待测组分在混合物中的含量。

1) 峰面积的测量

若色谱峰对称，峰面积可采用峰高乘半峰宽法，即
$$A = 1.065hW_{\frac{1}{2}} \tag{12-23}$$

若色谱峰不对称，采用峰高乘平均半峰宽法，即
$$A = \frac{1}{2}h(W_{0.15} + W_{0.85}) \tag{12-24}$$

式中，$W_{0.15}$、$W_{0.85}$ 分别为 0.15 倍和 0.85 倍峰高处的峰宽。

现代气相色谱仪的数据采集和处理系统带有自动积分功能，能自动测量色谱峰面积，对于不同形状的色谱峰都可以采用相应的计算程序自动计算，得出准确的结果。

2) 相对校正因子

气相色谱法是基于组分的峰面积与待测物的量成正比来定量的。但由于绝对校正因子无法准确测量，同一检测器对不同物质的检测灵敏度也不同，因而不能直接用峰面积计算各组分含量，需要引入相对校正因子。

(1) 相对校正因子的表示方法。

相对校正因子是指待测组分与标准物质的绝对校正因子之比，即
$$f_i = \frac{f'_i}{f'_s} = \frac{m_i/A_i}{m_s/A_s} = \frac{A_s m_i}{A_i m_s} \tag{12-25}$$

式中，A_i、A_s 分别为待测组分和标准物质的峰面积，m_i、m_s 分别为待测组分和标准物质的质量。

根据相对校正因子的含义，相对于某标准物质来说，被测组分的质量与其峰面积成正比，这是色谱定量的定量依据。即
$$m_i = f_i A_i \tag{12-26}$$

相对校正因子可由有关文献查到，也可以通过实验测定。

(2) 相对校正因子的测量。

准确称取一定量待测组分的纯物质（m_i）和标准物质（m_s），混合均匀后，取准确量在一定的色谱条件下注入色谱仪，分别测量待测物质和标准物质的峰面积 A_i 和 A_s，由式 (12-26) 计算出相对校正因子。

3) 定量计算方法

(1) 归一化法。

归一化法适用于所有组分在检测器上都有响应信号，并在色谱图上都能产生可以测量的色谱峰的试样分析。其计算公式为
$$w_i = \frac{m_i}{m} = \frac{f_i A_i}{f_1 A_1 + f_2 A_2 + \cdots + f_n A_n} \times 100\% \tag{12-27}$$

式中，w_i 为被测组分的质量分数；$A_1, A_2, \cdots, A_n$ 和 $f_1, f_2, \cdots, f_n$ 分别为样品中各组分的峰面积和相对校正因子。

归一化法简便准确，不必称量和准确进样，操作条件对结果影响较小。

(2) 内标法。

若试样中有的组分不能出峰，或只需要测定试样中某个或某几个组分时，可以采用内标法。所谓内标法，是将准确称量的纯物质作为内标物加在准确称量的样品中，根据待测

组分和内标物的峰面积及内标物质量进行色谱定量的方法。内标法按下式计算含量：

$$w_i = \frac{m_i}{m} \times 100\% = \frac{A_i f_i}{A_s f_s} \cdot \frac{m_s}{m} \times 100\% \tag{12-28}$$

式中，w_i 为待测组分的质量分数，m 和 m_s 分别为样品与内标物的质量，A_i 和 A_s 分别为待测物和内标物的峰面积，相应的校正因子分别为 f_i 和 f_s。

一般以测量相对校正因子的标准物质作为内标物，此时 $f_s=1$，则式(12-28)可简化为

$$w_i = \frac{A_i m_s}{A_s m} f_i \times 100\% \tag{12-29}$$

用内标法分析时，内标物的选择至关重要。对内标物的要求如下：①应是样品中不存在的组分；②内标物的色谱峰应与待测组分色谱峰分开并靠近待测组分峰；③能与样品互溶但不发生化学反应；④内标物加入量应与被测组分的量相接近。

(3) 外标法。

外标法即标准曲线法。下面介绍其测定过程。

取待测组分的纯物质配成一系列不同浓度的标准溶液，分别取一定体积，进样分析。从色谱图上得到峰面积，以峰面积对浓度作图，即为标准曲线。然后在相同的色谱操作条件下分析待测试样，得出峰面积后，从标准曲线上查出待测组分的含量。如图 12-7 所示。

外标法操作简便，不必求相对校正因子，也不必加内标物，计算简单，常用于工厂的常规分析。但要求进样量准确，操作条件稳定。

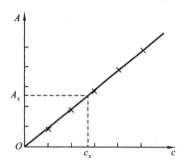

图 12-7　外标法标准曲线

12.4　高效液相色谱法

高效液相色谱法(HPLC)是以高压输出的液体为流动相的色谱技术。它是在经典液相色谱法的基础上，引入气相色谱法的理论和实验方法而发展起来的一种分离分析方法。

与经典液相色谱法相比，高效液相色谱法在技术上采用了高压泵、高效固定相和高灵敏度检测器，表现出高效、高速、高灵敏度、高自动化的特点。

与气相色谱法相比，高效液相色谱法具有如下优点。

(1) 应用范围广。对于高沸点、相对分子质量大、热稳定性差的有机化合物(占有机物的 75%~80%)及各种离子的分离分析，原则上都可以使用高效液相色谱法。

(2) 分离效能高，选择性好。由于高效液相色谱法中的流动相选择范围宽并参与对组分的分配作用，相当于增加了控制和改进分离条件的参数，使得难分离的物质之间分离的可能性更大。

(3) 分析条件温和，便于制备。高效液相色谱分析通常是在室温条件下进行的，对控温的要求也不高，组分检测后不被破坏，有利于组分的收集和制备。

12.4.1 高效液相色谱法的基本原理

高效液相色谱法的分离原理与经典液相色谱法相一致,基本理论也与气相色谱法相似。因此,经典液相色谱法和气相色谱法中的基本理论、基本概念、基本术语等同样适用于高效液相色谱法,但由于分离方式和流动相状态的不同,在应用时要考虑其自身特点。高效液相色谱法可以用塔板理论进行解释和计算,速率理论修正后也可以合理解释影响柱效的各种动力学因素。

1. 柱内展宽

色谱柱内各种因素引起的色谱峰扩展称为柱内展宽。以液-液填充色谱为例,对范第姆特方程式进行修正后的液相色谱速率方程式为

$$H = H_e + H_d + H_m + H_{sm} + H_s \tag{12-30}$$

式中,H_e 为涡流扩散项,H_d 为纵向扩散项,H_m 为流动的流动相传质阻力项,H_{sm} 为滞留的流动相传质阻力项,H_s 为固定相传质阻力项。其中,涡流扩散项 H_e、纵向扩散项 H_d、固定相传质阻力项 H_s 的含义与气相色谱相同。所不同的是流动相传质阻力项。

流动相传质阻力可理解为:在流动相流经色谱柱时,靠近固定相表面的流动相流速缓慢,而流路中心的流动相流速相对较快,同一组分分子跟随不同流速的流动相移动而使色谱峰变宽,此称为流动的流动相传质阻力 H_m。滞留的流动相传质阻力 H_{sm} 是由于固定相的多孔性所导致的部分流动相滞留在微孔内(称为滞留的流动相),孔的深度和组分分子扩散到孔内深浅程度各不相同,组分分子回到流动的流动相的先后顺序就会有差异,导致色谱峰变宽。

2. 柱外展宽

柱外展宽也是影响高效液相色谱柱效的一个重要因素,是指色谱柱外各种因素引起的色谱峰扩展,是由组分在柱前和柱后空间的扩散导致的。这些因素包括进样系统、连接管道、接头和检测器等。可见,这些空间的体积越小越好。采用进样阀进样、零死体积接头、连接管路尽可能短都可以有效减小柱外展宽。

 ### 12.4.2 高效液相色谱仪

高效液相色谱仪有四个主要部分:高压输液系统、进样系统、分离系统和检测系统,此外还配有梯度淋洗、自动进样及数据处理等辅助系统。图 12-8 是典型的高效液相色谱仪结构示意图。

其工作过程为:贮液器中的流动相经过滤后由高压泵输送到色谱柱入口,试样由进样器注入,流经的流动相将其带入色谱柱在两相间进行分配而分离,然后依次进入检测器,由记录仪将检测器检测的信号记录下来得到色谱图。

1. 高压输液系统

高压输液系统的作用是把流动相以一定的压力和稳定的流量通过色谱柱。它由贮液

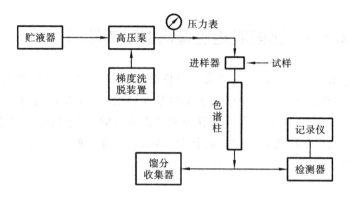

图 12-8 高效液相色谱仪结构示意图

器、高压泵、过滤器等组成,其核心部件是高压泵。高压泵要有较高的、稳定的压力输出和恒定的流量输出,同时还要耐酸、耐碱、死体积小、容易清洗。目前多采用往复式恒流泵。

2. 进样系统

进样系统是把试样引入色谱柱的装置。高效液相色谱分析要求进样装置重复性好、死体积小、试样应瞬时集中注入色谱柱柱头。目前常用的进样装置是六通阀进样器。

3. 分离系统

分离系统的作用是将混合物进行分离。色谱柱是分离系统的主要部件,一般采用不锈钢管制作,按其用途可分为分析型和制备型两类。分析柱又可分为常量柱、半微量柱和毛细管柱。常量柱柱长一般为 10～30 cm,内径为 2～5 mm。

4. 检测系统

检测系统是将色谱柱分离后的组分浓度变化转化为电信号,并作相应的处理后输送给记录仪或计算机。检测系统的关键部件是检测器,检测器也是高效液相色谱仪的关键部件。目前常用的高效液相色谱检测器有紫外检测器、荧光检测器、电化学检测器、示差检测器等。现简单介绍紫外检测器。

紫外检测器是高效液相色谱仪应用最广泛的检测器,是一种选择性检测器。其检测原理是基于被分析组分对特定波长的选择性吸收,结构与一般的紫外-可见分光光度计相似,所不同是将吸收池改为很小体积($5\sim 10\ \mu L$)的流通池,以实现对色谱流出物的连续检测。

紫外检测器可分为固定波长型和可调波长型两类。固定波长型检测器的使用波长一般是 254 nm。对于在 254 nm 处有强吸收的物质,灵敏度较高。可调波长型紫外检测器检测波长在 190～800 nm。由于连续可调,可选在被测组分的最大吸收波长处进行检测,以提高检测的灵敏度。

高效液相色谱仪的附属装置包括脱气、梯度洗脱、控温、自动进样、馏分收集及处理装置等。其中梯度洗脱最为重要,是现代高效液相色谱仪不可缺少的组成部分。梯度洗脱的作用与气相色谱的程序升温相似。它是通过程序控制,连续改变流动相中溶剂的配比,使流动相极性、离子强度或 pH 值发生变化,从而改变被分离组分的分配比,使各组分能有效分离。它适用于分配比变化范围宽的复杂试样的分析。

12.4.3　高效液相色谱法的主要类型

高效液相色谱法根据分离原理不同可分为液-固吸附色谱法、液-液分配色谱法、离子交换色谱法、分子排阻色谱(凝胶色谱)。下面重点介绍液-固吸附色谱法和液-液分配色谱法中的化学键合相色谱法。

1. 液-固吸附色谱法

液-固吸附色谱法常用的固定相有硅胶、氧化铝、高分子多孔微球、分子筛等。按其结构可分为表面多孔型和全多孔微粒型两类。

表面多孔型:又称薄壳型,是在实心玻璃微球(直径为 30～40 μm)表面涂一层很薄(1～2 μm)的硅胶或氧化铝等。由于固定相颗粒中心是实心球体,多孔层很薄,表面孔隙浅,因此传质速度快,柱效高。其缺点是比表面积小,柱容量低。

全多孔微粒型:全多孔微粒型有无定形或球形两种。它是由纳米级的硅胶微粒堆聚而成的颗粒直径 5～10 μm 的全多孔小球。具有粒度小、比表面积大、孔隙浅、柱效高、容量大等优点。

在液-固吸附色谱法中,流动相的选择原则与经典液相色谱法基本相同。为了选择适宜的溶剂强度、保持溶剂的低黏度和提高分离的选择性,常采用混合溶剂作流动相。

2. 化学键合相色谱法

化学键合固定相是通过化学反应将有机分子(固定液)键合在担体(通常使用硅胶)表面形成单一、牢固的单分子薄层。化学键合相的优点是:固定相不易流失;耐受各种溶剂,可用于梯度洗脱;表面没有液抗,传质快,柱效高;能键合不同基团,选择性好。化学键合相色谱法适用于分离几乎所有类型的化合物,是应用最为广泛的色谱法。根据键合固定相与流动相之间相对极性的强弱,化学键合相色谱法分为正相键合相色谱法和反相键合相色谱法。

(1) 正相键合相色谱法:以极性键合相作固定相的色谱方法。键合相表面键合的是某些极性不同的基团,如二醇基(弱极性)、氰基(中等极性)、氨基(强极性)等。极性键合相常用做正相色谱固定相,流动相一般选用比固定相极性小的有机溶剂,常用混合溶剂(如己烷+氯仿等)。主要用于分离极性至中等极性的分子型化合物。

(2) 反相键合相色谱法:以非极性键合相作固定相的色谱方法。非极性键合相表面键合的是极性很小的烃基,如十八烷基(C_{18})、辛烷基(C_8)、苯基等。其中以十八烷基硅烷键合硅胶(ODS)应用最为广泛。流动相以水为底溶剂,再加入能与水混溶的有机溶剂(如甲醇、乙腈或四氢呋喃等)来改变溶液的极性、离子强度或 pH 值等。当固定相一定时,不同的流动相会产生不同的分离效果。反相键合相色谱法适用于分离非极性或弱极性的化合物。

12.5 色谱分析法应用示例

色谱分析法(GC、HPLC)在化学工业、食品工业、环境保护、医药卫生、生命科学等领域有着广泛的应用。下面介绍一些色谱法在食品、药品检验及环境污染物分析中的应用实例。

1. 在食品检验中的应用

色谱法可用于测定食品中的各种营养成分(如糖类、有机酸、维生素、氨基酸等)、添加剂(如甜味剂、色素、防腐剂、抗氧化剂等)及食品中的污染物(如农药残留)。例如,用反相键合相色谱法分析白葡萄酒和沙拉调味剂中的防腐剂,如图 12-9 所示。色谱柱:Hypersil BDS(5 μm,125 mm×4 mm)。流动相:(A)pH=2.3 的 H_2SO_4 溶液;(B)乙腈,梯度洗脱。流量 2 mL/min,柱温 40 ℃,进样量 2 μL,使用二极管阵列紫外检测器,检测波长 260 nm/40 nm(扫描波长范围)。

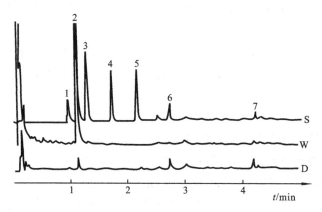

图 12-9　食品中防腐剂的分析

1. 苯甲酸;2. 山梨酸;3. 对羟基苯甲酸甲酯;4. 对羟基苯甲酸乙酯;5. 对羟基苯甲酸丙酯;
6. 叔丁基对羟基苯甲醚;7. 2,6-二叔丁基对甲酚;S. 标样;W. 白葡萄酒;D. 沙拉调味剂

2. 在药品检验中的应用

色谱法是在药物分析领域中最活跃的一种分析方法。无论是原料药、制剂、制药原料及中间体、中药及中成药,还是药物的代谢产物,色谱法都是分离、鉴定和含量测定的首选方法。图 12-10 是气相色谱法对牛黄解毒片中挥发性成分冰片分析的色谱图。色谱条件为:1%的聚乙二醇己二酸酯/101AW 载体(100～120 目),2 m×3 mm,柱温 100 ℃,汽化室 220 ℃,载气(N_2)流速 20 mL/min,FID 检测器。用正十五烷做内标物,内标标准曲线法定量。

再如罂粟果中的生物碱有吗啡、可待因、蒂巴因、那可丁、克里多平、罂粟碱。应用高效液相色谱可以将它们很好地分离。图 12-11 是用高效液相色谱分离罂粟果中主要生物碱的色谱图。色谱条件为:Nucleosil 10-CN 柱(30 cm×4 mm);流动相为 1.0%的

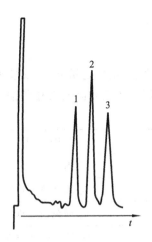

图 12-10 牛黄解毒片中冰片的色谱图

1. 异龙脑；2. 龙脑；3. 内标物(正十五烷)

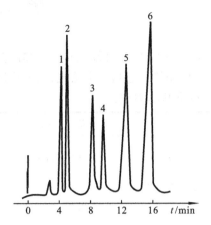

图 12-11 罂粟果中主要生物碱色谱图

1. 吗啡；2. 可待因；3. 克里多平；
4. 蒂巴因；5. 那可丁；6 罂粟碱

$NH_4Ac(pH=5.8)$-乙腈-二氧六环(80:10:10);紫外检测器(250 nm)。

3. 在环境污染分析中的应用

色谱法可用于对大气、水体、土壤中的多环芳烃、多氯联苯、有机氯农药、有机磷农药、氨基甲基酯农药、含氮除草剂、酚类、胺类等环境污染物进行分析。多环芳烃是可引起癌症的有毒物质,存在于工业和民用燃烧器、自动化排烟、烟草烟雾中,有机燃料、矿物燃料燃烧产物中,各种管线的沥青、煤焦油的衬层中。图 12-12 是多环芳烃分离色谱图。色谱条件为：色谱柱 Vydac C18(5 μm, 250 mm×2.1 mm),流动相为水：乙腈=40:60,流量 0.42 mL/min。

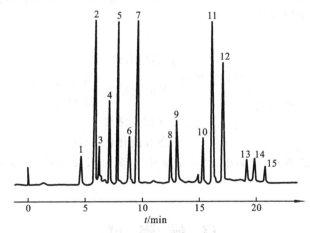

图 12-12 多环芳烃的分离分析(反相键合相柱)

1. 萘；2. 苊；3. 芴；4. 菲；5. 蒽；6. 荧蒽；7. 芘；8. 苯并[a]蒽；9. 䓛；10. 苯并[b]荧蒽；
11. 苯并[k]荧蒽；12. 苯并[a]芘；13. 苯并[a,h]蒽；14. 苯并[g,h,i]芘；15. 吲哚(1,2,3-cd)芘

学习小结

本章介绍了色谱分析法的基本原理、基本理论、基本概念、定性定量方法、实验操作技术及方法应用等。包括色谱法概述、经典液相色谱法、气相色谱法和高效液相色谱法。

1. 色谱基本类型：

流动相	总称	固定相	色谱名称
气体	气相色谱(GC)	固体	气-固色谱(GSC)
		液体	气-液色谱(GLC)
液体	液相色谱(LC)	固体	液-固色谱(LSC)
		液体	液-液色谱(LLC)

2. 色谱基本概念、术语：

描述组分在两相中平衡关系的分配系数(K)，分配比(k)；描述分离效能的分离度(R)，理论塔板数(n)，理论塔板高度(H)；描述色谱流出曲线的保留值，区域宽度。

3. 色谱理论。

塔板理论：讨论由热力学因素，即试样组分、固定相、流动相的分子结构和性质所决定的色谱分离效能变化。

由塔板理论得出如下结论：$n=5.54\left(\dfrac{t_R}{W_{\frac{1}{2}}}\right)^2=16\left(\dfrac{t_R}{W}\right)^2$，$n=\dfrac{L}{H}$。它说明由色谱流出曲线的保留值和区域宽度能反映柱效能高低。

速率理论：讨论色谱过程的动力学因素，范第姆特方程说明填充柱均匀程度、担体粒度、载气种类、载气流速、柱温、固定液液膜厚度等对柱效的影响。塔板理论和速率理论对选择色谱条件具有指导意义。

4. 色谱方法：

$$\text{色谱法}\begin{cases}\text{经典色谱法}\begin{cases}\text{柱色谱法}\\ \text{平面色谱法}\begin{cases}\text{薄层色谱法}\\ \text{纸色谱法}\end{cases}\end{cases}\\ \text{现代色谱法}\begin{cases}\text{气相色谱法}\\ \text{高效液相色谱法}\end{cases}\end{cases}$$

讨论每种方法的机理，流动相、固定相及其选择，实验操作技术、分析仪器、定性定量方法等。

目标测试

一、名词解释

吸附色谱法　分配色谱法　比移值　分配系数　分配比　分离度　色谱图　保留时

间　调整保留时间　相对保留值　半峰宽　程序升温　梯度洗脱　柱外展宽　反相色谱法

二、简答题

1. 简述色谱法的分类。
2. 以液-液分配色谱法为例，简述色谱法的分离过程。
3. 吸附剂有哪些类型？简述其性能，各适合于分离哪些类型的物质？
4. 某试样的三个组分经在薄层上展开后的 R_f 由大到小顺序为 A、B、C，试问它们的分配系数大小顺序如何？
5. 气相色谱法的特点是什么？简述其分离原理。
6. 常用的载体有哪些？为什么要对载体进行钝化？其处理方法有哪些？
7. 气相色谱的固定液必须具备哪些条件？如何选择固定液？
8. 常用的气相色谱检测器有哪些？简述其特点和使用范围。
9. 高效液相色谱与经典的液相色谱和气相色谱相比有哪些异同点？
10. 简述液相色谱中引起色谱峰扩展的主要因素，如何减少谱带扩宽，提高柱效。
11. 什么是化学键合相？它有何优点？
12. 简要说明气相色谱仪和高效液相色谱仪的组成部件及其功能。

三、计算题

1. 在 2 m 长的色谱柱上，测得某组分保留时间 t_R 为 6.6 min，死时间为 1.2 min，峰底宽度 W 为 0.5 min。试求调整保留时间、有效塔板数 n_{eff} 和有效塔板高度 H_{eff}。

2. 在 2 m 长 20%DNP 柱上，苯和环己烷的保留时间分别为 185 s 和 175 s，峰底宽度分别为 108 s 和 72 s，则两组分的分离度为多少？两组分是否完全分开？

3. 将纯苯与某组分 A 配成混合溶液，进行气相色谱分析。苯的样品量为 0.435 μg，峰面积为 4.00 cm^2，组分 A 的样品量为 0.653 μg 时的峰面积为 6.50 cm^2，求组分 A 以苯作标准时的相对校正因子。

4. 在一定的色谱条件下，分析某样品中的二氯乙烷、二溴乙烷及四乙基铅三种组分，用甲苯作内标物，甲苯与样品的质量比为 1:10，测定结果如下：

组　分	二氯乙烷	二溴乙烷	甲苯	四乙基铅
校正因子 f_i	0.87	1.65	1.00	1.75
峰面积/cm^2	1.50	1.01	0.95	2.82

试求三种组分的质量分数。

5. 某混合物中只含有乙苯和二甲苯异构体，用 FID 检测器测得如下数据，计算各组分质量分数。

组　分	乙苯	对二甲苯	间二甲苯	邻二甲苯
峰面积 A/mm^2	120	75	140	105
相对校正因子	0.97	1.00	0.96	0.98

6. 在 PEG-20 柱上测定废水中苯酚的浓度,分别取 1 μL 不同浓度的苯酚标准溶液,测的峰高值如下:

浓度/(mg/mL)	0.02	0.1	0.2	0.3	0.4
峰高 h/cm	0.6	3.4	7.4	10.6	14.6

将废水浓缩 100 倍,取浓缩液 1 μL 注入色谱柱,得峰高 6 cm,试计算水样中苯酚的浓度(mg/L)。(提示:色谱峰较窄,可以用峰高代替峰面积定量)

目标测试部分参考答案

第1章 溶液和胶体

一、填空题

1. 蛋白质、NaCl、泥土;水;胶体分散系;分子、离子分散系;粗分散系
2. 稀释和混合前、后溶液中所含溶质总的量不变
3. 半透膜存在;膜两侧有浓度差;稀溶液向浓溶液
4. 280~320;308;等渗;胀大;皱缩
5. $K_3[Fe(CN)_6] > MgSO_4 > AlCl_3$
6. 胶粒带电;水化膜存在;足量高分子化合物
7. 很厚的水化膜存在;盐析
8. 丁达尔现象;渗析;电泳
9. 水包油;O/W;油包水;W/O
10. 不对称两亲分子

二、单项选择题

1. C 2. B 3. D 4. D 5. A 6. B 7. A 8. D 9. C 10. C

三、简答题(略)

四、计算题

1. 0.89%;0.15 mol/kg 2. 需浓硫酸109 mL 3. 642 mL 4. 8.8 g

第2章 物质结构

一、填空题

1. 能量最低原理;泡利不相容原理;洪特规则及其特例
2. n;n、l
3. 色散力和诱导力
4. 方向、饱和;升高;降低

5.

	n	l	m
(1)	2	1	0
(2)	3	2	-1
(3)	2	1	+1
(4)	3	1	0

6.

原子序数	电子排布式	各层电子数	周期	族	区	金属或非金属
8	$1s^2 2s^2 2p^4$	2、6	二	ⅥA	p	非金属
11	$1s^2 2s^2 2p^6 3s^1$	2、8、1	三	ⅠA	s	金属
17	$1s^2 2s^2 2p^6 3s^2 3p^5$	2、8、7	三	ⅦA	p	非金属
19	$1s^2 2s^2 2p^6 3s^2 3p^6 4s^1$	2、8、8、1	四	ⅠA	s	金属
24	$1s^2 2s^2 2p^6 3s^2 3p^6 3d^5 4s^1$	2、8、13、1	四	ⅥB	d	金属
35	$1s^2 2s^2 2p^6 3s^2 3p^6 3d^{10} 4s^2 4p^5$	2、8、18、7	四	ⅦA	p	非金属

二、简答题

1. (1) × (2) √ (3) × (4) × (5) ×

2. 略(见教材)

3. **解** 价电子构型为 $2s^2$ 的元素在第二周期，ⅡA族，最高正化合价是+2，是 Be。

价电子构型为 $2s^2 2p^2$ 的元素在第二周期，ⅣA族，最高正化合价是+4，是 C。

价电子构型为 $3s^2 3p^3$ 的元素在第三周期，ⅤA族，最高正化合价是+5，是 P。

价电子构型为 $4s^2 4p^4$ 的元素在第四周期，ⅥA族，最高正化合价是+6，是 Se。

4. **解** A原子最后电子填入3d轨道，应为第四周期d或ds区元素，最高氧化值为4，其价电子构型应为 $3d^2 4s^2$，为 $_{22}$Ti 元素；B原子最后电子填入4p轨道，应为第四周期p区元素，最高氧化值为5，其价电子构型为 $4s^2 4p^3$，应为 $_{33}$As 元素。

(1) $_{22}$Ti：[Ar]$3d^2 4s^2$；$_{33}$As：[Ar] $4s^2 4p^3$；

(2) $_{22}$Ti：位于第四周期d区ⅣB；$_{33}$As：位于第四周期p区ⅤA。

5. **解** (1)利用相似相溶原理；(2)氢键。

6. **解** CO_2 与 N_2：均为非极性分子，只存在色散力；

HBr(气)：为极性分子，存在色散力、诱导力和取向力，无氢键；

N_2 与 NH_3：为非极性分子与极性分子，存在色散力、诱导力；

HF水溶液：为极性分子，存在色散力、诱导力和取向力，还有氢键。

7. **解** 依题意，A应为 $_{19}$K，B应为 $_{20}$Ca，C应为 $_{35}$Br。

(1) C与A的简单离子是 Br^- 与 K^+；

(2) B与C两元素间能形成离子型化合物：$CaBr_2$。

第 3 章 元　　素

简答题

1. 碱金属会与水发生反应。

2. 碱金属：正常氧化物、过氧化物和超氧化物。碱土金属：正常氧化物。

3. 卤素单质氧化能力：$F_2>Cl_2>Br_2>I_2$。

4. H_2O 稳定，不具有氧化还原性。H_2O_2 不稳定，易分解，既可以作氧化剂，也可以作还原剂。

5. 浓硝酸和稀硝酸的氧化性不同，氧化产物也不同。硝酸盐的热分解产物与分解的氧化物的稳定性有关。（举例：看书）

6. 因为结构不同。

7. Cr(Ⅲ)在碱性溶液中有氧化性。Cr(Ⅵ)在酸性溶液中是强氧化剂。

8. $KMnO_4$ 在酸性溶液中是强氧化剂，酸性越强，氧化能力越强。MnO_4^- 在酸性溶液中被还原的产物是 Mn^{2+}；在中性溶液中是 MnO_2；在碱性溶液中是 MnO_4^{2-}。

9. 硅胶中加的钴盐在无结晶水时显蓝色，有结晶水时显红色。

第 4 章　化学反应速率和化学平衡

一、填空题

1. 向反方向

2. (1) 增加；(2) 减少；(3) 减少；(4) 不变；(5) 增加；(6) 不变

3. 加快，加快

4. $v = k\, c(CO)c(NO_2)$；质量作用定律

5. $v = k\, c_A c_B^2$

二、单项选择题

1. B　2. D　3. C　4. B　5. A　6. A　7. D　8. D

三、简答题（略）

四、计算题

1. 0.001 mol/(L·s)

2. 25%

3. 50%

4. $2(a+b)/(5b)×100\%$

5. (1) 16；(2) 8 mol

第 5 章　定量分析化学概论

一、选择题

1. D　2. C　3. C　4. A

二、填空题

1. 正态分布；相等
2. 1.121，0.328

三、判断题

1. × 2. × 3. × 4. × 5. ×

四、简答题（略）

五、计算题

3. (1) 67 mL；(2) 57 mL；(3) 56 mL
4. 200.0 mL
5. 122 mL
6. (1) 0.1000 mol/L；(2) 0.03351 g/mL；0.04791 g/mL

第6章　酸碱平衡与酸碱滴定法

一、填空题

1. 减小；减小；同离子效应
2. 温度；浓度；K_a 或 K_b 的大小
3. H_3O^+；OH^-
4. $K_a K_b = K_w$
5. $c(H^+) = (K_{a_1} K_{a_2})^{\frac{1}{2}}$
6. 变大；变小；减小
7. <5；5～7；>7
8. NaCN>NaAc>NaNO$_2$
9. $[Fe(H_2O)_6]^{3+}$；$[Fe(H_2O)_4(OH)_2]^+$
10. 变色范围；酸色和碱色的混合色
11. 减小；$\alpha = \sqrt{K_a/c}$
12. 小；K_{a_2}；K_{a_2}
13. 0.1 mol/L；0.1；缓冲容量
14. 酸碱；$NH_3 + H_2O \rightleftharpoons NH_4^+ + OH^-$
15. 4.4～8.0
16. 盐的阳离子酸或阴离子碱和水分子间的质子传递
17. 酸碱；$HAc + H_2O \rightleftharpoons Ac^- + H_3O^+$
18. 4.8
19. 9
20. K_{HIn}；In^-；HIn；0.1；10；2
21. $K = 1/K_b = K_a/K_w = 10^{10}$
22. 10^{-6}

23. pH 突跃范围

24. 有机

25. 理论变色点

26. 惰性染料；指示剂

27. 溶液的 pH 值；体积；滴定曲线

28. 强酸或强碱；浓度；计量

29. pH 值突跃范围；指示剂的变色范围

30. $cK_{a_1} \geqslant 10^{-8}$；$K_{a_1}/K_{a_2} \geqslant 10^4$

31. 能提供质子的物质；能接受质子的物质；$K_a K_b = K_w$

32. 共轭酸碱对；$K_a K_b = K_w$

33. 偏高；不变

34. NaOH 和 Na_2CO_3

35. (1) NaOH；(2) Na_2CO_3；(3) NaOH+Na_2CO_3；(4) Na_2CO_3+$NaHCO_3$；(5) $NaHCO_3$

二、判断题

题号	1	2	3	4	5	6	7	8	9
答案	√	×	√	×	×	×	×	×	×
题号	10	11	12	13	14	15	16	17	18
答案	×	×	×	×	√	×	√	√	×

三、单项选择题

1. D；2. A；3. B；4. D；5. C；6. A；7. B；8. D；9. A；10. C；11. A；12. C；13. C；14. D；15. B；16. A；17. B；18. A；19. D；20. A；21. D；22. B；23. C；24. A；25. A；26. A；27. B；28. A；29. D；30. D；31. D；32. C；33. D；34. C；35. D；36. B；37. C；38. B；39. B；40. D；41. D；42. C

四、简答题（略）

五、计算题

1. 4.38×10^{-4} mol/L　2. 1.5×10^{-4} mol/L　3. pH=11.15

4. $K_a = 1.76 \times 10^{-5}$，$c_1(H^+) = 4.2 \times 10^{-4}$ mol/L，$c_2(H^+) = 3.52 \times 10^{-6}$ mol/L，pH=5.45，同离子效应

5. 1.43 g

6. $[H^+] = 9.27 \times 10^{-5}$ mol/L，$[HCO_3^-] = 9.27 \times 10^{-5}$ mol/L，$[CO_3^{2-}] = K_{a_2} = 5.61 \times 10^{-11}$ mol/L

7. $c(HCl) = 0.2284$ mol/L，$c(NaOH) = 0.2307$ mol/L

8. $w(Na_2CO_3) = 46.76\%$，$w(NaHCO_3) = 51.88\%$

9. $w(H_3PO_4) = 14.7\%$，$w(NaH_2PO_4) = 42.96\%$，$w(Na_2HPO_4) = 42.34\%$

10. $h(H_3PO_4) = 98.20\%$

第7章 沉淀溶解平衡与沉淀滴定法

一、填空题

1. Ag_2O；高 2. 硝基苯 3. 胶状；沉淀凝聚

二、单项选择题

1. B 2. C 3. B 4. C 5. A

三、简答题（略）

四、计算题

1. 略 2. 0.100 mol/L 3. 4.036 g/L 4. $w(AgNO_3) = 85.56\%$

第8章 配位平衡与配位滴定法

一、简答题

1.（1）三氯化六氨合钴（Ⅲ）；(2) 四异硫氰合钴（Ⅱ）酸钾；(3) 二氯化一氯·五氨合钴（Ⅲ）；(4) 四羟基合锌（Ⅱ）酸钾；(5) 二氯·二氨合铂（Ⅱ）；(6) 硫酸三氨·一氮气合钴（Ⅱ）

2.（1）二氯化亚硝酸根·三氨·二水合钴（Ⅲ）；配位数是 6

（2）一羟基·一草酸根·一乙二胺·一水合铬（Ⅲ）；配位数是 6

二、单项选择题

1. C 2. A 3. C 4. D 5. C 6. D 7. C 8. B 9. D 10. A 11. A 12. A

三、判断题

1. × 2. √ 3. √ 4. √ 5. ×

四、计算题

1. $[Mn(Ac)_2] = 21.62$ g/L 2. $w(Ni) = 44.2\%$ 3. $w(Al) = 15.36\%$

第9章 氧化还原平衡与氧化还原滴定法

一、单项选择题

1. D 2. B 3. A 4. B 5. C 6. A 7. D 8. C 9. C 10. C 11. D 12. D 13. A 14. D 15. C 16. C 17. C 18. B 19. C 20. B 21. C

二、判断题

1. × 2. × 3. √ 4. × 5. × 6. × 7. √ 8. × 9. √ 10. √

三、简答题（略）

四、计算题

1. $w(MnO_2) = 59.74\%$ 2. $c(Zn^{2+}) = 1.0$ mol/L 3. $m = 8.778$ g 4. -2.705 V

5. 0.1191 mol/L
6. $E=0.058$ V；$E^{\ominus}=0.236$ V；因 $E<E^{\ominus}$，故标准状态下的反应更易自发进行
7. $w(As_2O_5)=24.45\%$
8. $K=1.1\times 10^{56}$

第10章　电势法及永停滴定法

一、单项选择题

1. C　2. D　3. B　4. D　5. B　6. D　7. A　8. A　9. B

二、名词解释

1. 电势滴定法：根据滴定过程中电池电动势的变化确定滴定终点的一种电化学滴定分析法。
2. 永停滴定法：根据电池中双铂电极的电流，随滴定液的加入而发生变化来确定滴定终点的电流滴定法，又称双电流滴定法。
3. 指示电极：指示待测离子的浓度的电极。
4. 参比电极：电极电势基本保持不变的电极。

三、简答题（略）

第11章　紫外-可见分光光度法

一、单项选择题

1. B　2. A　3. D　4. B　5. D　6. B　7. C　8. D　9. B　10. A　11. D　12. C　13. C　14. C　15. C

二、填空题

1. 紫外-可见分光光度法；红外分光光度法；荧光分析法；原子吸收分光光度法；核磁共振波谱法
2. 波长；吸光度
3. 吸光系数；吸光物质的浓度；液层厚度
4. 光学；化学
5. 光源；单色器；吸收池；检测器；显示系统

三、简答题（略）

四、判断题

1. ×　2. ×　3. ×　4. √　5. √　6. ×　7. ×　8. √　9. √　10. ×

五、计算题

1. 用 1.0 cm 吸收池时：$A_1=0.111$，$T=77.5\%$
   用 3.0 cm 的吸收池时：$A_2=0.333$，$T=46.5\%$
2. $E_{1\,cm}^{1\%}=1.2\times 10^4$ mL/(g·cm)，$\varepsilon=6.72\times 10^4$ L/(mol·cm)

3. 0.02 mg/mL
4. 95.38%
5. 98.0%

第12章 色谱分析法

一、名词解释(略)

二、简答题

4. C＞B＞A(其余略)

三、计算题

1. $t'_R=5.4$ min, $n_{eff}=1866$, $H_{eff}=1.07$ mm
2. $R=0.11$
3. $f_i=0.92$
4. $w($二氯乙烷$)=13.74\%$, $w($二溴乙烷$)=17.54\%$, $w($四乙基铅$)=51.95\%$
5. $w($乙苯$)=27.15\%$, $w($对二甲苯$)=17.49\%$, $w($间二甲苯$)=31.35\%$, $w($邻二甲苯$)=24\%$
6. $c($苯酚$)=1.75$ mg/L

附录

附录 A 相对原子质量

元素	符号	相对原子质量	元素	符号	相对原子质量	元素	符号	相对原子质量
银	Ag	107.87	铪	Hf	178.49	铷	Rb	85.468
铝	Al	26.982	汞	Hg	200.59	铼	Re	186.21
氩	Ar	39.948	钬	Ho	164.93	铑	Rh	102.91
砷	As	74.922	碘	I	126.90	钌	Ru	101.07
金	Au	196.97	铟	In	114.82	硫	S	32.066
硼	B	10.811	铱	Ir	192.22	锑	Sb	121.76
钡	Ba	137.33	钾	K	39.098	钪	Sc	44.956
铍	Be	9.0122	氪	Kr	83.80	硒	Se	78.96
铋	Bi	208.98	镧	La	138.91	硅	Si	28.086
溴	Br	79.904	锂	Li	6.941	钐	Sm	150.36
碳	C	12.011	镥	Lu	174.97	锡	Sn	118.71
钙	Ca	40.078	镁	Mg	24.305	锶	Sr	87.62
镉	Cd	112.41	锰	Mn	54.938	钽	Ta	180.95
铈	Ce	140.12	钼	Mo	95.94	铽	Tb	158.9
氯	Cl	35.453	氮	N	14.007	碲	Te	127.60
钴	Co	58.933	钠	Na	22.990	钍	Th	232.04
铬	Cr	51.996	铌	Nb	92.906	钛	Ti	47.867
铯	Cs	132.91	钕	Nd	144.24	铊	Tl	204.38
铜	Cu	63.546	氖	Ne	20.180	铥	Tm	168.93
镝	Dy	162.50	镍	Ni	58.693	铀	U	238.03
铒	Er	167.26	镎	Np	237.05	钒	V	50.942
铕	Eu	151.96	氧	O	15.999	钨	W	183.84
氟	F	18.998	锇	Os	190.23	氙	Xe	131.29
铁	Fe	55.845	磷	P	30.974	钇	Y	88.906
镓	Ga	69.723	铅	Pb	207.2	镱	Yb	173.04
钆	Gd	157.25	钯	Pd	106.42	锌	Zn	65.39
锗	Ge	72.61	镨	Pr	140.91	锆	Zr	91.224
氢	H	1.0079	铂	Pt	195.08			
氦	He	4.0026	镭	Ra	226.03			

附录B 常见化合物的相对分子质量

分 子 式	相对分子质量	分 子 式	相对分子质量
AgBr	187.77	CuS	95.61
AgCl	143.22	$CuSO_4$	159.60
AgI	234.77	$CuSO_4 \cdot 5H_2O$	249.68
AgCN	133.89	$C_4H_6O_3$(乙酸酐)	102.09
Ag_2CrO_4	331.73	$C_7H_6O_2$(苯甲酸)	122.12
$Al_2(SO_4)_3 \cdot 18H_2O$	666.41	FeO	71.85
As_2O_3	197.84	Fe_2O_3	159.69
As_2O_5	229.84	Fe_3O_4	231.54
As_2S_3	246.02	$Fe(OH)_3$	106.87
As_2S_5	310.14	$FeSO_4$	151.90
$AgNO_3$	169.87	$FeSO_4 \cdot H_2O$	169.92
AgSCN	165.95	$FeSO_4 \cdot 7H_2O$	278.01
Al_2O_3	101.96	$Fe_2(SO_4)_3$	399.87
$Al(OH)_3$	78.00	$FeSO_4 \cdot (NH_4)_2SO_4 \cdot 6H_2O$	392.13
$Al_2(SO_4)_3$	342.14	$H_2C_2O_4$	90.04
$BaCl_2$	208.24	$H_2C_2O_4 \cdot 2H_2O$	126.07
$BaCl_2 \cdot 2H_2O$	244.27	$HC_2H_3O_2$(HAc)	60.05
$BaCO_3$	197.34	HCl	36.46
BaO	153.33	H_2CO_3	62.03
$Ba(OH)_2$	171.34	$HClO_4$	100.46
$BaSO_4$	233.39	HNO_2	47.01
BaC_2O_4	225.35	HNO_3	63.01
$BaCrO_4$	253.32	H_2O	18.02
CaO	56.08	H_2O_2	34.02
$CaCO_3$	100.09	H_3PO_4	98.00
CaC_2O_4	128.10	H_2S	34.08
$CaCl_2$	110.99	HF	20.01
$CaCl_2 \cdot H_2O$	129.00	HI	127.91
$CaCl_2 \cdot 6H_2O$	219.08	HBr	80.91
$Ca(NO_3)_2$	164.09	HCN	27.03
CaF_2	78.08	H_2SO_3	82.07
$Ca(OH)_2$	74.09	H_2SO_4	98.07
$CaSO_4$	136.14	Hg_2Cl_2	472.09
$Ca_3(PO_4)_2$	310.18	$HgCl_2$	271.50
CO_2	44.01	H_3BO_3	61.83
CCl_4	153.82	HCOOH	46.03
Cr_2O_3	151.99	$KAl(SO_4)_2 \cdot 12H_2O$	474.39
CuO	79.55	KBr	119.00

续表

分 子 式	相对分子质量	分 子 式	相对分子质量
$KBrO_3$	167.00	$KHC_2O_4 \cdot H_2C_2O_4 \cdot 2H_2O$	254.19
KCl	74.55	$KHC_8H_4O_4$(邻苯二甲酸氢钾)	204.22
$KClO_3$	122.55	$KHCO_3$	100.12
$KClO_4$	138.55	KH_2PO_4	136.09
K_2CO_3	138.21	$KHSO_4$	136.16
KCN	65.12	KI	166.00
K_2CrO_4	194.19	KIO_3	214.00
$K_2Cr_2O_7$	294.18	$KIO_3 \cdot HIO_3$	389.91
$KHC_2O_4 \cdot H_2O$	146.14	$KMnO_4$	158.03

附录 C 弱酸和弱碱在水中的解离常数(298.15 K)

名 称	分 子 式	解离常数 K	pK
砷酸	H_3AsO_4	$K_1 = 5.8 \times 10^{-3}$	2.24
		$K_2 = 1.1 \times 10^{-7}$	6.96
		$K_3 = 3.2 \times 10^{-12}$	11.50
亚砷酸	H_3AsO_3	6.0×10^{-10}	9.23
乙酸	CH_3COOH	1.76×10^{-5}	4.75
甲酸	$HCOOH$	1.80×10^{-4}	3.75
碳酸	H_2CO_3	$K_1 = 4.3 \times 10^{-7}$	6.37
		$K_2 = 5.61 \times 10^{-11}$	10.25
铬酸	H_2CrO_4	$K_1 = 1.8 \times 10^{-1}$	0.74
		$K_2 = 3.20 \times 10^{-7}$	6.49
氢氟酸	HF	3.53×10^{-4}	3.45
氢氰酸	HCN	4.93×10^{-10}	9.31
氢硫酸	H_2S	$K_1 = 9.5 \times 10^{-8}$	7.02
		$K_2 = 1.3 \times 10^{-14}$	13.9
过氧化氢	H_2O_2	2.4×10^{-12}	11.62
次溴酸	$HBrO$	2.06×10^{-9}	8.69
次氯酸	$HClO$	3.0×10^{-8}	7.53
次碘酸	HIO	2.3×10^{-11}	10.64
碘酸	HIO_3	1.69×10^{-1}	0.77
高碘酸	HIO_4	2.3×10^{-2}	1.64

续表

名　　称	分　子　式	解离常数 K	pK
亚硝酸	HNO_2	7.1×10^{-4}	3.16
磷酸	H_3PO_4	$K_1=7.52\times10^{-3}$	2.12
		$K_2=6.23\times10^{-8}$	7.21
		$K_3=4.4\times10^{-13}$	12.36
硫酸	H_2SO_4	$K_2=1.02\times10^{-2}$	1.91
亚硫酸	H_2SO_3	$K_1=1.23\times10^{-2}$	1.91
		$K_2=6.6\times10^{-8}$	7.18
草酸	$H_2C_2O_4$	$K_1=5.9\times10^{-2}$	1.23
		$K_2=6.4\times10^{-5}$	4.19
酒石酸	$H_2C_4H_4O_6$	$K_1=9.2\times10^{-4}$	3.036
		$K_2=4.31\times10^{-5}$	4.366
柠檬酸	$H_3C_6H_5O_7$	$K_1=7.44\times10^{-4}$	3.13
		$K_2=1.73\times10^{-5}$	4.76
		$K_3=4.0\times10^{-7}$	6.40
苯甲酸	C_6H_5COOH	6.46×10^{-5}	4.19
苯酚	C_6H_5OH	1.1×10^{-10}	9.95
氨水	$NH_3\cdot H_2O$	1.76×10^{-5}	4.75
氢氧化钙	$Ca(OH)_2$	$K_1=3.74\times10^{-3}$	2.43
		$K_2=4.0\times10^{-2}$	1.40
氢氧化铅	$Pb(OH)_2$	9.6×10^{-4}	3.02
氢氧化银	$AgOH$	1.1×10^{-4}	3.96
氢氧化锌	$Zn(OH)_2$	9.6×10^{-1}	3.02
羟胺	NH_2OH	9.1×10^{-9}	8.04
苯胺	$C_6H_5NH_2$	4.6×10^{-10}	9.34
乙二胺	$H_2NCH_2CH_2NH_2$	$K_1=8.5\times10^{-5}$	4.07
		$K_2=7.1\times10^{-8}$	7.15

附录 D　常见难溶化合物的溶度积(298.15 K)

化　合　物	溶　度　积	化　合　物	溶　度　积
$AgAc$	1.94×10^{-3}	$AgCl$	1.77×10^{-10}
$AgBr$	5.35×10^{-13}	AgI	8.52×10^{-17}
$AgBrO_3$	5.38×10^{-5}	$AgIO_3$	3.17×10^{-8}
$AgCN$	5.97×10^{-17}	AgN_3	2.8×10^{-9}

续表

化合物	溶度积	化合物	溶度积
$AgNO_2$	3.22×10^{-4}	$Co(OH)_2$(粉红色)	1.09×10^{-15}
$AgOH$	2.0×10^{-8}	$Co(OH)_2$(蓝色)	5.92×10^{-15}
$AgSCN$	1.03×10^{-12}	$Co(OH)_3$	1.6×10^{-44}
$AgSeCN$	4.0×10^{-16}	$\alpha\text{-}CoS$	4.0×10^{-21}
Ag_2CO_3	8.46×10^{-12}	$\beta\text{-}CoS$	2.0×10^{-25}
$Ag_2C_2O_4$	5.40×10^{-12}	$\gamma\text{-}CoS$	3.0×10^{-26}
$Ag_2[Co(NO_2)_6]$	8.5×10^{-21}	$Co_2[Fe(CN)_6]$	1.8×10^{-15}
Ag_2CrO_4	1.12×10^{-12}	$Co_3(AsO_4)_2$	6.80×10^{-29}
$Ag_2Cr_2O_7$	2.0×10^{-7}	$CaCO_3$	3.36×10^{-9}
Ag_2S	6.3×10^{-50}	CaC_2O_4	1.46×10^{-10}
Ag_2SO_3	1.50×10^{-14}	$CaC_2O_4 \cdot H_2O$	2.32×10^{-9}
Ag_2SO_4	1.20×10^{-5}	$CaCrO_4$	7.1×10^{-4}
Ag_3AsO_3	1.0×10^{-17}	CaF_2	3.45×10^{-11}
Ag_3AsO_4	1.03×10^{-22}	$CaHPO_4$	1.0×10^{-7}
Ag_3PO_4	8.89×10^{-17}	$Ca(IO_3)_2$	6.47×10^{-6}
$Ag_4[Fe(CN)_6]$	1.6×10^{-41}	$Ca(IO_3)_2 \cdot 6H_2O$	7.10×10^{-7}
$Al(OH)_3$	1.1×10^{-33}	$Ca(OH)_2$	5.02×10^{-6}
$AlPO_4$	9.84×10^{-21}	$CaSO_3$	6.8×10^{-8}
As_2S_3	2.1×10^{-22}	$CaSO_4$	4.93×10^{-5}
$BaCO_3$	2.58×10^{-9}	$CaSO_4 \cdot 0.5H_2O$	3.1×10^{-7}
BaC_2O_4	1.6×10^{-7}	$CaSO_4 \cdot 2H_2O$	3.14×10^{-5}
$BaCrO_4$	1.17×10^{-10}	$CaSiO_3$	2.5×10^{-8}
BaF_2	1.84×10^{-7}	$Ca_3(PO_4)_2$	2.07×10^{-33}
$BaHPO_4$	3.2×10^{-7}	$Cd(CN)_2$	1.0×10^{-8}
$Ba(IO_3)_2$	4.01×10^{-9}	$CdCO_3$	1.0×10^{-12}
$Ba(IO_3)_2 \cdot 2H_2O$	1.5×10^{-9}	$CdC_2O_4 \cdot 3H_2O$	1.42×10^{-8}
$Ba(IO_3)_2 \cdot H_2O$	1.67×10^{-9}	CdF_2	6.44×10^{-3}
$Ba(MnO_4)_2$	2.5×10^{-10}	$Cd(IO_3)_2$	2.5×10^{-8}
$Ba(NO_3)_2$	4.64×10^{-3}	$Cd(OH)_2$	7.2×10^{-15}
$Ba(OH)_2$	5×10^{-3}	CdS	1.40×10^{-29}
$Ba(OH)_2 \cdot 8H_2O$	2.55×10^{-4}	$Cd_2[Fe(CN)_6]$	3.2×10^{-17}
$BaSO_3$	5.0×10^{-10}	$Cd_3(AsO_4)_2$	2.2×10^{-33}
$BaSO_4$	1.08×10^{-10}	$Cd_3(PO_4)_2$	2.53×10^{-33}
BaP_2O_7	3.2×10^{-11}	$CoCO_3$	1.4×10^{-13}
$Ba_3(AsO_4)_2$	8.0×10^{-51}	CoC_2O_4	6.3×10^{-8}
$BiAsO_4$	4.43×10^{-10}	$Co(IO_3)_2 \cdot 2H_2O$	1.21×10^{-2}
$BiOBr$	3.0×10^{-7}	$Co_3(PO_4)_2$	2.05×10^{-35}
$BiOCl$	1.8×10^{-31}	$CrAsO_4$	7.7×10^{-21}
$Bi(OH)_3$	4×10^{-31}	CrF_3	6.6×10^{-11}
$BiO(NO_2)$	4.9×10^{-7}	$Cr(OH)_3$	6.3×10^{-31}
$BiO(NO_3)$	2.82×10^{-3}	$CuBr$	6.27×10^{-9}
$BiOOH$	4×10^{-10}	$CuCN$	3.47×10^{-20}
$BiOSCN$	1.6×10^{-7}	$CuCO_3$	1.4×10^{-10}
$BiPO_4$	1.3×10^{-23}	CuC_2O_4	4.43×10^{-10}
Bi_2S_3	1.82×10^{-99}	$CuCl$	1.72×10^{-7}

续表

化 合 物	溶 度 积	化 合 物	溶 度 积
$CuCrO_4$	$3.6×10^{-6}$	KIO_4	$3.71×10^{-4}$
CuI	$1.27×10^{-12}$	$K_2Na[Co(NO_2)_6] \cdot H_2O$	$2.2×10^{-11}$
$Cu(IO_3)_2$	$7.4×10^{-8}$	$K_2[PdCl_6]$	$6.0×10^{-6}$
$Cu(IO_3)_2 \cdot H_2O$	$6.94×10^{-8}$	$K_2[PtBr_6]$	$6.3×10^{-5}$
$CuOH$	$1×10^{-14}$	$K_2[PtCl_6]$	$7.48×10^{-6}$
CuS	$1.27×10^{-36}$	Li_2CO_3	$8.15×10^{-4}$
$CuSCN$	$1.77×10^{-13}$	LiF	$1.84×10^{-3}$
$Cu_2[Fe(CN)_6]$	$1.3×10^{-16}$	$MgCO_3$	$6.82×10^{-6}$
$Cu_2P_2O_7$	$8.3×10^{-16}$	$MgCO_3 \cdot 3H_2O$	$2.38×10^{-6}$
Cu_2S	$2.26×10^{-48}$	$MgCO_3 \cdot 5H_2O$	$3.79×10^{-6}$
$Cu_3(AsO_4)_2$	$7.95×10^{-36}$	MgF_2	$5.16×10^{-11}$
$Cu_3(PO_4)_2$	$1.40×10^{-37}$	$MgHPO_4 \cdot 3H_2O$	$1.5×10^{-6}$
$FeAsO_4$	$5.7×10^{-21}$	$Mg(IO_3)_2 \cdot 4H_2O$	$3.2×10^{-3}$
$FeCO_3$	$3.13×10^{-11}$	$Mg(OH)_2$	$5.61×10^{-12}$
FeF_2	$2.36×10^{-6}$	$Mg_3(PO_4)_2$	$1.04×10^{-24}$
$Fe(OH)_2$	$4.87×10^{-17}$	$MnCO_3$	$2.24×10^{-11}$
$Fe(OH)_3$	$2.79×10^{-39}$	$MnC_2O_4 \cdot 2H_2O$	$1.70×10^{-7}$
$FePO_4$	$1.3×10^{-22}$	$Mn(IO_3)_2$	$4.37×10^{-7}$
$FePO_4 \cdot 2H_2O$	$9.92×10^{-29}$	$Mn(OH)_2$	$2.06×10^{-13}$
$Fe(P_2O_7)_3$	$3×10^{-23}$	MnS	$4.65×10^{-14}$
FeS	$1.3×10^{-18}$	$Mn_2[Fe(CN)_6]$	$8.0×10^{-13}$
Fe_2S_3	$1×10^{-88}$	$Mn_3(AsO_4)_2$	$1.9×10^{-29}$
Hg_2Br_2	$6.40×10^{-23}$	$Ni(OH)_2$	$5.48×10^{-16}$
$Hg_2(CN)_2$	$5×10^{-40}$	NiS	$1.07×10^{-21}$
Hg_2CO_3	$3.6×10^{-17}$	$α-NiS$	$3×10^{-19}$
$Hg_2C_2O_4$	$1.75×10^{-13}$	$β-NiS$	$1×10^{-24}$
Hg_2Cl_2	$1.43×10^{-18}$	$γ-NiS$	$2×10^{-26}$
Hg_2CrO_4	$2.0×10^{-9}$	$Ni_2[Fe(CN)_6]$	$1.3×10^{-15}$
HgC_2O_4	$1.0×10^{-7}$	$Ni_3(AsO_4)_2$	$3.1×10^{-26}$
Hg_2F_2	$3.10×10^{-6}$	$Ni_3(PO_4)_2$	$4.74×10^{-32}$
Hg_2HPO_4	$4.0×10^{-13}$	$(NH_4)_2PtCl_6$	$9.0×10^{-6}$
Hg_2I_2	$5.2×10^{-29}$	$NiCO_3$	$1.42×10^{-7}$
$Hg_2(IO_3)_2$	$2.0×10^{-14}$	NiC_2O_4	$4×10^{-10}$
HgI_2	$2.9×10^{-29}$	$Ni(IO_3)_2$	$4.71×10^{-5}$
$Hg(OH)_2$	$3.13×10^{-26}$	$Pb(Ac)_2$	$1.8×10^{-3}$
$Hg_2(OH)_2$	$2.0×10^{-24}$	$PbBr_2$	$6.60×10^{-6}$
Hg_2S	$1.0×10^{-47}$	$Pb(BrO_3)_2$	$2.0×10^{-2}$
$Hg_2(SCN)_2$	$3.2×10^{-20}$	$PbCO_3$	$7.4×10^{-14}$
Hg_2SO_3	$1.0×10^{-27}$	PbC_2O_4	$8.51×10^{-10}$
Hg_2SO_4	$6.5×10^{-7}$	$PbCl_2$	$1.70×10^{-5}$
HgS	$6.44×10^{-53}$	$PbCrO_4$	$2.8×10^{-13}$
$KClO_4$	$1.05×10^{-2}$	PbF_2	$3.3×10^{-8}$
$KHC_4H_4O_6$(酒石酸氢钾)	$3×10^{-4}$	$PbHPO_4$	$1.3×10^{-10}$

续表

化合物	溶度积	化合物	溶度积
PbI_2	9.8×10^{-9}	$Sr(IO_3)_2 \cdot H_2O$	3.58×10^{-7}
$Pb(IO_3)_2$	3.69×10^{-13}	$Sr(OH)_2$	3.2×10^{-4}
$Pb(OH)_2$	1.42×10^{-20}	$SrSO_3$	4×10^{-8}
$PbOHCl$	2×10^{-14}	$SrSO_4$	3.44×10^{-7}
PbS	9.04×10^{-29}	$Sr_3(AsO_4)_2$	4.29×10^{-19}
$Pb(SCN)_2$	2.11×10^{-5}	$Sr_3(PO_4)_2$	4.0×10^{-28}
PbS_2O_3	4.0×10^{-7}	$ZnCO_3$	1.46×10^{-10}
$PbSO_4$	2.53×10^{-8}	$ZnCO_3 \cdot H_2O$	5.41×10^{-11}
$Pb_3(PO_4)_2$	8.0×10^{-43}	ZnC_2O_4	2.7×10^{-8}
$Pd(SCN)_2$	4.39×10^{-23}	$ZnC_2O_4 \cdot 2H_2O$	1.38×10^{-9}
PdS	2×10^{-37}	ZnF_2	3.04×10^{-2}
PtS	1×10^{-52}	$Zn[Hg(SCN)_4]$	2.2×10^{-7}
$Sb(OH)_3$	4.0×10^{-42}	$Zn(IO_3)_2$	4.29×10^{-6}
Sb_2S_3	1.5×10^{-93}	γ-$Zn(OH)_2$	6.86×10^{-17}
$Sn(OH)_2$	5.45×10^{-27}	β-$Zn(OH)_2$	7.71×10^{-17}
SnS	1.0×10^{-25}	ε-$Zn(OH)_2$	4.12×10^{-17}
SnS_2	2.5×10^{-27}	ZnS	2.93×10^{-25}
$SrCO_3$	5.60×10^{-10}	α-ZnS	1.6×10^{-24}
SrC_2O_4	5.61×10^{-7}	β-ZnS	2.5×10^{-22}
$SrC_2O_4 \cdot H_2O$	1.6×10^{-7}	$ZnSeO_3$	2.6×10^{-7}
SrF_2	4.33×10^{-9}	$Zn_2[Fe(CN)_6]$	4.0×10^{-16}
$Sr(IO_3)_2$	1.14×10^{-7}	$Zn_3(AsO_4)_2$	3.12×10^{-28}
$Sr(IO_3)_2 \cdot 6H_2O$	4.65×10^{-7}	$Zn_3(PO_4)_2$	9.0×10^{-33}

本表数据录自 Weast RC. CRC Handbook of Chemistry and Physics, 80th ed. CRC Press, 1999—2000。

附录 E EDTA 与部分金属离子螯合物的 $\lg K_\text{稳}$（20～25 ℃）

离子	$\lg K_\text{稳}$	离子	$\lg K_\text{稳}$	离子	$\lg K_\text{稳}$
Na^+	1.66	Ce^{3+}	15.98	Ti^{3+}	21.3
Li^+	2.79	Al^{3+}	16.30	Hg^{2+}	21.7
Ag^+	7.20	Co^{2+}	16.31	Sn^{2+}	22.11
Ba^{2+}	7.86	Cd^{2+}	16.46	Sc^{3+}	23.1
Sr^{2+}	8.73	Zn^{2+}	16.50	Th^{4+}	23.2
Mg^{2+}	8.79	TiO^{2+}	17.30	Cr^{3+}	23.4
Be^{2+}	9.2	Pb^{2+}	18.04	Fe^{3+}	25.1
Ca^{2+}	10.96	Ni^{2+}	18.62	Bi^{3+}	27.8
Mn^{2+}	13.87	Cu^{2+}	18.80	ZrO^{2+}	29.5
Fe^{2+}	14.32	Ga^{3+}	20.3	Co^{3+}	36.0

附录F EDTA的 lg$\alpha_{Y(H)}$ 值

pH	lg $\alpha_{Y(H)}$	pH	lg $\alpha_{Y(H)}$	pH	lg $\alpha_{Y(H)}$	pH	lg $\alpha_{Y(H)}$	pH	lg $\alpha_{Y(H)}$
0.0	23.64	2.2	12.84	4.4	7.64	6.6	3.79	8.8	1.48
0.2	22.47	2.4	12.19	4.6	7.24	6.8	3.55	9.0	1.28
0.4	21.32	2.6	11.62	4.8	6.84	7.0	3.32	9.2	1.10
0.6	20.18	2.8	11.09	5.0	6.45	7.2	3.10	9.4	0.92
0.8	19.08	3.0	10.60	5.2	6.07	7.4	2.88	9.6	0.75
1.0	18.01	3.2	10.14	5.4	5.69	7.6	2.68	9.8	0.59
1.2	16.18	3.4	9.70	5.6	5.33	7.8	2.47	10.0	0.45
1.4	16.02	3.6	9.27	5.8	4.98	8.0	2.27	10.5	0.20
1.6	15.11	3.8	8.85	6.0	4.65	8.2	2.07	11.0	0.07
1.8	14.27	4.0	8.44	6.2	4.34	8.4	1.87	11.5	0.02
2.0	13.51	4.2	8.04	6.4	4.06	8.6	1.67	12.0	0.01

附录G 标准电极电势(298.15 K、101.33 kPa)

(一)在酸性溶液中

电极反应				$E_A^{\ominus}/V$
氧化型	电子数		还原型	
Ag^+	+ e^-	$\rightleftharpoons$	Ag	+0.7996
Ag^{2+}	+ e^-	$\rightleftharpoons$	Ag^+	+1.980
$AgBr$	+ e^-	$\rightleftharpoons$	$Ag + Br^-$	+0.07133
$AgBrO_3$	+ e^-	$\rightleftharpoons$	$Ag + BrO_3^-$	+0.546
$AgCl$	+ e^-	$\rightleftharpoons$	$Ag + Cl^-$	+0.22233
AgI	+ e^-	$\rightleftharpoons$	$Ag + I^-$	−0.15224
Ag_2S	+ $2e^-$	$\rightleftharpoons$	$2Ag + S^{2-}$	−0.691
$Ag_2S + 2H^+$	+ $2e^-$	$\rightleftharpoons$	$2Ag + H_2S$	−0.0366
$AgSCN$	+ e^-	$\rightleftharpoons$	$Ag + SCN^-$	+0.08951
Al^{3+}	+ $3e^-$	$\rightleftharpoons$	Al	−1.662
$As + 3H^+$	+ $3e^-$	$\rightleftharpoons$	AsH_3	−0.608
$H_3AsO_4 + 2H^+$	+ $2e^-$	$\rightleftharpoons$	$HAsO_2 + 2H_2O$	+0.560
Au^+	+ e^-	$\rightleftharpoons$	Au	+1.692
Au^{3+}	+ $3e^-$	$\rightleftharpoons$	Au	+1.498
$AuBr_4^-$	+ $3e^-$	$\rightleftharpoons$	$Au + 4Br^-$	+0.854
$AuCl_4^-$	+ $3e^-$	$\rightleftharpoons$	$Au + 4Cl^-$	+1.002
$B(OH)_3 + 7H^+$	+ $8e^-$	$\rightleftharpoons$	$BH_4^- + 3H_2O$	−0.481
$H_3BO_3 + 3H^+$	+ $3e^-$	$\rightleftharpoons$	$B + 3H_2O$	−0.8698
Ba^{2+}	+ $2e^-$	$\rightleftharpoons$	Ba	−2.912

续表

电极反应				$E_A^\ominus/V$
氧化型	电子数		还原型	
Be^{2+}	+	$2e^-$	$\rightleftharpoons$ Be	-1.847
Bi^+	+	e^-	$\rightleftharpoons$ Bi	$+0.5$
Bi^{3+}	+	$3e^-$	$\rightleftharpoons$ Bi	$+0.308$
$BiO^+ + 2H^+$	+	$3e^-$	$\rightleftharpoons$ $Bi + H_2O$	$+0.320$
$BiOCl + 2H^+$	+	$3e^-$	$\rightleftharpoons$ $Bi + Cl^- + H_2O$	$+0.1583$
$Br_2(aq)$	+	$2e^-$	$\rightleftharpoons$ $2Br^-$	$+1.0873$
$Br_2(l)$	+	$2e^-$	$\rightleftharpoons$ $2Br^-$	$+1.066$
$BrO_3^- + 6H^+$	+	$6e^-$	$\rightleftharpoons$ $Br^- + 3H_2O$	$+1.423$
$HBrO + H^+$	+	e^-	$\rightleftharpoons$ $1/2Br_2(aq) + H_2O$	$+1.574$
$HBrO + H^+$	+	e^-	$\rightleftharpoons$ $1/2Br_2(l) + H_2O$	$+1.596$
$(CN)_2 + 2H^+$	+	$2e^-$	$\rightleftharpoons$ $2HCN$	$+0.373$
$2CO_2 + 2H^+$	+	$2e^-$	$\rightleftharpoons$ $H_2C_2O_4$	-0.49
$CO_2 + 2H^+$	+	$2e^-$	$\rightleftharpoons$ $HCOOH$	-0.199
Ca^+	+	e^-	$\rightleftharpoons$ Ca	-3.80
Ca^{2+}	+	$2e^-$	$\rightleftharpoons$ Ca	-2.868
Cd^{2+}	+	$2e^-$	$\rightleftharpoons$ Cd	-0.4030
Ce^{3+}	+	$3e^-$	$\rightleftharpoons$ Ce	-2.336
Cl_2	+	$2e^-$	$\rightleftharpoons$ $2Cl^-$	$+1.35827$
$ClO_2 + H^+$	+	e^-	$\rightleftharpoons$ $HClO_2$	$+1.277$
$ClO_3^- + 2H^+$	+	e^-	$\rightleftharpoons$ $ClO_2 + H_2O$	$+1.152$
$ClO_3^- + 3H^+$	+	$2e^-$	$\rightleftharpoons$ $HClO_2 + H_2O$	$+1.214$
$ClO_3^- + 6H^+$	+	$5e^-$	$\rightleftharpoons$ $1/2Cl_2 + 3H_2O$	$+1.47$
$ClO_3^- + 6H^+$	+	$6e^-$	$\rightleftharpoons$ $Cl^- + 3H_2O$	$+1.451$
$ClO_4^- + 2H^+$	+	$2e^-$	$\rightleftharpoons$ $ClO_3^- + H_2O$	$+1.189$
$ClO_4^- + 8H^+$	+	$7e^-$	$\rightleftharpoons$ $1/2Cl_2 + 4H_2O$	$+1.39$
$ClO_4^- + 8H^+$	+	$8e^-$	$\rightleftharpoons$ $Cl^- + 4H_2O$	$+1.389$
$HClO + H^+$	+	$2e^-$	$\rightleftharpoons$ $Cl^- + H_2O$	$+1.482$
$HClO + H^+$	+	e^-	$\rightleftharpoons$ $1/2Cl_2 + H_2O$	$+1.611$
$HClO_2 + 2H^+$	+	$2e^-$	$\rightleftharpoons$ $HClO + H_2O$	$+1.645$
$HClO_2 + 3H^+$	+	$3e^-$	$\rightleftharpoons$ $1/2Cl_2 + 2H_2O$	$+1.628$
Co^{2+}	+	$2e^-$	$\rightleftharpoons$ Co	-0.28
Co^{3+}	+	e^-	$\rightleftharpoons$ Co^{2+}	$+1.92$
Cr^{2+}	+	$2e^-$	$\rightleftharpoons$ Cr	-0.913
Cr^{3+}	+	$3e^-$	$\rightleftharpoons$ Cr	-0.744
Cr^{3+}	+	e^-	$\rightleftharpoons$ Cr^{2+}	-0.407
$HCrO_4^- + 7H^+$	+	$3e^-$	$\rightleftharpoons$ $Cr^{3+} + 4H_2O$	$+1.350$
$Cr_2O_7^{2-} + 14H^+$	+	$6e^-$	$\rightleftharpoons$ $2Cr^{3+} + 7H_2O$	$+1.232$
Cs^+	+	e^-	$\rightleftharpoons$ Cs	-3.026
Cu^+	+	e^-	$\rightleftharpoons$ Cu	$+0.521$

续表

电极反应					$E_A^\ominus/V$
氧化型		电子数		还原型	
Cu^{2+}	+	$2e^-$	$\rightleftharpoons$	Cu	+0.3419
Cu^{2+}	+	e^-	$\rightleftharpoons$	Cu^+	+0.153
CuI_2^-	+	e^-	$\rightleftharpoons$	$Cu+2I^-$	0.00
F_2	+	$2e^-$	$\rightleftharpoons$	$2F^-$	+2.866
F_2+2H^+	+	$2e^-$	$\rightleftharpoons$	$2HF$	+3.053
Fe^{2+}	+	$2e^-$	$\rightleftharpoons$	Fe	−0.447
Fe^{3+}	+	e^-	$\rightleftharpoons$	Fe^{2+}	+0.771
Fe^{3+}	+	$3e^-$	$\rightleftharpoons$	Fe	−0.037
$FeO_4^{2-}+8H^+$	+	$3e^-$	$\rightleftharpoons$	$Fe^{3+}+4H_2O$	+2.200
$2HFeO_4^-+8H^+$	+	$6e^-$	$\rightleftharpoons$	$Fe_2O_3+5H_2O$	+2.09
Ga^{3+}	+	$3e^-$	$\rightleftharpoons$	Ga	−0.549
Ge^{2+}	+	$2e^-$	$\rightleftharpoons$	Ge	+0.24
Ge^{4+}	+	$4e^-$	$\rightleftharpoons$	Ge	+0.124
$2H^+$	+	$2e^-$	$\rightleftharpoons$	H_2	0.00000
$2Hg^{2+}$	+	$2e^-$	$\rightleftharpoons$	Hg_2^{2+}	+0.920
Hg^{2+}	+	$2e^-$	$\rightleftharpoons$	Hg	+0.851
Hg_2Cl_2	+	$2e^-$	$\rightleftharpoons$	$2Hg+2Cl^-$	+0.26808
I_2	+	$2e^-$	$\rightleftharpoons$	$2I^-$	+0.5355
I_3^-	+	$2e^-$	$\rightleftharpoons$	$3I^-$	+0.536
$IO_3^-+6H^+$	+	$6e^-$	$\rightleftharpoons$	I^-+3H_2O	+1.085
$H_5IO_6+H^+$	+	$2e^-$	$\rightleftharpoons$	$IO_3^-+3H_2O$	+1.601
In^{3+}	+	$3e^-$	$\rightleftharpoons$	In	−0.3382
Ir^{3+}	+	$3e^-$	$\rightleftharpoons$	Ir	+1.156
K^+	+	e^-	$\rightleftharpoons$	K	−2.931
La^{3+}	+	$3e^-$	$\rightleftharpoons$	La	−2.379
Li^+	+	e^-	$\rightleftharpoons$	Li	−3.0401
Lu^{3+}	+	$3e^-$	$\rightleftharpoons$	Lu	−2.28
Md^{3+}	+	$3e^-$	$\rightleftharpoons$	Md	−1.65
Mg^+	+	e^-	$\rightleftharpoons$	Mg	−2.70
Mg^{2+}	+	$2e^-$	$\rightleftharpoons$	Mg	−2.372
Mn^{2+}	+	$2e^-$	$\rightleftharpoons$	Mn	−1.185
MnO_2+4H^+	+	$2e^-$	$\rightleftharpoons$	$Mn^{2+}+2H_2O$	+1.224
$MnO_4^-+8H^+$	+	$5e^-$	$\rightleftharpoons$	$Mn^{2+}+4H_2O$	+1.507
Mo^{3+}	+	$3e^-$	$\rightleftharpoons$	Mo	−0.200
$N_2+2H_2O+6H^+$	+	$6e^-$	$\rightleftharpoons$	$2NH_4OH$	+0.092
$2NH_3OH^++H^+$	+	$2e^-$	$\rightleftharpoons$	$N_2H_5^++2H_2O$	+1.42
N_2O+2H^+	+	$2e^-$	$\rightleftharpoons$	N_2+H_2O	+1.766
$N_2O_4+2H^+$	+	$2e^-$	$\rightleftharpoons$	$2NHO_2$	+1.065
$NO_3^-+3H^+$	+	$2e^-$	$\rightleftharpoons$	HNO_2+H_2O	+0.934

续表

氧 化 型	电极反应 电子数		还 原 型	$E_A^\ominus/V$
$NO_3^- + 4H^+$	+	$3e^-$ ⇌	$NO + 2H_2O$	+0.957
Na^+	+	e^- ⇌	Na	−2.71
Nb^{3+}	+	$3e^-$ ⇌	Nb	−1.099
Nd^{3+}	+	$3e^-$ ⇌	Nd	−2.323
Ni^{2+}	+	$2e^-$ ⇌	Ni	−0.257
No^{2+}	+	$2e^-$ ⇌	No	−2.50
No^{3+}	+	e^- ⇌	No^{2+}	+1.4
Np^{3+}	+	$3e^-$ ⇌	Np	−1.856
$O(g) + 2H^+$	+	$2e^-$ ⇌	H_2O	+2.421
$O_2 + 2H^+$	+	$2e^-$ ⇌	H_2O_2	+0.695
$O_2 + 4H^+$	+	$4e^-$ ⇌	$2H_2O$	+1.229
$O_3 + 2H^+$	+	$2e^-$ ⇌	$O_2 + H_2O$	+2.076
$H_2O_2 + 2H^+$	+	$2e^-$ ⇌	$2H_2O$	+1.776
$P(红) + 3H^+$	+	$3e^-$ ⇌	$PH_3(g)$	−0.111
$P(白) + 3H^+$	+	$3e^-$ ⇌	$PH_3(g)$	−0.063
$H_3PO_2 + H^+$	+	e^- ⇌	$P + 2H_2O$	−0.508
$H_3PO_3 + 2H^+$	+	$2e^-$ ⇌	$H_3PO_2 + H_2O$	−0.499
$H_3PO_3 + 3H^+$	+	$3e^-$ ⇌	$P + 3H_2O$	−0.454
$H_3PO_4 + 2H^+$	+	$2e^-$ ⇌	$H_3PO_3 + H_2O$	−0.276
Pa^{3+}	+	$3e^-$ ⇌	Pa	−1.34
Pb^{2+}	+	$2e^-$ ⇌	Pb	−0.1262
$PbCl_2$	+	$2e^-$ ⇌	$Pb + 2Cl^-$	−0.2675
$PbO_2 + 4H^+$	+	$2e^-$ ⇌	$Pb^{2+} + 2H_2O$	+1.455
$PbO_2 + SO_4^{2-} + 4H^+$	+	$2e^-$ ⇌	$PbSO_4 + 2H_2O$	+1.6913
$PbSO_4$	+	$2e^-$ ⇌	$Pb + SO_4^{2-}$	−0.3588
Pd^{2+}	+	$2e^-$ ⇌	Pd	+0.951
Pm^{2+}	+	$2e^-$ ⇌	Pm	−2.2
Pt^{2+}	+	$2e^-$ ⇌	Pt	+1.18
$[PtCl_6]^{2-}$	+	$2e^-$ ⇌	$[PtCl_4]^{2-} + 2Cl^-$	+0.68
Ra^{2+}	+	$2e^-$ ⇌	Ra	−2.8
Re^{2+}	+	$2e^-$ ⇌	Re	+0.300
Rh^{3+}	+	$3e^-$ ⇌	Rh	+0.758
S	+	$2e^-$ ⇌	S^{2-}	−0.47627
$S + 2H^+$	+	$2e^-$ ⇌	$H_2S(aq)$	+0.142
$SO_4^{2-} + 4H^+$	+	$2e^-$ ⇌	$H_2SO_3 + H_2O$	+0.172
$S_2O_8^{2-}$	+	$2e$ ⇌	$2SO_4^{2-}$	+2.010
$S_2O_8^{2-} + 2H^+$	+	$2e^-$ ⇌	$2HSO_4^-$	+2.123
$S_4O_6^{2-}$	+	$2e^-$ ⇌	$2S_2O_3^{2-}$	+0.08
$Sb_2O_5 + 6H^+$	+	$4e^-$ ⇌	$2SbO^+ + 3H_2O$	+0.581

续表

电极反应				$E_A^\ominus$/V
氧化型	电子数		还原型	
Sc^{3+}	+	$3e^-$	$\rightleftharpoons$ Sc	−2.077
Se	+	$2e^-$	$\rightleftharpoons$ Se^{2-}	−0.924
$Se+2H^+$	+	$2e^-$	$\rightleftharpoons$ $H_2Se(aq)$	−0.399
$H_2SeO_3+4H^+$	+	$4e^-$	$\rightleftharpoons$ $Se+3H_2O$	+0.74
SiF_6^{2-}	+	$4e^-$	$\rightleftharpoons$ $Si+6F^-$	−1.24
SiO_2(石英)$+4H^+$	+	$4e^-$	$\rightleftharpoons$ $Si+2H_2O$	+0.857
Sn^{2+}	+	$2e^-$	$\rightleftharpoons$ Sn	−0.1375
Sn^{4+}	+	$2e^-$	$\rightleftharpoons$ Sn^{2+}	+0.151
Sr^{2+}	+	$2e^-$	$\rightleftharpoons$ Sr	−2.899
$TcO_4^-+4H^+$	+	$3e^-$	$\rightleftharpoons$ TcO_2+2H_2O	+0.782
$TcO_4^-+8H^+$	+	$7e^-$	$\rightleftharpoons$ $Tc+4H_2O$	+0.472
Ti^{2+}	+	$2e^-$	$\rightleftharpoons$ Ti	−1.630
TiO_2+4H^+	+	$2e^-$	$\rightleftharpoons$ $Ti^{2+}+2H_2O$	−0.502
Tl^+	+	e^-	$\rightleftharpoons$ Tl	−0.336
Tl^{3+}	+	$2e^-$	$\rightleftharpoons$ Tl^+	+1.252
$UO_2^{2+}+4H^+$	+	$6e^-$	$\rightleftharpoons$ $U+2H_2O$	−1.444
$UO_2^{2+}+4H^+$	+	$2e^-$	$\rightleftharpoons$ $U^{4+}+2H_2O$	+0.327
$V_2O_5+6H^+$	+	$2e^-$	$\rightleftharpoons$ $2VO^{2+}+3H_2O$	+0.957
W^{3+}	+	$3e^-$	$\rightleftharpoons$ W	+0.1
XeO_3+6H^+	+	$6e^-$	$\rightleftharpoons$ $Xe+3H_2O$	+2.10
Zn^{2+}	+	$2e^-$	$\rightleftharpoons$ Zn	−0.7618
Zr^{4+}	+	$4e^-$	$\rightleftharpoons$ Zr	−1.45

（二）在碱性溶液中

电极反应				$E_B^\ominus$/V
氧化型	电子数		还原型	
Ag_2CO_3	+	$2e^-$	$\rightleftharpoons$ $2Ag+CO_3^{2-}$	+0.47
Ag_2O+H_2O	+	$2e^-$	$\rightleftharpoons$ $2Ag+2OH^-$	+0.342
$Al(OH)_3$	+	$3e^-$	$\rightleftharpoons$ $Al+3OH^-$	−2.31
$Al(OH)_4^-$	+	$3e^-$	$\rightleftharpoons$ $Al+4OH^-$	−2.328
$H_2AlO_3^-+H_2O$	+	$3e^-$	$\rightleftharpoons$ $Al+4OH^-$	−2.33
$AsO_2^-+2H_2O$	+	$3e^-$	$\rightleftharpoons$ $As+4OH^-$	−0.68
$Ba(OH)_2$	+	$2e^-$	$\rightleftharpoons$ $Ba+2OH^-$	−2.99
$Bi_2O_3+3H_2O$	+	$6e^-$	$\rightleftharpoons$ $2Bi+6OH^-$	−0.64
BrO^-+H_2O	+	$2e^-$	$\rightleftharpoons$ Br^-+2OH^-	+0.761
$BrO_3^-+3H_2O$	+	$6e^-$	$\rightleftharpoons$ Br^-+6OH^-	+0.61
$[Co(NH_3)_6]^{3+}$	+	e^-	$\rightleftharpoons$ $[Co(NH_3)_6]^{2+}$	+0.108
$Ca(OH)_2$	+	$2e^-$	$\rightleftharpoons$ $Ca+2OH^-$	−3.02

续表

电极反应				$E_B^\ominus/V$
氧化型	电子数		还原型	
$Cd(OH)_2$	+	$2e^-$	$\rightleftharpoons$ $Cd(Hg)+2OH^-$	-0.809
$ClO^- + H_2O$	+	$2e^-$	$\rightleftharpoons$ $Cl^- + 2OH^-$	$+0.81$
$ClO_2^- + 2H_2O$	+	$4e^-$	$\rightleftharpoons$ $Cl^- + 4OH^-$	$+0.76$
$ClO_2^- + H_2O$	+	$2e^-$	$\rightleftharpoons$ $ClO^- + 2OH^-$	$+0.66$
$ClO_3^- + H_2O$	+	$2e^-$	$\rightleftharpoons$ $ClO_2^- + 2OH^-$	$+0.33$
$ClO_4^- + H_2O$	+	$2e^-$	$\rightleftharpoons$ $ClO_3^- + 2OH^-$	$+0.36$
$Co(OH)_2$	+	$2e^-$	$\rightleftharpoons$ $Co + 2OH^-$	-0.73
$Co(OH)_3$	+	e^-	$\rightleftharpoons$ $Co(OH)_2 + OH^-$	$+0.17$
$CrO_2^- + 2H_2O$	+	$3e^-$	$\rightleftharpoons$ $Cr + 4OH^-$	-1.2
$CrO_4^{2-} + 4H_2O$	+	$3e^-$	$\rightleftharpoons$ $Cr(OH)_3 + 5OH^-$	-0.13
$Cu_2O + H_2O$	+	$2e^-$	$\rightleftharpoons$ $2Cu + 2OH^-$	-0.360
$2Cu(OH)_2$	+	$2e^-$	$\rightleftharpoons$ $Cu_2O + 2OH^- + H_2O$	-0.080
$2H_2O$	+	$2e^-$	$\rightleftharpoons$ $H_2 + 2OH^-$	-0.8277
$H_2BO_3^- + 5H_2O$	+	$8e^-$	$\rightleftharpoons$ $BH_4^- + 8OH^-$	-1.24
$Hg_2O + H_2O$	+	$2e^-$	$\rightleftharpoons$ $2Hg + 2OH^-$	$+0.123$
$H_3IO_6^{2-}$	+	$2e^-$	$\rightleftharpoons$ $IO_3^- + 3OH^-$	$+0.7$
$Mg(OH)_2$	+	$2e^-$	$\rightleftharpoons$ $Mg + 2OH^-$	-2.690
$Mn(OH)_2$	+	$2e^-$	$\rightleftharpoons$ $Mn + 2OH^-$	-1.56
$MnO_4^- + 2H_2O$	+	$3e^-$	$\rightleftharpoons$ $MnO_2 + 4OH^-$	$+0.595$
$MnO_4^{2-} + 2H_2O$	+	$2e^-$	$\rightleftharpoons$ $MnO_2 + 4OH^-$	$+0.60$
$NO_2^- + H_2O$	+	e^-	$\rightleftharpoons$ $NO + 2OH^-$	-0.46
$2NO_3^- + 2H_2O$	+	$2e^-$	$\rightleftharpoons$ $N_2O_4 + 4OH^-$	-0.85
$Ni(OH)_2$	+	$2e^-$	$\rightleftharpoons$ $Ni + 2OH^-$	-0.72
$O_2 + 2H_2O$	+	$4e^-$	$\rightleftharpoons$ $4OH^-$	$+0.401$
$O_2 + 2H_2O$	+	$2e^-$	$\rightleftharpoons$ $H_2O_2 + 2OH^-$	-0.146
$O_3 + H_2O$	+	$2e^-$	$\rightleftharpoons$ $O_2 + 2OH^-$	$+1.24$
$HPO_3^{2-} + 2H_2O$	+	$2e^-$	$\rightleftharpoons$ $H_2PO_2^- + 3OH^-$	-1.65
$PO_4^{3-} + 2H_2O$	+	$2e^-$	$\rightleftharpoons$ $HPO_3^{2-} + 3OH^-$	-1.05
$S + H_2O$	+	$2e^-$	$\rightleftharpoons$ $HS^- + OH^-$	-0.478
$2SO_3^{2-} + 3H_2O$	+	$4e^-$	$\rightleftharpoons$ $S_2O_3^{2-} + 6OH^-$	-0.571
$SO_4^{2-} + H_2O$	+	$2e^-$	$\rightleftharpoons$ $SO_3^{2-} + 2OH^-$	-0.93
$SbO_3^- + H_2O$	+	$2e^-$	$\rightleftharpoons$ $SbO_2^- + 2OH^-$	-0.59
$SiO_3^{2-} + 3H_2O$	+	$4e^-$	$\rightleftharpoons$ $Si + 6OH^-$	-1.697
$Zn(OH)_2$	+	$2e^-$	$\rightleftharpoons$ $Zn + 2OH^-$	-1.249
$ZnO + H_2O$	+	$2e^-$	$\rightleftharpoons$ $Zn + 2OH^-$	-1.260
$ZnO_2^{2-} + 2H_2O$	+	$2e^-$	$\rightleftharpoons$ $Zn + 4OH^-$	-1.215

本表数据录自 Weast RC. CRC Handbook of Chemistry and Physics. 80th ed. CRC Press, 1999—2000。

参考文献

[1] 陆家政,傅春华.基础化学[M].北京:人民卫生出版社,2008.
[2] 席先蓉.分析化学[M].北京:中国中医药出版社,2006.
[3] 武汉大学.分析化学[M].第3版.北京:高等教育出版社,1995.
[4] 刘斌.无机及分析化学[M].北京:高等教育出版社,2006.
[5] 谢庆娟.分析化学[M].北京:人民卫生出版社,2004.
[6] 李发美.分析化学[M].北京:人民卫生出版社,2006.
[7] 冯辉霞.无机与分析化学[M].武汉:华中科技大学出版社,2008.
[8] 叶芬霞.无机及分析化学[M].北京:高等教育出版社,2004.
[9] 孙艳华.基础化学[M].北京:化学工业出版社,2008.
[10] 潘亚芬,张永士.基础化学[M].北京:清华大学出版社,北京交通大学出版社,2005.
[11] 许善锦.无机化学[M].第3版.北京:人民卫生出版社,2000.
[12] 林树昌,胡乃非.分析化学[M].北京:高等教育出版社,1993.
[13] 谢明芳.无机及分析化学[M].武汉:武汉大学出版社,2004.
[14] 荷先莉等.分析化学[M].北京:北京工业大学出版社,1996.
[15] 符明淳,王霞.分析化学[M].北京:化学工业出版社,2008.
[16] 胡伟光.化学分析[M].北京:高等教育出版社,2006.
[17] 华东化工学院分析化学教研组,成都科学技术大学分析化学教研组.分析化学[M].第4版.北京:高等教育出版社,1995.
[18] 郑用熙.分析化学中的数理统计方法[M].北京:科学出版社,1986.

[19] 于世林等.分析化学[M].北京:高等教育出版社,1993.

[20] 华中师范大学,东北师范大学,陕西师范大学,北京师范大学.分析化学-上册[M].第3版.北京:高等教育出版社,2001.

[21] 汪葆浚等.分析化学[M].第3版.北京:高等教育出版社,1995.

[22] 徐英岚.无机与分析化学[M].北京:中国农业出版社,2001.

[23] 王芃.无机及分析化学简明教程[M].天津:天津大学出版社,2007.

[24] 于韶梅.无机及分析化学[M].天津:天津大学出版社,2007.

[25] 倪静安等.无机及分析化学教程[M].北京:高等教育出版社,2006.

[26] 高职高专化学教材编写组.分析化学[M].第2版.北京:高等教育出版社,2000.

[27] 华东理工大学,成都科技大学.分析化学[M].第4版.北京:高等教育出版社,2000.

[28] 王传虎.无机及分析化学实验[M].合肥:中国科学技术大学出版社,2008.

[29] 南京大学《无机及分析化学》编写组.无机及分析化学[M].第4版.北京:高等教育出版社,2006.

[30] 吴性良等.分析化学原理[M].北京:化学工业出版社,2004.

[31] 朱明华等.仪器分析[M].第4版.北京:高等教育出版社,2008.

[32] 赵藻藩等.仪器分析[M].北京:高等教育出版社,2001.

[33] 武汉大学化学系.仪器分析[M].北京:高等教育出版社,2001.

[34] 北京大学化学系.仪器分析教程[M].北京:北京大学出版社,1997.

[35] 清华大学分析化学教研室.现代仪器分析[M].北京:清华大学出版社,1983.

[36] 方惠群等.仪器分析原理[M].南京:南京大学出版社,1994.

[37] 邓勃等.仪器分析[M].北京:清华大学出版社,1991.

[38] 刘国等.色谱柱技术[M].北京:化学工业出版社,2001.

[39] 吴烈钧.气相色谱检测方法[M].第2版.北京:化学工业出版社,2005.

[40] 于世林.高效液相色谱方法及应用[M].北京:化学工业出版社,2000.

[41] 张其河.分析化学[M].北京:中国医药科技出版社,2003.

[42] 刘密斯等.仪器分析[M].第2版.北京:清华大学出版社,2002.

[43] 武汉大学.仪器分析习题精解[M].北京:科学出版社,1999.

[44] 徐英岚.无机与分析化学[M].北京:中国农业出版社,2006.